高职高专机电一体化专业规划教材

电工电子技术基础
(第2版)

韩学政　主　编

汤银忠　张芳芳　马起朋　副主编

清华大学出版社
北　京

内 容 简 介

本书系统地介绍了电工电子技术的基本内容,把培养学生的职业能力作为首要目标,内容系统连贯,深入浅出;案例通俗易懂,典型生动;插入了电子元器件实物图片,直观形象;附录中列出了电阻、电容和常用电子器件的型号参数及使用方法,实用性强。本书主要包括:电工电子技术基础知识、低压电器与电工测量、交流电路、电动机与变压器、常用电子器件及其应用、集成运算放大器,组合逻辑电路、时序逻辑电路、模拟量与数字量的转换等内容。

本书可作为高职高专院校机电类专业电工电子技术基础课程教材,也可作为其他非机电类专业和成人教育、职业培训及相关技术人员的参考书。

图书在版编目(CIP)数据

电工电子技术基础/韩学政主编. —2 版. —北京:清华大学出版社,2018(2022.7重印)
(高职高专机电一体化专业规划教材)
ISBN 978-7-302-48168-3

Ⅰ. ①电… Ⅱ. ①韩… Ⅲ. ①电工技术—高等职业教育—教材 ②电子技术—高等职业教育—教材 Ⅳ. ①TM ②TN

中国版本图书馆 CIP 数据核字(2017)第 205680 号

责任编辑:陈冬梅 桑任松
装帧设计:王红强
责任校对:周剑云
责任印制:丛怀宇
出版发行:清华大学出版社
      网　　　址:http://www.tup.com.cn, http://www.wqbook.com
      地　　　址:北京清华大学学研大厦 A 座　　　邮　　编:100084
      社 总 机:010-83470000　　　邮　　购:010-62786544
      投稿与读者服务:010-62776969, c-service@tup.tsinghua.edu.cn
      质量反馈:010-62772015, zhiliang@tup.tsinghua.edu.cn
      课件下载:http://www.tup.com.cn, 010-62791865
印 装 者:三河市君旺印务有限公司
经　　销:全国新华书店
开　　本:185mm×260mm　　印　张:29.25　　字　数:708 千字
版　　次:2009 年 9 月第 1 版　2018 年 6 月第 2 版　印　次:2022 年 7 月第 4 次印刷
定　　价:75.00 元

产品编号:062316-02

第 2 版前言

本书依据"关于全面提高高等职业教育教学质量的若干意见"的精神，借鉴德国职业教育的双元制思想，即基于工作过程为导向的课程开发与教学过程设计思想，以就业为导向，加大课程建设与改革的力度，创新教材模式。把"强化职业道德，增强学生的职业能力"作为首要目标，突出应用环节；紧扣高职办学理念，以理论够用为原则，删繁就简，削枝强干，注重技能训练和实践应用。全书贯彻"简明、实用、够用"的原则，正确处理了理论知识与技能的关系，用实例强化概念；简化理论推导，注重结论的应用，通过典型实例、实训，提高学生的职业技能和综合素质，充分体现了科学性、实用性、代表性和先进性。

本书第 1 版于 2009 年 9 月出版，该教材自出版发行以来，以其知识的实用性、内容的丰富性、编排的合理性，得到了教材使用者的广泛认同。在多年的教材使用过程中，我们一直不断地对教材内容进行审视，积累教材使用的经验，听取读者的意见；随着社会的发展，本书对应课程的教学要求也有了一定的变化。在本书第 2 版中，我们根据新的教育理念和实践，更新了部分内容，修正了个别文字错误。

本书具有以下几个突出特点。

(1) 考虑对教材适用对象的要求，既具备必需的理论基础知识，又满足高等职业技术人才的实际需求。因此，在内容编排上充分考虑了理论深度，避免理论上过深或过浅、内容上过繁或过简。

(2) 每个元器件的介绍都配有图形，直观形象，便于学生理解；并在中间部分穿插思考、提示或小实验，启发学生思考，激发学习兴趣，开拓学生视野，增强了趣味性和实用性。

(3) 每章最后都设有拓展实训，以培养学生的工程应用能力和解决实际问题的能力，突出了对学生职业能力的培养。

(4) 每章开始设有本章要点和技能目标，每章的章末附有本章小结和习题，结构简单明确，有利于学生的预习和复习。在例题和习题的选择上，更加注重理论联系实际，使学生学了就有用、学了就能用。

(5) 将电阻电容等常用电子元件的命名方法、标称值、型号及参数列入附录，方便学生实训和岗位需要时查阅。

全书内容包括电工电子技术基础知识、低压电器与电工测量、交流电路、电动机与变压器、常用电子器件及其应用、集成运算放大器、组合逻辑电路、时序逻辑电路和模拟量与数字量的转换等。

本书可作为高职、高专、成人高校及本科院校的二级职业技术学院自动化、机电、计算机及其相关专业的教材使用，也可作为相关工程技术人员和操作人员的参考书或成人教育和岗前培训教材。

本书由韩学政教授任主编，张芳芳、汤银忠、马起朋任副主编。具体分工如下：马起朋、史严梅编写第 1、2 章；张裕仕、韩学政编写第 3 章；韩学政编写第 4 章；张芳芳、韩学政编写第 5、6 章；刘红星编写第 7 章；田中俊编写第 8 章；卢纪丽编写第 9 章；汤银忠编写思考与习题部分答案。

滨州学院的宋宁宁同志对书中绘图倾注了大量的精力；北京航空航天大学的李明军博士也对该书提出了很好的建议，在此对给予支持帮助的以上单位和个人表示诚挚的感谢！

在本书编写过程中，编者参考了有关书刊和资料，并引用了其中一些资料，在此一并向这些书刊资料的作者表示衷心的感谢。

由于编者水平有限，书中难免存在不足之处，恳请广大读者批评指正，我们一定会不断改进。

编　者

第 1 版前言

本书依据"关于全面提高高等职业教育教学质量的若干意见"的精神,借鉴德国职业教育的双元制思想,即基于工作过程为导向的课程开发与教学过程设计思想,以就业为导向,加大课程建设与改革的力度,创新教材模式。把"强化职业道德,增强学生的职业能力"作为首要目标,突出应用环节;紧扣高职办学理念,以理论够用为原则,删繁就简,削枝强干,注重技能训练和实践应用。全书贯彻"简明、实用、够用"的原则,正确处理了理论知识与技能的关系,用实例强化概念;简化理论推导,注重结论的应用,通过典型实例、实训,提高学生的职业技能和综合素质,充分体现了科学性、实用性、代表性和先进性。

本书具有以下几个突出特点。

(1) 考虑对教材适用对象的要求,既具备必需的理论基础知识,又满足高等职业技术人才的实际需求。因此,在内容编排上充分考虑了理论深度,避免理论上过深或过浅、内容上过繁或过简。

(2) 每个元器件的介绍都配有图形,直观形象,易于学生理解;并在中间部分穿插思考、提示或小实验,启发学生思考,激发学习兴趣,开拓学生视野,增强了趣味性和实用性。

(3) 每章最后都设有拓展实训,以培养学生的工程应用能力和解决实际问题的能力,突出了对学生职业能力的培养。

(4) 每章开始设有本章要点和技能目标,每章的章末附有本章小结和习题,结构简单明确,有利于学生的预习和复习。在例题和习题的选择上,更加注重理论联系实际,使学生学了就有用、学了就能用。

(5) 将电阻电容等常用电子元件的命名方法、标称值、型号及参数列入附录,方便学生实训和岗位需要时查阅。

全书内容包括电工电子技术基础知识、低压电器与电工测量、交流电路、电动机与变压器、常用电子器件及其应用、集成运算放大器、组合逻辑电路、时序逻辑电路和模拟量与数字量的转换等。

本书可作为高职、高专、成人高校及本科院校的二级职业技术学院自动化、机电、计算机及其相关专业的教材使用,也可作为相关工程技术人员和操作人员的参考书或成人教育和岗前培训教材。

本书由韩学政教授任主编,张芳芳、汤银忠、张存礼、马起朋任副主编。具体分工如下:马起朋、史严梅编写第 1、2 章;张裕仕、韩学政编写第 3 章;韩学政编写第 4 章;张芳芳、韩学政编写第 5、6 章;刘红星编写第 7 章;田中俊编写第 8 章;卢纪丽编写第 9 章;汤银忠编写思考与习题部分答案。

滨州学院的宋宁宁同志对书中绘图倾注了大量的精力;北京航空航天大学的李明军博

士也对该书提出了很好的建议，在此对给予支持帮助的以上单位和个人表示诚挚的感谢！

在本书编写过程中，编者参考了有关书刊和资料，并引用了其中一些资料，在此一并向这些作者表示衷心的感谢。

由于编者水平有限，书中难免有些不足之处，恳请广大读者批评指正，我们一定会不断改进。

编　者

目 录

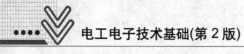

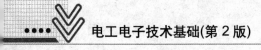

第 1 章　电工电子技术基础知识

本章要点 ▮▮

- 了解电路的基本概念及电路模型。
- 理解电流、电压的参考方向及关联方向的概念。
- 掌握欧姆定律、基尔霍夫定律的内容及应用。
- 理解电压源和电流源之间的等效变换。
- 掌握戴维南定理和诺顿定理。
- 熟悉电路的三种工作状态。

技能目标 ▮▮

- 会测量直流电路中的电流和电压。
- 能够对有源二端网络等效参数进行测量。
- 掌握电源外特性的测试方法，能够对电压源和电流源进行等效变换。

主要理论及工程应用导航 ▮▮

本章主要讲述了电路的基本概念、基本定律及电路分析方法，介绍了电路的工作状态，为后面分析各种电工电子电路奠定了必要的基础。

众所周知，现代生活离不开电，电灯、电视、电话、电冰箱、电梯等都要用电。现代工农业生产少不了电，现代科学技术更离不开电。电的作用变得越来越大，它渗透到人类生活的每一个角落。对于人类来说，电是如此的重要，又是如此的神奇。因此，作为 21 世纪的大学生，更有必要学习电的相关概念和知识。

1.1　太阳能水箱加热显示电路设计说明

1. 设计目的

掌握电路基本定律的应用。

2. 设计内容

太阳能晒水箱中的水在冬天往往温度不够高，要在水箱中加装一个"220V，2000W"的电热管，并利用一个"6V，1W"的小灯泡和一段 $10\Omega/m$ 的电阻丝，为电热管安装一个指示灯，如果小灯泡两端的电压按 5V 设计，请你设计能够满足以上要求的电路图，电阻丝足够长并可按需进行截取。

1.2　电路的基本概念及基本定律

电路也称为电网络，是各种电器设备按照一定方式连接起来的整体。现代工程技术领域中存在着种类繁多、形式和结构各不相同的电路，但就其作用而言，主要包括两个方面：一是进行能量转换、传输和分配，如电力系统电路，发电机组将其他形式的能量转换成电能，经变压器、输电线传输到各用电部门后，用电部门再把电能转换成光能、热能、机械能等其他形式的能而加以利用；二是对电信号的处理和传递，如收音机或电视机把电信号经过调频、滤波、放大等环节的处理，使其成为人们所需要的其他信号。电路的这两种作用在自动控制、通信、计算机技术等方面得到了广泛应用。

思考：什么是电路？如何求取电路中的电压和电流呢？

1.2.1　电路模型

实际的电路器件在工作时的电磁性质比较复杂，绝大多数器件具备多种电磁效应，给分析问题带来困难。为了使问题得以简化，便于探讨电路的普遍规律，在分析和研究具体电路时，对实际的电路器件，一般取其起主要作用的方面，并用一些理想电路元件来替代。所谓理想电路元件，是指在理论上具有某种确定的电磁性质的假想元件，它们以及它们的组合可以反映出实际电器元件的电磁性质和实际电路的电磁现象。因为实际电路元件虽然种类繁多，但在电磁性能方面可以把它们归类。例如，有的元件主要是供给能量的，它们能将非电能量转化成电能，像干电池、发电机等就可用"电压源"这样一个理想元件来表示；有的元件主要是消耗电能的，当电流通过它们时就把电能转化成其他形式的能，像各种电炉、白炽灯等就可用"电阻元件"这样一个理想元件来表示；另外，还有的元件主要是储存磁场能量或储存电场能量的，就可用"电感元件"或"电容元件"来表示等。

用抽象的理想元件及其组合近似地替代实际电路元件，即把实际电路的本质特征抽象出来所形成的理想化了的电路就可构成与实际电路相对应的电路模型。以后所讨论的电路都是电路模型，通过对它们的基本规律进行研究，达到分析实际电路的目的。

1.2.2　参考方向

1. 电流电压及其参考方向

带电粒子的定向移动形成电流。单位时间内通过导体截面的电荷量定义为电流强度，用它来衡量电流的大小。电流强度简称为电流，用 i 表示，根据定义有

$$i = \frac{\mathrm{d}q}{\mathrm{d}t} \tag{1-1}$$

式中：$\mathrm{d}q$ 为导体截面中在 $\mathrm{d}t$ 时间内通过的电荷量。国际单位制中，电荷量的单位为库仑(C)；时间单位为秒(s)；电流单位为安培，简称安(A)，有时还用千安(kA)、毫安(mA)、微安(μA)等单位。

习惯上将正电荷移动的方向规定为电流的方向。

当电流的大小和方向不随时间而变化时，就称其为直流电流，简称直流(Direct Current，DC)。对不随时间变化的物理量一般都用大写字母来表示，即直流时，式(1-1)可以改写为

$$I = \frac{Q}{t} \tag{1-2}$$

电荷在电路中运动，必定受到力的作用，也就是说力对电荷做了功。为了衡量其做功的能力，引入"电压"这一物理量，并定义电场力把单位正电荷从 A 点移动到 B 点所做的功称为 A 点到 B 点间的电压，用 u_{AB} 表示。即

$$u_{AB} = \frac{\mathrm{d}w_{AB}}{\mathrm{d}q} \tag{1-3}$$

式中：$\mathrm{d}w_{AB}$ 表示电场力将 $\mathrm{d}q$ 的正电荷从 A 点移动到 B 点所做的功，单位为焦耳(J)；电压单位为伏特，简称伏(V)，有时还用千伏(kV)、毫伏(mV)、微伏(μV)等单位。

直流时，式(1-3)应写成

$$U_{AB} = \frac{W_{AB}}{Q} \tag{1-4}$$

由电压的定义可知，如果正电荷从 A 点移动到 B 点是电场力做功，那么正电荷从 B 点移动到 A 点必定有一种外力在克服电场力做功，或者说电场力做了负功，即 $\mathrm{d}w_{AB} = -\mathrm{d}w_{BA}$，则 $u_{AB} = -u_{BA}$。这说明，电压是有方向的。电压的方向是电场力移动正电荷的方向。

以上对电流、电压规定的方向，是电路中客观存在的，称为实际方向，对于一些十分简单的电路可以直观地确定。但在分析计算较复杂一些的电路时，往往很难判断出某一元件或某一段电路上电流或电压的实际方向，而对那些大小和方向都随时间变化的电流或电压，要在电路中标出它们的实际方向就更不方便了。为此，在分析计算电路时采用标定"参考方向"的方法。

参考方向是人们任意选定的一个方向。例如，图 1-1(a)和图 1-1(b)所示的某电路中的一个元件，其电流的实际方向虽然事先不知，但它只有两种可能，不是从 A 流向 B，就是从 B 流向 A，可以任意选定一个作为参考方向并用箭头标出。图 1-1 中选定的参考方向是从 A 指向 B，该方向与实际方向不一定一致。将电流用一个代数量来表示，若 $i > 0$，则表明电流的实际方向与参考方向是一致的，如图 1-1(a)所示；若 $i < 0$，则表明电流的实际方向与参考方向是不一致的，如图 1-1(b)所示。于是在选定的参考方向下，电流值的正、负就反映了它们的实际方向。

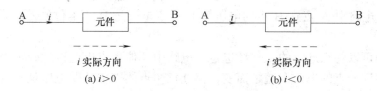

图 1-1　电流的参考方向与实际方向的关系

同样道理，电路中两点间的电压也可任意选定一个参考方向，并由参考方向和电压值

的符号反映该电压的实际方向。

电压的参考方向可以用一个箭头表示，如图 1-2(a)所示；也可以用正(+)、负(-)极性表示，称为参考极性，如图 1-2(b)所示；另外，还可以用双下标表示，如 u_{AB} 表示 A、B 两点间电压的参考方向是从 A 指向 B 的。以上几种表示方法只需任选一种标出即可。

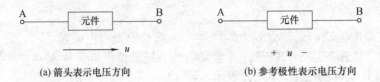

(a) 箭头表示电压方向　　　　　　　　(b) 参考极性表示电压方向

图 1-2　电压的参考方向与参考极性的表示方法

在以后的电路分析中，完全不必先去考虑各电流、电压的实际方向如何，而应首先在电路图中标定它们的参考方向，然后根据参考方向列写有关电路方程，计算结果的符号与标定的参考方向就反映了它们的实际方向。参考方向一经选定，在分析电路的过程中就不再变动。

对于同一个元件或同一段电路上的电压和电流的参考方向，彼此原是可以独立无关任意选定的，但为方便起见，习惯上常将电压和电流的参考方向选得一致，称其为关联的参考方向。为了简单明了，一般情况下，只需标出电压或电流中的某一个参考方向，这就意味着另一个选定的是与之相关联的参考方向。

2. 电位

在电路中任选一点 O 作为参考点，则该电路中某一点 A 到参考点的电压就叫作 A 点的电位，用 u_A 表示。根据定义有

$$u_A = u_{AO} \tag{1-5}$$

电位实际上就是电压，其单位也是伏特(V)。

电路参考点本身的电位为零，即 $u_O = 0$，所以参考点也称零电位点。

电路中除参考点外的其他各点的电位可能是正值，也可能是负值，某点电位比参考点高，则该点电位就是正值，反之则为负值。

以电路中的 O 点为参考点，则另两点 A、B 的电位分别为 $u_A = u_{AO}$、$u_B = u_{BO}$，它们分别表示电场力把单位正电荷从 A 点或 B 点移到 O 点所做的功，那么电场力把单位正电荷从 A 点移到 B 点所做的功 u_{AB} 就等于电场力把单位正电荷从 A 点移到 O 点，再从 O 点移到 B 点所做的功的和，即

$$u_{AB} = u_{AO} + u_{OB} = u_{AO} - u_{BO} \text{ 或 } u_{AB} = u_A - u_B \tag{1-6}$$

式(1-6)说明，电路中 A 点到 B 点的电压等于 A 点电位与 B 点电位的差，因此，电压又称为电位差。

参考点是可以任意选定的，一经选定，电路中其他各点电位也就确定了。参考点选择不同，电路中同一点的电位会随之而变，但任意两点的电位差即电压是不变的。在电路中不指明参考点而谈某点的电位是没有意义的。在一个电路系统中只能选一个参考点。至于选哪点作为参考点要根据分析问题的方便而定。

3. 电动势

如图 1-3 所示的两个电极 A 和 B，A 带正电称正极，B 带负电称负极，用导线把 A、B 两极连接起来，在电场力的作用下，正电荷沿着导线从 A 移动到 B(实质上是导体中的自由电子在电场力作用下从 B 移到了 A)，形成了电流 i。随着正电荷不断从 A 移到 B，A、B 两极间的电场逐渐减弱，以至消失，这样导线中的电流也会减至零。为了维持连续不断的电流，必须保持 A、B 间有一定的电位差，即保持一定的电场。这就需要有一种力来克服电场力，把正电荷不断地从 B 极移到 A 极去。电源就是能产生这种力的装置，这种力称为电源力。例如，在发电机中，导体在磁场中运动时，就有磁场能转换为电源力；在电池中，就有化学能转换为电源力。

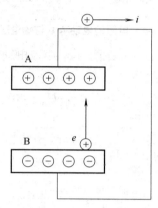

图 1-3　电源力做功示意图

电源力把单位正电荷从电源的负极移到正极所做的功称为电源的电动势，用 e 表示，即

$$e = \frac{\mathrm{d}w_{\mathrm{BA}}}{\mathrm{d}q} \tag{1-7}$$

式中：$\mathrm{d}w_{\mathrm{BA}}$ 表示电源力将 $\mathrm{d}q$ 的正电荷从 B 移到 A 所做的功。显然，电动势与电压有相同的单位——伏特(V)。

按照定义，电动势的方向是电源力克服电场力移动正电荷的方向，是从低电位到高电位的方向。对于一个电源设备，如干电池，其电动势 e 与电压 u 的参考方向选择相反，如图 1-4(a)所示。当电源内部没有其他能量转换时，根据能量守恒原理，应有 $u = e$；如果 u 和 e 的参考方向选择相同，如图 1-4(b)所示，则 $u = -e$ 或 $e = -u$。

【例 1-1】 在图 1-5 所示电路中，O 为零电位点，已知 $U_{\mathrm{A}} = 50\mathrm{V}$，$U_{\mathrm{B}} = -40\mathrm{V}$，$U_{\mathrm{C}} = 30\,\mathrm{V}$。①求 U_{BA} 和 U_{AC}；②如果元件 4 为具有电动势 E 的电源装置，在图 1-5 中所标的参考方向下求 E 的值。

解：

① 因为电压就是电位差，所以

$$U_{\mathrm{BA}} = U_{\mathrm{B}} - U_{\mathrm{A}} = -40\mathrm{V} - 50\mathrm{V} = -90\mathrm{V}$$
$$U_{\mathrm{AC}} = U_{\mathrm{A}} - U_{\mathrm{C}} = 50\mathrm{V} - 30\mathrm{V} = 20\mathrm{V}$$

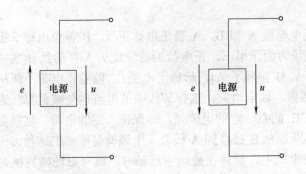

| (a) u 和 e 的参考方向选择相反 | (b) u 和 e 的参考方向选择相同 |

图 1-4 电源的电动势 e 与端电压 u

② 根据电位的定义有 $U_B = U_{BO}$。在图 1-5 中，电动势 E 的参考方向与电压 U_{BO} 的参考方向相同，则有

$$E = -U_{DO} = -U_B = 40V$$

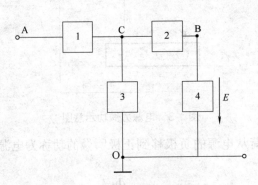

图 1-5 例 1-1 的电路图

4. 功率与电能

正电荷从电路的高电位端移到低电位端是电场力对正电荷做了功，该段电路吸收了电能；正电荷从电路的低电位端移到高电位端是外力克服电场力做了功，即这段电路将其他形式的能量转化成电能释放了出来。把单位时间内电路吸收或释放的电能定义为该电路的功率，用 P 表示。设在 dt 时间内电路转化的电能为 dw，则

$$P = \frac{dw}{dt} \tag{1-8}$$

国际单位制中，功率的单位为瓦特，简称瓦(W)。此外还常用千瓦(kW)、毫瓦(mW)等单位。

对式(1-8)进一步推导，可得

$$P = \frac{dw}{dt} = \frac{dw}{dq}\frac{dq}{dt} = ui \tag{1-9}$$

即电路的功率等于该段电路的电压与电流的乘积。直流时，式(1-9)应写为

$$P = UI \tag{1-10}$$

在 u 和 i 的关联参考方向下，若 $P>0$，说明这段电路上电压和电流的实际方向是一致的，电场力对正电荷做了功，电路吸收了功率；若 $P<0$，则说明这段电路上电压和电流实际方向不一致，一定是外力克服电场力做了功，电路发出功率。在使用式(1-9)及式(1-10)时，必须注意 u 和 i 的关联参考方向及各数值正、负号的含义。

根据能量守恒原理，一部分元件或电路发出的功率一定等于其他部分元件或电路吸收的功率。或者说，整个电路的功率是平衡的。

式(1-8)可写为 $\mathrm{d}w = P\mathrm{d}t$，则在 t_0 到 t_1 的一段时间内，电路消耗的电能为

$$W = \int_{t_0}^{t_1} P\mathrm{d}t \tag{1-11}$$

直流时，P 为常量，则

$$W = P(t_1 - t_0) \tag{1-12}$$

国际单位制中，电能 W 单位为焦耳(J)，它表示功率为 1W 的用电设备在 1s 内所消耗的电能。使用中还常采用千瓦时(kW·h)或度，即

$$1\text{度电} = 1\,\mathrm{kW \cdot h} = 3.6 \times 10^6\,\mathrm{J}$$

【例 1-2】图 1-6 所示为某电路中的一部分，三个元件中流过相同的电流 $I = -2\mathrm{A}$，$U_1 = -2\mathrm{V}$。①求元件 a 的功率 P_1，并说明它是吸收还是发出功率；②若已知元件 b 发出功率为 10W，元件 c 的吸收功率为 12W，求 U_2、U_3。

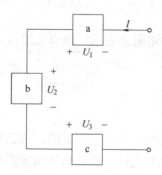

图 1-6　例 1-2 的电路图

解：

①　对于元件 a，电压与电流是非关联参考方向，计算功率的公式为

$$P_1 = -U_1 I$$

代入数据得 $P_1 = (-2\mathrm{V}) \times (-2\mathrm{A}) = 4\mathrm{W}$，所以元件 a 吸收功率。

②　元件 b 的电压 U_2 与电流 I 是关联参考方向，且发出功率，则 P_2 为负值，即

$$U_2 I = -10\mathrm{W}$$

$$U_2 = \frac{-10\mathrm{W}}{-2\mathrm{A}} = 5\mathrm{V}$$

同样道理，对于元件 c 有

$$U_3 I = 12\mathrm{W}$$

$$U_3 = \frac{12\mathrm{W}}{-2\mathrm{A}} = -6\mathrm{V}$$

1.2.3 电路的基本定律

1. 欧姆定律

电阻元件是反映电路器件消耗电能这一物理性能的一种理想元件。它有两个端钮与外电路相连接，这样的元件都称为二端元件。在讨论各种理想元件的性能时，重要的是要确定其端电压与电流之间的关系，这种关系称为元件约束，简称 VCR。欧姆定律反映了任一时刻电阻元件的这种约束关系。在电压与电流的关联参考方向下，欧姆定律表达式为

$$u = iR \tag{1-13}$$

式中：R 为电阻元件的电阻值，单位为欧姆，简称欧(Ω)。常用的单位还有千欧($k\Omega$)、兆欧($M\Omega$)等。

应用欧姆定律时要注意电压和电流的参考方向，在电阻元件的电压及电流参考方向选择不关联时，欧姆定律表示为

$$u = -iR \tag{1-14}$$

电阻 R 的倒数称为电导，用 G 表示，即

$$G = \frac{1}{R} \tag{1-15}$$

式中：电导的单位为西门子(S)。

同一个电阻元件，既可以用电阻 R 表示，也可以用电导 G 表示。引用电导后，欧姆定律可表示为

$$i = uG \tag{1-16}$$

2. 基尔霍夫定律

电阻元件的性能是由元件的约束关系来表征的，那么若干元件按一定方式连接后构成的电路整体，它们相互间的电流和电压又有什么联系呢？是如何相互制约的呢？基尔霍夫定律反映了这类约束关系，称为"拓扑约束"。

1) 几个名词

电路由电路元件相互连接而成。在叙述基尔霍夫定律之前，需要先介绍电路的几个名词。

(1) 支路：电路中的每个分支都叫支路。在图 1-7 所示电路中，ABE、ACE、ADE 这 3 个分支都是支路。一条支路中流过的电流，称为支路电流，如图 1-7 中的 i_1、i_2、i_3。ABE、ACE 两支路中含有有源元件，称为有源支路；ADE 支路不含有源元件，称为无源支路。

(2) 节点：3 个或 3 个以上支路的连接点叫作节点。在如图 1-7 所示电路中，A、E 两点都是节点，而 B、C、D 不能称为节点。这样，支路也可看作是连接两个节点的一段分支。

(3) 回路：电路中任一闭合路径都称为回路。在如图 1-7 所示的电路中，ABECA、ACEDA、ABEDA 都是回路，此电路只有 3 个回路。

(4) 网孔：回路平面内不含其他支路的回路就叫作网孔。在图 1-7 所示的电路中，回

路 ABECA 和 ACEDA 就是网孔，而回路 ABEDA 平面内含有 ACE 支路，所以它就不是网孔。

网孔只有在平面电路中才有意义。所谓平面电路，就是将该电路画在一个平面上时，不会出现互相交叉的支路。

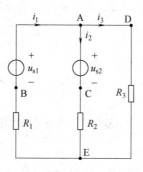

图 1-7　电路举例

2)　基尔霍夫电流定律

基尔霍夫电流定律也称基尔霍夫第一定律，可简写为 KCL(Kirchhoff's Current Law)。其内容是：任一时刻，流入(或流出)任一节点的所有支路电流的代数和恒等于零。数学表达式为

$$\sum i = 0 \tag{1-17}$$

电路的分析计算都是在事先指定参考方向的情况下进行的，在运用基尔霍夫电流定律数学表达式列写 KCL 方程时，应根据各支路电流的参考方向是流入还是流出来判断其在代数和中是取正号还是取负号。若流入节点的电流取正号，则流出的就应取负号。例如，对于图 1-7 所示电路中的节点 A，其 KCL 方程为

$$i_1 - i_2 - i_3 = 0$$

即

$$i_1 = i_2 + i_3$$

所以基尔霍夫电流定律可以表述为：任何时刻流入任一节点的电流必定等于流出该节点的电流。

KCL 方程中采用了参考方向，同时各电流本身的值还有正有负，所以在使用基尔霍夫电流定律时，必须注意两套正负号。

基尔霍夫电流定律通常用于节点，但也可以推广应用于电路中包围着几个节点的封闭面，在图 1-8 中，虚线框内画出的封闭面 S 包围了 3 个节点 A、B、C，下面分别写出这些节点的 KCL 方程。

节点 A 的 KCL 方程为

$$i_1 - i_4 + i_6 = 0$$

节点 B 的 KCL 方程为

$$i_2 + i_4 - i_5 = 0$$

节点 C 的 KCL 方程为

$$i_3 + i_5 - i_6 = 0$$

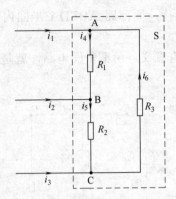

图 1-8　基尔霍夫电流定律的推广

以上三式相加，得

$$i_1 + i_2 + i_3 = 0$$

可见，流入电路中任一封闭面的电流的代数和恒等于零。

基尔霍夫电流定律体现了电流的连续性原理，也即电荷守恒原理。在电路中进入某一地方多少电荷，必定同时从该地方出去多少电荷。这就是在电路的同一条支路中各处电流都相等的道理。同时，由 KCL 可知，对于电路中不同支路，一般情况下有着各不相同的支路电流。

【例 1-3】 如图 1-9 所示，某电路 4 条支路汇集的一个节点 A，指定的电流参考方向如图 1-9 所示。①列出节点电流方程；②若已知 $I_1 = 5A$，$I_2 = 2A$，$I_3 = -3A$，求 I_4。

解：

① 根据基尔霍夫电流定律，以流入节点电流为正，流出为负，对于节点 A 有

$$I_1 - I_2 - I_3 + I_4 = 0$$

② 将已知电流代入节点电流方程：$5A - 2A - (-3A) + I_4 = 0$，可得 $I_4 = -6A$。

注意 I_2 前的负号是因为它的参考方向是自节点流出的，而 I_3 中的负号是由于它的实际方向与参考方向相反。计算这类问题时，只需按参考方向列方程，再将数值代入。不要去任意改动参考方向，以免引起混乱。

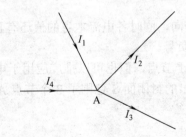

图 1-9　例 1-3 的示意图

3)　基尔霍夫电压定律

基尔霍夫电压定律也称基尔霍夫第二定律，可简写为 KVL(Kirchhoff's Voltage Law)。其内容是：任一回路的各段(或各元件)电压在任一时刻的代数和恒等于零。数学表达式为

$$\sum u = 0 \tag{1-18}$$

应用式(1-18)时，必须先选定回路的绕行方向，可以是顺时针，也可以是逆时针。各段(或各元件)的电压参考方向也应选定，若电压的参考方向与回路的绕行方向一致，则该项电压取正，反之则取负。同时，各电压本身的值也还有正负之分，所以应用基尔霍夫电压定律时也必须注意两套正负号。例如，对于如图 1-10 所示的回路，选择顺时针绕行方向(按 ABCD 顺序绕行)，按各元件上电压的参考极性，可列出的 KVL 方程式为

$$u_{R1} + u_{S1} + u_{R2} + u_{R3} - u_{R4} - u_{S2} = 0$$

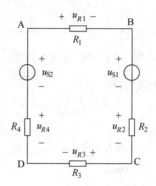

图 1-10　基尔霍夫电压定律的示意图

基尔霍夫电压定律实质上是电路中两点间的电压与路径选择无关这一性质的体现。从电路中的一点出发，经任意路径绕行一周回到原点，那么所经回路中所有电位升必定等于所有电位降。KVL 不仅适用于实际回路，也可推广应用于假想回路，如图 1-10 中假想回路 ACDA，可列出的 KVL 方程为

$$u_{AC} + u_{R3} - u_{R4} - u_{S2} = 0$$

即

$$u_{AC} = -u_{R3} + u_{R4} + u_{S2}$$

基尔霍夫电流定律和基尔霍夫电压定律从电路的整体上，分别阐明了各支路电流之间和各支路电压之间的约束关系。从以上讨论中可以看出，这种关系仅与电路的结构和连接方式有关，而与电路元件的性质无关。电路的这种拓扑约束和表征元件性能的元件约束共同统一了电路整体，支配着电路中各处的电压和电流，它们是分析电路的基本依据。

【例 1-4】如图 1-11 所示的电路是某电路的一部分，已知 $I_2 = 2A$，$I_3 = 2A$，$U_{S1} = 100V$，$U_{S2} = 48V$，$R_2 = 6\Omega$。求① U_{AC}；② R_1。

解：

① 对假想回路 ACDEA，根据基尔霍夫电压定律(KVL)有

$$U_{AC} + R_2 I_2 - U_{S1} = 0$$

所以

$$U_{AC} = 100V - 2A \times 6\Omega = 88V$$

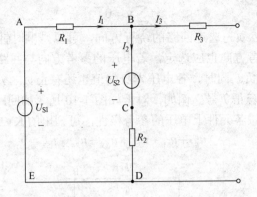

图 1-11　例 1-4 的电路图

② 根据基尔霍夫电流定律(KCL)有

$$I_1 = I_2 + I_3 = 4A$$

根据基尔霍夫电压定律(KVL)有

$$R_1 I_1 + R_2 I_2 = U_{S1} - U_{S2}$$

即 $4R_1 + 12 = 100 - 48$，可得 $R_1 = 10\Omega$。

1.3　电路的分析方法

1.3.1　电压源和电流源的等效变换

电源是将其他形式的能量转换为电能的装置。实际电源可以用两种不同的电路模型来表示；一种是以电压的形式向电路供电，称为电压源模型；另一种是以电流的形式向电路供电，称为电流源模型。

1. 电压源

理想电压源如图 1-12(a)所示。U_s 是电压源的电压，R 是外接负载电阻，电路中电压源 U_s 与电流 I 为非关联参考方向，电压源向外提供一个恒定的或按某一特定规律随时间变化的端电压。

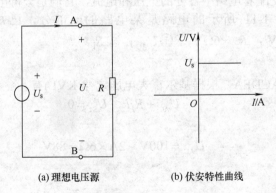

(a) 理想电压源　　　(b) 伏安特性曲线

图 1-12　理想电压源及伏安特性曲线

如一个电压源向外提供一个恒定的端电压 U_s，接上负载 R 以后，电路中便有电流 I，其大小仅取决于负载 R 的大小，但不管负载如何变化，其端电压 $U = U_s$ 始终是恒定的。电压源的电压电流关系曲线称为伏安特性曲线，是一根平行于电流轴的直线，如图 1-12(b) 所示。

实际电源不具备上述电压源的特性，即当外接电阻 R 变化时电源提供的端电压会发生变化，所以，实际电源的电压源模型可以用一个内阻 R_0 和电压源 U_s 的串联来表示，如图 1-13(a) 所示。电路中的电流 I 和电压 U 分别为

$$I = \frac{U_s}{R_0 + R} \tag{1-19}$$

$$U = U_s - R_0 I \tag{1-20}$$

由式(1-19)和式(1-20)可见，当负载 R 减小时，其输出电流 I 增大，在电源内阻 R_0 上的电压就增大，电源的端电压 U 就减小。其伏安特性曲线如图 1-13(b) 所示，显然，内阻 R_0 越小，伏安特性曲线越平坦，其输出电压越稳定，越接近电压源的开路电压 U_s。

(a) 电压源模型　　　　　　　　　　　　　(b) 伏安特性曲线

图 1-13　实际电压源模型及伏安特性曲线

2. 电流源

理想电流源如图 1-14(a) 所示，I_s 是电流源的电流，R 是外接负载电阻，电路中的电流源 I_s 与电压 U 为非关联参考方向。电流源向外提供了一个恒定的电流 I_s，且电流 I_s 的大小与它的端电压大小无关，它的端电压大小仅仅取决于外电路负载 R 的数值，即 $U = I_s R$。

理想电流源的伏安特性曲线如图 1-14(b) 所示，它是一根垂直于电流轴的直线。

实际电源的电流源模型可以用一个内阻 R_0 与电流源 I_s 的并联来表示，如图 1-15(a) 所示，实际电源一般不具备电流源的特性。当外接电阻 R 发生变化时，输出电流会有波动。

由图 1-15(a) 可知，输出电流 $I = I_s - \dfrac{U}{R_0}$。显然，输出电流 I 的数值不是恒定的。当负载 R 短路时，输出电压 $U = 0$，输出电流 $I = I_s$；当负载 R 开路时，则输出电压 $U = I_s R_0$，输出电流 $I = 0$，其伏安特性曲线如图 1-15(b) 所示。

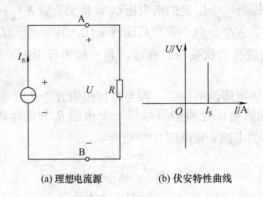

(a) 理想电流源   (b) 伏安特性曲线

图 1-14   理想电流源及伏安特性曲线

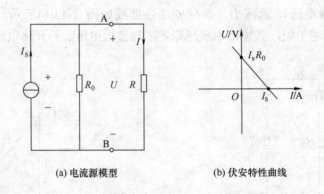

(a) 电流源模型   (b) 伏安特性曲线

图 1-15   实际电流源模型及伏安特性曲线

3. 两种实际电源模型间的等效变换

从图 1-13(b)和图 1-15(b)中可以发现，两者的伏安特性曲线是相同的，在一定的条件下，这两个外特性可以重合。这说明一个实际电源既可以用电压源模型表示，也可以用电流源模型来表示。也就是说，电压源模型和电流源模型对同一外部电路而言，相互之间可以等效变换。变换后保持输出电压和输出电流不变(如图 1-16 所示)，从图 1-16 中可知，在 U、I 均保持不变的情况下，等效变换的条件为

$$I_s = \frac{U_s}{R_0} \text{ 或 } U_s = I_s R_0 \tag{1-21}$$

R_0 保持不变，但接法改变。特别要指出的是，电压源模型与电流源模型在等效变换时 U_s 与 I_s 的方向必须保持一致，即电流源流出电流的一端与电压源的正极性端相对应。

在电压源模型与电流源模型做等效变换时，还应注意以下几个问题。

(1) 电压源模型与电流源模型的等效关系只是对相同的外部电路而言，其内部并不等效。

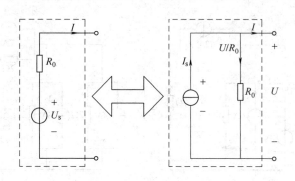

图 1-16　电压源模型与电流源模型的等效变换

(2) 理想电压源与理想电流源之间不能相互等效变换，这是因为理想电压源内阻 $R_0 = 0$，若能等效变换，则短路电流 $I_s = \dfrac{U_s}{R_0} = \infty$，这是没有意义的。同样，理想电流源内阻 $R_0 = \infty$，若能等效变换则开路电压 $U_s = I_s R_0 = \infty$，这也是没有意义的。

(3) 任何与电压源并联的两端元件不影响电压源电压的大小，在分析电路时可以舍去；任何与电流源串联的两端元件不影响电流源电流的大小，在分析时同样可以舍去(但在计算由电源提供的总电流、总电压和总功率时，两端元件不能舍去)。

在分析电路时，利用电源等效变换的方法可以简化电路，以方便计算。

【例 1-5】求图 1-17 所示电路中的电流 I。

解：

根据电压源模型和电流源模型之间的等效变换，图 1-17 所示电路可简化为图 1-18(d) 的形式，简化过程如图 1-18(b)、(c)和(d)所示。则利用 KVL 列方程得

$$9 - 1I - 2I - 4 - 7I = 0$$

所以 $I = 0.5\text{A}$。

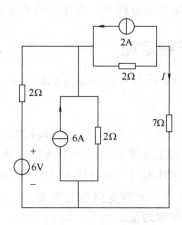

图 1-17　例 1-5 的电路图

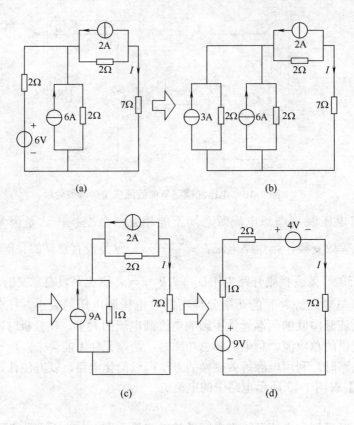

图 1-18　例 1-5 电路的简化过程图

根据基尔霍夫定律，串联的恒压源和并联的恒流源可以合并，所以较为复杂的电路中存在着多个电源时，可通过将电源变换、合并的方法使电路简化，便于分析计算。使用电压源、电流源等效变换的方法分析电路时，应注意所求支路不得参与变换。

1.3.2　戴维南定理与诺顿定理

戴维南定理和诺顿定理是分析线性电路非常有利的工具。

1. 戴维南定理

定理内容：任何一个线性含源单口网络，就端口特性而言，可以等效为一个电压源和电阻串联的单口网络，电压源的电压等于单口网络端口处的开路电压 U_{oc}；串联电阻 R_0 等于单口网络中所有独立源为零值时所得无源网络 N_0 的等效电阻，如图 1-19 所示。

在图 1-19(a)中，电压源与电阻串联支路称为戴维南等效电路，其中电阻串联在电路中，当单口网络视为电源时，常称为输出电阻，用 R_0 表示；当单口网络视为负载时，则称为输入电阻，用 R_i 表示。

应用戴维南定理，可以简化线性含源单口网络，进而使电路分析变得简便。

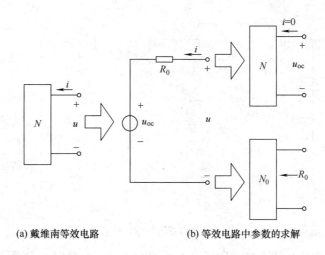

(a) 戴维南等效电路　　　　　　　　(b) 等效电路中参数的求解

图 1-19　戴维南等效电路

【例 1-6】求如图 1-20(a)所示的含源单口网络的戴维南等效电路。

解：

首先求含源单口网络的开路电压 U_{OC}。

将 2A 电流源和 4Ω 电阻的并联电路等效变换为 8V 电压源和 4Ω 电阻的串联，如图 1-20(b)所示，由于 A、B 两点间开路，所以左边回路是一个单回路(串联回路)，则回路电流为

$$I = \frac{36V}{6\Omega + 3\Omega} = 4A$$

所以 $U_{OC} = U_{AB} = -8V + 3I = -8V + 3\Omega \times 4A = 4V$。

再求等效电阻 R_0。电压源用短路线代替，电流源用开路线代替，如图 1-20(c)所示。

$$R_0 = 4\Omega + \frac{3 \times 6}{3 + 6}\Omega = 6\Omega$$

则所求戴维南等效电路如图 1-20(d)所示。

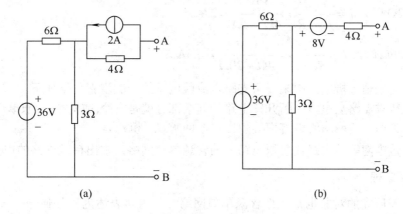

(a)　　　　　　　　　　　　　　　(b)

图 1-20　例 1-6 的电路图

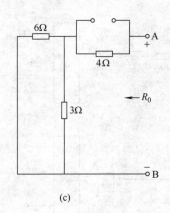
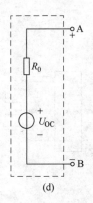

(c)　　　　　　　　(d)

图 1-20　(续)

【例 1-7】电桥电路如图 1-21(a)所示，当 $R = 2\Omega$ 和 $R = 20\Omega$ 时，求通过电阻 R 的电流 I。

解：

这是一个复杂电路，如果用前面学过的知识求解比较复杂，而用戴维南定理分析，就比较方便了。

将图 1-21(a)中电路待求支路断开，得到如图 1-21(b)所示的含源单口网络。求这个含源单口网络的戴维南等效电路。

在图 1-21(b)中选定支路电流 I_1，I_2，参考方向如图 1-21(b)所示。

$$I_1 = \frac{36V}{4\Omega + 8\Omega} = 3A \qquad\qquad I_2 = \frac{36V}{4\Omega + 2\Omega} = 6A$$

所以 AB 端的开路电压 $U_{OC} = U_{AB} = 8I_1 - 2I_2 = (8 \times 3 - 2 \times 6)V = 12V$。

求等效电阻 R_0。电压源用短路线代替，如图 1-21(c)所示。

$$R_0 = \frac{4 \times 8}{4 + 8}\Omega + \frac{4 \times 2}{4 + 2}\Omega = 4\Omega$$

图 1-21(b)所示的含源单口网络的戴维南等效电路如图 1-21(d)所示，接上电阻 R 即可求出电流 I。

当 $R = 2\Omega$ 时，$I = \dfrac{U_{OC}}{R_0 + R} = \dfrac{12V}{4\Omega + 2\Omega} = 2A$。

当 $R = 20\Omega$ 时，$I = \dfrac{U_{OC}}{R_0 + R} = \dfrac{12V}{4\Omega + 20\Omega} = 0.5A$。

用戴维南定理分析电路中某一条支路电流或电压的一般步骤总结如下。

(1) 把待求支路从电路中断开，电路的其余部分就是一个(或几个)含源单口网络。

(2) 求含源单口网络的戴维南等效电路，即求 U_{OC} 和 R_0。

(3) 用戴维南等效电路代替原电路中的含源单口网络，求出待求支路的电流或电压。

2. 诺顿定理

诺顿定理研究的对象也是线性含源单口网络。其内容表述为：任何一个线性含源单口网络，就其端口特性而言，可以等效为一个电流源和电阻并联的单口网络，如图 1-22(a)所示。电流源的电流等于单口网络端口处的短路电流 I_{SC}；并联电阻 R_0 等于单口网络中所有独立源为零值时所得无源网络 N_0 的等效电阻，如图 1-22(b)所示。

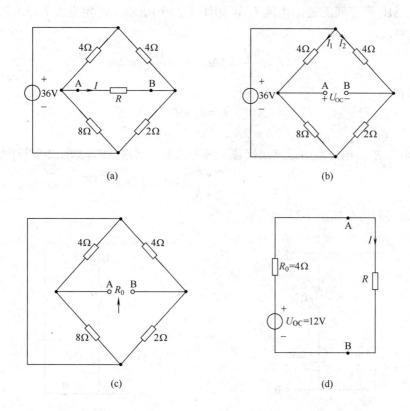

图 1-21　例 1-7 的电路图

如图 1-22(a)所示，电流源与电阻的并联模型称为诺顿等效电路。应用诺顿定理，同样可以简化线性含源单口网络。

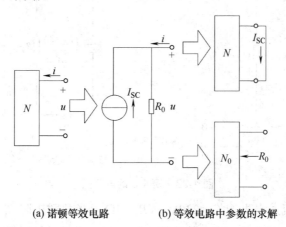

(a) 诺顿等效电路　　　　(b) 等效电路中参数的求解

图 1-22　诺顿等效电路

【例 1-8】求图 1-23(a)所示含源单口网络的诺顿等效电路。

解：

首先求 AB 两点间的短路电流 I_{SC}，如图 1-23(b)所示。选定电流 I_1、I_2 的参考方向如图 1-23(b)所示。

$$I_1 = \frac{8V}{2\Omega} = 4A \ , \quad I_2 = \frac{12V}{6\Omega} = 2A$$

由 KCL 得

$$I_1 = I_2 + I_{SC}$$

所以短路电流 $I_{SC} = I_1 - I_2 = 4A - 2A = 2A$。

求等效电阻 R_0。电压源用短路线代替，得无源单口网络 AB，如图 1-23(c)所示。

$$R_0 = \frac{2 \times 6}{2+6}\Omega = 1.5\Omega$$

求得诺顿等效电路如图 1-23(d)所示。

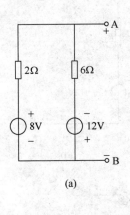

(a)

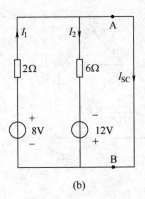

(b)

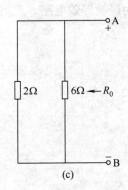

(c)

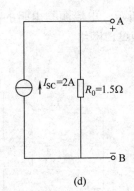

(d)

图 1-23 例 1-8 的电路图

【例 1-9】一直流发电机的 $E = 230V$，$R_0 = 1\Omega$，当负载电阻 $R_L = 22\Omega$ 时，用电源的两种模型分别求负载的电压和电流，并计算电源内部的内阻压降，判断是否相等。

解：

① 计算负载上的电压 U 和电流 I。

在电压源电路中，有

$$I = \frac{E}{R_L + R_0} = \frac{230\text{V}}{22\Omega + 1\Omega} = 10\text{A}$$

$$U = R_L \times I = 22\Omega \times 10\text{A} = 220\text{V}$$

在电流源电路中，有

$$I = \frac{R_0}{R_0 + R_L} I_S = \frac{1}{22 + 1} \times \frac{230}{1}\text{A} = 10\text{A}$$

$$U = R_L I = 22\Omega \times 10\text{A} = 220\text{V}$$

② 计算内阻压降。

在电压源电路中，有

$$U_{R_0} = R I_0 = 1\Omega \times 10\text{A} = 10\text{V}$$

在电流源电路中，有

$$U_{R_0} = \frac{U}{R_0} R_0 = U = 220\text{V}$$

由此可见，电压源和电流源对外电路是等效的，对电源内部是不等效的。

1.4 电路的工作状态

电源与负载相连接，根据所接负载的情况，电路有几种不同的工作状态。本节以简单直流电路为例分别讨论电路在有载、开路和短路工作状态时的一些特性。

1.4.1 电路的有载工作

电源接有一定负载时，将输出一定大小的电流和功率。通常，电路负载并联在电源上，如图 1-24 所示。因电源输出电压基本不变，所以负载的端电压也基本不变，那么，负载并接得越多，电源输出的电流就越大，输出功率也越大。

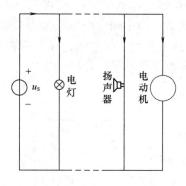

图 1-24 负载并联在电源上

任何电气设备都有一定的电压、电流和功率的限额。额定值就是电气设备制造厂对产品规定的使用限额，通常都标在产品的铭牌或说明书上。电气设备在额定值的情况下工作，就称为额定工作状态。

电源设备的额定值一般包括额定电压 U_N、额定电流 I_N 和额定容量 S_N。其中额定电压

U_N 和额定电流 I_N 是指电源设备安全运行所规定的电压和电流限额；额定容量 $S_N = U_N I_N$，表示电源允许的最大输出功率，但电源设备工作时不一定总是输出规定的最大允许电流和功率，究竟输出多大还取决于所连接的负载。

负载的额定值一般包括额定电压 U_N、额定电流 I_N 和额定功率 P_N。对于电阻性负载，由于这三者与电阻 R 之间具有一定的关系式，所以它的额定值不一定全部标出。例如，某些白炽灯只标出额定电压和额定功率；碳膜电阻、金属膜电阻等只给出电阻值和额定功率，其他额定值可以由相应公式算得。

合理使用电气设备，要尽可能使它们工作在额定状态下，这样既安全可靠又能充分发挥设备的作用。这种工作状态也称"满载"，电气设备超过额定值工作时称为"过载"。如果过载时间较长，则会大大缩短电气设备的使用寿命，在严重的情况下甚至会使电气设备损坏。如果使用时的电压值、电流值比额定值小得多，那么设备就不能正常合理地工作或者不能充分发挥其工作能力，这都是应该避免的。

1.4.2　电路的开路

开路状态也称断路状态，这时电源和负载未构成通路，负载上电流为零，电源空载，不输出功率。这时电源的端电压称为开路电压，用 U_{OC} 表示。

如图 1-13(a)所示的电压源模型，开路时 $I = 0$，内阻 R_0 上的压降为零，其开路电压即为电源电压 $U_{OC} = U_S$；如图 1-15(a)所示的电流源模型，开路时端电压为 $U_{OC} = I_S R_0$，因为实际电流源的内阻一般都较大，其开路电压也将很大，会损害电源设备，所以电流源不应处于开路状态。

根据电压源在开路时 $I = 0$，$U_{OC} = U_S$ 的特点，在实际工作中，可以很方便地借助于电压表来寻求一个电路的断开点。在如图 1-25 所示的电路中，当电流表的电流为零时，说明电路中有断路点。用电压表接在电源两端，即图 1-25 中的 A、E 两点(直流时要注意电压表的极性)，电压表有读数为 U_S，然后把表的一端从 A 点移开，分别去测量 B、C、D 各点与 E 点间的电压，如果 B、E 两点间有电压 U_S，说明 AB 段是连通的，无断开点，这是因为只有在 AB 段连通的情况下，当电路中的电流为零时才可能存在 $U_{BE} = U_S$。若 C、E 两点间电压为零，则可判定断路点在 B、C 之间，因为只有当 B、C 间断开时，C 与 E 的电位才相等，即 $U_{CE} = 0$，电压表读数为零。若 U_{CE} 仍为 U_S，则表明 BC 段是连通的，再依次测量下去，便可找出断路点。

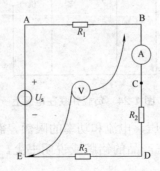

图 1-25　用电压表确定电路的断路点

1.4.3　电路的短路

短路状态是指电源两端由于某种原因而短接在一起的情况，相当于负载电阻为零，电源的端电压为零，不输出电功率。

短路时电源的输出电流称为短路电流，用 I_{sc} 表示。显然，实际电流源的短路电流 $I_{\text{sc}} = I_{\text{s}}$。对于实际电压源，因为内阻 R_0 一般都很小，其短路电流 $I_{\text{sc}} = \dfrac{U_{\text{s}}}{R_0}$ 将很大，会使电源发热以致损坏。所以在实际工作中，应该经常检查电气设备和线路的绝缘情况，以防止电压源被短路的事故发生。此外，通常还在电路中接入熔断器等保护装置，以便在发生短路时能迅速切断电路，达到保护电源及电路器件的目的。

【例 1-10】 某直流电源串联一个 $R = 11\,\Omega$ 的电阻后，进行开路、短路实验，如图 1-26(a) 和图 1-26(b) 所示，分别测得 $U_{\text{oc}} = 18\text{V}$，$I_{\text{sc}} = 1.5\text{A}$，若用实际电压源模型表示该电源，求 U_{s} 和 R_0 的值。

解：

电源开路时 $U_{\text{s}} = U_{\text{oc}} = 18\text{V}$。

电源短路时 $I_{\text{sc}} = \dfrac{U_{\text{s}}}{R_0 + R}$。

所以　$R_0 = \dfrac{U_{\text{s}}}{I_{\text{sc}}} - R = \dfrac{18\text{V}}{1.5\text{A}} - 11\,\Omega = 1\,\Omega$。

本例是一种求解实际电压源的电动势和内阻的实验方法。

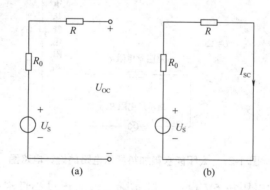

(a)　　　　　　　　(b)

图 1-26　例 1-10 的电路图

1.5　太阳能水箱加热显示电路的设计过程

本节要求在给定器材的情况下设计一个简单显示电路，在太阳能水箱(电热管的额定功率为 2kW，额定电压为 220V)加热时小灯泡(额定功率 为 1W，额定电压为 6V)亮，并且此时小灯泡两端的电压为 5V。

1. 思路分析

小灯泡作为电热管的指示灯,应该是电热管工作(电热管中有电流通过)时,小灯泡发光(有电流),电热管不工作(电热管中没有电流)时,小灯泡不发光(无电流)。为满足这一要求,应将小灯泡和电热管串联。

另外,还应该注意一下电热管和小灯泡正常工作时通过各自的电流大小。电热管正常工作时,通过它的电流大小为

$$I_1 = \frac{P_1}{U_1} = \frac{2000\text{W}}{220\text{V}} \approx 9\text{A}$$

小灯泡正常工作时通过它的电流大小为

$$I_2 = \frac{P_2}{U_2} = \frac{1\text{W}}{6\text{V}} \approx 0.17\text{A}$$

比较上述的 I_1 和 I_2 可知,不可以将小灯泡和电热管简单地串起来就接在 220V 的电路中(如果这样,通过小灯泡的电流必超过其额定电流而使小灯泡烧毁),为使上述的串联关系成立而又不致使通过小灯泡的电流过大,可以设法取另一电阻与小灯泡并联,只要这一电阻的大小取值恰当,便可将由电热管流来的电流分流出一部分而使通过小灯泡的电流不超过其额定电流。

2. 设计步骤

(1) 电热管及指示灯的原理图如图 1-27 所示。

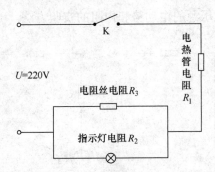

图 1-27 太阳能水箱加热显示电路的设计电路图

(2) 指示灯两端的电压按 5V 设计,则实际工作时通过小灯泡的电流略小于小灯泡的额定电流,这样可以延长指示灯的使用寿命。

(3) 由公式 $P = \dfrac{U^2}{R}$ 得电热管的电阻为: $R_1 = \dfrac{U_1^2}{P_1} = \dfrac{220 \times 220}{2000}\Omega = 24.2\Omega$ 。

电热管两端的实际电压为: $220\text{V} - 5\text{V} = 215\text{V}$ 。

通过电热管的实际电流为: $\dfrac{215\text{V}}{24.2\Omega} = 8.884\text{A}$ 。

小灯泡的电阻为: $R_2 = \dfrac{U_2^2}{P_2} = \dfrac{6 \times 6}{1}\Omega = 36\Omega$ 。

通过小灯泡的实际电流为：$\dfrac{5\text{V}}{36\Omega}=0.139\text{A}$。

通过电阻丝的电流为：$8.884\text{A}-0.139\text{A}=8.745\text{A}$。

电阻丝的电阻值为：$R_3=\dfrac{U_3}{I_3}=\dfrac{5\text{V}}{8.745\text{A}}=0.572\Omega$。

设单位长度的电阻丝阻值为 $10\,\Omega/\text{m}$，则所用电阻丝的长度应为：$L=\dfrac{0.572}{10}\text{m}=0.057\text{m}$。

1.6　拓 展 实 训

1.6.1　基尔霍夫定律验证实训

1. 实训目的

(1)　通过实训验证基尔霍夫电流定律和电压定律，巩固所学理论知识。

(2)　加深对参考方向概念的理解。

2. 实训设备与器材

双路可调直流稳压电源一台，直流毫安电流表三块，直流电压表一块，带插头导线若干，电阻若干，计算器一个。

3. 实训内容

(1)　按图 1-28 所示连接好电路。

(2)　检查电路连接无误后，打开电源开关，开始测量。

(3)　分别调整电源电压 U_1、U_2 为 12V、12V，9V、12V，12V、10V 时读出三只电流表的数值 I_1、I_2、I_3；同时用万用表分别测量三个电阻两端电压 U_{AB}、U_{BD}、U_{CB}，将测量结果填入表 1-1 中，并进行计算比较。

注意：(1)　接通电源后，若发现电流表反转，应立即切断电源，调换电流表极性后重复通电。

(2)　测量某节点各支路电流时，可以设流入该节点的电流方向为参考方向(反之亦可)。将电流表负极接到该节点上，而将电流表的正极分别串入各条支路，当电流表指针正向偏转时，说明该支路电流是流入节点的，与参考方向相同，其值取正。若指针反向偏转，说明该支路电流是流出节点的，与参考方向相反，调换电流表极性，再测量，取其值为负。

(3)　测量电压时，用黑表笔接参考点，红表笔接被测点。若红表笔接高电位点，表针正向偏转，则电压值为正值；若发现表针反向偏转时，应调换表针，此时电压值为负值。

表 1-1　基尔霍夫定律中电流、电压测量值与计算值对照表

	$U_1 = U_2 = 12V$			$U_1 = 9V$　$U_2 = 12V$			$U_1 = 12V$　$U_2 = 10V$		
	计算值	测量值	误差	计算值	测量值	误差	计算值	测量值	误差
I_1									
I_2									
I_3									
$\sum I$									
U_{AB}									
U_{BD}									
U_{CB}									
$\sum U$									

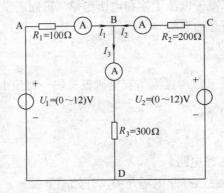

图 1-28　基尔霍夫电流定律和电压定律实验电路图

4. 实训总结

(1) 利用表 1-1 中的计算结果和测量结果验证基尔霍夫电流定律和电压定律。

(2) 将通过计算得到的各支路电流和电压值与测量得到的各支路电流和电压值进行比较，计算误差，并分析误差产生的原因。

(3) 已知某支路电流约为 3mA，现有量程分别为 5mA 和 10mA 的两块电流表，你将使用哪块电流表进行测量？为什么？

(4) 改变电流或电压的参考方向，对验证基尔霍夫定律有影响吗？为什么？

1.6.2　戴维南定理的验证实训

1. 实训目的

(1) 验证戴维南定理的正确性，加深对戴维南定理的理解。

(2) 掌握测量有源二端网络等效参数的一般方法。

2. 实训设备与器材

可调直流稳压电源一台，直流毫安电流表一块，直流电压表一块，带插头导线若干，万用表一只，开关一个，电阻若干。

3. 实训原理

1) 直接测量法测 U_{OC} 和 R_0

将有源二端网络内的独立源置零，有源二端网络输出端开路，用电压表直接测量输出端开路电压，即 U_{OC}。然后利用万用表测量端口处电阻，此时电阻值的大小即为有源二端网络的等效内阻值 R_0。

2) 零示法测 U_{OC}

在测量具有高内阻有源二端网络的开路电压时，用电压表直接测量会造成较大的误差。为了消除电压表内阻的影响，往往采用零示测量法，如图 1-29(a)所示。

零示法的测量原理是用一低内阻的稳压电源与被测有源二端网络进行比较，当稳压电源的输出电压与有源二端网络的开路电压相等时，电压表的读数将为"0"。然后将电路断开，测量此时稳压电源的输出电压，即为被测有源二端网络的开路电压。

3) 开路电压、短路电流法测 R_0

在有源二端网络输出端开路时，用电压表直接测其输出端的开路电压 U_{OC}，然后再将其输出端短路，用电流表测其短路电流 I_{SC}，则等效内阻为

$$R_0 = \frac{U_{OC}}{I_{SC}}$$

如果二端网络的内阻很小，若将其输出端口短路则易损坏其内部元件，因此不宜用此法。

4) 伏安法测 R_0

用电压表、电流表测出有源二端网络的外特性曲线，如图 1-29(b)所示。根据外特性曲线求出斜率 $\tan\alpha$，则内阻为

$$R_0 = \tan\alpha = \frac{\Delta U}{\Delta I} = \frac{U_{OC}}{I_{SC}}$$

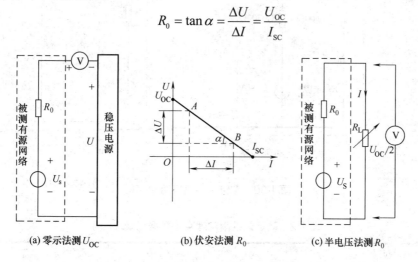

(a) 零示法测 U_{OC}　　　　(b) 伏安法测 R_0　　　　(c) 半电压法测 R_0

图 1-29　戴维南等效参数的测量方法

5) 半电压法测 R_0

如图 1-29(c)所示，当负载电压为被测网络开路电压的一半时，负载电阻(由电阻箱的读数确定)即为被测有源二端网络的等效内阻值。

4. 实训内容

用开路电压法、短路电流法验证戴维南等效电路。

(1) 在实验台上，按图 1-30(a)所示连接好电路。

(2) 在图 1-30(a)中，$U_{S1} = 10V$，$U_{S2} = 6V$，$R_1 = 500\Omega$，$R_2 = 300\Omega$，$R_L = 100\Omega$，电流表选用 50mA 的电流表。

(3) 把 R_L 调至最大值，检查电路连接无误后，打开电源开关，开始测量。

(4) 当开关 S 断开时，测量 A、B 端电压，即为开路电压 U_{OC}。将测量数据填入表 1-2 中。

(5) 将 R_L 的阻值调到 0Ω，闭合开关 S，此时电流表指示数即为短路电流 I_{SC}。将测量数据填入表 1-2 中。

(6) 根据开路电压 U_{OC} 和短路电流 I_{SC} 计算等效电源内阻 R_0。将计算数据结果填入表 1-2 中。

(7) 负载实验。按图 1-30(a)所示接入 R_L。改变 R_L 阻值，分别测量 U_{AB} 和 I_3 的数值，填入表 1-3 中，并利用测量的数值绘制有源二端网络的外特性曲线。

(8) 将图 1-30(a)所示的虚线框内线路用一个电压源和一个电阻代替，电源即为开路电压 U_{OC}，电阻为等效内阻 R_0，R_L 的数值保持不变，如图 1-30(b)所示，改变 R_L，分别测量 U_{AB} 和 I_3' 的数值，填入表 1-4 中，利用测量的数值绘制伏安特性曲线，并与表 1-3 中的 U_{AB} 和 I_3 进行比较，从而验证戴维南定理。

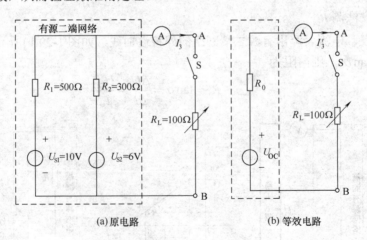

(a) 原电路   (b) 等效电路

图 1-30   戴维南定理实验电路图

表 1-2   验证戴维南定理实验数据记录表(一)

U_{OC}	I_{SC}	R_0

表 1-3　验证戴维南定理实验数据记录表(二)

R_L	100Ω	80Ω	60Ω	40Ω	20Ω	0Ω
U_{AB}						
I_3						

表 1-4　验证戴维南定理实验数据记录表(三)

R_L	100Ω	80Ω	60Ω	40Ω	20Ω	0Ω
U_{AB}						
I_3						

5. 实训总结

(1)　根据实训内容中的步骤(7)、(8)，分别绘出曲线，验证戴维南定理的正确性，并分析产生误差的原因。

(2)　在求戴维南等效电路时，做短路实验，测 I_{SC} 的条件是什么？请实验前对线路图 1-30(a)预先做好计算，以便调整实验线路及测量时可准确地选取电表的量程。

(3)　说明测有源二端网络开路电压及等效内阻的几种方法，并比较其优缺点。

(4)　设计一个简单电路用来测量一节电池的内阻。

1.6.3　电压源与电流源的等效变换实训

1. 实训目的

(1)　掌握电源外特性的测试方法。

(2)　验证电压源与电流源等效变换的条件。

2. 实训设备与器材

可调直流稳压电源一台，可调直流恒流源一台，直流电压表一块，直流电流表一块，万用表一只，电阻若干。

3. 实训内容

1)　测定直流稳压电源(理想电压源)与实际电压源的外特性

(1)　按图 1-31(a)所示连接好电路。

(2)　在图 1-31 中，$U_S = 12V$ 为直流稳压电源，$R_1 = 200Ω$，$R_L = 1kΩ$。

(3)　把 R_L 调至最大值，检查电路连接无误后，打开电源开关，开始测量。调节 R_L，令其阻值由大至小变化，测量 A、B 间电压 U_{AB} 和电路中电流 I，将测量数据填入表 1-5 中。

(4)　按图 1-31(b)所示的线路接线，$R_0 = 120Ω$，虚线框可模拟为一个实际的电压源。调节 R_L，令其阻值由大至小变化，测量 A、B 间电压 U_{AB} 和电路中电流 I，将测量数据填入表 1-6 中。

(5)　根据表 1-5 和表 1-6 中的数据绘出 U_{AB}-I 曲线。

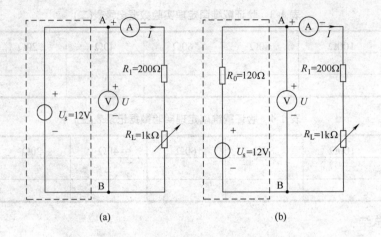

图 1-31　测定直流稳压电源(理想电压源)与实际电压源的外特性电路图

表 1-5　电压源与电流源的等效变换测试记录表(一)

R_l	1kΩ	0.8kΩ	0.6kΩ	0.4kΩ	0.2kΩ	0
U_{AB}						
I						

表 1-6　电压源与电流源的等效变换测试记录表(二)

R_l	1kΩ	0.8kΩ	0.6kΩ	0.4kΩ	0.2kΩ	0
U_{AB}						
I						

2)　测定电流源的外特性

按图 1-32 所示的线路接线，I_S 为直流恒流源，调节其输出为 10mA，令 R_0 分别为 1kΩ 和∞(即接入和断开)，调节电位器 R_L (从 1kΩ至 0)，测出这两种情况下的电压表和电流表的读数。自拟数据表格，记录实验数据。

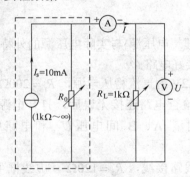

图 1-32　测定电流源的外特性电路图

3) 测定电源等效变换的条件

先按图 1-33(a)所示的线路接线，记录线路中两表的读数。然后利用图 1-33(a)中左侧虚线框外的元件和仪表，按图 1-33(b)所示的线路接线。调节恒流源的输出电流 I_s，使两表的读数与图 1-33(a)时的数值相等，记录 I_s 数值，填于表 1-7 中，验证等效变换条件的正确性。

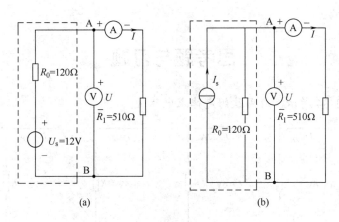

图 1-33 测定电源等效变换的条件电路图

表 1-7 电压源与电流源的等效变换测试记录表

	图 1-33(a)所示线路	图 1-33(b)所示线路
U_{AB}		
I		
I_s		

4. 实训总结

(1) 根据实验数据绘出电源的 4 条外特性曲线，并总结、归纳各类电源的特性。

(2) 根据实验结果，验证电源等效变换的条件。

(3) 直流稳压电源的输出端为什么不允许短路？直流恒流源的输出端为什么不允许开路？

(4) 电压源与电流源的外特性为什么呈下降变化趋势？稳压源和恒流源的输出在任何负载下是否保持恒值？

本 章 小 结

(1) 由于电流、电压的实际方向只有两种可能性，且在电路的分析、计算之前很难事先知道，因而必须引入电流、电压参考方向的概念，这样，既可对电路进行计算，又可以由计算结果得到电流、电压的实际方向。

(2) 基尔霍夫电流定律(KCL)来自电流连续性原理，基尔霍夫电压定律(KVL)是能量守恒原理的一种表现形式。

(3) 实际电源的电压源模型与电流源模型可进行等效变换，电源变换是简化电路的一个十分有用的工具。

(4) 戴维南定理和诺顿定理表明任一线性含独立电源的单口网络就端口特性而言，可简化为一个实际电源。

(5) 电源有三种工作状态：有载、开路和短路，合理使用电气设备，应尽可能使它们工作在额定状态下。

思考题与习题

1. 电路如图 1-34 所示，应用欧姆定律求电阻 R。

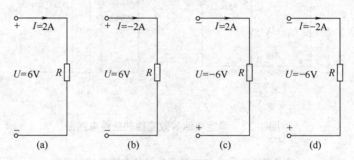

图 1-34 题 1 图

2. 电路如图 1-35 所示，用方框代表某一电路元件，其电压、电流如图 1-35 所示，求图中各元件的功率，并说明该元件实际上是吸收功率还是发出功率。

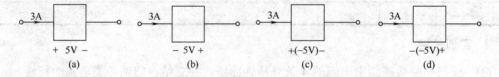

图 1-35 题 2 图

3. 在如图 1-36 所示的电路中，方框表示电源或电阻，各元件的电压和电流的参考方向如图 1-36 所示。通过测量得知：$I_1 = 2A$，$I_2 = 1A$，$I_3 = 1A$，$U_1 = 4V$，$U_2 = -4V$，$U_3 = 7V$，$U_4 = -3V$。

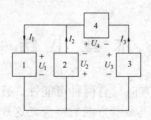

图 1-36 题 3 图

(1) 试标出各电流和电压的实际方向。

(2) 试求每个元件的功率，并判断其是电源还是负载。

4. 如图 1-37 所示电路，直流电压源的电压 $U_S = 10\text{V}$。求：

(1) $R = \infty$ 时的电压 U，电流 I。

(2) $R = 10\Omega$ 时的电压 U，电流 I。

(3) $R \rightarrow 0\Omega$ 时的电压 U，电流 I。

5. 如图 1-38 所示电路，直流电流源的电流 $I_S = 1\text{A}$。求：

(1) $R \rightarrow \infty$ 时的电流 I，电压 U。

(2) $R = 10\Omega$ 时的电流 I，电压 U。

(3) $R = 0\Omega$ 时的电流 I，电压 U。

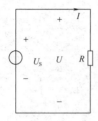

图 1-37　题 4 图

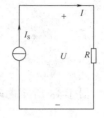

图 1-38　题 5 图

6. 已知 $U_{S1} = 4\text{V}$，$I_{S2} = 2\text{A}$，$R_2 = 1.2\Omega$，试等效化简图 1-39 所示的电路。

7. 在如图 1-40 所示的电路中，已知 $U_{S1} = 10\text{V}$，$I_{S1} = 15\text{A}$，$I_{S2} = 5\text{A}$，$R = 30\Omega$，$R_2 = 20\Omega$，求电流 I。

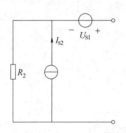

图 1-39　题 6 图

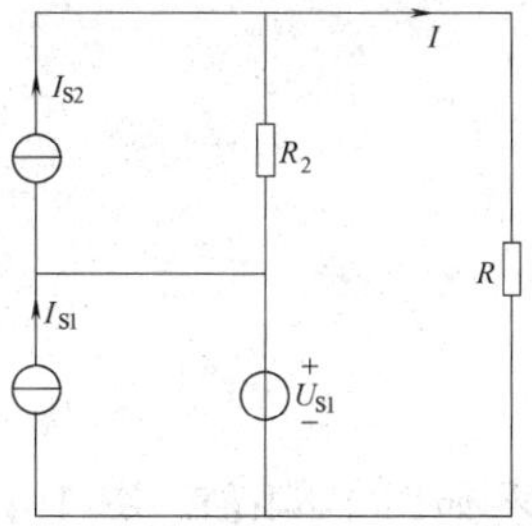

图 1-40　　题 7 图

8. 已知 $I_1 = 3\text{A}$、$I_2 = 5\text{A}$、$I_3 = -18\text{A}$、$I_5 = 9\text{A}$，计算如图 1-41 所示电路中的电流 I_6 及 I_4。

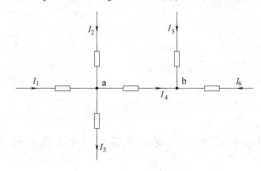

图 1-41　题 8 图

9. 已知 $I_1 = 5A$、$I_6 = 3A$、$I_7 = -8A$、$I_5 = 9A$，试计算如图 1-42 所示电路中的电流 I_8。

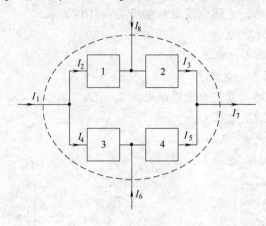

图 1-42　题 9 图

10. 试求如图 1-43 所示电路中元件 3、4、5、6 的电压。

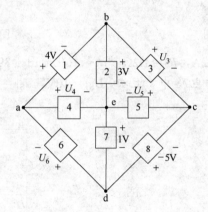

图 1-43　题 10 图

11. 试求如图 1-44(a)、图 1-44(b) 所示电路的戴维南等效电路。

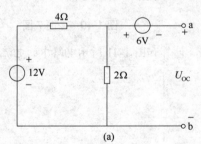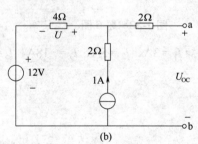

图 1-44　题 11 图

12. 试用戴维南定理求如图 1-45 所示分压器电路中负载电阻 R 分别为 100Ω、200Ω 的电压和电流。

13. 在如图 1-46 所示的电路中，已知电阻 $R_1 = 4\Omega$，$R_2 = R_3 = 2\Omega$，$R_4 = R_5 = R_6 = 1\Omega$，

电压 $U_{S1} = U_{S2} = 40V$，试用诺顿定律求电流 I_3。

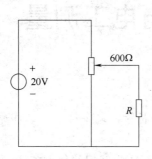

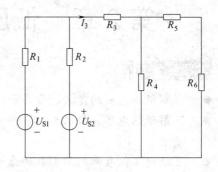

图 1-45　题 12 图　　　　　　　　图 1-46　题 13 图

14. 在如图 1-47 所示的电路中，已知电阻 $R_1 = R_2 = 1\Omega$，$R_3 = 5\Omega$，电压 $U_s = 10V$，$I_s = 2A$，求诺顿等效电路。

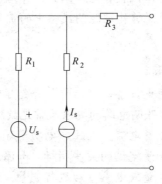

图 1-47　题 14 图

第 2 章 低压电器与电工测量

本章要点 ▌▌

- 了解低压电器的定义、分类和技术指标。
- 了解低压电器元件的结构和用途,掌握其图形符号、文字符号、工作原理及使用要点。
- 了解电工仪表和电工工具的结构、用途和种类,掌握它们的使用方法。
- 了解照明电路的组成和工作原理。

技能目标 ▌▌

- 能够正确使用常见的电工仪表和电工工具,并结合实际要求测量相关电量。
- 掌握照明电路的安装,能够处理照明线路中的常见故障。
- 能够拆装常见的低压电器。

主要理论及工程应用导航 ▌▌

本章首先介绍了常用低压用电设备,然后详细介绍了常用的电工仪表和电工工具的使用及注意事项,最后讲述了实际照明电路的安装及常见故障的维修方法。

在工厂配电间,可以看到测量电流、电压、电功率等的各种仪表。要进行家庭用电的计费,就需要安装电能表;要测量空调的某些指标,如温度、风速等许多参量,就需要用各种仪表将这些物理量转变为电量或电参量后进行测量。这些都是电工测量的任务。各种电工、电子产品的生产、调试、鉴定和各种电器设备的使用、检测、维修等都离不开电工仪表。电工仪表和电工测量技术的发展,保证了生产过程的合理操作和用电设备的顺利工作,同时也为科学研究提供了有利的条件。

2.1 电路测量设计说明

1. 设计目的

掌握测量电路的设计方法。

2. 设计内容

做电路实验时需要测量约 0.5A 的电流,但是实验室内当时只有一个量程为 0.3A 的电流表。如果手边有 12V 学生电源、0~50Ω的滑动变阻器、电炉用的电阻丝,以及导线和开关,请你设计一个简单电路,可以把电表的量程临时近似扩展为 0.6A。要求画出电路图,并简述设计步骤。

2.2　低压电器基础知识

在我国经济建设和人民生活中，电能的应用越来越广泛。实现工业、农业、国防和科学技术的现代化，就更离不开电气化。为了安全、可靠地使用电能，电路中就必须装有各种起调节、分配、控制和保护作用的电气设备。这些电气设备统称为电器。从生产或使用的角度，可以把电器分为高压电器和低压电器两大类。本章主要介绍低压电器。

思考：什么是低压电器？它是如何工作的？生活中有哪些常见的低压电器？

2.2.1　低压电器的分类与用途

1. 低压电器的分类

我国现行标准将工作电压交流 1200V、直流 1500V 以下的电气线路中的电气设备称为低压电器。低压电器种类繁多，功能、构造各异，用途广泛，工作原理各不相同，常用低压电器的分类方法也很多。

1)　按用途或控制对象分类

(1)　配电电器：主要用于低压配电系统中。要求系统发生故障时准确动作、可靠工作，在规定条件下具有相应的动稳定性与热稳定性，使电器不会被损坏。常用的配电电器有刀开关、转换开关、熔断器、断路器等。

(2)　控制电器：主要用于电气传动系统中。要求寿命长、体积小、重量轻且动作迅速、准确、可靠。常用的控制电器有接触器、继电器、启动器、主令电器、电磁铁等。

2)　按动作方式分类

(1)　自动电器：依靠自身参数的变化或外来信号的作用，自动完成接通或分断等动作，如接触器、继电器等。

(2)　手动电器：用手动操作来进行切换的电器，如刀开关、转换开关、按钮等。

3)　按触点类型分类

(1)　有触点电器：利用触点的接通和分断来切换电路，如接触器、刀开关、按钮等。

(2)　无触点电器：没有可分离的触点。主要利用电子元件的开关效应，即导通和截止来实现电路的通、断控制，如接近开关、霍尔开关、电子式时间继电器、固态继电器等。

4)　按工作原理分类

(1)　电磁式电器：根据电磁感应原理动作的电器，如接触器、继电器、电磁铁等。

(2)　非电量控制电器：依靠外力或非电量信号(如速度、压力、温度等)的变化而动作的电器，如转换开关、行程开关、速度继电器、压力继电器、温度继电器等。

2. 低压电器的用途

日常生活中用水时，我们在输送自来水的管路上及各种用水的地方，要装上不同的阀门对水流进行控制和调节。在输送电能的输电线路和各种用电的场合中，也要使用不同的电器来控制电路的通、断，对电路的各种参数进行调节，只是电能的输送和使用比自来水的输送使用要复杂得多。低压电器在电路中的用途是根据外界信号或要求，自动或手动接通、分断电路，连续或断续地改变电路状态，对电路进行切换、控制、保护、检测和调节。

随着科学技术的发展，新功能、新设备将不断出现，常用低压电器的主要种类及用途如表 2-1 所示。

表 2-1　常用低压电器的种类及用途

序 号	类 别	主要品种	用 途
1	断路器	塑料外壳式断路器	主要用于电路的过负荷保护、短路、欠电压、漏电压保护，也可用于不频繁接通和断开的电路
		框架式断路器	
		限流式断路器	
		漏电保护式断路器	
		直流快速断路器	
2	刀开关	开关板用刀开关	主要用于电路的隔离，有时也能断开负荷
		负荷开关	
		熔断器式刀开关	
3	转换开关	组合开关	主要用于电源切换，也可用于负荷通断或电路的切换
		换向开关	
4	主令电器	按钮	主要用于发布命令或程序控制
		限位开关	
		微动开关	
		接近开关	
		万能转换开关	
5	接触器	交流接触器	主要用于远距离频繁控制负荷，切断带负荷电路
		直流接触器	
6	启动器	磁力启动器	主要用于电动机的启动
		自耦减压启动器	
7	控制器	凸轮控制器	主要用于控制回路的切换
		平面控制器	

序 号	类 别	主要品种	用 途
8	继电器	电流继电器	主要用于控制电路中，将被控量转换成控制电路所需的电量或开关信号
		电压继电器	
		时间继电器	
		中间继电器	
		温度继电器	
		热继电器	
9	熔断器	有填料熔断器	主要用于电路短路保护，也用于电路的过载保护
		无填料熔断器	
		半封闭插入式熔断器	
		快速熔断器	
		自复熔断器	
10	电磁铁	制动电磁铁	主要用于起重、牵引、制动等地方
		起重电磁铁	
		牵引电磁铁	

2.2.2 低压电器的主要技术指标

为保证电器设备安全、可靠地工作，我国对低压电器的设计、制造规定了严格的标准。我们在使用电器元件时，必须按照产品说明书中规定的技术条件选用。低压电器的主要技术指标有以下几项。

(1) 绝缘强度：是指电器元件的触头处于分断状态时，动静触头之间能够承受的电压值(无击穿现象)。低压电器应能承受标准所规定的各项相关条件，如使用场所的海拔高度、电器的使用电压、电器触头的开距及交流 50Hz 耐压实验。

(2) 耐潮湿性能：是指保证电器可靠工作的允许环境潮湿条件。低压电器在型式实验中都要按耐潮湿实验周期条件进行考核。电器经过几个周期实验，其绝缘水平不应低于绝缘强度要求的水平。

(3) 极限允许温升：是电器的导电部件通过电流时将引起发热和温升，极限允许温升是指为防止过度氧化和烧熔而规定的最高温升值(温升值=测得实际温度−环境温度)。

低压电器内部的零部件由各种材质制成。电气运行中的温度对不同材质的零部件会产生一定的影响，如温升过高会影响正常工作、降低绝缘水平及使用寿命。为此，低压电器要按零部件的材质、使用场所的海拔高度及不同的工作制度，规定电器内各部位的允许温升。

(4) 操作频率：是指电器元件在单位时间(如 1h)内允许操作的最高次数。

(5) 寿命：电器的寿命包括电寿命和机械寿命两项指标。电寿命是指电器元件的触头在规定的电路条件下，正常操作额定负荷电流的总次数。机械寿命是指电器元件在规定使用条件下正常操作的总次数。

低压电器产品的种类多、数量大，用途极为广泛。为了保证不同产地、不同企业生产的低压电器产品的规格、性能和质量一致，通用和互换性好，低压电器的设计和制造必须严格按照国家的有关标准，尤其是基本系列的各类开关电器必须保证执行三化(标准化、系列化、通用化)，四统一(型号规格、技术条件、外形及安装尺寸、易损零部件统一)的原则。我们在购置和选用低压电器元件时，也要特别注意检查其结构是否符合标准，防止给今后的运行和维修工作留下隐患和麻烦。

2.2.3 低压电器的组成

从结构上看，电器一般都有两个基本组成部分：感受部分和执行部分。感受部分接收外界输入的信号，并通过转换、放大、判断做出有规律的反应，使执行部分动作，发出相应的指令实现控制的目的。对于有触点的电磁式电器，感受部分大都是电磁机构，而执行部分则是触点。对于非电磁式的电动电器，感受部分因其工作原理不同而各有差异，但执行部分仍是触点。对于自动开关类的电器，还具有中间部分，它把感受部分和执行部分联系起来，使它们协同一致，按一定的规律动作。

1. 电磁机构

电磁机构是电磁式电器的重要组成部分，它的工作好坏将直接影响电器工作的可靠性和使用寿命，电磁机构通常采用电磁铁的形式，由吸引线圈、铁芯和衔铁组成，其结构形式按衔铁的运动方式一般可分为直动式和转动式(拍合式)两种，如图 2-1 和图 2-2 所示，转动式又分为衔铁沿棱角转动和衔铁沿轴转动两种。

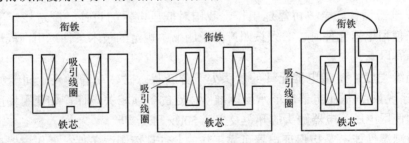

图 2-1　直动式电磁机构的结构形式

直动式电磁机构多用于交流接触器、继电器中。衔铁沿棱角转动的转动式电磁机构广泛应用于直流电器中。衔铁沿轴转动的转动式电磁机构的铁芯形状有 E 形和 U 形两种，多用于触头容量大的交流电器中。电磁式电器分为直流和交流两类，都是利用电磁铁的原理制成的。通常，直流电磁铁的铁芯是用整块钢材或工程纯铁制成的，而交流电磁铁的铁芯则是用硅钢片叠铆而成的。

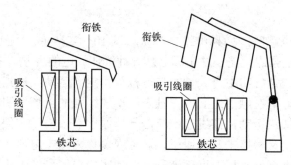

图 2-2　转动式电磁机构的结构形式

　　当吸引线圈通入电流后，产生磁场，磁通经铁芯、衔铁和工作气隙形成闭合回路，产生电磁吸力，衔铁在电磁吸力的作用下产生机械位移，被铁芯吸合。与此同时，衔铁还要受到弹簧的拉力等与电磁吸力方向相反的反力作用。只有当电磁吸力大于反力时，衔铁才能可靠地被铁芯吸住。

　　2. 触头

　　触头是电磁式电器的执行部分，起接通或断开电路的作用。触头的结构形式很多，按其所控制的电路可分为主触头和辅助触头。主触头用于接通或断开主电路，允许通过较大的电流；辅助触头用于接通或断开控制电路，只能通过较小的电流。

　　电磁式电器触头在线圈未通电状态时有常开和常闭两种状态，分别称为常开触头和常闭触头。当电磁线圈有电流通过，电磁机构动作时，触头改变原来的状态，常开触头将闭合，使与其相连的电路接通；常闭触头将断开，使与其相连的电路断开。能与机械联动的触头称为动触头，固定不动的触头称为静触头。

　　触头在闭合状态下，动、静触头完全接触，并有电流通过时，称为电接触。电接触时触头的接触电阻大小将影响其工作情况。接触电阻大时触头易发热，温度升高，从而使触头易产生熔焊现象，既影响了工作的可靠性，又降低了触头的寿命。触头接触电阻的大小主要与触头的接触形式、接触压力、触头材料及触头的表面状况有关。

　　触头的接触形式有点接触、线接触和面接触 3 种，如图 2-3 所示。点接触适用于电流不大，触头压力小的场合；线接触适用于接电次数多，电流大的场合；面接触适用于大电流的场合。

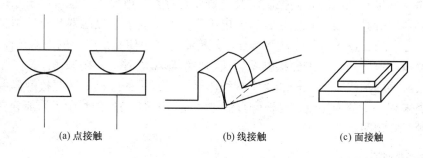

(a) 点接触　　　　　　　　(b) 线接触　　　　　　　(c) 面接触

图 2-3　触头的接触形式

3. 电弧

当电器触点切断电路时，如果电路中电压超过 10～12V 或电流超过 80～100mA，在拉开两个触头时将出现强烈火花，这实际上是一种气体放电的现象，通常称为"电弧"。

所谓气体放电，就是气体中有大量的带电粒子作定向运动。触点在分离瞬间，其间隙很小，电路电压大多降落在触点之间，在触点间形成很强的电场，阴极中的自由电子会逸出到气隙中并向正极加速运动，前进途中撞击气体原子，该原子分裂成电子和正离子。电子在向正极运动过程中又将撞击其他原子，这种现象称为撞击电离。撞击电离的正离子向阴极运动，撞在阴极上会使阴极温度逐渐升高。当阴极温度到达一定程度时，一部分电子将从阴极逸出再参与撞击电离。由于高温使电极发射电子的现象称为热电子发射。当电弧的温度达到 3000℃或更高时，触点间的原子以很高的速度作不规则的运动并相互剧烈撞击，结果原子也将产生电离，这种因高温使原子撞击所产生的电离称为热游离。撞击电离、热电子发射和热游离的结果是在两触点间呈现大量向阳极飞驰的电子流，这就是所谓的电弧。应当指出，伴随着电离的进行，也存在着消电离的现象。消电离主要是通过正、负带电粒子的复合进行的。温度越低，带电粒子运动越慢，越容易复合。

根据上述电弧产生的物理过程可知，欲使电弧熄灭，应设法降低电弧温度和电场强度，以加强消电离作用。当电离速度低于消电离速度时，电弧熄灭。根据上述灭弧原则，常用的灭弧装置有磁吹式灭弧、灭弧栅、灭弧罩、多断点灭弧四种。

在交流电路中常采用桥式触点，桥式触点有两处断开点，相当于两对电极，若有一处断点要使电弧熄灭后重燃，需要 150～250V，现有两处断点就需要 300～500V，所以对于小容量交流电器，采用桥式触点已能达到灭弧效果，无须另加灭弧装置。若有特殊需要时，可根据需要灵活地将两个或三个极串联起来当作一个触点使用，此时这组触点便成为多断点，加强了灭弧效果。

2.3 常用低压电器

2.3.1 接触器

接触器是一种用来自动接通或断开大电流电路的电器。它可以频繁地接通或分断交直流负载电路，并可实现中远距离控制。其主要控制对象是电动机，也可用于电热设备、电焊机、电容器组等其他设备。它还具有低电压释放保护功能。接触器具有控制容量大、过载能力强、寿命长、设备简单经济等特点，是控制电路中使用最广泛的电器元件之一。

接触器按操作方式分为电磁接触器、气动接触器和电磁气动接触器；按灭弧介质分为空气电磁接触器、油浸式接触器和真空接触器等。最常用的分类是按照接触器主触头控制的电路种类来划分，分为交流接触器和直流接触器两大类。图 2-4 所示为部分交流接触器和直流接触器实物图。

1. 交流接触器

图 2-5 所示为交流接触器的结构示意图及图形符号。交流接触器由电磁机构、触头系统、灭弧装置和其他部件四部分组成。

(a) 交流接触器

(b) 直流接触器

图 2-4　部分交流接触器和直流接触器的实物图

电磁机构由线圈、动铁芯(衔铁)和静铁芯组成。触头系统包括主触头和辅助触头。主触头用于通断主电路，有 3 对或 4 对常开触头；辅助触头用于控制电路，起电气连锁或控制作用，通常有两对常开两对常闭触头。容量在 10A 以上的接触器都有灭弧装置。对于小容量的接触器，常采用双断口桥形触头以利于灭弧；对于大容量的接触器，常采用纵缝灭弧罩及栅片灭弧结构。其他部件包括反作用弹簧、缓冲弹簧、触头压力弹簧、传动机构及外壳等。

接触器上标有端子标号，线圈为 A1、A2，主触头 1、3、5 接电源侧，2、4、6 接负荷侧。辅助触头用两位数表示，前一位为辅助触头顺序号，后一位的 3、4 表示常开触头，1、2 表示常闭触头。

接触器的控制原理很简单，当线圈接通额定电压时，产生电磁力，克服弹簧反力，吸引动铁芯向下运动，动铁芯带动绝缘连杆和动触头向下运动使常开触头闭合，常闭触头断开。当线圈失电或电压低于释放电压时，电磁力小于弹簧反力，常开触头断开，常闭触头闭合。

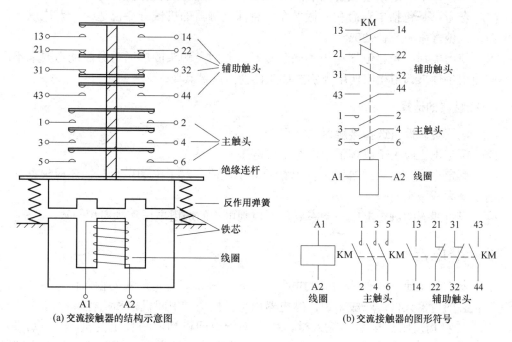

(a) 交流接触器的结构示意图　　　(b) 交流接触器的图形符号

图 2-5　交流接触器的结构示意图及图形符号

2. 直流接触器

直流接触器的结构和工作原理基本上与交流接触器相同，结构上也是由电磁机构、触头系统和灭弧装置等部分组成，但在电磁机构方面有所不同。由于直流电弧比交流电弧难熄灭，直流接触器常采用磁吹式灭弧装置灭弧。

3. 接触器的主要技术参数

接触器的主要技术参数有极数和电流种类、额定电压、额定电流、额定通断能力、线圈额定电压、允许操作频率、寿命、使用类别等。

(1) 接触器的极数和电流种类：按接触器主触头的个数确定其极数，有两极、三极和四极接触器；按主电路的电流种类分为交流接触器和直流接触器。

(2) 额定工作电压：是指主触头之间正常工作的电压值，也就是主触头所在电路的电源电压。直流接触器的额定电压有110V、220V、440V、660V；交流接触器的额定电压有220V、380V、500V、660V等。

(3) 额定电流：是指接触器触头在额定工作条件下的电流值。直流接触器的额定电流有40A、80A、100A、150A、250A、400A及600A；交流接触器的额定电流有10A、20A、40A、60A、100A、150A、250A、400A及600A。

(4) 通断能力：是指接触器主触头在规定条件下能可靠接通和分断的电流值。在该电流值下接通电路时，主触头不应造成熔焊。在此电流值下分断电路时，主触头不应发生长时间燃弧。一般通断能力是额定电流的5~10倍。这一数值与开断电路的电压等级有关，电压越高，通断能力越小。

(5) 线圈额定电压：是指接触器正常工作时线圈上所加的电压值。

(6) 操作频率：是指接触器在单位时间(1h)内允许操作次数的最大值。

(7) 寿命：是包括电寿命和机械寿命。目前接触器的机械寿命已达一千万次以上，电气寿命是机械寿命的5%~20%。

(8) 使用类别：是接触器用于不同负载时，其对主触头的接通与分断能力要求不同，按不同使用条件来选用相应使用类别的接触器便能满足其要求。

4. 接触器的选择

(1) 根据负载性质选择接触器的类型。

(2) 额定电压应大于或等于主电路工作电压。

(3) 额定电流应大于或等于被控电路的额定电流。对于电动机负载，还应根据其运行方式适当增大或减小。

(4) 吸引线圈的额定电压与频率要与所控制电路的选用电压和频率相一致。

2.3.2 继电器

继电器实质上是一种传递信号的电器，它是一种根据特定形式的输入信号转变为其触点开合状态的电器元件。一般来说，继电器由承受机构、中间机构和执行机构这3个部分组成。承受机构反映继电器的输入量，并传递给中间机构，与预定的量(整定量)进行比较，当达到整定量时，中间机构就使执行机构动作，其触点闭合或断开，从而实现某种控制目的。

继电器作为系统的各种状态、参量判断和逻辑运算的电器元件，主要起到信号转换和传递的作用，其触点容量较小。通常接在控制电路中用于反映控制信号，而不像接触器那样直接接到有一定负荷的主回路中。这也是继电器与接触器的根本区别。

继电器的种类很多，按它反映信号的种类可分为电流、电压、速度、压力、温度继电器等；按动作原理可分为电磁式、感应式、电动式和电子式继电器；按动作时间可分为瞬时动作继电器和延时动作继电器。电磁式继电器有直流和交流之分，它们的重要结构和工作原理与接触器基本相同，下面介绍几种常用的继电器。

1. 电磁式继电器

图 2-6 所示为部分电磁式继电器的实物图。在控制电路中用的继电器大多数是电磁式继电器。电磁式继电器具有结构简单、价格低廉、使用维护方便、触点容量小、体积小、动作迅速、准确、控制灵敏、可靠等特点，广泛地应用于低压控制系统中。常用的电磁式继电器有电流继电器、电压继电器、中间继电器以及各种小型通用继电器等。

图 2-6　部分电磁式继电器实物图

电磁式继电器的结构和工作原理与接触器相似，主要由电磁机构和触点组成。电磁式继电器也有直流和交流两种。图 2-7(a)所示为直流电磁式继电器结构示意图，在线圈两端加上电压或通入电流，将产生电磁力，当电磁力大于弹簧反力时，吸动衔铁使常开常闭触头动作；当线圈的电压或电流下降或消失时，衔铁释放，触头复位。

继电器的主要技术参数包括额定参数、吸合时间和释放时间、整定参数(继电器的动作值，大部分控制继电器的动作值是可调的)、灵敏度(一般指继电器对信号的反应能力)、触头的接通和分断能力、使用寿命等。

1)　电磁式继电器的整定

继电器的吸动值和释放值可以根据保护要求在一定范围内调整，现以图 2-7(a)所示的直流电磁式继电器为例予以说明。

转动调节螺母，调整反作用弹簧的松紧程度可以调整动作电流(电压)。弹簧反力越大动作电流(电压)就越大，反之就越小。

改变非磁性垫片的厚度。非磁性垫片越厚，衔铁吸合后磁路的气隙和磁阻就越大，释放电流(电压)也就越大，反之越小，而吸引值不变。

使用调节螺钉,可以改变初始气隙的大小。在反作用弹簧力和非磁性垫片厚度一定时,初始气隙越大,吸引电流(电压)就越大,反之就越小,而释放值不变。

2) 电磁式继电器的特性

继电器的主要特性是输入-输出特性,又称为继电特性,如图2-7(b)所示。

当继电器的输入量 X 由 0 增加至 X_2 之前,输出量 Y 为 0。当输入量增加到 X_2 时,继电器吸合,输出量 Y 为 Y_1,表示继电器线圈得电,常开触头闭合,常闭触头断开。当输入量继续增大时,继电器动作状态不变。

当输出量 Y 为 Y_1 的状态时,输入量 X 减小,当小于 X_2 时 Y 值仍不变,当 X 再继续减小至小于 X_1 时,继电器释放,输出量 Y 变为 0,X 再减小,Y 值仍为 0。

在继电特性曲线中,X_2 称为继电器吸合值,X_1 称为继电器释放值。$k = X_1 / X_2$,称为继电器的返回系数,它是继电器的重要参数之一。

返回系数 k 值可以调节,不同场合对 k 值的要求不同。例如,一般控制继电器要求 k 值低些,在 0.1~0.4 之间,这样继电器吸合后,输入量波动较大时不致引起误动作。保护继电器要求 k 值高些,一般在 0.85~0.9 之间。k 值是反映吸力特性与反力特性配合紧密程度的一个参数,一般 k 值越大,继电器灵敏度越高,k 值越小,继电器灵敏度越低。

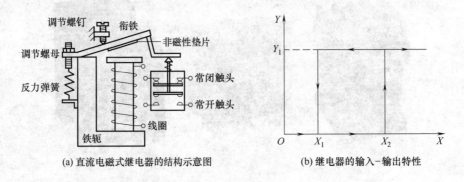

(a) 直流电磁式继电器的结构示意图　　　(b) 继电器的输入-输出特性

图 2-7　直流电磁式继电器的结构示意图及输入-输出特性

3) 常用电磁式继电器

(1) 电流继电器。

电流继电器的输入量是电流,它是根据输入电流大小而动作的继电器。电流继电器的线圈串入电路中,以反映电路电流的变化,其线圈匝数少、导线粗、阻抗小。电流继电器可分为欠电流继电器和过电流继电器。

欠电流继电器用于欠电流保护或控制,如直流电动机励磁绕组的弱磁保护、电磁吸盘中的欠电流保护、绕线式异步电动机启动时电阻的切换控制等。欠电流继电器的动作电流整定范围为线圈额定电流的 0.3~0.65 倍。需要注意的是在电路正常工作时,欠电流继电器处于吸合动作状态,常开触头处于闭合状态,常闭触头处于断开状态;当电路出现不正常现象或故障现象导致电流下降或消失时,继电器中流过的电流小于释放电流而动作,所以欠电流继电器的动作电流为释放电流而不是吸合电流。

过电流继电器用于过电流保护或控制,如起重机电路中的过电流保护。过电流继电器在电路正常工作时流过正常工作电流,正常工作电流小于继电器所整定的动作电流,继电器不动作，当电流超过动作电流整定值时才动作。过电流继电器动作时其常开触头闭合，常闭触头断开。过电流继电器电流整定范围为额定电流的 0.7～3 倍。

常用的电流继电器的型号有 JL12、JL15 等。

电流继电器作为保护电器时，其图形符号如图 2-8 所示。

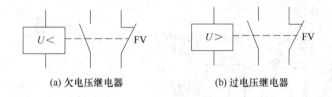

(a) 欠电流继电器　　　　　　　　　　(b) 过电流继电器

图 2-8　电流继电器的图形符号

(2) 电压继电器。

电压继电器的输入量是电压，它是根据输入电压大小而动作的继电器。与电流继电器类似，电压继电器也分为欠电压继电器和过电压继电器两种。过电压继电器动作电压范围为额定电压的 1.05～1.2 倍；欠电压继电器吸合电压动作范围为额定电压的 0.2～0.5 倍，释放电压调整范围为额定电压的 0.07～0.2 倍；零电压继电器当电压降低至额定电压的 0.05～0.25 倍时动作，它们分别起过压、欠压、零压保护的作用。电压继电器工作时并联在电路中，电压继电器的线圈匝数多、导线细、阻抗大。

电压继电器常用在电力系统继电保护中，在低压控制电路中使用较少。

电压继电器作为保护电器时，其图形符号如图 2-9 所示。

(a) 欠电压继电器　　　　　　　　　　(b) 过电压继电器

图 2-9　电压继电器的图形符号

2. 时间继电器

时间继电器是一种利用电磁原理或机械原理实现延时控制的控制电器，图 2-10 所示为部分时间继电器实物图。时间继电器的种类很多，有空气阻尼式、电动式和电子式等，在交流电路中常采用空气阻尼式时间继电器。

(a) 空气阻尼式时间继电器

(b) 电子式时间继电器

图 2-10　部分时间继电器的实物图

空气阻尼式时间继电器是利用空气阻尼原理获得延时的，它由电磁机构、延时机构和触头系统三部分组成。电磁机构为直动式双 E 形铁芯，触头系统借用 LX5 型微动开关，延时机构采用气囊式阻尼器。

空气阻尼式时间继电器可以做成通电延时型，也可改成断电延时型，电磁机构可以是直流的，也可以是交流的，如图 2-11 所示。现以通电延时型时间继电器为例介绍其工作原理。在图 2-11(a)中，当线圈通电后，动铁芯吸合，带动 L 形传动杆向右运动，使瞬动触头受压，其触头瞬时动作。活塞杆在塔形弹簧的作用下，带动橡皮膜向右移动，弱弹簧将橡皮膜压在活塞上，橡皮膜左方的空气不能进入气室，形成负压，只能通过进气孔进气，因此活塞杆只能缓慢地向右移动，其移动的速度和进气孔的大小有关(通过延时调节螺钉调节进气孔的大小可改变延时时间)。经过一定的延时后，活塞杆移动到右端，通过杠杆压动微动开关(通电延时触头)，使其常闭触头断开，常开触头闭合，起到通电延时作用。

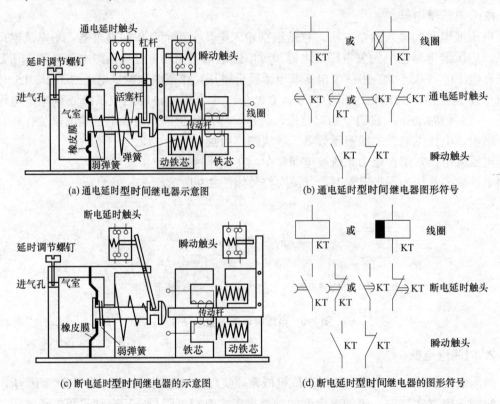

图 2-11　空气阻尼式时间继电器的示意图及图形符号

当线圈断电时，电磁吸力消失，动铁芯在反作用弹簧的作用下释放，并通过活塞杆将活塞推向左端，这时气室内的空气通过橡皮膜和活塞杆之间的缝隙排掉，瞬动触头和延时触头迅速复位，无延时。

如果将通电延时型时间继电器的电磁机构反向安装，就可以改为断电延时型时间继电器，图 2-11(c)所示为断电延时型时间继电器的结构示意图。注意，原来通电延时的常开触头现在变成了断电延时的常闭触头了，原来通电延时的常闭触头现在变成了断电延时的常开触头。当线圈通电时，动铁芯带动 L 形传动杆向左运动，使瞬动触头瞬时动作，同时推动活塞杆向左运动，如前所述，活塞杆向左运动不延时，延时触头瞬时动作。线圈失电时动铁芯在反作用弹簧的作用下返回，瞬动触头瞬时动作，延时触头延时动作。

时间继电器线圈和延时触头的图形符号都有两种画法，线圈中的延时符号可以不画，触头中的延时符号可以画在左边也可以画在右边，但是圆弧的方向不能改变，如图 2-11(b)和图 2-11(d)所示。

空气阻尼式时间继电器的优点是结构简单、延时范围大、寿命长、价格低廉，且不受电源电压及频率波动的影响，其缺点是延时误差大、无调节刻度指示，一般适用延时精度要求不高的场合。常用的产品有 JS7-A、JS23 等系列，其中 JS7-A 系列的主要技术参数为延时范围，分为 0.4～60s 和 0.4～180s 两种，操作频率为 600 次/h，触头容量为 5A，延时误差为±15%。在使用空气阻尼式时间继电器时，应保持延时机构的清洁，防止因进气孔堵塞而失去延时作用。

时间继电器在选用时应根据控制要求选择其延时方式，根据延时范围和精度选择继电器的类型。

3. 热继电器

热继电器主要用于电气设备(主要是电动机)的过负荷保护。热继电器是一种利用电流热效应原理工作的电器，它具有与电动机容许过载特性相近的反时限动作特性，主要与接触器配合使用，用于对三相异步电动机的过负荷和断相保护。图 2-12 所示为部分热继电器的实物图。

图 2-12　部分热继电器实物图

三相异步电动机在实际运行中，常会遇到因电气或机械原因等引起的过电流(过载和断相)现象。如果过电流不严重，持续时间短，绕组不超过允许温升，这种过电流是允许的；如果过电流情况严重，持续时间较长，则会加快电动机绝缘老化，甚至烧毁电动机，因此，在电动机回路中应设置电动机保护装置。常用的电动机保护装置种类很多，使用最多、最普遍的是双金属片式热继电器。目前，双金属片式热继电器均为三相式，有带断相保护和不带断相保护两种。

图 2-13(a)所示是双金属片式热继电器的结构示意图，图 2-13(b)所示是其图形符号。由图 2-13(a)可知，热继电器主要由双金属片、热元件、复位按钮、传动杆、调节旋钮、复位螺钉、触点等组成。

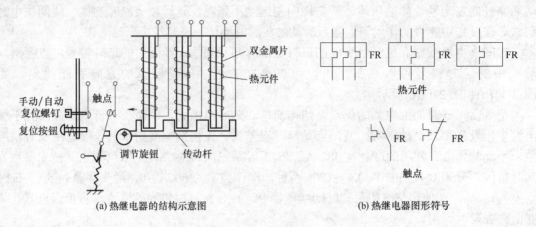

(a) 热继电器的结构示意图   (b) 热继电器图形符号

图 2-13　热继电器结构示意图及图形符号

双金属片是一种将两种线膨胀系数不同的金属用机械辗压，使之形成一体的金属片。膨胀系数大的称为主动层，膨胀系数小的称为被动层。由于两种线膨胀系数不同的金属紧密地贴合在一起，当产生热效应时，使得双金属片向膨胀系数小的一侧弯曲，由弯曲产生的位移带动触头动作。

热元件一般由铜镍合金、镍铬铁合金或铁铬铝等合金电阻材料制成，其形状有圆丝、扁丝、片状和带材几种。热元件串接于电机的定子电路中，通过热元件的电流就是电动机的工作电流(大容量的热继电器装有速饱和互感器，热元件串接在其二次回路中)。当电动机正常运行时，其工作电流通过热元件产生的热量不足以使双金属片变形，热继电器不会动作。当电动机发生过电流且超过整定值时，双金属片的热量增大而发生弯曲，经过一定时间后，使触点动作，通过控制电路切断电动机的工作电源。同时，热元件也因失电而逐渐降温，经过一段时间的冷却，双金属片恢复到原来状态。

热继电器动作电流的调节是通过旋转调节旋钮来实现的。调节旋钮为一个偏心轮，旋转调节旋钮可以改变传动杆和动触点之间的传动距离，距离越长动作电流就越大，反之动作电流就越小。

热继电器的复位方式有自动复位和手动复位两种。将复位螺钉旋入，使常开的静触点向动触点靠近，这样动触点在闭合时处于不稳定状态，在双金属片冷却后动触点也返回，为自动复位方式。如果将复位螺钉旋出，触点不能自动复位，为手动复位方式。在手动复位方式下，需在双金属片恢复原状时按下复位按钮才能使触点复位。

2.3.3　熔断器

熔断器是一种利用电流热效应原理和热效应导体热熔断来保护电路的电器，广泛应用于各种控制系统中，起保护电路的作用。当电路发生短路或严重过载时，它的热效应导体能自动迅速熔断，从而切断电路，使导线和电气设备不致损坏。由于它结构简单、体积小、重量轻、使用维护方便、价格低廉、分断能力较高、限流能力良好等优点，在电路中得到广泛应用。图 2-14 所示为部分熔断器的实物图。图 2-15 所示为熔断器的电路符号。

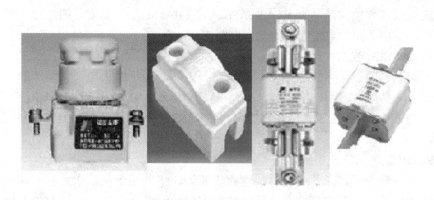

图 2-14　部分熔断器实物图

图 2-15　熔断器的电路符号

1. 熔断器的结构原理及分类

熔断器由熔体和安装熔体的绝缘底座(或称熔管)组成。熔体由易熔金属材料铅、锌、锡、铜、银及其合金制成，形状常为丝状或网状。由铅锡合金和锌等低熔点金属制成的熔体，因不易灭弧，多用于小电流电路；由铜、银等高熔点金属制成的熔体，易于灭弧，多用于大电流电路。

熔断器串接于被保护电路中，电流通过熔体时产生的热量与电流平方和电流通过的时间成正比，电流越大，则熔体熔断时间越短，这种特性称为熔断器的反时限保护特性或安秒特性。

熔断器的种类很多，按结构可分为开启式熔断器、半封闭式熔断器和封闭式熔断器；按有无填料可分为有填料式熔断器、无填料式熔断器；按用途可分为工业用熔断器、保护半导体器件熔断器及自复式熔断器等。

2. 熔断器的主要技术参数

熔断器的主要技术参数包括额定电压、熔体额定电流、熔断器额定电流、极限分断能力等。

(1) 额定电压：是指保证熔断器能长期正常工作的电压。

(2) 熔体额定电流：是指熔体长期工作而不会熔断的电流。

(3) 熔断器额定电流：是指保证熔断器能长期正常工作的电流。

(4) 极限分断能力：是指熔断器在额定电压下所能开断的最大短路电流。在电路中出现的最大电流一般是指短路电流值，所以，极限分断能力也反映了熔断器分断短路电流的能力。

3. 常用的熔断器

1) 插入式熔断器

插入式熔断器常用的产品有 RC1A 系列，主要用于低压分支电路的短路保护，因其分断能力较小，多用于照明电路和小型动力电路中。

2) 螺旋式熔断器

螺旋式熔断器的熔芯内装有熔丝，并填充石英砂，用于熄灭电弧。熔体的上端盖有一熔断指示器，一旦熔体熔断，指示器马上弹出。常用产品有 RL6、RL7 和 RLS2 等系列，其中 RL6 和 RL7 系列多用于机床配电电路中；RLS2 系列为快速熔断器，主要用于保护半导体元件。

3) RM10 型密封管式熔断器

RM10 型密封管式熔断器为无填料管式熔断器，主要用于供配电系统，作为线路的短路保护及过载保护，它采用变截面片状熔体和密封纤维管。由于熔体较窄处的电阻小，在短路电流通过时产生的热量最大，先熔断，因而可产生多个熔断点使电弧分散，以利于灭弧。短路时其电弧引燃密封纤维管，产生高压气体，以便将电弧迅速熄灭。

4) RT 型有填料密封管式熔断器

RT 型有填料密封管式熔断器中装有石英砂，用来冷却和熄灭电弧，熔体为网状，短路时可使电弧分散，由石英砂将电弧冷却熄灭，可将电弧在短路电流达到最大值前迅速将其熄灭，以限制短路电流。RT 型有填料密封管式熔断器常用于大容量电力网或配电设备中。常用产品有 RT12、RT14、RT15 和 RS3 等系列，RS2 系列为快速熔断器，主要用于保护半导体元件。

2.3.4 断路器

低压断路器俗称自动开关或空气开关，用于低压配电电路中不频繁的通断控制。在电路发生短路、过载或欠电压等故障时能自动分断故障电路，是一种控制电器，也是保护电器。

断路器的种类繁多，按其用途和结构特点可分为 DW 型框架式断路器、DZ 型塑料外壳式断路器、DS 型直流快速断路器和 DWX、DWZ 型限流断路器等。框架式断路器主要用做配电线路的保护开关，而塑料外壳式断路器除可用做配电线路的保护开关外，还可用做电动机、照明电路及电热电路的控制开关。图 2-16 所示为部分断路器的实物图。

图 2-16 部分断路器的实物图

下面以塑壳断路器为例简单介绍断路器的结构、工作原理、使用与选用方法。

1. 断路器的结构和工作原理

断路器主要由 3 个基本部分组成，即触头、灭弧系统和各种脱扣器，包括过电流脱扣器、失压(欠电压)脱扣器、热脱扣器、分励脱扣器和自由脱扣器。

图 2-17 所示为断路器的工作原理示意图及图形符号。断路器开关是靠操作机构手动或电动合闸的，触头闭合后，自由脱扣器将触头锁在合闸位置上。当电路发生上述故障时，通过各自的脱扣器使自由脱扣机构动作，自动跳闸以实现保护作用。分励脱扣器则作为远距离控制分断电路之用。

过电流脱扣器用于线路的短路和过电流保护，当线路的电流大于整定的电流值时，过电流脱扣器所产生的电磁力使挂钩脱扣，动触点在弹簧的拉力下迅速断开，实现短路器的跳闸功能。

热脱扣器用于线路的过负荷保护，工作原理和热继电器相同。

失压(欠电压)脱扣器用于失压保护，如图 2-17(a)所示，失压脱扣器的线圈直接接在电源上，处于吸合状态，断路器可以正常合闸；当停电或电压很低时，失压脱扣器的吸力小于弹簧的反力，弹簧使动铁芯向上，挂钩脱扣，实现断路器的跳闸功能。

分励脱扣器用于远方跳闸，当在远方按下按钮时，分励脱扣器得电产生电磁力，使其脱扣跳闸。

不同断路器的保护是不同的，使用时应根据需要选用。在图形符号中也可以标注其保护方式，如图 2-17(b)所示，断路器图形符号中标注了失压、过载、过流 3 种保护方式。

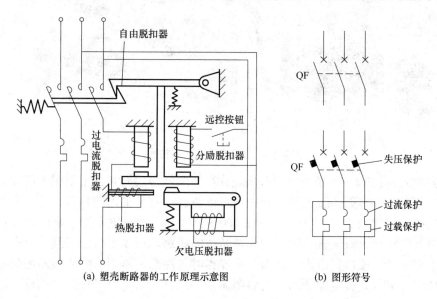

(a) 塑壳断路器的工作原理示意图　　　　(b) 图形符号

图 2-17　断路器的工作原理示意图及图形符号

2. 低压断路器的选择原则

低压断路器的选择应从以下几方面考虑。

(1) 断路器类型的选择应根据使用场合和保护要求来进行，例如，一般选用塑壳式；

短路电流很大时选用限流型；额定电流比较大或有选择性保护要求时选用框架式；控制和保护含有半导体器件的直流电路时应选用直流快速断路器等。

(2) 断路器的额定电压、额定电流应大于或等于线路、设备的正常工作电压、工作电流。

(3) 断路器的极限通断能力应大于或等于电路最大短路电流。

(4) 欠电压脱扣器的额定电压应等于线路额定电压。

(5) 过电流脱扣器的额定电流应大于或等于线路的最大负载电流。

2.3.5　刀开关

刀开关是一种手动电器，常用的刀开关有 HD 型单投刀开关、HS 型双投刀开关、HR 型熔断器式刀开关、HZ 型组合开关、HK 型闸刀开关、HY 型倒顺开关等。图 2-18 所示为部分刀开关的实物图。

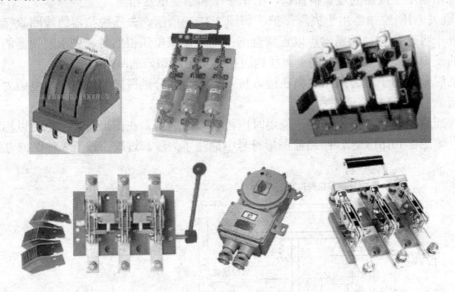

图 2-18　部分刀开关的实物图

HD 型单投刀开关、HS 型双投刀开关、HR 型熔断器式刀开关主要用于成套配电装置中作为隔离开关，装有灭弧装置的刀开关也可以控制一定范围内的负荷线路。作为隔离开关的刀开关的容量比较大，其额定电流在 100～1500A 之间，主要用于供配电线路的电源隔离。隔离开关没有灭弧装置，不能操作带负荷的线路，只能操作空载线路或电流很小的线路，如小型空载变压器、电压互感器等。操作时应注意，停电时应将线路的负荷电流用断路器、负荷开关等开关电器切断后再将隔离开关断开，送电时操作顺序相反。隔离开关断开时有明显的断开点，有利于检修人员的停电检修。隔离刀开关由于控制负荷能力很小，也没有保护线路的功能，所以通常不能单独使用，一般要和能切断负荷电流和故障电流的电器(如熔断器、断路器和负荷开关等电器)一起使用。

HZ 型组合开关、HK 型闸刀开关一般用于电气设备及照明线路的电源开关。

HY 型倒顺开关、HH 型铁壳开关装有灭弧装置，一般可用于电气设备的启动、停止控制。

1. HD 型单投刀开关

HD 型单投刀开关按极数分为 1 极、2 极、3 极几种，其示意图及图形符号如图 2-19 所示。其中图 2-19(a)所示为直接手动操作，图 2-19(b)所示为手柄操作，图 2-19(c)~(h)所示为刀开关的图形符号。其中图 2-19(c)所示为一般图形符号，图 2-19(d)所示为手动符号，图 2-19(e)所示为三极单投刀开关的符号；当刀开关用作隔离开关时，其图形符号上加有一横杠，如图 2-19(f)~(h)所示。

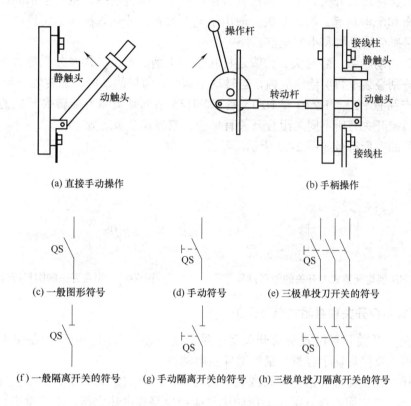

(a) 直接手动操作　　　　　　　　　　(b) 手柄操作

(c) 一般图形符号　　　(d) 手动符号　　　(e) 三极单投刀开关的符号

(f) 一般隔离开关的符号　　(g) 手动隔离开关的符号　　(h) 三极单投刀隔离开关的符号

图 2-19　HD 型单投刀开关的示意图及图形符号

2. HS 型双投刀开关

HS 型双投刀开关的作用和单投刀开关类似，常用于双电源的切换或双供电线路的切换等，其图形符号如图 2-20 所示。由于双投刀开关具有机械互锁的结构特点，因此可以防止双电源的并联运行和两条供电线路同时供电。

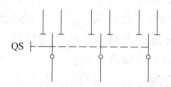

图 2-20　HS 型双投刀开关的图形符号

3. HR 型熔断器式刀开关

HR 型熔断器式刀开关也称刀熔开关，它实际上是将刀开关和熔断器组合成一体的电器。刀熔开关操作方便，并简化了供电线路，在供配电线路上应用很广泛，其图形符号如图 2-21 所示。刀熔开关可以切断故障电流，但不能切断正常的工作电流，所以一般应在无正常工作电流的情况下进行操作。

4. 组合开关

组合开关又称转换开关，由于其控制容量比较小，结构紧凑，常用于空间比较狭小的场所，如机床和配电箱等。组合开关一般用于电气设备的非频繁操作、切换电源和负载以及控制小容量感应电动机和小型电器。

组合开关由动触头、静触头、绝缘连杆转轴、手柄、定位机构及外壳等部分组成。其动、静触头分别叠装于数层绝缘壳内，当转动手柄时，每层的动触片随转轴一起转动。

常用的产品有 HZ5、HZ10 和 HZ15 系列。HZ5 系列是类似万能转换开关的产品，其结构与一般转换开关有所不同。组合开关有单极、双极和多极之分。

组合开关的图形符号如图 2-22 所示。

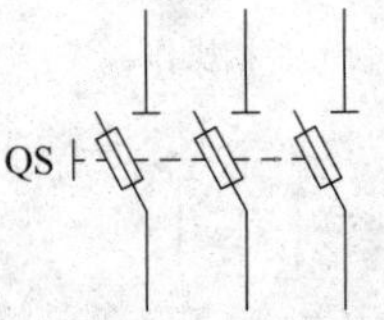

图 2-21　HR 型熔断器式刀开关的图形符号 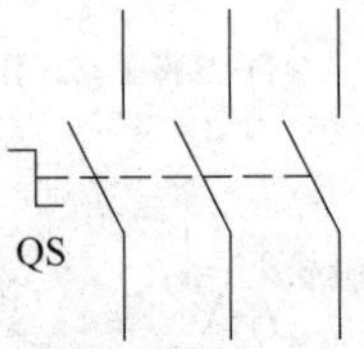　　　　图 2-22　组合开关的图形符号

5. 开启式负荷开关和封闭式负荷开关

开启式负荷开关和封闭式负荷开关是一种手动电器，常用于电气设备中做隔离电源用，有时也用于直接启动小容量的鼠笼型异步电动机。

HK 型开启式负荷开关俗称闸刀或胶壳刀开关，由于它结构简单、价格便宜、使用维修方便而得到广泛应用。该开关主要用做电气照明电路和电热电路、小容量电动机电路的不频繁控制开关，也可用做分支电路的配电开关。胶底瓷盖刀开关由熔丝、触刀、触点座和底座组成，图 2-23(a)所示为此种开关的实物图。此种刀开关装有熔丝，可起短路保护作用。闸刀开关在安装时，手柄要向上，不得倒装或平装，以避免由于重力自动下落而引起误动合闸。接线时，应将电源线接在上端，负载线接在下端，这样拉闸后刀开关的刀片与电源隔离，既便于更换熔丝，又可防止可能发生的意外事故。

HH 型封闭式负荷开关俗称铁壳开关，主要由钢板外壳、触刀开关、操作机构、熔断器等组成，如图 2-23(b)所示。刀开关带有灭弧装置，能够通断负荷电流，熔断器用于切断短路电流，一般用于小型电力排灌、电热器、电气照明线路的配电设备中，用于不频繁地接通与分断电路，也可以直接用于异步电动机的非频繁全压启动控制。铁壳开关的操作结构有两个特点：一是采用储能合闸方式，即利用一根弹簧以执行合闸和分闸的功能，使开关闭合和分断时的速度与操作速度无关。它既有助于改善开关的动作性能和灭弧性能，又能防止触点停滞在中间位置。二是设有连锁装置，以保证开关合闸后便不能打开箱盖，而在箱盖打开后，不能再合上开关，起到安全保护作用。

　　HK 型开启式负荷开关和 HH 型封闭式负荷开关都是由负荷开关和熔断器组成，其图形符号由手动负荷开关 QL 和熔断器 FU 组成，如图 2-23(c)所示。

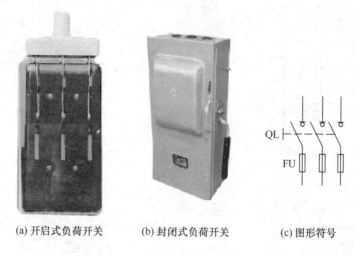

(a) 开启式负荷开关　　　(b) 封闭式负荷开关　　　(c) 图形符号

图 2-23　负荷开关的实物图和图形符号

2.3.6　主令电器

　　主令电器用于在控制电路中以开关触头的通断形式来发布控制命令，使控制电路执行对应的控制任务。主令电器应用广泛，种类繁多，常见的有按钮、行程开关、接近开关、万能转换开关、主令控制器、选择开关、足踏开关等。

1. 按钮

　　按钮是一种最常用的主令电器，其结构简单、控制方便。图 2-24 所示为部分按钮的实物图。

图 2-24　部分按钮的实物图

　　1)　按钮的结构

　　按钮由按钮帽、复位弹簧、桥式触点和外壳等组成，其结构示意图及图形符号如图 2-25 所示。触点采用桥式触点，额定电流在 5A 以下。触点又分为常开触点(动断触点)和常闭触点(动合触点)两种。

按钮从外形和操作方式上可以分为平按钮和急停按钮，急停按钮也叫蘑菇头按钮，如图2-25(c)所示，除此之外还有钥匙钮、旋钮、拉式钮、万向操纵杆式、带灯式等多种类型。

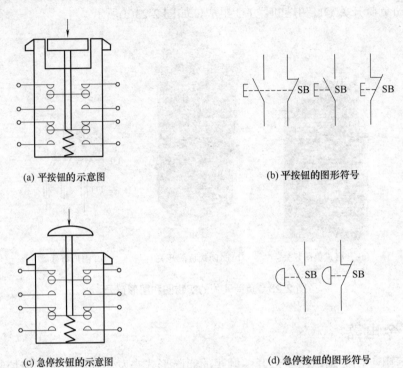

(a) 平按钮的示意图   (b) 平按钮的图形符号

(c) 急停按钮的示意图   (d) 急停按钮的图形符号

图 2-25　按钮结构的示意图及图形符号

按钮的触点动作方式可以分为直动式和微动式两种，图 2-25 中所示的按钮均为直动式，其触点动作速度和手按下的速度有关。而微动式按钮的触点动作变换速度快，和手按下的速度无关，其动作原理如图 2-26 所示。动触点由弯形簧片组成，当弯形簧片受压向下运动低于平形簧片时，弯形簧片迅速变形，将平形簧片触点弹向上方，实现触点瞬间动作。

小型微动式按钮也叫微动开关，微动开关还可以用于各种继电器和限位开关中，如时间继电器、压力继电器和限位开关等。

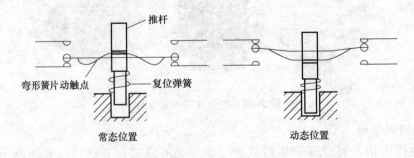

图 2-26　微动式按钮的动作原理图

2)　按钮的颜色

为便于识别各个按钮的作用，避免误操作，通常在按钮帽上做出不同的标志或选用不同的颜色，按钮帽一般都低于外壳。但为了发生故障时操作方便，"停止"按钮有的凸出于外壳，或做成特殊形状(如蘑菇头形)，并采用醒目的红色。

按钮颜色的含义如表 2-2 所示。

表 2-2　按钮颜色的含义

颜　色	含　义	举　例
红	处理事故	紧急停机； 扑灭燃烧
	"停止"或"断电"	正常停机； 停止一台或多台电动机； 装置的局部停机； 切断一个开关； 带有"停止"或"断电"功能的复位
绿	"启动"或"通电"	正常启动； 启动一台或多台电动机； 装置的局部启动； 接通一个开关装置(投入运行)
黄	参与	防止意外情况； 参与抑制反常的状态； 避免不需要的变化(事故)
蓝	上述颜色未包含的任何指定用意	凡红、黄和绿色未包含的用意，皆可用蓝色
黑、灰、白	无特定用意	除单功能的"停止"或"断电"按钮外的任何功能

3)　按钮的选择原则

(1)　根据使用场合，选择控制按钮的种类，如开启式、防水式、防腐式等。

(2)　根据用途，选用合适的形式，如钥匙式、紧急式、带灯式等。

(3)　按控制回路的需要，确定不同的按钮数，如单钮、双钮、三钮、多钮等。

(4)　按工作状态指示和工作情况的要求，选择按钮及指示灯的颜色。

2. 行程开关

行程开关又叫限位开关，它的种类很多，按运动形式可分为直动式、微动式、转动式等；按触点的性质可分为有触点式和无触点式。图 2-27 所示为部分行程开关的实物图。

1)　有触点行程开关

有触点行程开关简称行程开关，行程开关的工作原理和按钮相同，区别在于它不是靠手的按压，而是利用产生机械运动的部件碰压触点来发出控制指令的主令电器。它用于控制生产机械的运动方向、速度、行程大小或位置等，其结构形式多种多样。

图 2-27　部分行程开关的实物图

图 2-28 所示为几种操作类型的行程开关动作原理示意图及图形符号。

目前，国内生产的行程开关有 LXK3、3SE3、LX19、LXW 和 LX 等系列。常用的行程开关有 LX19、LXW5、LXK3、LX32 和 LX33 等系列。选择有触点行程开关时，要考虑到应用场合、控制对象、控制回路的电压和电流以及机械与行程开关的传力与位移关系等多个因素。

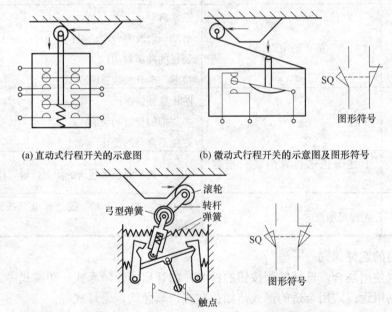

(a) 直动式行程开关的示意图　　　(b) 微动式行程开关的示意图及图形符号

(c) 旋转式双向机械碰压限位开关的示意图及图形符号

图 2-28　几种行程开关的示意图及图形符号

2)　无触点行程开关

无触点行程开关又称接近开关，它可以代替有触点行程开关来完成行程控制和限位保护，还可用作高频计数、测速、液位控制、零件尺寸检测、加工程序的自动衔接等的非接触式开关。由于它具有非接触式触发，动作速度快，可在不同的检测距离内动作，发出的信号稳定无脉动，工作稳定可靠，寿命长，重复定位精度高以及能适应恶劣的工作环境等特点，所以在机床、纺织、印刷、塑料等工业生产中应用广泛。

　　无触点行程开关分为有源型和无源型两种，多数无触点行程开关为有源型，主要包括检测元件、放大电路、输出驱动电路三部分，一般采用 5～24V 的直流电源，或 220V 交流电源等。图 2-29 所示为三线式有源型接近开关的结构框图。

图 2-29　有源型接近开关的结构框图

　　无触点行程开关的产品种类十分丰富，常用的国产无触点行程开关有 LJ、3SG 和 LXJ18 等多种系列，国外进口及引进产品也在国内有大量应用。选择无触点行程开关时，要考虑到其工作频率、可靠性、精度、检测距离、安装尺寸、电源类型及电压等级等因素。

　　无触点行程开关的图形符号如图 2-30 所示。

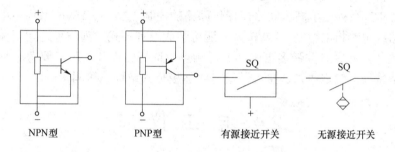

图 2-30　无触点行程开关的图形符号

3. 转换开关

　　转换开关是一种多挡位、多触点、能够控制多回路的主令电器，主要用于各种控制设备中线路的换接、遥控和电流表、电压表的换相测量等，也可用于控制小容量电动机的启动、换向和调速。图 2-31 所示为部分转换开关的实物图。

图 2-31　部分转换开关的实物图

常用的转换开关主要有两大类，即万能转换开关和组合开关。两者的结构和工作原理基本相似，在某些应用场合下两者可相互替代。转换开关按结构类型分为普通型、开启组合型和防护组合型等；按用途又分为主令控制用和控制电动机用两种。转换开关的图形符号如图2-32所示。

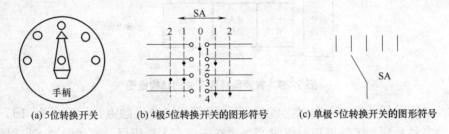

(a) 5位转换开关　　　(b) 4极5位转换开关的图形符号　　　(c) 单极5位转换开关的图形符号

图 2-32　转换开关及图形符号

常用的转换开关有 LW2、LW5、LW6、LW8、LW9、LW12、LW16、VK 和 3LB 等系列，其中 LW2 系列用于高压断路器操作回路的控制，LW5、LW6 系列多用于电力拖动系统中对线路或电动机的控制，LW6 系列还可装成双列形式，列与列之间用齿轮啮合，并由同一手柄操作，此种开关最多可装 60 对触点。选择转换开关时，要考虑额定电压、工作电流、定位特征、触点数量、接线图编号、面板形式及标志等因素。

2.4　电 工 仪 表

电工仪表是用于测量电压、电流、电能、电功率等电量和电阻、电感、电容等电路参数的仪表，在电气设备安全、经济、合理运行的监测与故障检修中起着十分重要的作用。电工仪表的结构性能及使用方法会影响电工测量的精确度，要想正确选取和使用电工仪表，必须了解和掌握电工仪表的基本知识及使用方法。

2.4.1　电工仪表的基础知识

1. 电工仪表的分类及符号

电工仪表的种类很多，分类方法也很多，以下为主要的几种分类方法。

(1) 按照测量对象的不同，电工仪表可分为电压表、电流表、功率表、欧姆表、电度表、相位表、频率表等。

(2) 按照工作原理的不同，电工仪表可分为磁电系仪表、电磁系仪表、电动系仪表、感应系仪表、整流系仪表、静电系仪表等。

(3) 按照所测电流种类的不同，电工仪表可分为直流表、交流表和交直流两用仪表。

(4) 按照仪表的准确度等级的不同，电工仪表又可分为 0.1、0.2、0.5、1.0、1.5、2.5、5.0 几个等级。

表 2-3 给出了电工仪表分类及表盘常见的一些标志符号和含义。

表 2-3 电工常用仪表的分类及表盘常见的标志符号和含义

分 类	符 号	含 义	分 类	符 号	含 义
电流种类	——	直流表	作用原理	 ⊓	磁电系仪表
	∿	交流表		 ⧨	电磁系仪表
	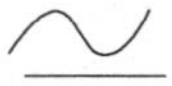 ∿	交直流表		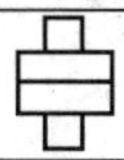 ⊟	电动系仪表
	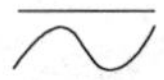 ∿	三相交流表		 ⊓	整流系仪表
测量对象	Ⓐ	电流表	工作原理	—	水平使用
	Ⓥ	电压表			
	Ⓦ	功率表		⊥	垂直使用
	kW·h	电度表			
准确度	 0.5	0.5 级	绝缘实验	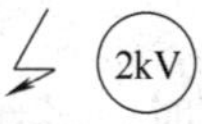 ⚡ 2kV	实验电压 2kV
	0.5			 ☆2	

2. 仪表误差和准确度

对于各种电工仪表,不论其质量多高,其测量结果与被测量的实际值之间总是存在一定的差值,这种差值称为仪表误差。仪表误差值的大小反映了仪表本身的准确程度。实际仪表的技术参数中,仪表的准确度被用来表示仪表的基本误差。

1) 仪表误差的分类

根据误差产生的原因,仪表误差可分为基本误差和附加误差。

仪表在正常工作条件下(指规定温度、放置方式,没有外电场和外磁场干扰等),因仪表结构、工艺等方面的不完善而产生的误差叫基本误差。如仪表活动部分的摩擦,标尺分度不准、零件装配不当等原因造成的误差都是仪表的基本误差,基本误差是仪表的固有误差。

仪表离开了规定的工作条件(指温度、放置方式、频率、外电场和外磁场等)而产生的误差叫作附加误差。附加误差实际上是一种因工作条件改变而造成的额外误差。

2) 仪表误差的表示

仪表误差的表示方式有绝对误差、相对误差和引用误差3种。

(1) 绝对误差：仪表的指示值 A_x 与被测量的实际值 A_0 之间的差值，叫作绝对误差，用 "Δ" 表示。

$$\Delta = A_x - A_0$$

显然，绝对误差有正、负之分。正误差说明指示值比实际值偏大，负误差说明指示值比实际值偏小。

(2) 相对误差：绝对误差 Δ 与被测量的实际值 A_0 比值的百分数，叫作相对误差 γ。

$$\gamma = \frac{\Delta}{A_0} \times 100\%$$

由于测量大小不同的被测量时，不能简单地用绝对误差来判断其准确程度，因此在实际测量中，通常采用相对误差来比较测量结果的准确程度。

(3) 引用误差：相对误差能表示测量结果的准确程度，但不能全面反映仪表本身的准确程度。同一块仪表，在测量不同的被测量时，其绝对误差虽然变化不大，但随着被测量的变化，仪表的指示值可在仪表的整个分度范围内变化。因此，对应于不同大小的被测量，其相对误差也是变化的。换句话说，每只仪表在全量程范围内各点的相对误差是不同的。因此，工程上采用引用误差来反映仪表的准确程度。

把绝对误差与仪表测量上限(满刻度值 A_m)比值的百分数称为引用误差 γ_m。

$$\gamma_m = \frac{\Delta}{A_m} \times 100\%$$

引用误差实际上是测量上限的相对误差。

3) 仪表的准确度

仪表在测量值不同时，其绝对误差多少都有些变化，为了使引用误差能包括整个仪表的基本误差，工程上规定以最大引用误差来表示仪表的准确度。

仪表的最大绝对误差 Δ_m 与仪表的量程 A_m 比值的百分数，叫作仪表的准确度 K。即

$$\pm K\% = \frac{\Delta_m}{A_m} \times 100\%$$

根据国家标准《电测量指示仪表通用技术条件》(GB 776—76)，电工测量仪表准确度等级共七个，如表2-4所示。

表2-4　电工仪表的准确度和最大应用误差

准确度等级	0.1	0.2	0.5	1.0	1.5	2.5	5.0
基本误差/%	±0.1	±0.2	±0.5	±1.0	±1.5	±2.5	±5.0
符号	0.1	0.2	0.5	1.0	1.5	2.5	5.0

3. 测量误差

电工测量是电工试验与实训中必不可少的一部分，它的任务是借助各种仪器仪表对电流、电压、功率和电能等进行测量，以便了解各种电气设备的运行特性与情况。

测量是指通过试验的方法去确定一个未知量的大小，这个未知量叫作"被测量"。可以把电工测量的方法分为直读法和比较法。直读法是利用指示仪表直接读取被测电量的值。例如，用电压表直接测量电压。这种测量方法的准确度不高，但简单、方便。比较法测量是将被测量和标准量在比较仪器中进行比较，以确定被测量的值。例如，用电桥测量电阻等。这种测量方法的准确度高，但比较复杂，测量速度也较慢。

一个被测量的实际值是客观存在的，但由于人们在测量中对客观认识的局限性、测量仪器的误差、手段不完善、测量条件发生变化及测量工作中的疏忽等原因，都会使测量结果与实际值存在差别，这个差别就是测量误差。

1)　测量误差的分类

根据误差的性质，测量误差一般分为系统误差、偶然误差和疏忽误差三类。

(1)　系统误差。造成系统误差的原因一般有两个：一是由于测量标准度量器或仪表本身具有误差，如分度不准、仪表的零位偏移等造成的系统误差；二是由于测量方法的不完善，测量仪表安装或装配不当，外界环境变化以及测量人员操作技能和经验不足等造成的系统误差。如引用近似公式或接触电阻的影响所造成的误差。

(2)　偶然误差。偶然误差是一种大小和符号都不固定的误差。这种误差主要是由外界环境的偶发性变化引起的。在重复进行同一个量的测量过程中其结果往往不完全相同。

(3)　疏忽误差。这是一种严重歪曲测量结果的误差。它是因测量时的粗心和疏忽造成的，如读数错误、记录错误等造成的误差。

2)　减小测量误差的方法

(1)　对测量仪器、仪表进行校正，在测量中引用修正值，采用特殊方法测量，这些手段均能减小系统误差。

(2)　对同一被测量，重复多次测，取其平均值作为被测量的值，可减少偶然误差。

(3)　以严肃、认真的态度进行实验，细心记录实验数据，并及时分析实验结果的合理性，减小疏忽误差。

4. 电工仪表的选择

为了准确地测量各种电量，减小测量误差，仪表的合理选择和正确使用是非常重要的，选择和使用电工仪表，主要应考虑以下几个因素。

1)　根据被测量的性质选择仪表的类型

被测量分为直流量和交流量，交流量又分为正弦交流量和非正弦交流量。应根据被测量的性质选择相应的直流仪表和交流仪表。如果是正弦交流电压(或电流)，采用任何一种交流电压表(或电流表)均可，一般从仪表直接读出有效值。如果被测量是非正弦交流电压(或电流)，则在测有效值时可用电磁系或电动系仪表，测平均值时可用整流系仪表，测瞬时值时可用示波器，从波形中可求出各点的瞬时值和最大值，测最大值时还可用峰值表。

测量交流量时，还应考虑被测量的频率。一般电磁系、电动系和感应系仪表适用频率范围较窄，但特殊设计的电动系仪表可用于中频。

2)　根据被测线路和被测负载阻抗的大小选择内阻合适的仪表

对电路进行测量时，仪表的接入对电路工作情况的影响应尽可能小，否则测量出来的数据将不能反映电路的实际情况。例如，用电压表测量负载电压时，电压表是与负载并联的，如果电压表的内阻相对于负载阻抗来说不是足够大，则电压表的接入将严重改变电路的状况，以致造成很大误差。因此用电压表测量负载电压时，电压表的内阻越大越好。一般若电压表内阻 $R_V \geqslant 100R$ (R 为被测负载的总电阻)，就可以忽略电压表内阻的影响。电流表串联接入电路进行测量时，其内阻越小，对电路的影响越小。一般当电流表内阻 $R_A \geqslant R/100$ (R 是与电流表串联的总电阻)时，即可忽略电流表电阻的影响。电压表、电流表内阻的大小与仪表的测量机构(即表头)的灵敏度有关，磁电系仪表灵敏度高，用做电压表时内阻常在 $2000\Omega/V$ 以上，高的可达 $100k\Omega/V$，用做电流表时，因灵敏度高的表头所用分流电阻的阻值小，故磁电系电流表内阻小。电磁系和电动系电压表、电流表内阻的情况则与磁电系相反。

3) 根据测量的需要合理选择仪表的准确度等级

我国目前生产的电工仪表，其准确度有 7 级，即 0.1、0.2、0.5、1.0、1.5、2.5、5.0 级。仪表准确度的含义是仪表在规定条件下工作，其标度尺工作部分的全部分度线上，可能出现基本误差的百分数值。在电工仪表的表盘上一般都标出了仪表的准确度等级符号。仪表准确度等级数越小，准确度越高，基本误差越小。但这并不是说测量时要尽量选用准确度高的仪表，因为仪表的准确度越高，价格越贵，维修也越困难。选择仪表的准确度必须从测量的实际出发，不能盲目提高准确度，在选用仪表时还要选择合适的量程，准确度高的仪表在使用不合理时产生的相对误差可能会大于准确度低的仪表。通常 0.1 和 0.2 级仪表为标准表，0.5 级至 1.5 级仪表用于实验室，1.5 级至 5.0 级仪表则用于电气工程测量。

4) 按照被测量的大小选用量程合适的仪表

选择仪表时，一般应使被测量的大小为仪表最大量程的二分之一或三分之二以上，如果被测量的大小不到仪表最大量程的三分之一，那就是不合理的。如果选用仪表的最大量程比要被测量的数值大得多，则测量误差将很大。

当然，被测量的大小也不能超过仪表的最大量程(也称量限)，特别是对灵敏度高的电工仪表，超过仪表的量限可能会造成仪表的损坏。

5) 按照使用场合和工作条件选择合适的仪表

仪表的使用场合和工作条件包括：仪表用在开关板上还是用在实验室，外磁场影响的情况、过载情况，主要测量的对象、使用的频率等。

总之，影响电工仪表选用的因素很多，实际应用时应该抓住主要矛盾，综合考虑。

【例 2-1】假设某待测电压为 25V，选用准确度为 0.5 级、量程为 150V 的电压表，测量结果中可能出现的最大绝对误差是多少？如果选用准确度为 1.5 级、量程为 30V 的电压表，则测量结果中可能出现的最大绝对误差又是多少？哪个电压表测量更准确？

解：如果选用准确度为 0.5 级、量程为 150V 的电压表，则由公式

$$\pm K\% = \frac{\Delta U_m}{A_m} \times 100\%$$

可得

$$\Delta U_{m1} = \pm 0.5\% \times 150V = \pm 0.75\ V$$

测量 25V 时的最大相对误差为

$$\gamma_{m1} = \frac{\Delta U_{m1}}{U} \times 100\% = \pm\frac{0.75}{25} \times 100\% = \pm3\%$$

如果选用准确度为 1.5 级、量程为 30V 的电压表，则测量结果中可能出现的最大绝对误差为

$$\Delta U_{m2} = \pm0.5\% \times 30\text{V} = \pm0.45\,\text{V}$$

测量 25V 时的最大相对误差为

$$\gamma_{m1} = \frac{\Delta U_{m2}}{U} \times 100\% = \pm\frac{0.45}{25} \times 100\% = \pm1.8\%$$

所以测量结果的精确度不仅与仪表的准确度等级有关，而且与它的量程也有关。因此，通常选择量程时应尽可能使读数占满刻度的三分之二以上。

2.4.2　电工仪表的使用方法

1. 万用表

万用表是一种多功能、多量程的便携式电工仪表，一般的万用表可以测量直流电流、直流电压、交流电压和电阻等。有些万用表还可以测量电容、功率、晶体管共射极直流放大系数等，所以万用表是电工必备的仪表之一。

万用表可分为指针式万用表和数字式万用表。本节着重介绍指针式万用表的结构、工作原理及使用方法。图 2-33 所示为部分万用表的实物图。

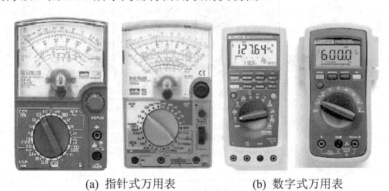

(a) 指针式万用表　　　　　(b) 数字式万用表

图 2-33　部分万用表的实物图

1)　指针式万用表的结构和工作原理

(1)　指针式万用表的结构。

指针式万用表的型式很多，但基本结构是类似的。指针式万用表的结构主要由表头、转换开关、测量线路、面板等组成。表头采用高灵敏度的磁电式机构，是测量的显示装置；转换开关用来选择被测电量的种类和量程；测量线路将不同性质和大小的被测电量转换为表头所能接受的直流电流。图 2-34 所示为 MF-30 型万用表外形图，该万用表可以测量直流电流、直流电压、交流电压和电阻等多种电量。当转换开关拨到直流电流挡时，可分别与 5 个接触点接通，用于测量 500mA、50mA、5mA 和 500μA、50μA 量程的直流电流。同样，当转换开关拨到欧姆挡时，可分别测量×1Ω、×10Ω、×100Ω、×1kΩ、×10kΩ量程的电阻；当转换开关拨到直流电压挡时，可分别测量 1Ω、5Ω、25Ω、100V、500V 量程

的直流电压；当转换开关拨到交流电压挡时，可分别测量 500V、100V、10V 量程的交流电压。

(2) 指针式万用表的工作原理。

指针式万用表最简单的测量原理如图 2-35 所示。测电阻时把转换开关 K 拨到"Ω"挡，使用内部电池做电源，由外接的被测电阻、E、R_p、R_1 和表头部分组成闭合电路，形成的电流使表头的指针偏转。设被测电阻为 R_x，表内的总电阻为 R，形成的电流为 I，则 $I = E/(R_x + R)$，由此可知：I 与 R_x 不成线性关系，所以表盘上电阻标度尺的刻度是不均匀的。电阻挡的标度尺刻度是反向分度，即 $R_x = 0$，指针指向满刻度处；$R_x \to \infty$，指针指在表头机械零点上。电阻标度尺的刻度从右向左表示被测电阻逐渐增加，这与其他仪表指示正好相反，在读数时应注意。

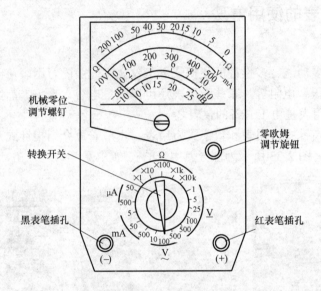

图 2-34   MF-30 型万用表外形图

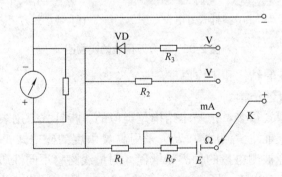

图 2-35   指针式万用表测量原理图

测量直流电流时把转换开关 K 拨到"mA"挡，此时从"+"端到"−"端所形成的测量线路实际上是一个直流电流表的测量电路。测量直流电压时将转换开关 K 拨到"$\underline{V}$"挡，采用串联电阻分压的方法来扩大电压表量程。测量交流电压时，转换开关 K 拨到

"$\underline{V}$"挡，用二极管 VD 整流，使交流电压变为直流电压，再进行测量。

2）指针式万用表的使用

(1) 准备工作。由于万用表的类型及样式很多，在使用前要做好测量的准备工作。

①　熟悉转换开关、旋钮、插孔等的作用，检查表盘符号，"冂"表示水平放置，"⊥"表示垂直使用。

②　了解刻度盘上每条刻度线所对应的被测电量。

③　检查红色和黑色两根表笔所接的位置是否正确，红表笔插入"+"插孔，黑表笔插入"-"插孔，有些万用表另有交直流 2500V 高压测量端，在测高压时黑表笔不动，将红表笔插入高压插口。

④　机械调零。旋动万用表面板上的机械零位调整螺钉，使指针对准刻度盘左端的"0"位置。

(2) 测量直流电压。

①　把转换开关拨到直流电压挡，并选择合适的量程。当被测电压数值范围不清楚时，可先选用较高的测量范围挡，再逐步选用低挡，最好选测量的读数在满刻度的三分之二处附近。

②　把万用表并接到被测电路上，红表笔接到被测电压的正极，黑表笔接到被测电压的负极，不能接反。

③　根据指针稳定时的位置及所选量程，正确读数。

(3) 测量交流电压。

①　把转换开关拨到交流电压挡，选择合适的量程。

②　将万用表两根表笔并接到被测电路的两端，不分正负极。

③　根据指针稳定时的位置及所选量程，正确读数。其读数为交流电压的有效值。

(4) 测量直流电流。

①　把转换开关拨到直流电流挡，选择合适的量程。

②　将被测电路断开，万用表串接于被测电路中。注意正、负极性。

③　电流从红表笔流入，从黑表笔流出，不可接反。

④　根据指针稳定时的位置及所选量程，正确读数。

(5) 用万用表测量电压或电流时的注意事项。

①　测量时不能用手触摸表笔的金属部分，以保证安全和测量的准确性。

②　测直流量时要注意被测电量的极性，避免指针反向转动而损坏表头。

③　测量较高电压或大电流时，不能带电转动转换开关，要避免转换开关的触点产生电弧而被损坏。

④　测量完毕后，将转换开关置于交流电压最高挡或空挡。

(6) 测量电阻。

①　把转换开关拨到欧姆挡，合理选择量程。

②　两表笔短接，进行调零，即转动零欧姆调节旋钮，使指针指到电阻刻度右边的"0"处。

③　将被测电阻脱离电源，用两表笔接触电阻两端，表头指针显示的读数乘所选量程的倍率数即为所测电阻的阻值。例如，选用 $R\times100$ 挡测量，指针处显示的读数为 40，则

被测电阻值为 40×100Ω=4000Ω=4kΩ。

(7) 用万用表测量电阻时的注意事项。

① 不允许带电测量电阻，否则会烧坏万用表。

② 万用表内干电池的正极与面板上的"-"号插孔相连，干电池的负极与面板上的"+"号插孔相连。在测量电解电容和晶体管等器件的电阻时要注意极性。

③ 每换一次倍率挡位，要重新进行调零。

④ 不允许用万用表电阻挡直接测量高灵敏度表头内阻，以免烧坏表头。

⑤ 不准用两只手捏住表笔的金属部分测电阻，否则会将人体电阻并接于被测电阻而引起测量误差。

⑥ 测量完毕，将转换开关置于交流电压的最高挡或空挡。

2. 兆欧表

兆欧表又称摇表，是专门用于测量绝缘电阻的仪表，它的计量单位是兆欧(MΩ)。图 2-36 所示为部分兆欧表的实物图。

图 2-36　部分兆欧表的实物图

1) 兆欧表的结构

兆欧表主要由两部分组成：磁电式比率表和手摇直流发电机。输出电压有 500V、1000V、2500V、5000V 几种。随着电子技术的发展，现在也出现了用干电池及晶体管直流变换器把电池低压直流转换为高压直流，以此来代替手摇发电机的兆欧表。

2) 兆欧表的使用

(1) 正确选用兆欧表。兆欧表的额定电压应根据被测电气设备的额定电压来选择。测量 500V 以下的设备，选用 500V 或 1000V 的兆欧表；额定电压在 500V 以上的设备，应选用 1000V 或 2500V 的兆欧表；对于绝缘子、母线等要选用 2500V 或 3000V 的兆欧表。

(2) 使用前检查兆欧表是否完好。将兆欧表水平且平稳放置，检查指针偏转情况：将 E、L 两端开路，以约 120r/min 的转速摇动手柄，观测指针是否指到"∞"处；然后将 E、L 两端短接，缓慢摇动手柄，观测指针是否指到"0"处，经检查完好后才能使用。

(3) 兆欧表使用时的注意事项。

① 兆欧表放置平稳牢固，被测物表面擦干净，以保证测量正确。

② 兆欧表有 3 个接线柱：线路(L)、接地(E)、屏蔽(G)。使用时根据不同测量对象，做相应接线。

③　由慢到快摇动手柄，直到转速达 120r/min 左右，保持手柄的转速均匀、稳定，一般转动 1min，待指针稳定后读数。

④　测量完毕，待兆欧表停止转动和被测物接地放电后方能拆除连接导线。

3)　注意事项

因兆欧表本身工作时产生高压电，为避免人身及设备事故必须注意以下几点。

(1)　不能在设备带电的情况下测量其绝缘电阻。测量前被测设备必须切断电源和负载，并进行放电；已用兆欧表测量过的设备如要再次测量，也必须先接地放电。

(2)　兆欧表测量时要远离大电流导体和外磁场。

(3)　与被测设备的连接导线应用兆欧表专用测量线或选用绝缘强度高的两根单芯多股软线，两根导线切忌绞在一起，以免影响测量准确度。

(4)　测量过程中，如果指针指向"0"位，表示被测设备短路，应立即停止转动手柄。

(5)　被测设备中如有半导体器件，应先将其插件板拆去。

(6)　测量过程中不得触及兆欧表设备的测量部分，以防触电。

(7)　测量电容性设备的绝缘电阻时，测量完毕后应对设备充分放电。

3. 钳形电流表

钳形电流表是一种不需要断开电路就可以直接测量交流电路的便携式仪表，这种仪表测量精度不高，可对设备或电路的运行情况做粗略了解，使用方便，应用广泛。图 2-37 所示为部分钳形电流表的实物图。

图 2-37　部分钳形电流表的实物图

1)　钳形电流表的结构

钳形电流表由电流互感器和电流表组成。互感器的铁芯制成活动开口，且成钳形，活动部分与手柄相连。当紧握手柄时电流互感器的铁芯张开，可将被测载流导线置于钳口中，该载流导线称为电流互感器的初级线圈。关闭钳口，在电流互感器的铁芯中就有交变磁通通过，在电流互感器的次级线圈中产生感应电流。电流表接于次级线圈两端，它的指针所指示的电流与置于钳口中的载流导线的工作电流成正比，可直接从刻度盘上读出被测电流值。

2) 钳形电流表的使用

(1) 测量前的准备。

① 检查仪表的钳口上是否有杂物或油污,待清理干净后再测量。

② 测量前应对仪表进行机械调零。

(2) 用钳形电流表测量。

① 估计被测电流的大小,将转换开关调至需要的测量挡。如果无法估计被测电流大小,先用最高量程挡测量,然后根据测量情况调到合适的量程。

② 握紧钳柄,使钳口张开,放置被测导线。为减少误差,被测导线应置于钳形口的中央。

③ 钳口闭合时要紧密接触,如遇有杂音时可检查钳口是否清洁,或重新开口一次,再闭合。

④ 测量 5A 以下的小电流时,为提高测量精度,在条件允许的情况下,可将被测导线多绕几圈,再放入钳口进行测量。此时实际电流应是仪表读数除以放入钳口中的导线圈数。

⑤ 测量完毕,将选择量程开关拨到最大量程挡位上。

3) 注意事项

(1) 被测电路的电压不可超过钳形电流表的额定电压。钳形电流表不能测量高压电气设备。

(2) 不能在测量过程中转动转换开关换挡。在换挡前,应先将载流导线退出钳口。

4. 直流单臂电桥

用万用表测中值电阻,测量值不够精确。在工程上要较准确测量中值电阻,常用直流单臂电桥(也称惠斯登电桥)。该仪表适用于测量 $1 \sim 10^6 \Omega$ 的电阻值,其主要特点是灵敏度和测量精度都很高,而且使用方便。图 2-38 所示为部分直流单臂电桥的实物图。

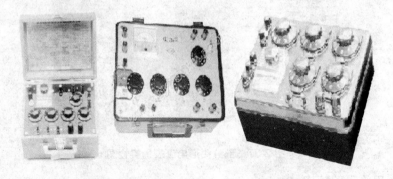

图 2-38 部分直流单臂电桥的实物图

1) 直流单臂电桥的结构和工作原理

直流单臂电桥结构原理如图 2-39 所示。图中 R 为电阻箱,R_1、R_2 为已知阻值的标准电阻,它们和待测电阻 R_x 连成一个四边形,每一条边称为电桥的一个臂。在对角 A 和 C 之间接入电源 E。在对角 B 和 D 之间用检流计 G 搭桥连接,它的作用是直接比较桥的 B、D 两端的电位。若调节 R 使 B 点和 D 点电位相等,则检流计 G 中无电流通过,电桥达到

平衡。此时有

$$I_1 R_1 = I_2 R_2$$
$$I_1 R = I_2 R_x$$

　　两式相除，得

$$R_x = \frac{R_2}{R_1} R$$

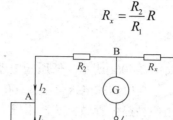

图 2-39　直流单臂电桥工作原理图

　　通常 R_x 称为待测臂；R 为比较臂；R_1 和 R_2 为比率臂。令 $C = R_1 / R_2$，称为比率，由上式可见，在电桥平衡时，只要知道比率 C 和 R 的阻值，就可算出待测电阻 R_x 的阻值。

　　2)　直流单臂电桥的使用

　　(1)　把电桥放平稳，断开电源和检流计按钮，进行机械调零，使检流计指针和零线重合。

　　(2)　用万用表电阻挡粗测被测电阻值，选取合理的比率臂。使电桥比较臂的 4 个读数盘都利用起来，以得到 4 个有效数值，保证测量精度。

　　(3)　按选取的比率臂，调好比较臂电阻。

　　(4)　将被测电阻 R_x 接入 X_1、X_2 接线柱，先按下电源按钮 K_1，再按检流计 G 的按钮，若检流计指针摆向"+"端，需增大比较臂电阻，若指针摆向"−"端，需减小比较臂电阻。反复调节，直到指针指到零位为止。

　　(5)　读出比较臂的电阻值再乘以倍率，即为被测电阻值。

　　(6)　测量完毕后，先断开检流计 G 的按钮，再断开 K_1 按钮，然后拆除测量接线。

　　3)　注意事项

　　(1)　正确选择比率臂，使比较臂的第一盘(×1000)上的读数不为零，才能保证测量的准确度。

　　(2)　为减少引线电阻带来的误差，被测电阻与测量端的连接导线要短而粗。还应注意各端钮是否拧紧，以避免接触不良引起的电桥不稳定。

　　(3)　当电池电压不足时应立即更换，采用外接电源时应注意极性与电压额定值。

　　(4)　被测物不能带电。对含有电容的元件应先放电 1min 后再测量。

2.5　电　工　工　具

　　电工在安装和维修各种供配电电路、电气设备时，都离不开各种电工工具。电工工具种类繁多，用途广泛，下面介绍几种常用的电工工具。

2.5.1 验电笔

验电笔又称验电器，分为低压验电器和高压验电器，是电工常用工具之一，用来判别物体是否带电。

1. 低压验电器

低压验电器又称低压试电笔，如图 2-40(a)所示。低压验电器是用来检查低压导体或电气设备外壳是否带电的辅助安全用具，其检测的电压范围在 60～500V 之间。常用的低压验电器外形有钢笔式、旋具式和采用微型晶体管做机芯，用发光二极管做显示的新型数字显示感应测电器。图 2-40(b)所示为钢笔式低压验电器的结构图。

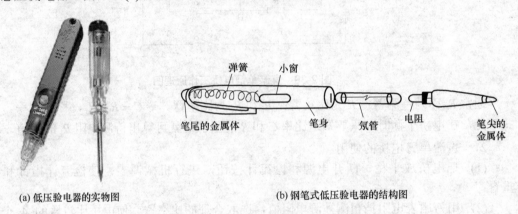

(a) 低压验电器的实物图　　　　　　　　　(b) 钢笔式低压验电器的结构图

图 2-40　低压验电器

使用低压验电器时，必须按照如图 2-41 所示的握法操作。注意手指必须接触笔尾的金属体(钢笔式)或测电笔顶部的金属螺钉(螺钉旋具式)。这样，只要带电体与大地之间的电位差超过 60V 时，电笔中的氖泡就会发光。

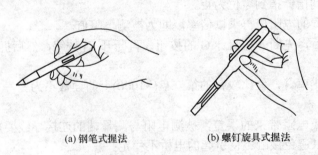

(a) 钢笔式握法　　　　　　　　(b) 螺钉旋具式握法

图 2-41　低压验电器的握法

使用低压验电器时，应注意以下事项。

(1) 使用试电笔之前，首先要检查试电笔里有无安全电阻，再直观检查试电笔是否有损坏，有无受潮或进水，检查合格后才能使用。

(2) 使用试电笔时，不能用手触及试电笔前端的金属探头，这样做会造成人身触电事故。

(3) 使用试电笔时，一定要用手触及试电笔尾端的金属部分，否则，因带电体、试电笔、人体与大地不能形成回路，试电笔中的氖泡不会发光，造成误判，带来危险。

(4) 在测量电气设备是否带电之前，先要找一个已知电源测一测试电笔的氖泡能否正常发光，能正常发光，才能使用。

(5) 在明亮的光线下测试带电体时，应特别注意氖泡是否真的发光(或不发光)，必要时可用另一只手遮挡光线仔细判别。千万不要造成误判，将氖泡发光判断为不发光，从而将有电判断为无电。

2. 高压验电器

高压验电器又称为高压测电器，如图 2-42(a)所示。主要类型有发光型高压验电器、声光型高压验电器。发光型高压验电器由握柄、护环、紧固螺钉、氖管窗、氖管和金属探针(钩)等部分组成。

高压验电器验电时的握法如图 2-42(b)所示，使用高压验电器时，应特别注意手握部位不得超过护环。

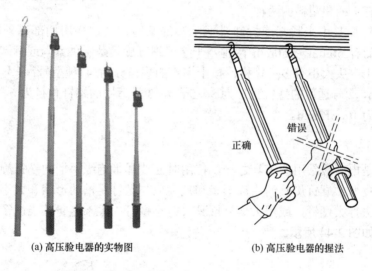

(a) 高压验电器的实物图　　　　(b) 高压验电器的握法

图 2-42　高压验电器实物图和握法

使用高压验电器时，应注意以下事项。

(1) 使用前首先确定高压验电器额定电压必须与被测电气设备的电压等级相适应，以免危及操作者人身安全或产生误判。

(2) 检测时操作者应戴绝缘手套，手握在护环以下部分，同时设专人监护。同样应在有电设备上先验证验电器性能完好，然后再对被验电设备进行检测。注意操作中是将验电器渐渐移向设备，在靠近过程中若有发光或发声指示，应立即停止验电。

(3) 使用高压验电器时，必须在气候良好的情况下进行，以确保操作人员的安全。

(4) 检测时人体与带电体应保持足够的安全距离，10kV 以下的电压安全距离应为 0.7m 以上。

(5) 验电器应每半年进行一次预防性实验。

2.5.2 螺钉旋具

螺钉旋具又称螺丝刀或改锥，如图 2-43 所示，主要用来紧固和拆卸各种螺钉，安装或拆卸电器元件。螺钉旋具由刀柄和刀体组成。刀柄由木柄、塑料和有机玻璃等制成。刀口形状有"一"字槽和"十"字槽两种。电工用螺钉旋具的刀体部分一般用绝缘管套住。

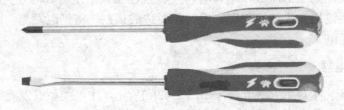

图 2-43 螺钉旋具的实物图

1. 式样与规格

螺钉旋具有木柄和塑料柄两种。

一字形螺钉旋具用来紧固或拆卸带一字槽的螺钉，其规格用柄部以外的体部长度表示，电工常用的有 50mm、150mm 两种。十字形螺钉旋具是专供紧固或拆卸带十字槽螺钉的，其长度和十字头大小有多种规格，按十字头的规格分为 4 种型号：1 号适用的螺钉直径为 2～2.5mm，2 号适用的螺钉直径为 3～5mm，3 号适用的螺钉直径为 6～8mm，4 号适用的螺钉直径为 10～12mm。

2. 使用方法

螺钉旋具是电工最常用的工具之一，使用时应选择带绝缘手柄的螺钉旋具，使用前先检查绝缘是否良好；螺钉旋具的头部形状和尺寸应与螺钉尾槽的形状和大小相匹配，严禁用小螺钉旋具去拧大螺钉，或用大螺钉旋具去拧小螺钉；更不能将其当凿子使用。螺钉旋具的使用方法如图 2-44 所示。

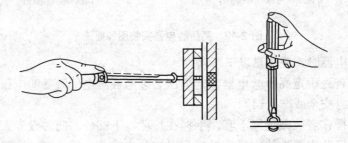

图 2-44 螺钉旋具的使用方法

3. 注意事项

(1) 不可使用金属杆直通手柄顶的螺钉旋具，否则，易造成触电。

(2) 使用螺钉旋具时手不得触及金属杆，防止触电。

(3) 金属杆上必须套绝缘管，防止金属杆无意中触及皮肤或临近带电体而造成触电。

2.5.3　电工钳

电工钳又称钢丝钳、钳子、克丝钳或老虎钳，如图 2-45 所示，它由钳头和钳柄组成，钳头包括钳口、齿口、刀口和铡口等。钳柄上套有额定工作电压为 500V 的绝缘套管。

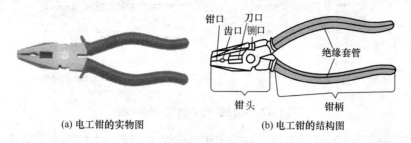

    (a) 电工钳的实物图　　　　　　　　　(b) 电工钳的结构图

图 2-45　电工钳的实物图和结构图

电工钳是一种夹钳和剪切工具。其中钳口可用来钳夹和弯绞导线；齿口可代替扳手来拧小型螺母；刀口可用来剪切导线、掀拔铁钉；铡口可用来铡切钢丝等硬金属丝(如图 2-46 所示)。使用电工钳时，刀口应转向自己面部。

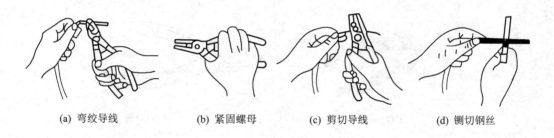

(a) 弯绞导线　　　　(b) 紧固螺母　　　　(c) 剪切导线　　　　(d) 铡切钢丝

图 2-46　电工钳的作用

使用电工钳时，应注意以下事项。

(1) 使用前，必须检查其绝缘柄，确定绝缘状况良好，否则，不得带电操作，以免发生触电事故。

(2) 用电工钳剪切带电导线时，必须单根进行，不得用刀口同时剪切相线和零线或者两根相线，以免造成短路事故。

(3) 使用电工钳时要刀口朝向内侧，便于控制剪切部位。

(4) 不能用钳头代替手锤作为敲打工具，以免变形。钳头的轴销应经常加机油润滑，保证其开闭灵活。

2.5.4　电烙铁

电烙铁一般由手柄、外管、电热元件和铜头组成，分为内热式、外热式和快热式(或称感应式)3 种，结构如图 2-47 所示。电烙铁是一种锡焊和塑料烫焊的常用电热工具，每次使用之前必须经过外观检查和电气检查，并定期检查，使其绝缘强度保持在合格状态。使用场所应该干燥、无腐蚀性气体、无导电灰尘,用完后应及时切断电源。

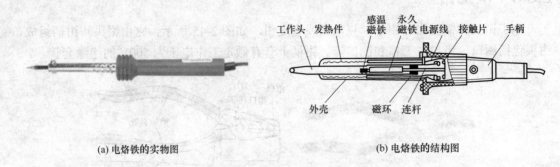

(a) 电烙铁的实物图　　　　　　　　　　　　　(b) 电烙铁的结构图

图 2-47　电烙铁的实物图和结构图

使用电烙铁时,外壳必须接地;必须搁在金属丝制的搁架上;不准甩动使用中的电烙铁;不可长时间空热,以免烧死电烙铁头造成不吃锡;更不可用烧死的电烙铁进行焊接,以免烧坏焊件。

除电工钳、电烙铁之外,常见的电工工具还有尖嘴钳、斜口钳、剥线钳、活扳手(也称活动扳手)、电工刀,它们的图形分别如图 2-48 所示,限于篇幅原因,不再一一讲述。

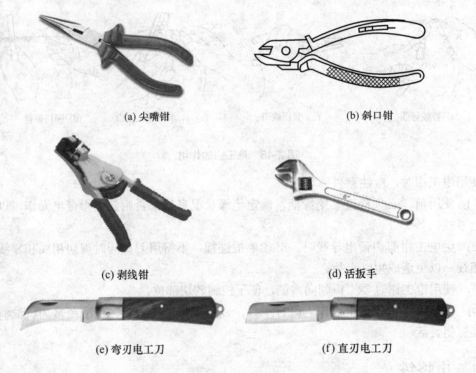

(a) 尖嘴钳　　　　　　　　　　　　　(b) 斜口钳

(c) 剥线钳　　　　　　　　　　　　　(d) 活扳手

(e) 弯刃电工刀　　　　　　　　　　　(f) 直刃电工刀

图 2-48　其他常见的电工工具实物图

2.6　照明电路的安装过程与故障处理

利用电来发光而作为光源称为电气照明,它广泛应用于生产和日常生活中。对电气照明的要求是保证照明设备安全运行,防止人身或火灾事故的发生,提高照明质量,节约用电。

电气照明按发光的方式来划分,有热辐射放电(如白炽灯)、气体放电(如日光灯)两类;按照明的方式分,有一般照明、局部照明、混合照明 3 类;按使用的性质来划分,有正常照明、事故照明、值班照明、警卫照明、障碍照明、装饰性照明(如射灯、闪灯)、广告性照明(如霓虹灯)等几类。

2.6.1　常用照明附件和白炽灯的安装

1. 常用照明附件

常用照明附件包括灯座、开关、插座、挂线盒及木台等器件。

1)　灯座

灯座的种类大致分为插口式和螺口式两种。灯座外壳分为瓷、胶木和金属材料 3 种。根据不同的应用场合,灯座可分为平灯座、吊灯座、防水灯座、荧光灯座等。常用的灯座如图 2-49 所示。

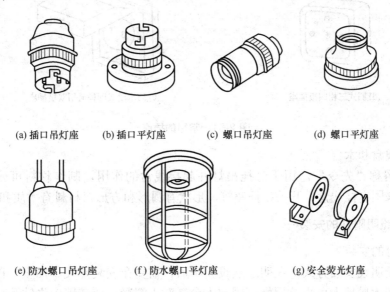

(a) 插口吊灯座　　(b) 插口平灯座　　(c) 螺口吊灯座　　(d) 螺口平灯座

(e) 防水螺口吊灯座　　(f) 防水螺口平灯座　　(g) 安全荧光灯座

图 2-49　常用的灯座

2)　开关

开关的品种很多,常用的开关有拉线开关、顶装拉线开关,防水拉线开关、平开关、暗装开关等,如图 2-50 所示。

3)　插座

插座是为各种可移动用电器提供电源的器件。按其安装形式可分为明装式和暗装式;按其结构可分为单相双极插座、单相带接地线的三极插座及带接地线的三相四极插座等,如图 2-51 所示。

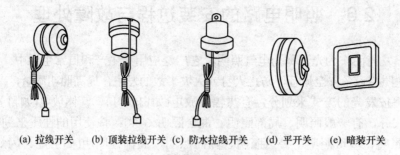

(a) 拉线开关　(b) 顶装拉线开关　(c) 防水拉线开关　(d) 平开关　(e) 暗装开关

图 2-50　常用的开关

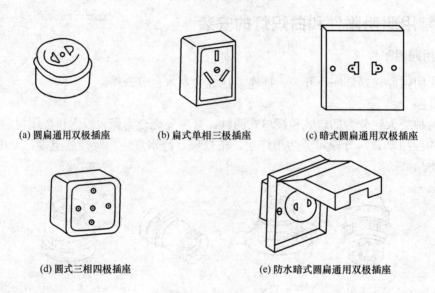

(a) 圆扁通用双极插座　　　(b) 扁式单相三极插座　　　(c) 暗式圆扁通用双极插座

(d) 圆式三相四极插座　　　　　(e) 防水暗式圆扁通用双极插座

图 2-51　常用的插座

4)　挂线盒和木台

挂线盒俗称"先令"，用于悬挂吊灯并起接线盒的作用，制作材料可分为磁质和塑料。木台用来固定挂线盒、开关、插座等，形状有圆形和方形，材料有木质和塑料。

2. 常用照明附件的安装

1)　木台的安装

木台用于明线安装方式。在明线敷设完毕后，需要在安装开关、插座、挂线盒等处先安装木台。在木质墙上可直接用螺钉固定木台，对于混凝土或砖墙应先钻孔，插入木榫或膨胀管。

在安装木台前应先对木台加工，根据要安装的开关、插座等的位置和导线敷设的位置，在木台上钻好出线孔、锯好线槽。然后将导线从木台的线槽进入木台，从出线孔穿出(在木台下留出一定长度余量的导线)，再用较长木螺钉将木台固定牢固。

2)　灯座的安装

(1) 平灯座的安装。平灯座应安装在已固定好的木台上。平灯座上有两个接线桩，一个与电源中性线连接，另一个与来自开关的一根线(开关控制的相线)连接。插口平灯座上的两个接线桩可任意连接上述的两个线头，而对螺口平灯座有严格的规定：必须把来自开关的线头连接在连通中心弹簧片的接线桩上，电源中性线的线头连接在连通螺纹圈的接线桩上，如图 2-52 所示。

(2) 吊灯座的安装。把挂线盒底座安装在已固定好的木台上，再将塑料软线或花线的一端穿入挂线盒罩盖的孔内，并打个结，使其能承受吊灯的重量(采用软导线吊装的吊灯重量应小于 1kg，否则应采用吊链)，然后将两个线头的绝缘层剥去，分别穿入挂线盒底座正中凸起部分的两个侧孔里，再分别接到两个接线桩上，旋上挂线盒盖。接着将软线的另一端穿入吊灯座盖孔内，也打个结，再把两个剥去绝缘层的线头接到吊灯座的两个接线桩上，罩上吊灯座盖。安装方法如图 2-53 所示。

3)　开关的安装

(1) 单联开关的安装。开关明装时也要装在已固定好的木台上，将穿出木台的两根导线(一根为电源相线，一根为开关线)穿入开关的两个孔眼，固定开关，然后把剥去绝缘层的两个线头分别接到开关的两个接线桩上，最后装上开关盖。

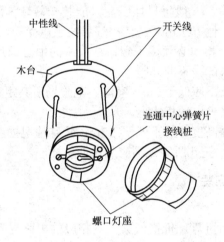

图 2-52　螺口平灯座的安装

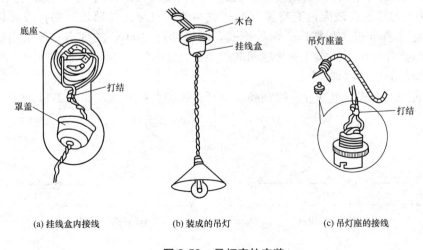

(a) 挂线盒内接线　　　　(b) 装成的吊灯　　　　(c) 吊灯座的接线

图 2-53　吊灯座的安装

(2) 双联开关的安装。双联开关一般用于在两处用两只双联开关控制一盏灯。双联开关的安装方法与单联开关类似，但其接线较复杂。双联开关有三个接线端，分别与三根导线相接，注意双联开关中连铜片的接线桩不能接错，一个开关的连铜片接线桩应和电源相线连接，另一个开关的连铜片接线桩与螺口灯座的中心弹簧片接线桩连接。每个开关还有两个接线桩用两根导线分别与另一个开关的两个接线桩连接。待接好线，经过仔细检查无误后才能通电使用。

4) 插座的安装

明装插座应安装在木台上，安装方法与安装开关相似，穿出木台的两根导线为相线和中性线，分别接于插座的两个接线桩上。对于单相三极插座，其接地线桩必须与接地线连接，不能用插座中的中性线作为接地线。

3. 照明装置安装规定

(1) 对于潮湿、有腐蚀性气体、易燃、易爆的场所，应分别采用合适的防潮、防爆、防雨的开关、灯具。

(2) 吊灯应装有挂线盒，一般每只挂线盒只能装一盏灯。吊灯应安装牢固，超过 1kg 的灯具必须用金属链条或其他方法吊装，使吊灯导线不承受力。

(3) 使用螺口灯头时，相线必须接于螺口灯头座的中心铜片上，灯头的绝缘外壳不应有损伤，螺口白炽灯泡金属部分不准外露。

(4) 吊灯离地面的距离不应低于 2m，潮湿、危险场所其距离应不低于 2.5m。

(5) 照明开关必须串接于电源相线上。

(6) 开关、插座离地面高度一般不低于 1.3m，特殊情况插座可以装得较低，但离地面不应低于 150mm，幼儿园、托儿所等处不应装设低位插座。

4. 白炽灯照明线路的安装

1) 白炽灯的基础知识

白炽灯结构简单，使用可靠，价格低廉，其相应的电路也简单，因而应用广泛，其主要缺点是发光效率较低，寿命较短。白炽灯泡由灯丝、玻壳和灯头三部分组成。其灯丝一般都是由钨丝制成，玻壳由透明或不同颜色的玻璃制成。40W 以下的灯泡将玻壳内抽成真空；40W 以上的灯泡在玻壳内充有氩气或氮气等惰性气体，使钨丝不易挥发，以延长寿命。灯泡的灯头有卡口式和螺口式两种形式，功率超过 300W 的灯泡一般采用螺口式灯头，因为螺口式灯座比卡口式灯座接触和散热要好。

2) 白炽灯的控制原理

白炽灯的控制方式有单联开关控制和双联开关控制两种方式，如图 2-54 所示。

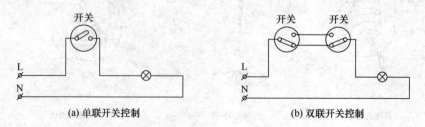

图 2-54　白炽灯的两种控制方式

3) 白炽灯照明电路的安装与接线

先将准备实验的开关装到开关盒上，白炽灯的基本控制线路如表 2-5 所示。

表 2-5 白炽灯照明电路的接线

名称用途	接线图	备 注
一个单联开关控制一盏灯	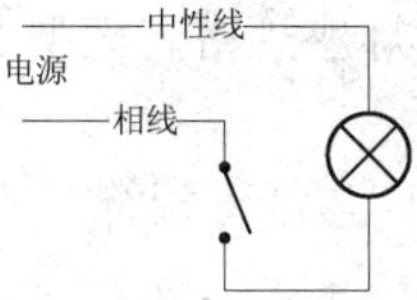	开关装在相线上，接入灯头中心簧片上，零线接入灯头螺纹口接线柱
一个单联开关控制两盏灯	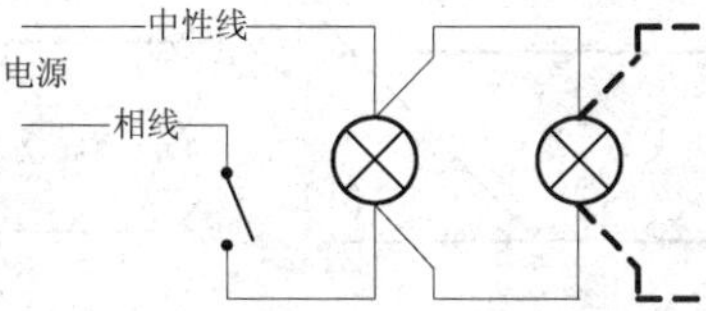	超过两个灯按虚线延伸，但要注意开关允许容量
两个单联开关，分别控制两盏灯	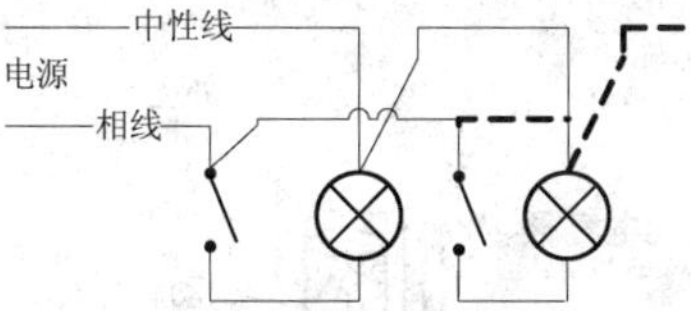	用于多个开关及多盏灯，可延伸接线
两个双联开关在两地，控制一盏灯	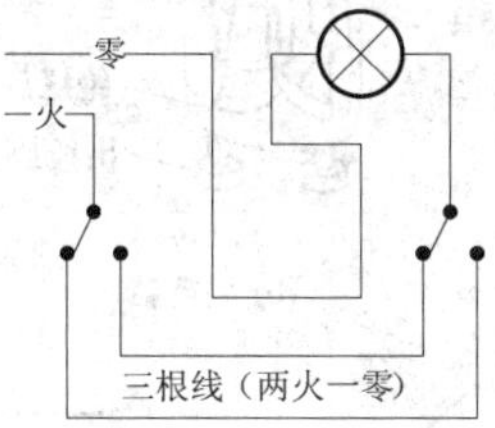	用于楼梯或走廊，两端都能开、关的场合。接线口诀：开关之间三条线，零线经过不许断，电源与灯各一边

在安装照明电路时必须遵循"火线必须进开关；开关、灯具要串联；照明电路间要并联"的原则。

2.6.2 荧光灯照明线路

荧光灯又叫日光灯，其照明线路与白炽灯照明线路同样具有结构简单、使用方便等特点，而且荧光灯还有发光效率高的优点，因此，荧光灯也是应用较普遍的一种照明灯具。

1. 荧光灯照明线路

1) 荧光灯及其附件的结构

荧光灯照明线路主要由灯管、启辉器、启辉器座、镇流器、灯座、灯架等组成。

(1) 灯管由玻璃管、灯丝、灯头、灯脚等组成，其外形结构如图 2-55(a)所示。玻璃管内抽成真空后充入少量汞(水银)和氩等惰性气体，管壁涂有荧光粉，在灯丝上涂有电子粉。

灯管常用规格有 6、8、12、15、20、30、40W 等。灯管外形除直线形外，也可制成环形或 U 形等。

(2) 启辉器由氖泡、纸介质电容器、出线脚、外壳等组成，氖泡内有 ∩ 形动触片和静触片,如图 2-55(b)所示。常用规格有 4~8W、15~20W、30~40W,还有通用型 4~40W 等。

(3) 启辉器座常用塑料或胶木制成,用于放置启辉器。

(4) 镇流器主要由铁芯和线圈等组成,如图 2-55(c)所示。使用时镇流器的功率必须与灯管的功率及启辉器的规格相符。

(5) 灯座有开启式和弹簧式两种。灯座规格有大型的,适用于 15W 及以上的灯管;也有小型的,适用于 6~12W 的灯管。

(6) 灯架有木制和铁制两种,规格应与灯管相符。

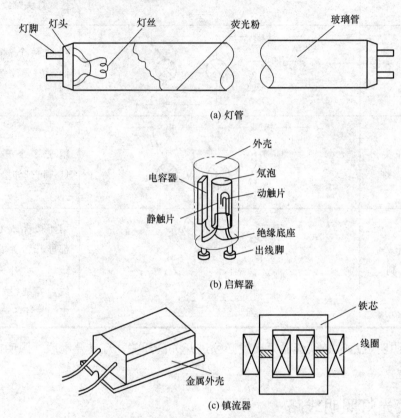

图 2-55　荧光灯照明装置的主要部件结构

2) 荧光灯的工作原理

荧光灯的工作原理如图 2-56 所示。闭合开关接通电源后,电源电压经镇流器、灯管两端的灯丝加在启辉器的∩形动触片和静触片之间,引起辉光放电。放电时产生的热量使得用双金属片制成的∩形动触片膨胀并向外伸展,与静触片接触,使灯丝预热并发射电子。在∩形动触片与静触片接触时,两者间电压为零而停止辉光放电,∩形动触片冷却收缩并复原而与静触片分离,动、静触片断开瞬间在镇流器两端产生一个比电源电压高得多的感应电动势,这个感应电动势与电源电压串联后加在灯管两端,使灯管内惰性气体被电离而引起弧光放电。随着灯管内温度升高,液态汞汽化游离,引起汞蒸气弧光放电而发生肉眼看不见的紫外线,紫外线激发灯管内壁的荧光粉后,发出近似日光的可见光。

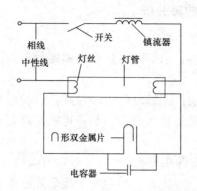

图 2-56　荧光灯的工作原理图

3)　镇流器的作用

镇流器在电路中有两个作用:一是在灯丝预热时限制灯丝所需的预热电流,防止预热电流过大而烧断灯丝,保证灯丝电子的发射能力;二是在灯管启辉后,维持灯管的额定工作电压和限制灯管的额定工作电流,以保证灯管稳定工作。

4)　启辉器内电容器的作用

启辉器内电容器有两个作用:一是与镇流器线圈形成 LC 振荡电路,延长灯丝的预热时间和维持感应电动势;二是吸收干扰收音机和电视机的交流噪声。

2. 荧光灯照明线路的安装

安装荧光灯照明线路中导线的敷设、木台、接线盒、开关等照明附件的安装方法与要求和白炽灯照明线路基本相同。现主要介绍荧光灯的安装方法。

荧光灯线路的装配图如图 2-57 所示,其接线装配方法如下。

(1)　用导线把启辉器座上的两个接线桩分别与两个灯座中的一个接线桩连接。

(2)　把一个灯座中余下的一个接线桩与电源中性线连接,另一个灯座中余下的一个接线桩与镇流器的一个线头相连。

(3)　镇流器的另一个线头与开关的一个接线桩连接。

(4)　开关的另一个接线桩接电源相线。

接线完毕后,把灯架安装好,旋上启辉器,插入灯管。注意当整个荧光灯质量超过1kg 时应采用吊链,载流导线不承受重力。

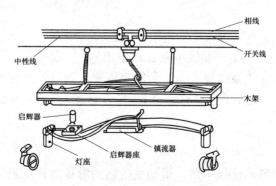

图 2-57　荧光灯线路的装配图

3. 荧光灯照明线路常见故障分析

(1) 接通电源后，荧光灯不亮。

故障原因：①灯脚与灯座、启辉器与启辉器座接触不良；②灯丝断了；③镇流器线圈短路；④新装荧光灯接线错误。

对应故障原因的检修方法：①转动灯管或启辉器，找出接触不良处并修复；②用万用表电阻挡检查灯管两端的灯丝是否断开，若断开可换新灯管；③修理或调换镇流器；④找出接线错误处并纠正。

(2) 荧光灯光闪动或只有两头发光。

故障原因：①启辉器氖泡内的动、静触片不能分开或电容器被击穿短路；②镇流器配用规格不合适；③灯脚松动或镇流器接头松动；④灯管陈旧；⑤电源电压太低。

对应故障原因的检修方法：①更换启辉器；②调换与荧光灯功率适配的镇流器；③修复接触不良处；④换新灯管；⑤如有条件采取稳压措施。

(3) 光在灯管内滚动或灯光闪烁。

故障原因：①新管暂时现象；②灯管质量不好；③镇流器配用规格不合适或接线松动；④启辉器接触不良或损坏。

对应故障原因的检修方法：①开用几次可消除故障现象；②换灯管试一下；③调换合适的镇流器或加固接线；④修复接触不良处或调换启辉器。

(4) 镇流器过热或冒烟。

故障原因：①镇流器内部线圈短路；②电源电压过高；③灯管闪烁时间过长。

对应故障原因的检修方法：①调换镇流器；②检查电源；③按故障(3)检查闪烁原因并排除。

2.7　电路测量的设计过程

本节要求在给定器材的情况下设计一个简单测量电路，能够用量程为 0.3A 的电流表测量约 0.5A 的电流。通过第 1、2 章的学习我们知道要想达到这个目的必须给电流表并联一个电阻，让这个并联电阻替电流表分担一部分电流，只有这样才能使电流表不被 0.5A 的电流烧坏。

1. 思路分析

如图 2-58(a)所示，设有某一很小的电阻与电流表 A 并联，当它们接入电路中时，通过量程为 0.3A 电流表的电流为 I_1，通过电阻 R 的电流为 I_2，总电流为 $I = I_1 + I_2$。显然，若我们把图 2-58(a)中虚线框内的整体视为一个新的电流表，则流过量程为 0.3A 电流表的电流为 I_1 时，流过新电流表的电流为 $I(I = I_1 + I_2)$。若 I_1 量程为 0.3A 电流表的量程，则 I 为新电流表的量程。

2. 设计步骤

(1) 按照图 2-58(b)所示连接电路，滑动变阻器的滑片放在电阻的最大位置，开关处于断开状态，电阻丝的 M 端拧在电流表的一个接线柱上，N 端暂时不连。

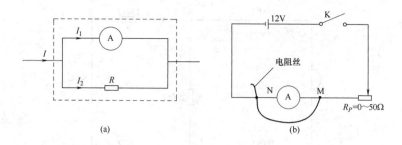

图 2-58　电路测量设计电路图

(2)　闭合开关，调节滑动变阻器，使电流表达到满刻度。

(3)　将电阻丝的不同位置连在电流表的另一个接线柱上，以改变接入电路中电阻丝的长度，当电流表达到半偏时(即电流表指针指在满刻度一半的地方时)将电阻丝的这个位置拧紧在接线柱上。此时量程为 0.3A 的电流表与电阻丝一起组成了一个新电流表，它的量程为 0.3A + 0.3A = 0.6A。

(4)　组成的新电流表可以测量约 0.5A 的电流。

2.8　拓 展 实 训

2.8.1　直流电位、电压和电流的测量实训

1. 实验目的

(1)　掌握常用电工仪表的使用方法。

(2)　掌握电位、电压和电流的测量方法。

(3)　验证电路中电位的相对性、电压的绝对性。

2. 实训设备与器材

电流表一块，电压表一块，双路直流可调稳压电源，电阻若干。

3. 实训内容

(1)　在实验台上，按图 2-59 所示连接好电路。

(2)　在图 2-59 中，$U_{S1} = 6V$，$U_{S2} = 6V$ 为直流稳压电源，$R_1 = R_3 = 200\Omega$，$R_2 = R_5 = 150\Omega$，$R_4 = 100\Omega$。

(3)　检查电路连接无误后，打开电源开关，开始测量。

(4)　以图 2-59 所示电路中的 A 点作为电位参考点，用电压表分别测量 B、C、D、E、F 各点的电位值 V 及相邻两点之间的电压值 U_{AB}、U_{BC}、U_{CD}、U_{DE}、U_{EF} 及 U_{FA}，数据列于表 2-6 中。

(5)　以 D 点作为参考点，重复实验内容的步骤(4)，并将测得的数据记入表 2-6 中。

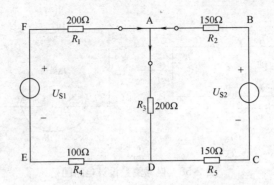

图 2-59 实验原理图

表 2-6 图 2-59 中各点电位和电压测量数值记录表

电位参考点	V 与 U	V_A	V_B	V_C	V_D	V_E	V_F	U_{AB}	U_{BC}	U_{CD}	U_{DE}	U_{EF}	U_{FA}
A	计算值												
	测量值												
	相对误差												
D	计算值												
	测量值												
	相对误差												

(6) 在图 2-59 所示电路中，用电流表分别测量流过 R_1、R_2、R_3、R_4、R_5 的电流 I_1、I_2、I_3、I_4、I_5，并将测量数据填入表 2-7 中。

表 2-7 图 2-59 中流过各电阻的电流

电 流	I_1	I_2	I_3	I_4	I_5
计算值					
测量值					
相对误差					

(7) 计算相对误差，数据列于表 2-6 中。

$$相对误差 = \frac{|测量值 - 计算值|}{计算值} \times 100\%$$

4. 实训总结

(1) 分析实验结果，讨论各实验误差产生的原因。

(2) 以 F 点为参考电位点，实验测得各点的电位值，现令 E 点作为参考电位点，试问此时各点的电位值应有何变化？

(3) 从实训数据看，你认为测电位时与参考点有关吗？如果测电压，与参考点有关吗？

2.8.2　低压电器的拆装实训

1. 实训目的

通过观察、拆装、不带电测试和带电测试低压电器，判别和了解常用低压电器的结构、特点和作用。

2. 实训设备与器材

常用电工工具一套，万用表一只，各种常用低压电器若干。

3. 实训内容

(1) 清点发放的设备、器件和工具。

(2) 检验器材质量：在不通电的情况下，用万用表或肉眼检查各元器件触点的分合情况是否良好，器件外部是否完整无缺；检查螺钉是否完好，是否滑丝；检查接触器的线圈电压与电源电压是否相符，并进行记录。

(3) 拆装电器元件：按要求进行拆装各种低压电器，如按钮、交流接触器、中间继电器、时间继电器等。并利用仪器仪表进行检测和记录。

(4) 自检：检查各种低压电器各活动部件是否灵活，固定部分是否松动，线圈阻值是否正确。

(5) 通电实验：通电前必须自检无误并征得指导教师的同意，通电时必须有指导教师在场方能进行。通电检查低压电器各触点压力是否符合要求，声音是否正常。在操作过程中应严格遵守操作规程以免发生意外，并进行记录。

4. 实训总结

常用低压电器有哪些？作用各是什么？

本　章　小　结

(1) 电器就是一种根据外界施加的信号和技术要求，能自动或手动地断开或接通电路，断续或连续地改变电路参数，以实现对电或非电对象的切换、控制、检测、保护、变换和调节的电工器械。

(2) 当电器触点切断电路时，如果电路中电压超过 $10\sim12V$ 或电流超过 $80\sim100mA$，在拉开两个触头时将出现强烈火花，这实际上是一种气体放电的现象，通常称为"电弧"。

(3) 我国现行标准将工作电压交流 1200V、直流 1500V 以下的电气线路中的电气设备称为低压电器。常用低压电器有接触器、继电器、熔断器、断路器、刀开关、主令电器等。

(4) 仪表误差的表示方式有绝对误差、相对误差和引用误差三种。

(5) 电工仪表是用于测量电压、电流、电能、电功率等电量和电阻、电感、电容等电路参数的仪表。电工常用仪表有万用表、兆欧表、钳形电流表、直流单臂电桥等。万用表是一种多功能、多量程的便携式电工仪表，一般的万用表可以测量直流电流、直流电压、交流电压和电阻等。

(6) 电工在安装和维修各种供配电电路、电气设备时，都离不开各种电工工具。常用的电工工具有验电笔、螺钉旋具、电工钳、尖嘴钳、斜口钳、剥线钳、活扳手、电工刀、电烙铁等。

思考题与习题

1. 什么是低压电器？

2. 常用低压电器怎样分类？它们各有哪些用途？

3. 低压电器的主要技术指标有哪些？

4. 电弧是如何产生的？对电路有何影响？常用的灭弧方法有哪些？

5. 常用接触器主要有哪几种？简述交流接触器的结构和工作原理。

6. 继电器主要有哪几种？简述电磁式继电器的特性。

7. 熔断器的熔体由什么材料制成，为什么使用这些材料作为熔断器的熔体？

8. 简述塑壳断路器的工作原理和断路器的选择原则。

9. 组合开关由哪几部分组成？HK 型开启式负荷开关在安装时应注意哪些问题？

10. 常用的主令电器有哪些？按钮的"红""绿""黄"颜色代表什么含义？

11. 电工仪表按照准确度划分，可以分为哪几种？这里的准确度是指什么？

12. 用一量程为 100mA 的 1.0 级的电流表分别测量 50mA 和 90mA 的电流时，可能出现的最大相对误差是多少？

13. 用准确度为 2.0 级、量程为 300V 和准确度为 1.0 级、量程为 400V 的电压表测量实际值为 250V 的电压，问哪个电压表的测量值较准确？

14. 为什么万用表的电阻挡在使用前一定要调零？

15. 某万用表的电阻读数刻度上有 100 格，今选用×100 挡测量，若指针指在 60 挡刻度上，则被测电阻为多少？

16. 使用兆欧表、钳形电流表和直流单臂电桥时要注意哪些问题？

17. 电工操作通用电工工具有哪些？试简述其使用方法。

第3章 交流电路

本章要点

- 熟悉交流电路的基本概念，掌握交流电路的分析方法。
- 了解 RLC 电路的特性，掌握 RLC 谐振现象。
- 熟悉对称三相电路的计算，掌握线电压、线电流与相电压、相电流的关系。
- 掌握提高功率因数的方法。
- 了解安全用电的常识。

技能目标

- 能够正确测量对称三相电源时，三相负载星形和三角形连接时电路中的电压和电流。
- 掌握三相四线制供电系统中单相及三相负载的正确连接方法，理解中线的作用。
- 具有正确分析交流电路电压、电流及功率的能力。

主要理论及工程应用导航

本章首先介绍了交流电路的基本概念，并结合 RLC 电路简单讲述交流电路的分析方法，探讨了谐振现象，然后详细介绍了三相交流电路的工作原理和分析方法，最后简要地介绍了安全用电的常识。

谐振在计算机、收音机、电视机、手机等电子线路中都有应用，在工业生产中的高频淬火、高频加热中也有广泛应用。另外，在电力工程中，有可能由于电路中出现谐振而产生某些危害，如过电压或过电流。所以，研究掌握谐振的产生条件和特点，无论是从利用方面，或是从限制其危害方面来看，都有重要意义。

目前，我国电力系统中电能的生产、传输和供电方式绝大多数都采用三相制。三相交流电较单相交流电在发电、输配电以及电能转换为机械能方面都有明显的优越性。因此，有必要学习三相交流电路的工作原理及分析方法。

3.1 直流稳压电源的设计说明

随着电子技术的发展，直流电源的应用越来越广泛，直流电源的质量直接影响设备及控制系统的性能。因此，熟悉直流电源的工作原理，学会简单电路设计具有重要的意义。

1. 设计目的

(1) 掌握直流稳压电源的工作原理。

(2) 熟悉直流稳压电源的应用和基本应用电路的设计方法。

(3) 了解直流稳压电源电路设计中，变压器选择以及整流、滤波、稳压电路的设计原则及注意问题。

2. 设计内容

设计一个直流稳压电源电路。其指标：交流电源 220V；直流输出 5V，1A。

> **思考**：说出你所见过的直流稳压电源及其应用？直流稳压电源电路由哪几部分、哪些主要元件组成？

3.2 交流电路的基本概念

以正弦规律变化的交流电，称为正弦交流电，其电压、电流都是正弦量。把表示正弦量的复数称为相量。正弦量具有幅值、频率及初相位三个要素，复数具有幅值、幅角两个要素，在频率相同时，相量和正弦量间就建立起了联系。引入相量，大大方便了交流电路的分析计算。

3.2.1 正弦量

正弦量的波形如图 3-1(a)、(b)所示，其中图 3-1(a)是初相位为零时的波形，图 3-1(b)是初相位为 ϕ 时的波形。幅值、角频率、初相位为正弦量的三要素。

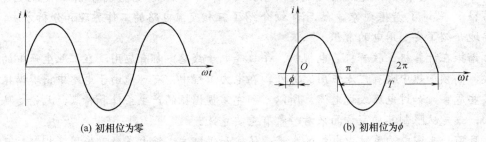

(a) 初相位为零   (b) 初相位为 ϕ

图 3-1 正弦量的波形

正弦交流电的优越性有：便于传输；易于变换；便于运算；有利于电器设备的运行等。

正弦交流电的一般表达式为：

$$i = I_{\mathrm{m}} \sin(\omega t + \phi) \tag{3-1}$$

式中：角频率 ω 决定正弦量变化的快慢，幅值 I_{m} 决定正弦量的最大值，周期 T 是正弦量变化一周所需的时间。

相同时间内与交流热效应相等的直流电压、电流定义为交流电电压、电流的有效值，即

$$\int_0^T i^2 R\,\mathrm{d}t = I^2 RT$$

则有

$$I = \sqrt{\frac{1}{T}\int_0^T i^2 \mathrm{d}t} = \sqrt{\frac{1}{T}\int_0^T I_{\mathrm{m}}^2 \sin^2 \omega t \mathrm{d}t} = \frac{I_{\mathrm{m}}}{\sqrt{2}} \tag{3-2}$$

同理电压的有效值 $U = \dfrac{U_{\mathrm{m}}}{\sqrt{2}}$。交流电压表、电流表测量数据及交流设备铭牌标注的电

压、电流均为其有效值。

通常将两个同频率的正弦量之间的初相位之差称为相位差 ϕ 。两个同频率的正弦量 u_1 和 u_2 分别为

$$u_1 = U_{1m}\sin(\omega t + \phi_1)\ ,\quad u_2 = U_{2m}\sin(\omega t + \phi_2)$$

若 $\phi = \phi_1 - \phi_2 > 0$ ，则称 u_1 超前 u_2 ；若 $\phi = \phi_1 - \phi_2 < 0$ ，则称 u_1 滞后 u_2 ；若 $\phi = \phi_1 - \phi_2 = 0$ ，则 u_1 和 u_2 同相。两个同频率正弦量之间的相位差为常数，与计时的选择起点无关。不同频率的正弦量比较无意义。

【例 3-1】已知交流电频率为 f=50Hz，试求 T 和 ω 。

解：

$$T = \frac{1}{f} = \frac{1}{50\text{Hz}} = 0.02\text{s}。$$

$$\omega = 2\pi f = 2 \times 3.14 \times 50\text{Hz} = 314\text{rad/s}。$$

3.2.2　相量

1. 复数的表示形式

复数的表示形式有三种。

(1) 代数式：$A = a + jb$ 。

(2) 指数式：$A = |A|\mathrm{e}^{j\phi}$ 。

(3) 极坐标式：$A = |A|\angle\phi$ 。

它们的互相关系为

$$|A| = \sqrt{a^2 + b^2}\ ,\quad \phi = \arctan\frac{b}{a}\ ,\quad a = |A|\cos\phi\ ,\quad b = |A|\sin\phi$$

2. 相量与复数

表示正弦量的复数称为相量。为了与一般复数相区别，在大写字母上加"·"，于是交流电流 $i = I_m\sin(\omega t + \phi)$ 的相量为

$$\dot{I} = I(\cos\phi + j\sin\phi) = I\mathrm{e}^{j\phi} = I\angle\phi \tag{3-3}$$

复数的模即为正弦量的幅值或有效值，复数的幅角即为正弦量的初相位。例如，正弦量 $U = 10\sqrt{2}\sin(\omega t + 60°)$ ，可以写出其相量形式 $\dot{U} = 10\angle 60°$ ，正弦量的有效值为 10，初相位为 60°。

按照各个正弦量的大小和相位关系画出的若干个相量的图形，称为相量图。在相量图上能形象地看出各个正弦量的大小和相互间的相位关系。如图 3-2 所示。

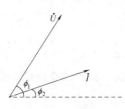

图 3-2　相量图

图 3-2 中电压相量 $\dot{U}$ 比电流相量 $\dot{I}$ 超前 $\phi = \phi_1 - \phi_2$，其对应的正弦量 u、i 间也相差 ϕ。根据相量图中的相量，可以写出其对应的正弦量为 $u = \sin(\omega t + \phi_1)$，$i = \sin(\omega t + \phi_2)$。只有同频率的正弦量才能画在同一相量图上进行比较，不同频率的正弦量没有可比性，所以不能画在同一相量图上。

3. 相量的运算

相量是正弦交流电的一种表示方法和运算工具，只有同频率的正弦交流电才能进行相量运算，所以相量运算只含有交流电的有效值(或幅值)和初相两个要素。

相量运算与复数运算方法一样，只是相量运算后，可以根据相量与正弦量的关系互相表示出来。下面举例说明。

【例 3-2】已知交流电 u_1 和 u_2 的有效值相量分别为 $\dot{U}_1 = 100\text{V}$，$\dot{U}_2 = 60\text{V}$，u_1 比 u_2 超前 60°，求：①总电压 $u = u_1 + u_2$ 的有效值，并画出相量图；②总电压 u 与 u_1 和 u_2 的相位差。

解：

只有同频率的交流电才能进行比较和相量运算，设 u_1 为参考相量，$\phi_1 = 0°$，由题意可知

$$\phi = \phi_1 - \phi_2 = 60°$$

则

$$\dot{U}_1 = U_1 \angle \phi_1 = 100\text{V} \angle 0° = 100\text{V}$$

$$\dot{U}_2 = U_2 \angle \phi_2 = 60\text{V} \angle -60° = (30 - j51.96)\text{V}$$

$$\dot{U} = \dot{U}_1 + \dot{U}_2 = (100 + 30 - j51.96)\text{V} = (130 - j51.96)\text{V} = 140\text{V} \angle -21.79°$$

即总电压有效值为

$$U = 140 \text{ V}$$

它们的相量图如图 3-3 所示。作图时，将参考相量 $\dot{U}_1$ 画在正实轴位置。在这种情况下，坐标轴可省略不画。根据 $\dot{U}_2$ 与 $\dot{U}_1$ 的相位差确定 $\dot{U}_2$ 的位置，并画出 $\dot{U}_2$，利用平行四边形法则作出 $\dot{U}$ 。由所得结果，可以求出 u 与 u_1 和 u_2 的相位差分别为

$$\phi - \phi_1 = -21.79° - 0° = -21.79°$$

$$\phi - \phi_2 = -21.79° - (-60°) = 38.21°$$

说明，u 比 u_1 滞后 21.79°，u 比 u_2 超前 38.21°。

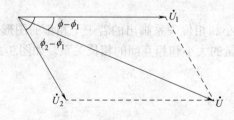

图 3-3　例 3-2 的相量图

3.3　RLC 交流电路

RLC 电路是一种典型的交流电路,分析研究其规律,是分析三相交流电路的基础。为便于分析 RLC 电路,先研究单一参数电路,即只有电阻 R、电感 L 或电容 C 中的一种元件的电路。

3.3.1　单一参数电路

1. 电阻电路

生活中所用的白炽灯、电饭锅、热水器等在交流电路中都可以看成是电阻元件,如图 3-4(a)是一个线性电阻元件的交流电路,电压和电流的参考方向如图 3-4 所示。图 3-4(b)是电压电流的波形图。

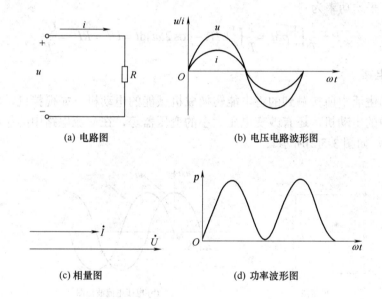

(a) 电路图　　　　　　　(b) 电压电路波形图

(c) 相量图　　　　　　　(d) 功率波形图

图 3-4　电阻电路

1)　电阻两端电压与电流的关系

选电流为参考相量,即电流的初相为 0° ,有

$$i = I_\mathrm{m} \sin \omega t \tag{3-4}$$

则电阻两端电压

$$u = Ri = RI_\mathrm{m} \sin \omega t = U_\mathrm{m} \sin \omega t \tag{3-5}$$

用相量形式表示为

$$\frac{\dot{U}}{\dot{I}} = \frac{U}{I} \mathrm{e}^{\mathrm{j}0°} = R \quad 或 \quad \dot{U} = R\dot{I} \tag{3-6}$$

电压和电流的相量图如图 3-4(c)所示。

不难看出,对于电阻电路,u 与 i 同相,有效值及最大值关系为

$$R = \frac{U_{\mathrm{m}}}{I_{\mathrm{m}}} = \frac{\dot{U}}{\dot{I}} \qquad (3\text{-}7)$$

2) 功率

由电压与电流的变化规律和相互关系，便可计算出电路中的功率。在任意瞬间，电压瞬时值 u 与电流瞬时值 i 的乘积，称为瞬时功率，用小写字母 p 表示，即

$$p = ui = U_{\mathrm{m}}I_{\mathrm{m}}\sin^2\omega t = UI(1 - \cos 2\omega t) = UI - UI\cos 2\omega t \qquad (3\text{-}8)$$

由式(3-8)知，p 由两部分组成，第一部分是常数 UI，第二部分是幅值为 UI，以 2ω 为角频率随时间变化的交变量 $UI\cos 2\omega t$。p 随时间而变化的波形如图 3-4(d)所示。

由于在电阻元件的交流电路中 u 与 i 同相，它们同时为正，同时为负，所以瞬时功率总是正值，即 $p \geq 0$。瞬时功率为正，这表示外电路从电源获取能量，即电阻元件从电源取用电能而转换为热能。

一个周期内电路消耗电能的平均速度，即瞬时功率的平均值，称为平均功率。在电阻元件电路中，平均功率为

$$P = \frac{1}{T}\int_0^T p\,\mathrm{d}t = \frac{1}{T}\int_0^T UI(1 - \cos 2\omega t)\,\mathrm{d}t = UI = RI^2 = \frac{U^2}{R} \qquad (3\text{-}9)$$

2. 电感电路

在生产和生活中所接触到的将电能转换成机械能的电动机，如搅拌机、粉碎机、电风扇、洗衣机中的电动机，还有改变电压大小的变压器等，在交流电路中的作用相当于电感(忽略其电阻)，如图 3-5(a)所示。

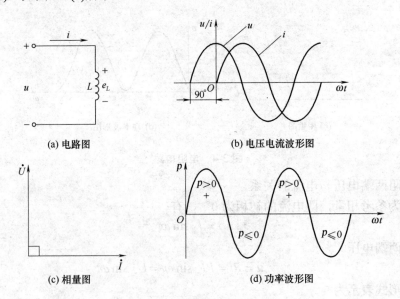

(a) 电路图   (b) 电压电流波形图

(c) 相量图   (d) 功率波形图

图 3-5 电感电路

1) 电感两端电压与电流的关系

设电流为参考正弦量 $i = I_{\mathrm{m}}\sin\omega t$，则

$$u = -e_L = L\frac{\mathrm{d}i}{\mathrm{d}t} \tag{3-10}$$

则

$$u = L\frac{\mathrm{d}(\sin\omega t)}{\mathrm{d}t} = \omega L I_{\mathrm{m}}\cos\omega t = \omega L I_{\mathrm{m}}\sin(\omega t + 90^\circ) = U_{\mathrm{m}}\sin(\omega t + 90^\circ) \tag{3-11}$$

由于电感电路中 u 与 i 不同相，相位上电流比电压滞后 90°，则电压 u 和电流 i 的正弦波形如图 3-5(b)所示。

其有效值和最大值的关系为

$$U_{\mathrm{m}} = \omega L I_{\mathrm{m}} = X_L I_{\mathrm{m}} \ \text{或}\ \frac{U_{\mathrm{m}}}{I_{\mathrm{m}}} = \frac{U}{I} = \omega L = X_L \tag{3-12}$$

即在电感电路中，电压的幅值(或有效值)与电流的幅值(或有效值)之比为 ωL。显然，它的单位为欧姆(Ω)。当电压 U 一定时，ωL 越大，则电流 I 越小。可见，它具有对交流电流起阻碍作用的物理性质，所以称为感抗 X_L，即

$$X_L = \omega L = 2\pi f L \tag{3-13}$$

感抗 X_L 与电感 L、频率 f 成正比。因此，电感线圈对高频电流的阻碍作用很大，而对直流则可视为短路。应当注意的是，感抗只是电压与电流的幅值或有效值之比，而不是它们瞬时值之比，即 $\frac{u}{i} \neq X_L$，这与电阻电路不同。在电感电路中，电压与电流之间成导数关系，而不是成正比关系。例如，电压为 $u = U_{\mathrm{m}}\sin\omega t$，则电流为

$$i = \frac{U_{\mathrm{m}}}{I_{\mathrm{m}}}\sin(\omega t - 90^\circ) = I_{\mathrm{m}}\sin(\omega t - 90^\circ) \tag{3-14}$$

因此，在分析与计算交流电路时，以电压或电流作为参考量都可以，它们之间的关系是一样的。用相量形式表示为

$$\dot{U} = U\mathrm{e}^{\mathrm{j}0^\circ}, \qquad \dot{I} = I\mathrm{e}^{-\mathrm{j}90^\circ} \tag{3-15}$$

$$\frac{\dot{U}}{\dot{I}} = \frac{U}{I}\mathrm{e}^{\mathrm{j}90^\circ} = \mathrm{j}X_L \ \text{或}\ \dot{U} = \mathrm{j}\dot{I}X_L \tag{3-16}$$

电感两端电压的有效值等于电流的有效值与感抗的乘积，在相位上电压比电流超前 90°。电压和电流的相量图如图 3-5(c)所示。

2)　功率

由电压 u 和电流 i 的变化规律和相互关系，便可计算出瞬时功率，即

$$p = p_L = ui = U_{\mathrm{m}}I_{\mathrm{m}}\sin\omega t\sin(\omega t + 90^\circ) = U_{\mathrm{m}}I_{\mathrm{m}}\sin 2\omega t = UI\sin 2\omega t \tag{3-17}$$

不难看出，p 是一个幅值为 UI，并以 2ω 为角频率随时间变化的正弦量，其变化波形如图 3-5(d)所示。

在第一个和第三个 1/4 周期内，p 是正的(u 和 i 正负相同)；在第二个和第四个 1/4 周期内，p 是负的(u 和 i 一正一负)。它的含义是：当瞬时功率为正值时，电感元件处于受电状态，它从电源获取电能；当瞬时功率为负值时，电感元件处于供电状态，它把电能归还电源。

在电感电路中，平均功率为

$$P = \frac{1}{T}\int_0^T p\,\mathrm{d}t = \frac{1}{T}\int_0^T UI\sin 2\omega t\,\mathrm{d}t = 0 \tag{3-18}$$

从功率波形图也容易看出，p 的平均值为零。可见，在电感元件的交流电路中，没有能量消耗，只有电源与电感元件间的能量互换。这种能量互换的规模，用无功功率 Q 来衡量。无功功率 Q 等于瞬时功率 p 的幅值，即

$$Q = UI = I^2 X_L \tag{3-19}$$

Q 的单位为乏(var)或千乏(kvar)。

应当指出，电感元件和后面要讲的电容元件都是储能元件，它们与电源间进行能量互换是工作需要，但对电源来说，也是一种负担，对储能元件本身来说，没有消耗能量，故将往返于电源和储能元件之间的功率命名为无功功率。因此，平均功率又称为有功功率。

【例 3-3】 把一个 0.1H 的电感元件接到频率为 5Hz，电压有效值为 10V 的正弦交流电源上，问电流是多少？如果保持电压值不变，而电源频率改为 5000Hz，这时电流将为多少？

解：

当 $f = 5\text{Hz}$ 时

$$X_L = 2\pi f L = 2 \times 3.14 \times 5\text{Hz} \times 0.1\text{H} = 3.14\Omega$$

$$I = \frac{U}{X_L} = \frac{10\text{V}}{3.14\Omega} = 3.18\text{A}$$

当 $f = 5000\text{Hz}$ 时

$$X_L = 2 \times 3.14 \times 5000\text{Hz} \times 0.1\text{H} = 3140\Omega$$

$$I = \frac{10\text{V}}{3140\Omega} = 3.18 \times 10^{-3}\text{A} = 3.18\text{mA}$$

可见，在电压有效值一定时，频率越高，通过电感元件的电流有效值越小。

3. 电容电路

工厂里使用的电动机较多，电感量很大，工厂占用的无功功率很大。虽然无功功率并没有被消耗掉，但这部分功率也无法供给其他用电户使用。所以电业部门对无功功率的占用量有一定的限制，超过限制，电业部门要对工厂进行处罚，为了减少电感对无功功率的占用量，通常采用并联电容的方法。

单相异步电动机如洗衣机、电风扇等，也必须接入电容进行分相，如果电容损坏了，电动机将不能启动。图 3-6(a)是一个线性电容元件的交流电路，电流 i 和电压 u 的参考方向如图 3-6 所示。

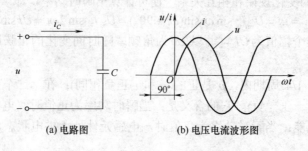

(a) 电路图   (b) 电压电流波形图

图 3-6　电容电路

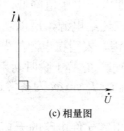

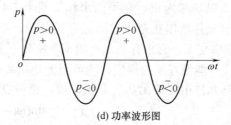

(c) 相量图　　　　　　　　(d) 功率波形图

图 3-6　(续)

1)　电容两端电压与电流的关系

设电压为参考相量，即 $u = U_\mathrm{m}\sin\omega t$，则电容上流过的电流为

$$i = C\frac{\mathrm{d}(U_\mathrm{m}\sin\omega t)}{\mathrm{d}t} = \omega C U_\mathrm{m}\cos\omega t = I_\mathrm{m}\sin(\omega t + 90°) \tag{3-20}$$

即电流比电压超前 90°。这里规定：当电流比电压滞后时，其相位差 ϕ 为正；当电流比电压超前时，其相位差 ϕ 为负。这样的规定是为了便于说明电路是电感性的还是电容性的。电容两端的电压和电流的正弦波形如图 3-6(b) 所示。

其有效值和最大值的关系为

$$I_\mathrm{m} = \omega C U_\mathrm{m} = \frac{U_\mathrm{m}}{X_C}　\text{或}　\frac{U_\mathrm{m}}{I_\mathrm{m}} = \frac{U}{I} = \frac{1}{\omega C} = X_C \tag{3-21}$$

由此可知，在电容元件电路中，电压的幅值(或有效值)与电流的幅值(或有效值)的比值为 $\frac{1}{\omega C}$。显然，它的单位也是欧姆。当电压 U 一定时，$\frac{1}{\omega C}$ 越大，则电流 I 越小。可见它具有对电流起阻碍作用的物理性质，所以称为容抗 X_C，即

$$X_C = \frac{1}{\omega C} = \frac{1}{2\pi f C} \tag{3-22}$$

容抗 X_C 与电容 C、频率 f 成反比，所以电容元件对高频交流电流所呈现的容抗很小，而对直流电路所呈现的容抗趋于无穷大，可视作开路。因此，电容元件有隔直流通交流的特点。

用相量表示电容两端电压与电流的关系，即

$$\dot{U} = U\mathrm{e}^{\mathrm{j}0°},　\qquad \dot{I} = I\mathrm{e}^{\mathrm{j}90°} \tag{3-23}$$

$$\frac{\dot{U}}{\dot{I}} = \frac{U}{I}\mathrm{e}^{-\mathrm{j}90°} = -\mathrm{j}X_C　\text{或}　\dot{U} = -\mathrm{j}X_C\dot{I} = -\mathrm{j}\dot{I}\frac{1}{\omega C} = \dot{I}\frac{1}{\mathrm{j}\omega C} \tag{3-24}$$

即电压的有效值等于电流的有效值与容抗的乘积，而在相位上电压比电流滞后 90°。电压和电流的相量图如图 3-6(c) 所示。

2)　功率

由电压 u 和电流 i 的变化规律与相互关系，便可得出瞬时功率的变化规律，即

$$p_C = u i_C = 2UI_C\cos(\omega t + \phi_\mathrm{u})\sin(\omega t + \phi_\mathrm{u}) = UI_C\sin 2(\omega t + \phi_\mathrm{u}) \tag{3-25}$$

不难看出，p 是一个以 2ω 为角频率随时间变化的正弦量，它的幅值为 UI，其波形如图 3-6(d) 所示。

在第一个和第三个 1/4 周期内，电压值升高，电容元件在充电。这时，电容元件从电

源获取电能，所以功率为正。在第二个和第四个1/4周期内，电压值降低，电容元件在放电。这时，电容元件放出在充电时所储存的能量，把它归还给电源，所以功率为负。瞬时功率以2ω的频率交变，有正有负，一周期内刚好互相抵消，表明在电源与电容元件之间只发生能量的互换。能量互换的规模，也可用无功功率来衡量，它等于瞬时功率p的幅值。

为了与电感元件电路的无功功率相比较，也可设电流$i = I_{\mathrm{m}} \sin \omega t$为参考正弦量，则

$$u = U_{\mathrm{m}} \sin(\omega t - 90°)$$

于是得出瞬时功率$p = ui = -UI \sin 2\omega t$。由此可见，电容元件电路的无功功率为

$$Q = -UI = -X_C I^2 \tag{3-26}$$

即电容性无功功率取负值，而电感性无功功率取正值，以资区别。

【例 3-4】把一个 $10\mu\mathrm{F}$ 的电容元件接到频率为 5Hz，电压有效值为 10V 的正弦电源上，问电流是多少？如保持电压值不变，而电源频率改为 5000Hz，这时电流将为多少？

解：

当f=5Hz 时

$$X_C = \frac{1}{2\pi f C} = \frac{1}{2 \times 3.14 \times 5 \times 10 \times 10^{-6}} \Omega = 3185\Omega$$

$$I = \frac{U}{X_C} = \frac{10\mathrm{V}}{3185\Omega} = 3.14 \times 10^{-3}\mathrm{A} = 3.14\mathrm{mA}$$

当f=5000Hz 时

$$X_C = \frac{1}{2\pi f C} = \frac{1}{2 \times 3.14 \times 5000 \times 10 \times 10^{-6}} \Omega = 3.185\Omega$$

$$I = \frac{U}{X_C} = \frac{10\mathrm{V}}{3.185\Omega} = 3.14\mathrm{A}$$

可见，在电压有效值一定时，频率越高，则通过电容元件的电流有效值越大。

3.3.2 RLC 电路

RLC 串联电路如图 3-7(a)所示。

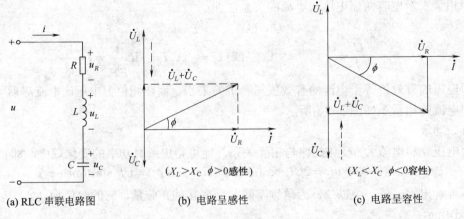

$(X_L > X_C \quad \phi > 0感性)$ $(X_L < X_C \quad \phi < 0容性)$

(a) RLC 串联电路图   (b) 电路呈感性   (c) 电路呈容性

图 3-7 RLC 串联电路

1. 电流与电压的关系

设 $\dot{I} = I\angle 0°$，则有

$$\dot{U}_R = \dot{I}R , \qquad \dot{U}_L = \dot{I}(\mathrm{j}X_L) , \qquad \dot{U}_C = \dot{I}(-\mathrm{j}X_C) \tag{3-27}$$

总电压与总电流的相量关系式

$$\dot{U} = \dot{U}_R + \dot{U}_L + \dot{U}_C = \dot{I}R + \dot{I}(\mathrm{j}X_L) + \dot{I}(-\mathrm{j}X_C) = \dot{I}\left[R + \mathrm{j}\left(X_L - X_C\right)\right] \tag{3-28}$$

式中：$Z = R + \mathrm{j}\left(X_L - X_C\right)$，称为电路的阻抗。

故电路的欧姆定律的相量形式为

$$\dot{U} = \dot{I}Z \quad \text{或} \quad Z = \frac{\dot{U}}{\dot{I}} = \frac{U\angle\phi_\mathrm{u}}{I\angle\phi_\mathrm{i}} = |Z| \quad \phi = \frac{U}{I}\angle\phi_\mathrm{u} - \phi_\mathrm{i} \tag{3-29}$$

Z 的模表示 u、i 的大小关系，辐角(阻抗角)表示 u、i 的相位差，即

$$|Z| = \frac{U}{I} = \sqrt{R^2 + (X_L - X_C)^2} \tag{3-30}$$

$$\phi = \phi_\mathrm{u} - \phi_\mathrm{i} = \arctan\frac{X_L - X_C}{R} = \arctan\frac{\omega L - 1/\omega C}{R} \tag{3-31}$$

Z 是一个复数，不是相量，故书写时上面不能加点。

2. 功率

RLC 串联电路中 $i = I_\mathrm{m}\sin\omega t$，$u = U_\mathrm{m}\sin\left(\omega t + \phi\right)$，则其瞬时功率为

$$p = u \cdot i = U_\mathrm{m}\sin\left(\omega t + \phi\right) \cdot I_\mathrm{m}\sin\omega t = U_\mathrm{m}I_\mathrm{m}\cos\phi\,\sin^2\omega t + UI\sin\phi\,\sin 2\omega t \tag{3-32}$$

式中：第一部分为耗能元件上的瞬时功率；第二部分为储能元件上的瞬时功率。在每一瞬间，电源提供的功率一部分被耗能元件消耗掉，一部分与储能元件进行能量交换。

其平均功率 P 为

$$P = \frac{1}{T}\int_0^T p\mathrm{d}t = \frac{1}{T}\int_0^T \left[UI\cos\phi - UI\cos\left(2\omega t + \phi\right)\right]\mathrm{d}t = UI\cos\phi \tag{3-33}$$

式中：U 为总电压；I 为总电流；ϕ 为 $\dot{U}$ 和 $\dot{I}$ 的相位差；$\cos\phi$ 称为功率因数，用来衡量电路对电源的利用程度。

3. 电压、阻抗、功率三角形

不难发现，RLC 串联电路中，电路的总阻抗与电阻、感抗、容抗的关系为直角三角形；电路的总电压与电阻的电压、电感的电压、电容的电压的关系也为直角三角形；电路的总功率与有功功率、无功功率、视在功率的关系也为直角三角形，分别称为阻抗三角形、电压三角形和功率三角形，如图 3-8 所示。

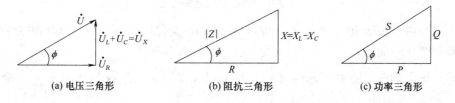

(a) 电压三角形   (b) 阻抗三角形   (c) 功率三角形

图 3-8　电压、阻抗、功率三角形

将电压三角形的有效值同除以 I 就可以得到阻抗三角形，R 是电阻，X 为电抗，Z 为阻

抗；将电压三角形的有效值同乘以 I 就可以得到功率三角形，P 是有功功率，Q 为无功功率，S 称为视在功率。S 的单位为伏安(VA)。

由图 3-8 可得，阻抗三角形关系式为

$$|Z| = \sqrt{R^2 + (X_L - X_C)^2} \tag{3-34}$$

电压三角形关系式为

$$U = \sqrt{U_R{}^2 + (U_L - U_C)^2} \tag{3-35}$$

功率三角形关系式为

$$S = \sqrt{P^2 + Q^2} = UI = \frac{P}{\cos\phi} \tag{3-36}$$

RLC 并联电路也用上述方法分析，只不过将电阻、电容和电感的串联关系变为并联，这里不再详述。

3.3.3 电路的谐振

和物理学里的共振现象一样，当电路的激励频率等于电路的固有频率时，电路的电磁振荡的振幅将达到峰值，这就是电路的谐振。对含有电感和电容的电路，当调节电路参数或电源的频率使电路的总电压和总电流相位相同时，整个电路的负载呈电阻性，这时电路就发生了谐振。使电路产生谐振的特定频率为该电路的谐振频率。谐振分为串联谐振和并联谐振两种。

1. RLC 串联谐振

RLC 串联谐振电路如图 3-9(a)所示，在 R、L、C 元件串联的电路中，当 $\dot{U}$ 和 $\dot{I}$ 同相时，电路产生串联谐振，其相量图如图 3-9(b)所示。

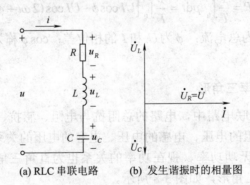

(a) RLC 串联电路　　　(b) 发生谐振时的相量图

图 3-9　RLC 串联谐振电路

图 3-10(a)中分别画出了感抗 X_L、容抗 X_C 随频率变化的曲线，图 3-10(b)中分别画出了电流随频率变化的曲线。

不难看出，谐振电路中 $Z = R + \mathrm{j}(X_L - X_C) = R$，即 $X_L = X_C$ 或 $2\pi f L = \dfrac{1}{2\pi f C}$，则

$$f = \frac{1}{2\pi\sqrt{LC}} \tag{3-37}$$

$$\phi = \arctan\frac{X_L - X_C}{R} = 0 \tag{3-38}$$

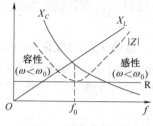

(a) X_L、X_C 随频率变化的曲线

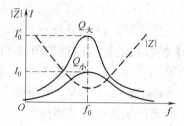

(b) 电流与频率的关系

图 3-10   RLC 电路与频率的关系

式(3-37)是发生串联谐振的条件，即当电源频率 f 与电路参数 L 和 C 之间满足上式(3-37)的关系时，则发生谐振。串联谐振具有下列特征。

(1) 电路的阻抗最小并呈电阻性。即阻抗模$|Z| = R$，其值最小。电源电压与电路中电流同相($\phi = 0$)，电源供给电路的能量全被电阻所消耗，电源与电路之间不发生能量的互换。能量的互换只发生在电感线圈与电容器之间。

(2) 在电源电压 U 不变的情况下，电路中的电流将在谐振时达到最大值，即

$$I = I_0 = \frac{U}{R} \tag{3-39}$$

(3) 由于 $X_L = X_C$，U_L 和 U_C 大小相等，相位相反，互相抵消，对整个电路不起作用，因此电源电压 $U = U_R$。但是，U_L 和 U_C 的单独作用不容忽视，因为

$$U_L = X_L I = X_L\frac{U}{R}，\quad U_C = X_C I = X_C\frac{U}{R} \tag{3-40}$$

当 $X_L = X_C > R$ 时，U_L 和 U_C 都高于电源电压 U。如果电压过高时，可能会击穿线圈和电容器的绝缘。因此，在电力工程中一般应避免发生串联谐振。但在无线电工程中则常利用串联谐振以获得较高电压，电容或电感元件上的电压常高于电源电压几十倍或几百倍。

U_C 或 U_L 与电源电压 U 的比值，通常用 Q 来表示为

$$Q = \frac{U_L}{U} = \frac{U_C}{U} = \frac{\omega_0 L}{R} = \frac{1}{\omega_0 C R} \tag{3-41}$$

式中：ω_0 为谐振角频率；Q 称为电路的品质因数或简称 Q 值。它表示在谐振时电容或电感元件上的电压是电源电压的 Q 倍。例如，$Q = 100$，$U = 6V$，那么在谐振时电容或电感元件上的电压就高达 600V。

串联谐振在无线电工程中的应用较多，具有选择信号和抑制干扰的作用。例如，在接收机里用来选择信号时，可调节 C，对所需信号频率调到串联谐振，这时 LC 回路中该频率的电流最大，在可变电容器两端的这种频率的电压也就最高；其他各种不同频率的信号虽然也在接收机里出现，但由于它们没有达到谐振，在回路中引起的电流很小。因此，就可以将需要收听的信号从天线所收到的许多频率不同的信号之中选出来，其他不需要的信号尽量地加以抑制。

这里有一个选择性的问题。如图 3-10(b)所示，当谐振曲线比较尖锐时，稍有偏离谐振频率 f_0 的信号，就大大减弱。就是说，谐振曲线越尖锐，选择性就越强。此外，在电流 I

值等于最大值 I_0 的 70.7%处频率的上下限之间宽度称为通频带宽度。通频带宽度越小,表明谐振曲线越尖锐,电路的频率选择性就越强。而谐振曲线的尖锐或平坦同 Q 值有关。设电路的 L 和 C 值不变,只改变 R 值。R 值越小,Q 值越大,则谐振曲线越尖锐,也就是选择性越强。这是品质因数 Q 的另外一个物理意义。

【例 3-5】接收机的输入电路如图 3-11(a)所示。接收天线组成谐振电路,其等效电路如图 3-11(b)所示。e_1、e_2、e_3 为来自 3 个不同电台(不同频率) 的电动势信号。已知 $L=0.3\text{mH}$,$R = 16\,\Omega$,$f_1 = 640\text{kHz}$,$e_1 = 2\mu\text{V}$。若要收听 e_1 节目,C 应为多大?信号在电路中产生的电流有多大? 在 C 上产生的电压是多少?

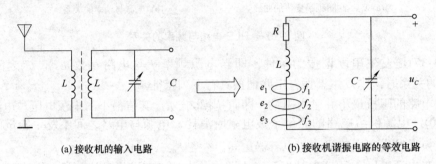

(a) 接收机的输入电路   (b) 接收机谐振电路的等效电路

图 3-11   例 3-5 的电路图

解:

调节 C 使得其对所需信号频率产生串联谐振

$$f_0 = f_1 = \frac{1}{2\pi\sqrt{LC}}$$

又 $f_1 = 640\text{kHz}$,则

$$C = \frac{1}{\left(2\pi f_0\right)^2 L} = \frac{1}{\left(2\pi \times 640 \times 10^3\right)^2 \times 0.3 \times 10^{-3}}\text{F} = 204\,\text{pF}$$

由 $R = 16\,\Omega$,$e_1 = 2\mu\text{V}$ 可得

$$I = e_1/16 = 0.13\mu\text{A}$$

$$X_L = X_C = \omega L = 2\pi f_1 L = 1200\,\Omega$$

$$U_C = IX_C = 156\mu\text{V}\,,\qquad Q = \frac{U_C}{e_1} = \frac{156}{2} = 78$$

不难看出,当 C 调到 204pF 时,可收听到 e_1 电台的节目,所需信号被放大了 78 倍。

2. RLC 并联谐振电路

1)   理想的 RLC 并联谐振电路

理想的 RLC 并联电路如图 3-12(a)所示。当电压 $\dot{U}$ 与电流 $\dot{I}$ 同相时,即 $\phi = 0$ 时,电路产生并联谐振,分析方法与 RLC 串联谐振电路相同。同理,可得并联谐振的条件为

$$\omega_0 = \frac{1}{\sqrt{LC}} \quad \text{或} \quad f_0 = \frac{1}{2\pi\sqrt{LC}} \tag{3-42}$$

式中:f_0 称为电路的固有频率。

为方便研究问题起见，将阻抗的倒数称为导纳，用 Y 来表示。发生谐振时，导纳与角频率的关系，电流与角频率的关系分别如图 3-12(b)、(c)所示。

理想并联谐振电路具有下列特征

(1) 并联谐振时，阻抗最大，$Z=R$，呈电阻性。所以谐振时端电压达最大值为

$$U(\omega_0) = RI \tag{3-43}$$

可以根据这一现象判别并联电路是否发生了谐振。

(2) L、C 上的电流大小相等，相位相反，并联总电流为零，也称电流谐振，即

$$I_C(\omega_0) = I_L(\omega_L) = QI_S \tag{3-44}$$

式中：Q 称为并联电路的品质因数。

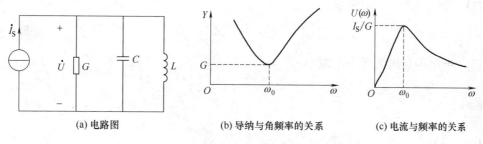

(a) 电路图   (b) 导纳与角频率的关系   (c) 电流与频率的关系

图 3-12   RLC 并联电路

(3) 谐振时的功率为

$$P = UI = U^2 / G \tag{3-45}$$

$$|Q_L| = |Q_C| = \omega_0 C U^2 = \frac{U^2}{\omega_0 L}, \qquad Q_L + Q_C = 0 \tag{3-46}$$

(4) 谐振时的能量为

$$W(\omega_0) = W_L(\omega_0) + W_C(\omega_0) = LQ^2 I_S^2 = 常量 \tag{3-47}$$

2) 实际的 RLC 并联谐振电路

工程中常采用电感线圈和电容并联的谐振电路。由于电感线圈总是存在电阻，故实际的 RLC 并联电路如图 3-13(a)所示，其电流相量图如图 3-13(b)所示。

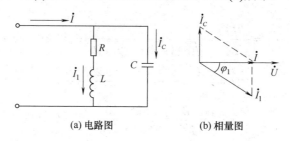

(a) 电路图   (b) 相量图

图 3-13   实际的 RLC 并联电路

由图 3-13 可知，其导纳 $G = \dfrac{1}{R + j\omega L} + j\omega C = \dfrac{R - j\omega L}{R^2 + (\omega L)^2} + j\omega C$，根据导纳的虚部为零，可知其谐振条件为

$$\omega_0 C - \frac{\omega_0 L}{R^2 + (\omega_0 L)^2} = 0$$

即

$$\omega_0 = \sqrt{\frac{1}{LC} - \left(\frac{R}{L}\right)^2} \tag{3-48}$$

一般电感线圈电阻 $R \ll L$，故其谐振角频率可化简为

$$\omega_0 \approx \frac{1}{\sqrt{LC}} \tag{3-49}$$

实际并联谐振电路具有下列特征。

(1) 阻抗最大，呈电阻性，即

$$|Z_0| = \frac{L}{RC} \tag{3-50}$$

(2) 电路的总电流最小，即

$$I = I_0 = \frac{U}{\dfrac{L}{RC}} = \frac{U}{|Z_0|} \tag{3-51}$$

(3) 当 $\omega_0 L \gg R$ 时，支路电流与总电流的关系为

$$I_1 = \frac{U}{\sqrt{R^2 + (\omega_0 L)^2}} \approx \frac{U}{\omega_0 L}, \quad I_C = \frac{U}{\dfrac{1}{\omega_0 C}} = \omega_0 CU \tag{3-52}$$

则

$$\frac{I_1}{I_0} = \frac{\omega_0 L}{R} = Q, \quad \frac{I_C}{I_0} = \omega_0 C \frac{L}{RC} = \frac{\omega_0 L}{R} Q$$

即

$$I_1 \approx I_C = QI_0 \tag{3-53}$$

支路电流是总电流的 Q 倍，故并联谐振又称为电流谐振。

【例 3-6】已知：$L=0.25\text{mH}$，$R=25\Omega$，$C=85\text{pF}$。试求 ω_0、Q、Z_0。

解：

$$\omega_0 = \frac{1}{\sqrt{LC}} = \frac{1}{\sqrt{0.25 \times 10^{-3} \times 85 \times 10^{-12}}} = 6.86 \times 10^6 \, \text{rad/s}$$

$$Q = \frac{\omega_0 L}{R} = \frac{6.86 \times 10^6 \times 0.25 \times 10^{-3}}{25} = 68.6$$

$$|Z_0| = \frac{L}{RC} = \frac{0.25 \times 10^{-3}}{25 \times 85 \times 10^{-12}} \Omega = 117\text{k}\Omega$$

3.4 三相交流电路

目前，世界各国的电力系统中电能的生产、传输和供电方式绝大多数都采用三相制。所谓三相制就是用三个频率相同，大小相等，相位互差120°的电压源作为供电电源的体系。三相制与单相比较，具有以下优点。

(1) 从发电方面看，对于相同尺寸的发电机，采用三相的比单相的可以提高功率约50%。

(2) 从输电方面看，在输电距离、输送功率、功率因数、电压损失和功率损失等相同的输电条件下，输送三相电能较输送单相电能可以节约铜25%。

(3) 从配电方面看，三相变压器比单相变压器更经济，而且三相变压器更便于接入三相及单相两类负载。

(4) 从用电设备方面看，三相笼型异步电动机具有结构简单、价格低廉、坚固耐用、维护使用方便，且运行时比单相电动机振动小等优点。

为适应工业化生产的需要，三相制系统结构已经标准化或规范化，它主要是由三相电源、三相负载和三相输电线路三部分组成。

3.4.1　三相电源

电能是现代社会最主要的能源之一。发电机是将其他形式的能源转换成电能的机械设备，它由水轮机、汽轮机、柴油机或其他动力机械驱动，将水流、气流、燃料燃烧或原子核裂变产生的能量、风能、核能等转化为机械能传给发电机，再由发电机转换为电能。发电机在工农业生产、国防、科技及日常生活中有广泛应用。

发电机的形式很多，但其工作原理都基于电磁感应定律和电磁力定律。因此，其构造的一般原则是：用适当的导磁和导电材料构成互相进行电磁感应的磁路和电路，以产生电磁功率，达到能量转换的目的。

发电机分为直流发电机和交流发电机两大类。在 20 世纪 50 年代以前多采用直流发电机，作为城市电车、电解、电化学等行业所用的直流电源。但是直流发电机有换向器，结构复杂、制造费时、价格较贵，且易出故障，维护困难，效率也不如交流发电机。故大功率可控整流器问世以来，有利用交流电源经半导体整流获得直流电以取代直流发电机的趋势。

交流发电机又可分为同步发电机和异步发电机两种。现代发电站中最常用的是同步发电机。这种发电机的特点是由直流电流励磁，既能提供有功功率，也能提供无功功率，可满足各种负载的需要。异步发电机由于没有独立的励磁绕组，其结构简单、操作方便，但是不能向负载提供无功功率，而且还需要从所接电网中汲取滞后的磁化电流。因此异步发电机运行时必须与其他同步电机并联，或者并接相当数量的电容器。这限制了异步发电机的应用范围，只能较多地应用于小型自动化水电站。

1. 三相电源的产生

三相交流电是由三相发电机产生的，其结构如图 3-14(a)所示。发电机主要由定子和转子两大部分构成。

定子亦称电枢。定子铁芯的内圆周表面冲有槽，用以放置三相电枢绕组。每相绕组是一样的，如图 3-14(b)所示。它们的始端(头)标以 A、B、C，末端(尾)标以 X、Y、Z。每个绕组的两边放置在相应的定子铁芯的槽内。要求绕组的始端之间或末端之间都彼此相隔120°。

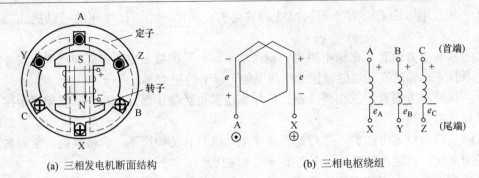

(a) 三相发电机断面结构　　　　　　(b) 三相电枢绕组

图 3-14　三相发电机

转子亦称磁极。转子铁芯绕有励磁绕组，用直流励磁。选择合适的极面形状和励磁绕组的布置情况，可使空气隙中的磁感应强度按正弦规律分布。

转子由原动机带动，以匀速按顺时针方向转动时，则每组绕组依次切割磁通，产生电动势，因而在 AX、BY、CZ 三组绕组上得出频率相同、幅值相等、相位互差 120° 的三相对称正弦电压，它们分别为 u_A、u_B、u_C，并以 u_A 为参考正弦量，则

$$u_A = U_m \sin \omega t , \qquad u_B = U_m \sin(\omega t - 120°) , \qquad u_C = U_m \sin(\omega t - 240°) = U_m \sin(\omega t + 120°)$$

其相量形式为

$$\dot{U}_A = U_A \angle 0° , \quad \dot{U}_B = U_B \angle -120° , \quad \dot{U}_C = U_C \angle -240° = U_C \angle 120° \qquad (3\text{-}54)$$

则

$$\dot{U}_A + \dot{U}_B + \dot{U}_C = 0 , \quad u_A + u_B + u_C = 0 \qquad (3\text{-}55)$$

三相交流电压出现正幅值(或相应零值)的顺序称为相序，即相序为 A、B、C。这就是通常所说的三相电源，又称为对称三相电源。图 3-15(a)、(b)分别给出了对称三相电源电压的正弦波形和电压相量图。

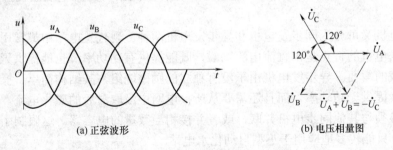

(a) 正弦波形　　　　　　　　　　(b) 电压相量图

图 3-15　三相电源的波形和相量图

2. 三相电源的连接方式

发电机三相绕组的接法通常如图 3-16 所示。图 3-16(a)所示为三相电压源的星形连接方式，简称星形或 Y 形电源。从中性点 N 引出的导线称为中性线，又称零线。把三相电压源依次连接成一个回路，再从端子 A、B、C 引出端线，如图 3-16(b)所示，就称为三相电源的三角形连接，简称三角形或 △ 形电源。三角形电源不能引出中性线。从始端 A、B、C 引出的三根导线 L_1、L_2、L_3 称为相线或端线，俗称火线。

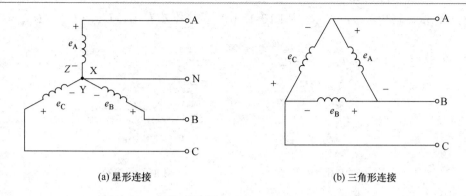

(a) 星形连接 　　　　　　　　　　　　(b) 三角形连接

图 3-16　发电机三相绕组的接法

上述三相电压的相序 A、B、C 称为正序或顺序。反之，若 B 相超前 A 相120°，C 相超前 B 相120°，这种相序称为负序或逆序。相位差为零的相序称为零序。电力系统一般采用正序。

对称三相电压源是由三相发电机提供的。我国三相系统电源频率 $f=50\text{Hz}$，入户电压为 220V，而日本、美国、欧洲等国家和地区采用 60Hz 和 110V。

3. 三相电源中的电压

各输电线线端之间的电压，称为线电压，如图 3-17 中所示电源端的 $\dot{U}_{AB}$、$\dot{U}_{BC}$、$\dot{U}_{CA}$。三相电源的每一相的电压称为相电压。三相系统中的线电压和相电压之间的关系与连接方式有关。

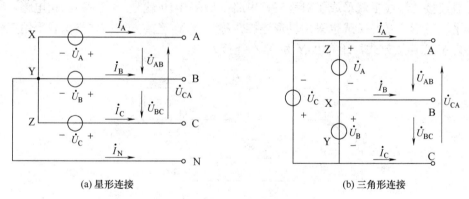

(a) 星形连接 　　　　　　　　　　　　(b) 三角形连接

图 3-17　三相电源的星形连接和三角形连接

当三相电源采用星形连接时，其线电压分别为 $\dot{U}_{AB}$、$\dot{U}_{BC}$、$\dot{U}_{CA}$，相电压为 $\dot{U}_{A}$、$\dot{U}_{B}$、$\dot{U}_{C}$，根据 KVL，有

$$\dot{U}_{AB} = \dot{U}_{A} - \dot{U}_{B} = \sqrt{3}\dot{U}_{A}\angle 30°$$

$$\dot{U}_{BC} = \dot{U}_{B} - \dot{U}_{C} = \sqrt{3}\dot{U}_{B}\angle 30°$$

$$\dot{U}_{CA} = \dot{U}_{C} - \dot{U}_{A} = \sqrt{3}\dot{U}_{C}\angle 30°$$

其相量图如图 3-18(a)所示。从图中可以看出，相电压对称时，线电压也一定依序对称，它是相电压的 $\sqrt{3}$ 倍，依次超前 $\dot{U}_{A}$、$\dot{U}_{B}$、$\dot{U}_{C}$ 相位 30°。实际计算时，只要算出

$\dot{U}_{AB}$，就可以依序写出 $\dot{U}_{BC}$，$\dot{U}_{CA}$，如图 3-18(b)所示，不难看出，$\dot{U}_{AB} + \dot{U}_{BC} + \dot{U}_{CA} = 0$。

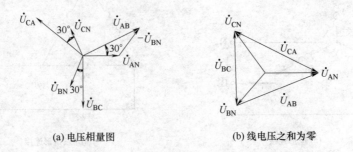

(a) 电压相量图   (b) 线电压之和为零

图 3-18   三相电源中线电压与相电压的关系

当三相电源采用三角形连接时，有 $\dot{U}_{AB} = \dot{U}_{A}$，$\dot{U}_{BC} = \dot{U}_{B}$，$\dot{U}_{CA} = \dot{U}_{C}$，即线电压等于相电压，相电压对称时，线电压也一定对称。

3.4.2   三相负载

1. 三相负载的概念

接在三相电路中的负载称为三相负载。若三相负载各相的复阻抗相等，则称为对称三相负载。

三相负载连接方式有两种，阻抗连接成星形 Y(或三角形△)就构成星形 Y(或三角形△)负载。从对称三相电源的三个端子引出具有相同阻抗的三条端线(或输电线)，把一些对称三相负载连接在端线上就形成了对称三相电路。如图 3-19 就是一个对称三相电路，其中三相电源采用星形连接，负载也采用星形连接，称为 Y-Y 连接方式；如果负载采用三角形连接，称为 Y-△连接方式，还有△-Y 和△-△连接方式。

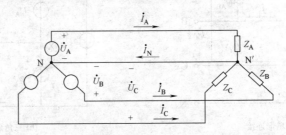

图 3-19   Y-Y 连接的对称三相电路

2. 负载的星形连接

如图 3-19 所示的连接方式为三相四线制方式，即将各相电源与各相负载经中线构成各自独立的回路，可以利用单相交流电的分析方法对每相负载进行独立分析。实际三相电路中，三相电源是对称的，但负载则不一定是对称的。

每相负载所流过的电流称为相电流，其有效值用 I_P 表示；流过相线的电流称为线电流，其有效值用 I_L 表示。负载 Y 形连接时，线电流与相电流、线电压与相电压的关系为

$$I_L = I_P = \frac{U_P}{|Z_P|}, \quad U_L = \sqrt{3} U_P \tag{3-56}$$

各相电流与各相电压及各相负载之间的相量关系为

$$\dot{I}_A = \frac{\dot{U}_A}{Z_A}, \quad \dot{I}_B = \frac{\dot{U}_B}{Z_B}, \quad \dot{I}_C = \frac{\dot{U}_C}{Z_C} \tag{3-57}$$

则中线电流为

$$\dot{I}_N = \dot{I}_A + \dot{I}_B + \dot{I}_C \tag{3-58}$$

三相四线制的中线不能断开，中线上不允许安装熔断器和开关。否则，一旦中线断开，各相则不能独立正常工作，会产生过电压或欠电压甚至会造成负载的损坏。

当负载对称时，$I_A = I_B = I_C$，且相位互差 120°。如以 $\dot{I}_A$ 为参考相量，电流相量关系如图 3-20 所示。不难看出，$\dot{I}_N = \dot{I}_A + \dot{I}_B + \dot{I}_C = 0$。

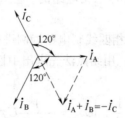

图 3-20　三相电流相量图

对称负载星形连接时，中线可以省去，构成三相三线制。工厂使用的额定功率 $P_N \leqslant$ 3kW 的三相异步电动机，均采用星形连接的三相三线制。

3. 负载的三角形连接

如果三相异步电动机的额定功率 $P_N \geqslant 4$kW 时，则应采用△连接，如图 3-21(a)所示。负载的△连接只能是三相三线制。

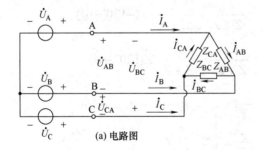
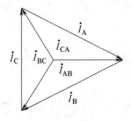

(a) 电路图　　　　(b) 相电流与线电流的关系

图 3-21　三角形负载的三相电路

图中 Z_{AB}、Z_{BC}、Z_{CA} 分别为三相负载的阻抗，$\dot{I}_{AB}$、$\dot{I}_{BC}$、$\dot{I}_{CA}$ 分别是流过每相负载的电流，称为相电流，有效值为 I_P。$\dot{I}_A$、$\dot{I}_B$、$\dot{I}_C$ 称线电流，有效值为 I_L。负载△连接时，线电流与相电流、线电压与相电压的关系为

$$U_L = U_P, \quad I_L = \sqrt{3} I_P, \quad I_P = \frac{U_P}{|Z_P|} = \frac{U_L}{|Z_P|} \tag{3-59}$$

相电流与线电流的关系如图 3-21(b)所示。不难看出，相电流对称时，线电流也一定依序对称，线电流是相电流的 $\sqrt{3}$ 倍，依次滞后 $\dot{I}_{AB}$、$\dot{I}_{BC}$、$\dot{I}_{CA}$ 的相位 30°。实际计算时，

只要计算出 $\dot{I}_A$，就可依次写出 $\dot{I}_B$、$\dot{I}_C$。

最后还必须指出，所有关于电压、电流的对称性以及上述对称相值和对称线值之间关系的论述，只能在指定的顺序和参考方向的条件下，才能以简单有序的形式表达出来，而不能任意设定(理论上可以)，否则将会使问题的表述变得杂乱无序。

3.4.3　三相电路的计算

1. 对称三相电路

对称三相电路是一类特殊类型的正弦电流电路。因此，分析正弦电流电路的相量法完全适用于对称三相电路。但根据对称三相电路的一些特点，还可以简化对称三相电路的计算。

以图 3-22(a)所示的一个对称三相四线制电路为例进行分析。Z_1 为线路阻抗，Z_N 为中性线阻抗，N 和 N′ 为中性点。一般，用结点法先求出中性点 N′与 N 之间的电压。

以 N 为参考点，可得

$$\left(\frac{1}{Z+Z_1} + \frac{1}{Z+Z_1} + \frac{1}{Z+Z_1} \right) \dot{U}_{N'N} = \frac{1}{Z+Z_1}\dot{U}_A + \frac{1}{Z+Z_1}\dot{U}_B + \frac{1}{Z+Z_1}\dot{U}_C \tag{3-60}$$

则

$$\frac{3}{Z+Z_1}\dot{U}_{N'N} = \frac{1}{Z+Z_1}(\dot{U}_A + \dot{U}_B + \dot{U}_C) = 0 \tag{3-61}$$

即 $\dot{U}_{N'N} = 0$，则各相电源和负载中的相电流等于线电流，它们分别为

$$\dot{I}_A = \frac{\dot{U}_{AN'}}{Z+Z_1} = \frac{\dot{U}_A}{Z+Z_1} = \frac{U}{|Z+Z_1|}\angle -\phi \tag{3-62}$$

$$\dot{I}_B = \frac{\dot{U}_{BN'}}{Z+Z_1} = \frac{\dot{U}_B}{Z+Z_1} = \frac{U}{|Z+Z_1|}\angle (-120° - \phi) \tag{3-63}$$

$$\dot{I}_C = \frac{\dot{U}_{CN'}}{Z+Z_1} = \frac{\dot{U}_C}{Z+Z_1} = \frac{U}{|Z+Z_1|}\angle (120° - \phi) \tag{3-64}$$

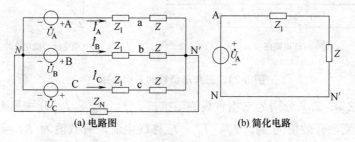

(a) 电路图　　　　　　　　(b) 简化电路

图 3-22　对称三相四线制电路

可以看出，各线(相)电流独立，对称的 Y-Y 电路可分为三个独立的单相电路。因此，只要分析计算三相中的任一相，而其他两相的电流就能按对称顺序写出。图 3-22(b)为 A 相计算电路。注意，在一相计算电路中，连接 N、N′ 的短路线是 $U_{N'N}=0$ 等效线，与中性线阻抗 Z_N 无关。另外，中性线的电流 $\dot{I}_N = \dot{I}_A + \dot{I}_B + \dot{I}_C = 0$。这表明，对称的 Y-Y 三相电路

在理论上不需要中性线，可以移去。

对于其他连接方式的对称三相电路，可以根据星形和三角形的等效互换，化成对称的 Y-Y 三相电路，然后用一相计算法求解。

【例 3-7】对称三相电路如图 3-22(a) 所示，已知：$Z_1=(1+j2)\Omega$，$Z=(5+j6)\Omega$，$u_{AB} = 380\sqrt{2}\cos(\omega t + 30^\circ)V$。试求负载中各电流相量。

解：

可设一组对称星形电压源与该组对称线电压对应。

$$\dot{U}_A = \frac{\dot{U}_{AB}}{\sqrt{3}} \angle -30^\circ = 220V \angle 0^\circ$$

据此可画出 A 相计算电路，如图 3-22(b)所示。可以求得

$$\dot{I}_A = \frac{\dot{U}_A}{Z + Z_1} = \frac{220V \angle 0^\circ}{6 + j8} = 22A \angle -53.1^\circ$$

根据对称性可以写出

$$\dot{I}_B = \dot{I}_A \angle -120^\circ = 22A \angle -173.1^\circ$$

$$\dot{I}_C = \dot{I}_A \angle 120^\circ = 22A \angle 66.9^\circ$$

【例 3-8】如图 3-23(a)所示，电源、负载均为△-△连接的对称三相电路，计算负载中各电流相量。

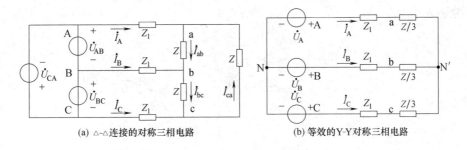

(a) △-△连接的对称三相电路　　　(b) 等效的Y-Y对称三相电路

图 3-23　例 3-8 的电路图

解：

将△(三角形)电源用 Y(星形)电源替代，保证其线电压相等。

$$\dot{U}_A = \frac{1}{\sqrt{3}} \dot{U}_{AB} \angle -30^\circ$$

$$\dot{U}_B = \frac{1}{\sqrt{3}} \dot{U}_{BC} \angle -30^\circ$$

$$\dot{U}_C = \frac{1}{\sqrt{3}} \dot{U}_{CA} \angle -30^\circ$$

将△负载用 Y 负载替代，保证其线电流不变，如图 3-23(b)所示。利用上例的方法可得

$$\dot{I}_{ab} = \frac{\dot{U}_{AB}}{Z} = \frac{1}{\sqrt{3}} \dot{I}_A \angle 30^\circ = \frac{\sqrt{3}U}{|Z|} \angle (30^\circ - \phi)$$

$$\dot{I}_{bc} = \frac{\dot{U}_{BC}}{Z} = \frac{1}{\sqrt{3}} \dot{I}_{B} \angle 30^\circ = \frac{\sqrt{3}U}{|Z|} \angle(-90^\circ - \phi)$$

$$\dot{I}_{ca} = \frac{\dot{U}_{CA}}{Z} = \frac{1}{\sqrt{3}} \dot{I}_{C} \angle 30^\circ = \frac{\sqrt{3}U}{|Z|} \angle(150^\circ - \phi)$$

对称三相电路的计算方法可以总结如下。

(1) 将所有三相电源、负载都化为等值的 Y-Y 电路。

(2) 连接负载和电源中点，中线上若有阻抗可不计。

(3) 画出单相计算电路，求出一相的电压、电流：一相电路中的电压为 Y 形连接时的相电压，一相电路中的电流为线电流。

(4) 根据△形连接、Y 形连接时线、相之间的关系，求出原电路的电流和电压。

(5) 由对称性，得出其他两相的电流和电压。

2. 不对称三相电路的计算

在三相电路中，只要任何一部分不对称，就称为不对称三相电路。例如，对称三相电路的某一条端线断开，或某一相负载发生短路或开路，它就失去了对称性，成为不对称的三相电路。对于不对称三相电路的分析，一般情况下，不能采用一相计算方法，而要用其他方法求解。这里只简要地介绍由于负载不对称而引起的不对称三相电路。

如图 3-24(a)所示的 Y-Y 连接电路中三相电源是对称的，但负载不对称。此时，负载各相电压分别为

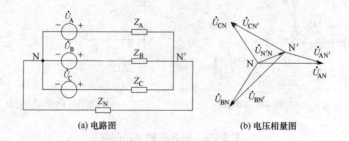

(a) 电路图   (b) 电压相量图

图 3-24 不对称三相电路

$$\dot{U}_{AN'} = \dot{U}_{AN} - \dot{U}_{N'N}$$

$$\dot{U}_{BN'} = \dot{U}_{BN} - \dot{U}_{N'N}$$

$$\dot{U}_{CN'} = \dot{U}_{CN} - \dot{U}_{N'N}$$

用结点电压法，可以求得结点电压 $\dot{U}_{N'N}$ 为

$$\dot{U}_{N'N} = \frac{\dot{U}_{AN}/Z_A + \dot{U}_{BN}/Z_B + \dot{U}_{CN}/Z_C}{1/Z_A + 1/Z_B + 1/Z_C + 1/Z_N} \neq 0 \tag{3-65}$$

由于负载不对称，一般情况下 $\dot{U}_{N'N} \neq 0$，即 N′点和 N 点电位不同。从图 3-24(b)的电压相量关系也可以清楚看出，N′点和 N 点不重合，这一现象称为中性点位移。在电源对称的情况下，可以根据中性点位移的情况判断负载端不对称的程度。当中性点位移较大时，会造成负载端的电压严重不对称，从而可能使负载的工作不正常。另一方面，如果负载变

动时，由于各相的工作相互关联，因此彼此都互相影响。

【例 3-9】讨论如图 3-25 所示照明电路的工作情况。

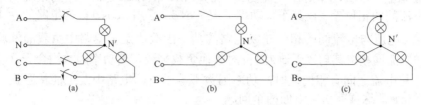

图 3-25　例 3-9 的电路图

解：

① 图 3-25(a)为三相三线制，电路工作正常，中线阻抗约为零，每相负载的工作情况相独立。

② 图 3-25(b)中 A 相断路，三相不对称，灯泡电压低，灯光昏暗。

$$U_{CN'} = U_{BN'} = U_{BC}/2$$

③ 图 3-25(c)中 A 相短路，超过灯泡的额定电压，灯泡可能烧坏。其短路电流为

$$\dot{I}_C = \frac{\dot{U}_{CA}}{R} = \frac{\sqrt{3}\dot{U}_A \angle 150^\circ}{R}$$

$$\dot{I}_B = \frac{\dot{U}_{BA}}{R} = -\frac{\sqrt{3}\dot{U}_A \angle 30^\circ}{R}$$

$$\dot{I}_A = -(\dot{I}_B + \dot{I}_C) = -\frac{\sqrt{3}\dot{U}_A}{R}(\angle -30^\circ + \angle 150^\circ) = -\frac{\sqrt{3}\dot{U}_A}{R}\left(-\frac{\sqrt{3}}{2} - j\frac{1}{2} - \frac{\sqrt{3}}{2} + j\frac{1}{2}\right) = \frac{3\dot{U}_A}{R}$$

短路电流是正常时电流的 3 倍。

负载不对称时，电源中性点和负载中性点不等位，中线中有电流，各相电压、电流不存在对称关系。要消除或减少中点的位移，就要尽量减少中线阻抗，但从成本考虑，中线不可能做得很粗，故可适当调整负载，使其接近对称情况。

3.4.4　三相电路的功率

1. 功率的计算

无论负载为 Y(星形)还是△(三角形)连接，每相有功功率为 $P = U_P I_P \cos\phi_P$，则当负载对称时，无论其是 Y 连接还是△连接，电路的功率都为

$$P = 3U_P I_P \cos\phi_P = \sqrt{3}U_l I_l \cos\phi_P \tag{3-66}$$

$$Q = 3U_P I_P \sin\phi_P = \sqrt{3}U_l I_l \sin\phi_P \tag{3-67}$$

$$S = \sqrt{P^2 + Q^2} = 3U_P I_P = \sqrt{3}U_L I_L \tag{3-68}$$

式中：ϕ_P 为相电压与相电流的相位差。

三相电路不对称时，各种功率分别为

$$P = P_A + P_B + P_C, \qquad Q = Q_A + Q_B + Q_C, \qquad S = \sqrt{P^2 + (Q_L - Q_C)^2} \tag{3-69}$$

2. 功率因数的提高

对于直流电路，其功率等于电流与电压的乘积，但计算交流电路的平均功率时还要考虑电压与电流间的相位差 ϕ，其平均功率 $P=UI\cos\phi$，其中 $\cos\phi$ 称为电路的功率因数。在 3.2 节讲过，电压与电流间的相位差或电路的功率因数决定于电路中负载的性质。电阻负载的电压和电流同相，其功率因数为 1；对其他负载来说，其功率因数均介于 0 与 1 之间。

当电压与电流之间有相位差时，功率因数不等于 1，电路中发生能量互换，出现无功功率 $Q=UI\sin\phi$。这样就引起下面两个问题。

(1) 发电设备的容量不能充分利用。

由 $P=U_N I_N\cos\phi$ 可见，当负载的功率因数 $\cos\phi<1$，而发电机的电压和电流又不容许超过额定值时，功率因数越低，发电机所发出的有功功率就越小，无功功率就越大，即电路中发电机和负载之间的能量互换的就越多，则发电机发出的能量就不能充分利用。例如，容量为 1000kV·A 的变压器，如果 $\cos\phi=1$，能发出 1000kW 的有功功率，而在 $\cos\phi=0.7$ 时，则只能发出 700kW 的有功功率。

(2) 增加线路和发电机绕组的功率损耗。

当发电机的电压 U 和输出的功率 p 一定时，电流 I 与功率因数成反比，而线路和发电机绕组上的功率损耗 Δp 则与 $\cos\phi$ 的平方成反比，则

$$\Delta p = rI^2 = r\frac{p^2}{U^2}\frac{1}{\cos^2\phi} \tag{3-70}$$

式中：r 是发电机绕组和线路的电阻。

因此，提高电网的功率因数，能使发电设备的容量得到充分利用，减少线路和发电机绕组的功率损耗，对国民经济的发展有着极为重要的意义。

提高功率因数，常用的方法就是在电感性负载上并联电容器，其电路图和相量图如图 3-26 所示。

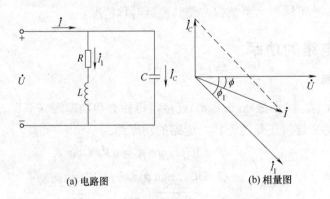

(a) 电路图   (b) 相量图

图 3-26　并联电容电路图和相量图

并联电容器后，电感性负载的电流 $\dot{I_1}=\dfrac{\dot{U}}{R+\mathrm{j}X_L}$ 和功率因数 $\cos\phi=\dfrac{X_L}{R}$ 均未变化，这是因为所加电压和负载参数没有改变，但电压 u 和线路电流 i 之间的相位差 ϕ 变小了，即 $\cos\phi$ 变大了。这里所讲的提高功率因数，是指提高电源或电网的功率因数，而不是指提高某个电感性负载的功率因数。

在电感性负载上并联了电容器以后，减少了电源与负载之间的能量互换。这时电感性负载所需的无功功率，大部分或全部都是就地供给(由电容器供给)，就是说能量的互换现在主要或完全发生在电感性负载与电容器之间，因而发电机容量能得到充分利用。

其次，由图 3-26(b)可知，并联电容器以后线路电流减小，因而减小了功率损耗。而且并联电容器以后有功功率并未改变，因为电容器不是耗能元件。

【例 3-10】 有一电感性负载，其功率 $P=10\text{kW}$，功率因数 $\cos\phi_1=0.6$，接在电压 $U=220\text{V}$ 的电源上，电源频率 $f=50\text{Hz}$。①如果将功率因数提高到 $\cos\phi=0.95$，试求与负载并联的电容器的电容值和电容器并联前后的线路电流；②如要将功率因数从 0.95 再提高到 1，试问并联电容器的电容值还需增加多少？

解:

① 计算并联电容器的电容值。

$$I_C = I_1\sin\phi_1 - I\sin\phi = \left(\frac{P}{U\cos\phi_1}\right)\sin\phi_1 - \left(\frac{1}{U\cos\phi}\right)\sin\phi = \frac{P}{U}(\tan\phi_1 - \tan\phi)$$

又 $I_C = \dfrac{U}{X_c} = U\omega C$，则 $U\omega C = \dfrac{P}{U}(\tan\phi_1 - \tan\phi)$，可得

$$C = \frac{P}{\omega U^2}(\tan\phi_1 - \tan\phi)$$

又 $\cos\phi_1 = 0.6$，即 $\phi_1 = 53°$；$\cos\phi = 0.95$，即 $\phi = 18°$，代入上式可得

$$C = \frac{10\times10^3}{2\pi\times50\times220^2}(\tan53° - \tan18°)\text{F} = 656\mu\text{F}$$

电容器并联前的线路电流(即负载电流)为

$$I_1 = \frac{P}{U\cos\phi} = \frac{10\times10^3}{220\times0.6}\text{A} = 75.6\text{A}$$

电容器并联后的线路电流为

$$I = \frac{P}{U\cos\phi} = \frac{10\times10^3}{220\times0.95}\text{A} = 47.8\text{A}$$

② 如要将功率因数由 0.95 再提高到 1，则需要增加的电容值为

$$C = \frac{10\times10^3}{2\pi\times50\times220^2}(\tan18° - \tan0°)\text{F} = 213.6\mu\text{F}$$

可见在功率因数已经接近 1 时再继续提高，则所需的电容值是很大的，因此一般不必提高到 1。

【例 3-11】 如图 3-27 所示，电源线电压 $U_1=380\text{V}$，频率 $f=50\text{Hz}$。对称电感性负载的功率 $P=10\text{kW}$，功率因数 $\cos\phi=0.5$。为了将线路功率因数提高到 0.9，试问在图 3-27(a)、(b)中并联的补偿电容器的电容值各为多少？采用哪种连接方式较好？

解:

当功率因数 $\cos\phi_1 = 0.5$ 时，$\phi = 60°$，$\tan\phi_1 = 1.73$

当功率因数 $\cos\phi = 0.9$ 时，$\phi = 26°$，$\tan\phi = 0.48$

根据图 3-28 的功率三角形可知，所须补偿电容器的无功功率为

$$Q = P\tan\phi_1 - \tan\phi = 10000(1.73 - 0.48)\text{Var} = 12.5\times10^3\text{Var}$$

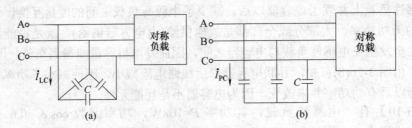

图 3-27 例 3-11 的电路图

① 电容器为三角形连接时

电容器的无功功率为 $Q = \sqrt{3}U_1 I_{1C} = \sqrt{3}U_1 \cdot \sqrt{3}\omega C U_1 = 3\omega C U_1^2$，则每相电容器的电容为

$$C = \frac{Q}{3\omega U_1^2} = \frac{12500}{3 \times 3.14 \times 380^2}\text{F} = 92\mu\text{F}$$

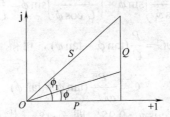

图 3-28 例 3-11 的功率三角形

② 电容器为星形连接时，加在每相电容器上的电压等于电源的相电压。则每相电容器的电容为

$$C = \frac{Q}{3\omega U_1^2} = \frac{12500}{3 \times 3.14 \times 220^2}\text{F} = 274\mu\text{F}$$

通过以上计算可以看出，电容器采用星形连接时要比三角形连接大 3 倍，所以提高三相电感性电路的功率因数时，常将电容器连接成三角形。

3.5 安 全 用 电

用电安全包括人身安全和设备安全。若发生人身事故，轻则灼伤，重则死亡。若发生设备事故，则会损坏设备，而且容易引起火灾或爆炸。因此，必须十分重视安全用电并具备安全用电的基本知识。

电对人体的伤害分为电击和电伤两种。

所谓电击是指电流通过人体内部器官，使其受到伤害。例如，电流作用于人体中枢神经，使心脑和呼吸机能的正常工作受到破坏，人体发生抽搐和痉挛，失去知觉；电流也可能使人体呼吸功能紊乱，血液循环系统活动大大减弱而造成假死。如救护不及时，会造成死亡。电击是人体触电较危险的情况。

所谓电伤是指人体外器官受到电流的伤害。例如，电弧造成的灼伤；电的烙印；由电流的化学效应而造成的皮肤金属化；电磁场的辐射作用等。电伤是人体触电事故较为轻微的一种情况。

3.5.1 触电

1. 影响人体触电伤害程度的因素

当人体不慎接触到带电体时便会触电。影响人体触电伤害程度的因素，主要有以下几种。

1) 电流大小

电流大小直接影响人体触电的伤害程度。不同的电流会引起人体不同的反应。根据人体对电流的反应，习惯上将触电电流分为感知电流、反应电流、摆脱电流和心室纤颤电流。

2) 电流持续时间

人体触电时间越长，电流对人体产生的热伤害、化学伤害及生理伤害越严重。一般情况下，工频电流 15～20mA 以下及直流电流 50mA 以下，对人体是安全的。但如果触电时间很长，即使工频电流小到 8～10mA，也可能致命。

3) 电流流经途径

电流流过人体的途径，也是影响人体触电严重程度的重要因素之一。当电流通过人体心脏、脊椎或中枢神经系统时，危险性最大。电流通过人体心脏，引起心室颤动，甚至使心脏停止跳动。电流通过背脊椎或中枢神经，会引起生理机能失调，造成窒息致死。电流通过脊髓，可能导致截瘫。电流通过人体头部，会造成昏迷等。

4) 人体电阻

在一定电压作用下，流过人体的电流与人体电阻成反比。因此，人体电阻是影响人体触电后果的另一因素。人体电阻由表面电阻和体积电阻构成。表面电阻即人体皮肤电阻，对人体电阻起主要作用，人体皮肤电阻与皮肤状态有关，随条件不同在很大范围内变化。如皮肤在干燥、洁净、无破损的情况下，可高达几十千欧，而潮湿的皮肤，其电阻可能在 1000Ω 以下。有关研究结果表明，人体电阻一般在 1000～3000Ω。

5) 电流频率

经研究表明，人体触电的危害程度与触电电流频率有关。一般来说，频率在 25～300Hz 的电流对人体伤害程度最为严重。低于或高于此频率段的电流对人体触电的伤害程度明显减轻。在高频情况下，人体能够承受更大的电流作用。目前，医疗上采用 20kHz 以上的高频电流对人体进行治疗。

6) 人体状况

电流对人体的伤害作用与性别、年龄、身体及精神状态也有很大的关系。一般来说，女性比男性对电流敏感；小孩比大人敏感。

2. 触电的方式

人体触电方式主要有：单相触电、两相触电和跨步电压触电三种。

1) 单相触电

如果人站在大地上，当人体直接碰触带电设备其中的一相时，电流通过人体经大地而构成回路，这种触电方式通常被称为单相触电，也称为单线触电。这种触电的危害程度取决于三相电网中的中性点是否接地。

(1) 中性点接地：如图 3-29(a)所示，在电网中性点接地系统中，当人接触任一相导线时，一相电流通过人体、大地、系统中性点接电装置形成回路。因为中性点接地装置的接地电阻比人体电阻小得多，所以相电压几乎全部加在人体上，使人体触电。但是如果人体站在绝缘材料上，流经人体的电流会很小，人体不会触电。

(2) 中性点不接地：如图 3-29(b)所示，在电网中性点不接地系统中，当人体接触任一相导线时，接触相经人体流入地中的电流只能经另两相对地的电容阻抗构成闭合回路。在低压系统中，由于各相对地电容较小，相对地的绝缘电阻较大，故通过人体的电流会很小，对人体不至于造成触电伤害；若各相对地的绝缘不良，则人体触电的危险性会很大。在高压系统中，各相对地均有较大的电容。这样一来，流经人体的电容电流较大，造成对人体的危害也较大。

对于高压带电体，人体虽未直接接触，但由于超过了安全距离，高电压对人体放电，造成单相接地而引起的触电，也属于单相触电。大部分触电事故是单相触电事故。

2) 两相触电

如图 3-29(c)所示，人体同时接触带电设备或线路中的两相导体，或在高压系统中，人体同时接近不同相的两相带电导体，而发生电弧放电，电流从一相导体通过人体流入另一相导体，构成一个闭合回路，这种触电方式称为两相触电，也称为两线触电。发生两相触电时，作用于人体上的电压等于线电压，这种触电是最危险的。

3) 跨步电压

当电气设备发生接地故障，接地电流通过接地体向大地流散，在地面上形成电位分布时，若人在接地短路点周围行走，其两脚之间的电位差，就是跨步电压。由跨步电压引起的人体触电，称为跨步电压触电，如图 3-29(d)所示。下列情况和部位可能发生跨步电压电击：带电导体，特别是高压导体故障接地处，流散电流在地面各点产生的电位差造成跨步电压电击；接地装置流过故障电流时，流散电流在附近地面各点产生的电位差造成跨步电压电击；正常时有较大工作电流流过的接地装置附近，流散电流在地面各点产生的电位差造成跨步电压电击；防雷装置受雷击时，极大的流散电流在其接地装置附近地面各点产生的电位差造成跨步电压电击；高大设施或高大树木遭受雷击时，极大的流散电流在附近地面各点产生的电位差造成跨步电压电击。跨步电压的大小受接地电流大小、鞋和地面特征、两脚之间的跨距、两脚的方位以及离接地点的远近等很多因素的影响。由于跨步电压受很多因素的影响以及由于地面电位分布的复杂性，几个人在同一地带(如同一棵大树下或同一故障接地点附近)遭到跨步电压电击时，可能出现截然不同的后果。

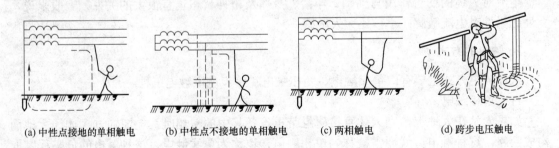

(a) 中性点接地的单相触电   (b) 中性点不接地的单相触电   (c) 两相触电   (d) 跨步电压触电

图 3-29 触电方式

发生触电事故时应首先帮助触电者迅速脱离电源(断开附近的电源开关或者用绝缘物体帮助触电者和带电体分开)。若触电者昏迷，则应进行急救，如实施人工呼吸或请医生(送医院)抢救。

3.5.2 保护接地与保护接零

从触电事故发生的情况来看，可以将触电事故分为直接触电和间接触电两类。直接触电多由主观原因造成，而间接触电则多由客观原因造成。但是无论是主观还是客观原因造成的触电事故，都可以采用安全技术措施和加强安全管理予以防止，因此，加强用电的安全技术措施是防止事故发生的重要环节。

1. 保护接地

所谓保护接地就是将正常情况下不带电，而在绝缘材料损坏后或其他情况下可能带电的电器金属部分(即与带电部分相绝缘的金属结构部分)用导线与接地体可靠连接起来的一种保护接线方式。接地保护一般用于配电变压器中性点不直接接地(三相三线制)的供电系统中，用以保证当电气设备因绝缘损坏而漏电时产生的对地电压不超过安全范围。如果家用电器未采用接地保护，当某一部分的绝缘损坏或某一相线碰及外壳时，家用电器的外壳将带电，人体万一触及该绝缘损坏的电器设备外壳(构架)时，就会有触电的危险。相反，若将电器设备做了接地保护，单相接地短路电流就会沿接地装置和人体这两条并联支路分别流过。一般来说，人体的电阻大于 1000Ω，接地体的电阻按规定不能大于 4Ω，所以流经人体的电流就很小，而流经接地装置的电流很大。这样就减小了电器设备漏电后人体触电的危险。

保护接地适用于不接地电网。这种电网中，凡由于绝缘破坏或其他原因而可能呈现危险电压的金属部分，除另有规定外，均应接地。

保护接地的作用就是将电气设备不带电的金属部分与接地体之间作良好的金属连接，降低接点的对地电压，减小人体触电危险。

2. 保护接零

保护接零是把电气设备的金属外壳和电网的零线连接，以保护人身安全的一种用电安全措施。在电压低于 1000V 的接零电网中，若电工设备因绝缘损坏或意外情况而使金属外壳带电时，形成相线对中性线的单相短路，则线路上的保护装置(自动开关或熔断器)迅速动作，切断电源，从而使设备的金属部分不至于长时间存在危险的电压，这就保证了人身安全。多相制交流电力系统中，把星形连接绕组的中性点直接接地，使其与大地等电位，即为零电位。由接地的中性点引出的导线称为零线。在同一电源供电的电工设备上，不容许一部分设备采用保护接零，另一部分设备采用保护接地。因为当保护接地的设备外壳带电时，若其接地电阻 R_D' 较大，故障电流 I_D 不足以使保护装置动作，则因工作电阻 R_D 的存在，使中性线上一直存在电压 $U_0 = I_D R_D$，此时，保护接零设备的外壳上长时间存在危险的电压 U_0，危及人身安全。

3.5.3 安全用电措施

火灾和爆炸事故往往是重大的人身伤亡和设备损坏事故。电气火灾和爆炸事故在火灾和爆炸事故中占有很大的比例，仅就电气火灾而言，不论是发生频率还是所造成的经济损失，在火灾中所占的比例都有上升的趋势。配电线路、高低压开关电器、熔断器、插座、照明器具、电动机、电热器具等电气设备均可能引起火灾。电力电容器、电力变压器、电力电缆、多油断路器等电气装置除可能引起火灾外，本身还可能发生爆炸。电气火灾火势凶猛，如不及时扑灭，势必迅速蔓延。电气火灾和爆炸事故除可能造成人身伤亡和设备损坏外，还可能造成大规模或长时间停电，给国家财产造成重大损失。

引起电气火灾或爆炸的原因是多种多样的，如过载、短路、接触不良、电弧火花、漏电、雷电或静电等都能引起火灾。有的火灾是人为原因造成的，如思想麻痹、疏忽大意、不遵守有关防火法规、违犯操作规程等。从电气防火角度看，电气设备质量不高，安装使用不当，保养不良，雷击和静电是造成电气火灾的几个重要原因。

对于有火灾或爆炸危险的场所，在选用和安装电气设备时，应选用合理的类型，如防爆型、密封型、防尘型等。为防止火灾或爆炸，应严格遵守安全操作规程和有关规定，确保电气设备的正常运行。要定期检查设备，排除事故隐患。要保持通风良好，采用耐火材料及良好的保护装置。

3.6 直流稳压电源电路的设计过程

直流稳压电源的基本组成有交流电源、交流变压器、整流电路、滤波电路、稳压电路等。主要设计过程如下。

1. 变压器的选择

要求选用的变压器能将初级电压 220V 降为次级电压 8V(需要的电压加上 3V)，次级电流 1.7A(需要的电流乘以 1.7)。可用万用表测试变压器两端电阻来判断初级和次级，电阻大的一级为初级。

2. 整流电路设计和二极管的选择

整流电路有半波和桥式整流，一般选桥式整流电路，其输出平均电压高，电压脉动小，品质因数高。

四个二极管的选择主要依据其额定电压和额定电流值。可以用经验法确定，稳压程度应在变压器的次级电压乘以 3 以上，即 24V。耐流值等于变压器次级电流。

3. 滤波电路设计和滤波电容的选择

滤波电路有电容滤波、电感滤波和 RC 滤波电路。电容滤波是利用电容的充放电作用使整流输出电压平稳，且电压幅值升高，滤波效果好，适用各种滤波电路。故选用电容滤波电路。

一般选电解电容作为滤波电容，其稳压范围宽，可滤掉大幅值的低频成分，效果好。

可用以下方法选用。耐压：变压器次级电压乘以 $\sqrt{2}$，即耐压 112V。容量：次级电流乘以 (1500~2000)，即容量(2500~3740μF)，可选 3300μF。

4. 稳压电路设计和选择

可选用 7805 三端稳压电路。用万用表测试三端稳压器：1，2 脚加上一直流电压，测 2 和 3 脚间的电压，若数值与 1，2 脚相同，则稳压器是好的。

据此，绘出直流稳压电源的设计电路图。也可根据电路图和选好的元件，焊接制作小型稳压直流电源。

3.7　拓　展　实　训

3.7.1　正弦稳态交流电路相量的研究

1. 实训目的

(1) 研究正弦稳态交流电路中电压、电流相量之间的关系。
(2) 掌握日光灯线路的接线。
(3) 理解改善电路功率因数的意义并掌握其方法。

2. 实训设备与器材

DGJ-07 功率表，自耦调压器，交流电压表 0~500V，镇流器、启辉器，交流电流表 0~5A，日光灯灯管 40W，DGJ-05 电容器 1μF、2.2μF、4.7μF/500V 各 1 个，DGJ-04 白炽灯 220V/15W 及灯座 1~3 个，DGJ-04 电流插座 3 个。

3. 实训原理

(1) 如图 3-30(a)所示的 RC 串联电路，在正弦稳态信号 U 的激励下，U_R 与 U_C 保持有 90°相位差，即当 R 阻值改变时，U_R 的相量轨迹是一个半圆。U、U_C 与 U_R 三者形成一个直角电压三角形，如图 3-30(b)所示。R 值改变时，可改变 ϕ 角的大小，从而达到移相的目的。

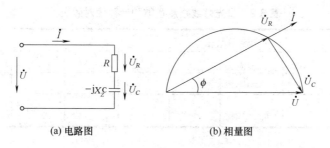

(a) 电路图　　　　　(b) 相量图

图 3-30　RC 串联电路图及相量图

(2) 日光灯线路如图 3-31 所示，图中 A 是日光灯管，L 是镇流器，S 是启辉器，C 是补偿电容器，用以改善电路的功率因数($\cos\phi$ 值)。

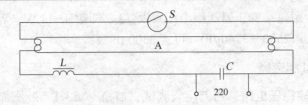

图 3-31　日光灯线路

4. 实训内容

(1) 按图 3-30 接线。R 为 220V/15W 的白炽灯泡，电容器为 4.7μF/450V。经指导教师检查后，接通电源，在表 3-1 中记录 U、U_R、U_C 的值，验证电压三角形关系。

表 3-1　RC 电路测量值和计算值对照表

测　量　值			计　算　值		
U/V	U_R/V	U_C/V	$U' = \sqrt{U_R^2 + U_C^2}$	$\Delta U = U' - U$ /V	$\Delta U / U$ (%)

(2) 日光灯线路接线与测量。

按图 3-32 接线。经教师检查后接通电源，调节自耦调压器的输出，使其输出电压缓慢增大，直到日光灯刚启辉点亮为止，在表 3-2 中记下三个表的指示值。然后将电压调至 220V，测量功率 P，电流 I，电压 U，U_L，U_A 等值，验证电压、电流的相量关系。

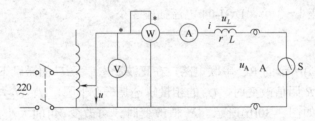

图 3-32　日光灯线路接线图

表 3-2　日光灯线路测量值和计算值对照表

	测量数值						计算值	
	P/W	$\cos\phi$	I/A	U/V	U_L/V	U_A/V	r/Ω	$\cos\phi$
启辉值								
正常工作值								

5. 实训总结与思考

(1) 总结日光灯的启辉原理。

(2) 在日常生活中，当日光灯上缺少了启辉器时，人们常用一根导线将启辉器的两端短接一下，然后迅速断开，使日光灯点亮(DGJ-04 实验挂箱上有短接按钮，可用它代替启辉器做实验)；或用一只启辉器去点亮多只同类型的日光灯，这是为什么？

(3) 为了改善电路的功率因数，常在感性负载上并联电容器，此时增加了一条电流支路，试问电路的总电流是增大还是减小，此时感性元件上的电流和功率是否改变？

(4) 提高线路功率因数为什么只采用并联电容器法，而不用串联法？所并的电容器是否越大越好？

3.7.2 三相交流电路电压、电流的测量

1. 实训目的

(1) 研究三相电路在电源对称的情况下，负载作星形连接和三角形连接时，线电压与相电压、线电流与相电流的关系。

(2) 了解负载中性点位移的概念及中线的作用。

2. 实训设备与器材

VC97 型数字万用表一块，L7/4 型交流毫安表一块，电流插头一个，灯泡负载三组。

3. 实训内容

(1) 用图 3-33 所示相序器测定相序。实验所用的相序器为无中线星形不对称负载，相序器的其中一相为 2.2μF 的电容，另两相为功率相同的灯泡。把三端分别接到三条火线上，根据灯泡的明暗程度判定电源的相序。

(2) 按图 3-34 连接电路，测量负载为星形连接时线电压、相电压与中线电压，相电流与中线电流，并记录在表 3-3 中。研究各种不同情况下，这些电路变量之间的关系。

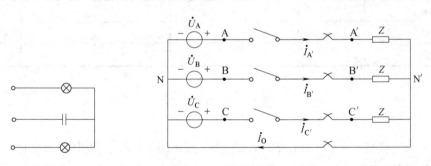

图 3-33 相序器　　　　图 3-34 负载为星形连接时的实验电路图

表 3-3 负载为星形连接的测量数据表

		$U_{A'B'}$	$U_{B'C'}$	$U_{C'A'}$	$U_{A'N'}$	$U_{B'N'}$	$U_{C'N'}$	$U_{NN'}$	$I_{A'}$	$I_{B'}$	$I_{C'}$	I_0
负载	有中线											
对称	无中线											
负载	有中线											
不对称	无中线											

续表

		$U_{A'B'}$	$U_{B'C'}$	$U_{C'A'}$	$U_{A'N'}$	$U_{B'N'}$	$U_{C'N'}$	$U_{NN'}$	$I_{A'}$	$I_{B'}$	$I_{C'}$	I_0
断线	有中线											
	无中线											
短路	无中线											

(3) 按图 3-35 连接电路,测量负载为三角形连接时的线电流与相电流,并记录在表 3-4 中。研究各种不同情况下,这些电路变量之间的关系。

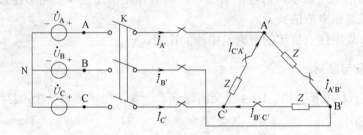

图 3-35　负载为三角形连接时的实验电路图

表 3-4　负载为三角形连接的测量数据表

	$I_{A'}$	$I_{B'}$	$I_{C'}$	$I_{A'B'}$	$I_{B'C'}$	$I_{C'A'}$
对称负载						
不对称负载						
A'B' 相断线						
CC' 线断线						

本 章 小 结

(1) 正弦交流电 $u = U_m \sin(\omega t + \phi)$ 或 $i = I_m \sin(\omega t + \phi)$ 。其中,初相角、角频率、幅值是正弦量的三要素。为了便于分析计算交流电路,引入相量表示正弦量。相量是用复数来表示的正弦量。

(2) 正弦交流电在纯电阻电路中,电压与电流同相;在纯电感电路中,电压超前电流 $90°$;在纯电容电路中,电压滞后电流 $90°$。在 RLC 串联或并联电路中,发生谐振时,电压与电流同相;若电压超前电流,则电路为感性;若电压滞后电流,则电路为容性。

(3) 三相交流电是由三相发电机产生的。绕组的始端之间或末端之间都彼此相隔 $120°$。
$u_A = U_m \sin \omega t$, $u_B = U_m \sin(\omega t - 120°)$, $u_C = U_m \sin(\omega t - 240°) = U_m \sin(\omega t + 120°)$

三相交流电用相量来表示

$$\dot{U}_A = U e^{j0°} , \quad \dot{U}_B = U e^{-j120°} , \quad \dot{U}_C = U e^{j120°}$$

或用代数式来表示

$$\dot{U}_A = U + j0 , \quad \dot{U}_B = \frac{1}{2}U - j\frac{\sqrt{3}}{2}U , \quad \dot{U}_C = -\frac{1}{2}U + j\frac{\sqrt{3}}{2}U$$

(4) 三相电压源的连接方式,有星形(Y)和三角形(△)连接。Y 形电源的线电压是相电压的 $\sqrt{3}$ 倍,线电流等于相电流;△形电源的线电压等于相电压,线电流是相电流的 $\sqrt{3}$ 倍。三相负载的连接方式,有星形(Y)和三角形(△)连接。Y 形负载的线电压是相电压的 $\sqrt{3}$ 倍,线电流等于相电流;△形负载的线电压等于相电压,线电流是相电流的 $\sqrt{3}$ 倍。

(5) 三相电路的功率总功率等于三相功率之和即 $P = P_A + P_B + P_C$。当三相负载对称时,总功率等于 $P = \sqrt{3}U_l I_l \cos\phi$,$\phi$ 是负载的相电压与相电流的相位差。提高功率因数 $\cos\phi$ 的方法,对于感性负载是在负载两端并联适当的电容。

(6) 分析三相交流电路的方法有计算和作图两种方法。当交流电压和电流用相量表示时,分析直流电路的方法和规律都可以使用。三相负载对称时,只需计算其中的一相即可。

思考题与习题

1. 已知 $i_1 = 15\sin(100\pi t + 45°)$A,$i_2 = 10\sin(314\pi t - 30°)$A,试问:

(1) i_1 与 i_2 的相位差是多少?

(2) 在相位上比较 i_1 和 i_2,谁超前?谁滞后?

2. 如果两个同频率的正弦电流在某一瞬时都是 5A,两者是否一定同相?其幅值是否一定相等?

3. RLC 串联交流电路的功率因数 $\cos\phi$ 是否一定小于 1?

4. 如图 3-36 所示电路中,已知 $X_L = X_C = R = 2\Omega$,电流表 A_1 的读数为 3A,试问:

(1) A_2 和 A_3 的读数为多少?

(2) 并联等效阻抗 Z 为多少?

5. 如果某支路的阻抗 $Z = (8 - j6)\Omega$,则其导纳 $Y = \left(\frac{1}{8} - j\frac{1}{6}\right)$S,对不对?

6. 如图 3-37 所示电路中,已知 $X_L > X_C$ 则该电路呈感性,对不对?

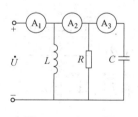

图 3-36 题 4 图

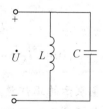

图 3-37 题 6 图

7. 电感性负载采用串联电容的方法是否可提高功率因数,为什么?原负载所需的无功功率是否有变化,为什么?电源提供的无功功率是否有变化,为什么?

8. 某楼共三层采用三相四线制供电照明,若二楼和三楼的所有电灯突然暗淡下来,而一楼的电灯亮度未变,试问这是什么原因?这楼的灯是如何连接的?同时又发现三楼的电灯比二楼的还要暗些,这又是什么原因?

9. 有一台三相发电机，其绕组接成星形，每相额定电压为220V。在一次实验时，用电压表量得相电压 $U_A=U_B=220V$，而线电压为 $U_{AB}=U_{CA}=220V$，$U_{BC}=380V$，试问这种现象是如何造成的？

10. 在三相四线制电路中，若：

(1) A 相短路：中性线未断时，求各相负载电压；中性线断开时，求各相负载电压。

(2) A 相断路：中性线未断时，求各相负载电压；中性线断开时，求各相负载电压。

11. 已知：$\dot{U}=100\angle-15°V$，判断下列等式的正误。(1) $U=100V$；(2) $\dot{U}=100e^{j15°}V$。

12. 指出下列各式中哪些是对的，哪些是错的？

(1) 在电阻电路中 ① $I=\dfrac{U}{R}$；② $i=\dfrac{U}{R}$；③ $i=\dfrac{u}{R}$；④ $\dot{I}=\dfrac{\dot{U}}{R}$。

(2) 在电感电路中 ① $i=\dfrac{u}{X_L}$；② $\dfrac{U}{I}=j\omega L$；③ $I=\dfrac{U}{\omega L}$；④ $\dfrac{\dot{U}}{\dot{I}}=jX_L$；

⑤ $\dfrac{\dot{U}}{\dot{I}}=X_L$；⑥ $u=L\dfrac{di}{dt}$；⑦ $i=\dfrac{u}{\omega L}$。

(3) 在电容电路中 ① $U=I\cdot\omega C$；② $u=i\cdot X_C$；③ $\dot{I}=\dot{U}\cdot j\omega C$；④ $\dfrac{\dot{U}}{\dot{I}}=\dfrac{1}{j\omega C}$

13. 判断下列式子的正误。如图 3-38 所示，负载用对称 Y 形连接。

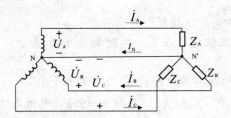

图 3-38　题 13 图

(1) $I_1=\dfrac{U_1}{|Z|}$；　　(2) $I_A=\dfrac{U_{AB}}{|Z_A|+|Z_B|}$；　　(3) $I_A=\dfrac{U_{AB}}{|Z_A+Z_B|}$；　　(4) $I_1=\dfrac{U_P}{|Z|}$；

(5) $I_1=\sqrt{3}I_P$；　　(6) $U_1=U_P$；　　(7) $U_1=\sqrt{3}U_P$；　　(8) $I_P=\dfrac{U_P}{|Z|}$；

(9) $\dot{I}_A=\dfrac{\dfrac{\dot{U}_{AB}}{\sqrt{3}}}{Z_A}$；　(10) $\dot{I}_A=\dfrac{\dfrac{\dot{U}_{AB}\angle30°}{\sqrt{3}}}{Z_A}$；　(11) $\dot{I}_A=\dfrac{\dfrac{\dot{U}_{AB}\angle-30°}{\sqrt{3}}}{Z_A}$。

14. 已知用相量表示的正弦量为 $\dot{U}=220e^{j30°}V$ 和 $\dot{I}=(-4-j3)A$，试分别写出它们的三角函数式并画出其正弦波形及相量图。

15. 有一三相电路如图 3-39 所示，电源和负载均为三角形连接。已知 $U_A=U_B=U_C=220V$，$Z_1=Z_2=Z_3=(6+j8)\Omega$，试求：

(1) 负载和电源的相电流及中线电流。

(2) 每相负载消耗的功率和总功率。

16. 在线电压为 380V 的三相电源上，接两组电阻性对称负载，如图 3-40 所示。已知

R_1=38Ω，R_2=22Ω，试求电路的线电流(设线电压的初相为 0°)。

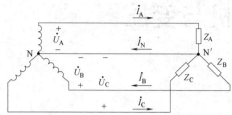

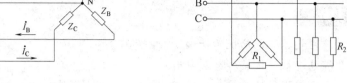

图 3-39　题 15 图　　　　　　　　　　图 3-40　题 16 图

17. 已知线电压为 380V 的对称三相电源上接有两组负载如图 3-41 所示。其中一组对称，另一组不对称，阻抗分别为 $Z_A = 10Ω$，$Z_B = j10Ω$，$Z_C = -j10Ω$。如果伏特表的电阻为无穷大，求此时伏特表的读数。

18. 三相电路如图 3-42 所示。已知 $R = 5Ω$，$X_L = X_C = 5Ω$，接在线电压为 380V 的三相四线制电源上。求：(1)各线电流及中线电流；(2)A 线断开时的各线电流及中线电流；(3)A 线及中线都断开时的各线电流。

19. 有一台三相异步电动机，其绕组连成三角形接于线电压为 380V 的电源上，从电源上取用的功率是 11.43kW，功率因数 $\cos\phi = 0.87$。(1)试求电动机的相电流、线电流；(2)为了提高线路的功率因数，在电源上并一组三角形连接的电容器，如果每相电容 $C = 20\mu F$。求线路的电流和提高后的功率因数。

20. 对称负载连成三角形，如图 3-43 所示。已知电源线电压 $U_1 = 220V$，安培计 A_1 的读数 $I_1 = 17.3$，三相功率 $P = 4.5kW$。试求：

(1) 每相负载的电阻、感抗；

(2) 当 AB 相断开时，图中各安培计的读数和总功率；

(3) 当 A 相断开时，图中各安培计的读数和总功率。

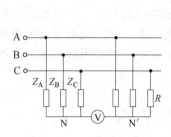
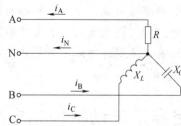
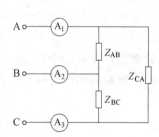

图 3-41　题 17 图　　　　图 3-42　题 18 图　　　　图 3-43　题 20 图

第4章　电动机与变压器

本章要点

- 熟悉三相异步电动机的结构、工作原理。
- 掌握电动机的机械特性及应用。
- 熟悉变压器的结构、工作原理。
- 掌握变压器的阻抗变换特性。

技能目标

- 掌握电动机的启动、调速、反转、制动等方法。
- 了解电动机的选用及控制方法。
- 掌握变压器的选用、极性判别及简单变压器的制作。

主要理论及工程应用导航

本章首先讲述了三相异步电动机的使用方法、工作原理、机械特性及运行过程，接着讲述了直流电动机和控制电机的工作原理，最后介绍了变压器的工作原理及使用方法。

电动机在生活生产中应用非常广泛，如应用于家电类产品的洗衣机、电风扇、电冰箱、空调、录音机、录像机、影碟机、吸尘器、照相机、电吹风、电动剃须刀等；驱动小型机械设备的各种小型机床、小型机械、医疗器械、电子仪器等；作为电动工具动力来源，如钻孔、抛光、磨光、开槽、切割、扩孔等工具；用作自动控制装置中执行元件的各种控制电机，如磁盘驱动器、复印机、数控机床、机器人等。

变压器也是与生产和日常生活密不可分的电气设备，主要应用于电力输送中的电压变换、电子线路中的阻抗变换等。

电动机和变压器都是根据电磁理论制成，都在电和磁的转换中起传递、转换能量的作用，与人们的生活生产密不可分。如何提高电动机和变压器的效率，从而更有效地利用有限的资源，是我们今后要面临的重要课题。为此，必须熟悉电动机、变压器的结构、工作原理，掌握它们的特性和应用。

4.1　三相异步电动机控制电路的设计

1. 设计目的

(1) 掌握三相异步电动机控制电路的设计原则和要求。

(2) 熟悉实现控制的元器件，了解其工作原理。

(3) 能够绘制三相异步电动机电动加自锁或正反转控制电路。

2. 设计内容

设计一个三相异步电动机正反转控制电路，绘制控制线路图。设备有电动机、交流接触器、常开(常闭)按钮、热继电器、熔断器、闸刀开关等。

思考： 主要控制元器件的符号如何表示？交流接触器是如何实现控制电动机运行的？

4.2　电动机的分类

电动机是将电能转换为机械能的一种能量转换设备。生产机械广泛应用电动机来驱动。电动机驱动有很多优点：简化生产机械的结构；提高生产率和产品质量；能实现自动控制和远距离操纵；减轻繁重的体力劳动等。有的生产机械只装配 1 台电动机，如单轴钻床；有的需要好几台电动机，如某些机床的主轴、刀架、横梁以及润滑油泵和冷却油泵等都是由单独的电动机来驱动的，常见的桥式起重机上就有 3 台电动机。

电动机按其功能可分为驱动电动机和控制电动机；按电能种类分为直流电动机和交流电动机；从电动机的转速与电网电源频率之间的关系来分，可分为同步电动机与异步电动机；按电源相数来分类可分为单相电动机和三相电动机；按防护形式可分为开启式、防护式、封闭式、隔爆式、防水式、潜水式电动机。

在生产上主要用的是交流电动机，特别是三相异步电动机，被广泛用来驱动各种金属切削机床、起重机、锻压机、传送带、铸造机械、功率不大的通风机及水泵等。仅在需要均匀调速的生产机械上，如龙门刨床、轧钢机及某些重型机床主传动机构，以及在某些电力牵引和起重设备中才采用直流电动机。除上述动力用电动机外，在自动控制系统和计算装置中还用到各种控制电机。

思考： 你见过的电动机是什么样子，内部是什么结构？电动机是怎么转动起来的？电动机运行有何特点？如何选用和正确使用电动机呢？

4.3　三相异步电动机

交流电机主要分为同步电机和异步电机两大类，同步电机主要用做发电机，而异步电机则主要用做电动机。大部分机械用异步电动机作为动力来源即原动机。据统计，异步电动机的用电量约为总用电量的 2/3，且具有运行可靠、结构简单、价格低廉等一系列优点，应用极为广泛，因此，本节将详细讲述三相异步电动机的选择、工作原理及机械特性。

4.3.1　三相异步电动机的铭牌

制造厂按国家标准规定制造的电动机在正常工作条件下的运行状态称为异步电动机的额定运行状态。表示电动机额定运行情况的各种数据，如电压、电流、功率、转速等，称为电动机的额定值。要正确地选择和使用三相异步电动机，必须了解其铭牌数据。铭牌介绍了这台电动机的额定值及使用方法。Y132M-4 型三相异步电动机的铭牌数据如表 4-1 所示。

表 4-1　Y132M-4 型三相异步电动机的铭牌数据

型号	Y132M-4	功率	7.5kW	频率	50Hz
电压	380V	电流	15.4A	接法	△
转速	1440r/min	绝缘等级	B	工作方式	连续

1. 型号 Y132M-4

Y 表示鼠笼型三相异步电动机。

132 表示机座中心高 132mm。

M 表示中机座(L 为长机座，S 为短机座)。

4 表示磁极数为 4(两对磁极)。

2. 额定功率 P_N

P_N 是指电动机额定运行状态时，轴上输出的机械功率，单位为 kW，本例中 P_N=7.5kW。

3. 额定电压 U_N 和接法

U_N 是指电动机额定运行状态时，定子绕组应加的线电压，单位为 V。一般规定电源电压波动不应超过额定值的 5%。本例中 U_N=380V。

生活中常见的一种情况是工作电压低于额定值，这时引起转速下降，电流增加。若在满载或接近满载时，电流的增加超过额定值，使绕组过热；同时，在低于额定电压下运行，最大转矩 T_{max} 会显著降低，这对电动机运行是不利的。

Y 系列三相异步电动机规定额定功率在 3kW 及以下的采用 Y(星形)接法，4kW 及以上的采用△(三角形)接法。

4. 额定电流 I_N

I_N 是指电动机在额定电压下运行，输出功率达到额定值时，流入定子绕组的线电流，单位为 A。本例中，电动机连接成△形时，I_N=15.4A。

5. 额定频率 f_N

f_N 是指加在电动机定子绕组上的允许频率。我国电网的频率规定为 50Hz。

6. 额定转速 n_N

n_N 是指电动机在额定电压、额定频率和额定输出功率情况下的转速，单位为 r/min。本例中，电动机额定转速 n_N=1440r/min。

7. 绝缘等级

绝缘等级指电动机内部所用绝缘材料允许的最高温度等级，它决定了电动机工作时允许的温升。各种等级与温度的对应关系如表 4-2 所示。本例中电动机为 B 级绝缘，定子绕组的允许温度不能超过 130℃。

表 4-2　电动机允许温升与绝缘耐热等级关系

绝缘耐热等级	A	E	B	F	H	C
允许最高温度/℃	105	120	130	155	180	180 以上
允许最高温升/℃	60	75	80	100	125	125 以上

在规定的温度内，绝缘材料保证电动机在一定期限内(一般为 15～20 年)可靠地工作，如果超过上述温度，绝缘材料的寿命将大大缩短，导致电动机的寿命缩短。

8. 工作方式

电动机工作方式分为三种。连续工作方式用 S_1 表示，允许电动机在额定条件下长时间连续运行；短时工作方式用 S_2 表示，在额定条件下只能在规定时间内运行；断续工作方式用 S_3 表示，在额定条件下以周期性间歇方式运行。本例中电动机为连续工作方式。

除了铭牌上的主要数据外，要了解其他数据，可以从产品资料和有关手册中查到。

4.3.2　三相异步电动机的选择

为了保证生产过程的顺利进行，并获得良好的经济、技术指标，应根据生产机械的需要和工作条件合理地选用电动机的功率、类型和转速。

1. 功率的选择

电动机的功率(容量)是由生产机械所需要的功率决定的。如果额定功率选得过大，不但电动机没有充分利用，浪费了设备成本，而且电动机在轻载下工作，其运行效率和功率因数都较低，不经济；但如果额定功率选择得太小，将引起电动机过载，甚至堵转，不仅不能保证生产机械的正常运行，还会使电动机温升超过允许值而过早损坏。

电动机的额定功率是和一定的工作方式相对应的。在选用电动机功率时，要根据工作方式的不同采用不同的计算方法。

1)　连续工作方式(S_1)

对于连续工作的生产机械，如水泵、风机等，先计算生产机械的功率，所选电动机的额定功率等于或稍大于生产机械的功率即可。

例如，车床的切削功率为

$$P_1 = \frac{Fv}{1000 \times 60}(kW)$$

式中：F 为切削力(N)，它与切削速度、走刀量、吃刀量、工件及刀具的材料有关，可从切削用量手册中查取或经计算得出；v 为切削速度(m/min)。

电动机的功率为

$$P = \frac{P_1}{\eta_1} = \frac{Fv}{1000 \times 60 \times \eta_1}(kW)$$

式中：η_1 为传动机构的效率。

根据上式计算出的功率 P，在产品目录上选择一台合适的电动机，其额定功率应为

$$P_N \geqslant P$$

又如拖动水泵的电动机的功率为

$$P = \frac{\rho Q H}{102\eta_1\eta_2}(\text{kW})$$

式中：Q 为流量(m^3/s)；H 为扬程，即液体被压送到的高度(m)；η_1 为传动机构的效率；η_2 为泵的效率；ρ 为液体的密度(kg/m^3)。

【例 4-1】 有一离心式水泵，其数据如下：Q=0.03m^3/s，H=20m，n=1460r/min，η_2=0.55。今用一笼型电动机拖动作长期运行，电动机与水泵直接连接($\eta_1 \approx 1$)。试选择电动机的功率。

解：

$$P = \frac{\rho Q H}{102\eta_1\eta_2} = \frac{1000 \times 0.03 \times 20}{102 \times 1 \times 0.55}\text{kW} = 10.7\text{kW}$$

选用 Y160M-4 型电动机，其额定功率 P_N=11kW，满足 $P_N > P$，额定转速 n_N=1460r/min。

在很多场合下，电动机所带的负载是经常随时间变化的，计算其等效功率比较复杂和困难。此时可采用统计分析方法，即将各国同类型先进的生产机械所选用的电动机功率进行类比和统计分析，找出电动机功率与生产机械主要参数间的关系，从而可进行电动机的选择。例如，以机床为例，可按如下统计公式计算额定功率：

车床的额定功率 P=36.5$D^{1.54}$(kW)，D 为工件的最大直径(m)。

摇臂钻床的额定功率 P=0.0646$D^{1.19}$(kW)，D 为最大钻孔直径(mm)。

卧式镗床的额定功率 P=0.004$D^{1.7}$(kW)，D 为镗杆直径(mm)。

例如，国产 C660 车床，其加工工件的最大直径为 1250mm，按统计分析法计算，主轴电动机的功率为

$$P = 36.5D^{1.54} = 36.5 \times 1.25^{1.54}\text{kW} = 52\text{kW}$$

故可选用 P_N =55kW$>P$ 的电动机。

2) 短时工作方式(S_2)

水坝闸门的启闭、机床中尾座、横梁的移动和夹紧以及刀架快速移动等都是短时工作的例子。我国规定，短时工作方式的标准持续时间有 10min、30min、60min、90min 四种。专为短时工作方式设计的电动机，其额定功率是和一定的标准持续时间相对应的。在规定的时间内电动机以输出额定功率工作，其温升不会超过允许值。

如果没有合适的专为短时运行设计的电动机，可选用连续运行的电动机。如果实际工作持续时间超过最大的标准持续时间(90min)，则应选用连续工作方式电动机；如果实际工作持续时间比最小的标准持续时间(10min)还短得多，这时也可选用断续工作方式的电动机，但其功率则按过载系数 λ 来计算，短时运行电动机的额定功率可以是生产机械所要求功率的 $\frac{1}{\lambda}$。

例如，刀架快速移动对电动机所要求的功率为

$$P_1 = \frac{G\mu v}{102 \times 60\eta_1}(\text{kW})$$

式中：G 为被移动元件的重量(kg)；v 为移动速度(m/min)；μ 为摩擦系数，通常为 0.1～

0.2；η_1 为传动机构的效率，通常为 0.1～0.2。

实际上所选用电动机的功率可以是上述功率的 $\dfrac{1}{\lambda}$，即

$$P_1 = \frac{G\mu v}{102 \times 60\eta_1\lambda} \,(\text{kW})$$

【例 4-2】已知刀架重量 G=500kg，移动速度 v=15m/min，导轨摩擦系数 μ=0.1，传动机构的效率 η_1=0.2，要求电动机的转速约为 1400r/min。求刀架快速移动电动机的功率。

解：

Y 系列四极笼型电动机的过载系数 λ=2.2，于是

$$P_1 = \frac{G\mu v}{102 \times 60\eta_1\lambda} = \frac{500 \times 0.1 \times 15}{102 \times 60 \times 0.2 \times 2.2}\,\text{kW} = 0.28\text{kW}$$

选用 Y80-1-4 型电动机，P_N=0.55kW$>P_1$，n_N=1390r/min。

3）断续工作方式(S_3)

断续工作方式是一种周期性重复短时运行的工作方式，每一周期包括一个恒定运行时间 t_1 和一个停歇时间 t_2。标准的周期时间为 10min。工作时间 t_1 与工作周期 $T(T=t_1+t_2)$的比值称为负载持续率，通常用百分数来表示。我国规定的标准持续率有 15%、25%、40% 和 60%四种，如不加以说明，则以 25%为准。

当生产机械的实际负载持续率与某种标准负载持续率相接近时，可按实际负载功率选用额定功率与之相近的断续工作方式电动机；如果实际负载持续率与标准负载持续率不一致，需要经过有关计算来选用适当的电动机。

2. 种类和形式的选择

选择电动机的种类从电源种类、机械特性、调速和启动性能、维护及价格等方面来考虑。

由于生产场所常用的都是三相交流电源，没有特殊要求时，一般都应选用交流电动机。鼠笼式异步电动机结构简单、机械特性较硬、价格便宜、运行可靠、使用维护方便；其主要缺点是功率因数较低、启动性能较差。如果没有特殊要求，应尽可能采用鼠笼式异步电动机。例如，水泵、风机、运输机、压缩机以及各种机床的主轴和辅助机构，绝大部分都可采用鼠笼式异步电动机来拖动。

绕线式异步电动机的启动转矩大、启动电流小，并可在一定范围内平滑调速，但结构复杂、价格较高、使用和维护不便。因此，起重机、卷扬机、轧钢机、锻压机等不能采用笼型电动机的场合，可选用绕线式异步电动机。

各种生产机械的工作环境大不相同，因此，有必要生产各种不同结构形式的电动机，以保证在不同的环境中能安全可靠地运行。常见的电动机有开启式、防护式、封闭式和防爆式。开启式电动机用于干燥无灰尘、通风良好的场所；防护式电动机在机壳或在端盖下面有通风罩，可防止某些杂物掉入；封闭式电动机的外壳严密封闭，靠风扇和外壳散热片散热，可用于多灰尘、潮湿或含有酸气的场所；防爆式电动机的整个结构严密封闭，用于有爆炸性气体的场所。此外，还要根据不同的安装要求，选用不同的安装方式。

3. 电压和转速选择

电动机的电压等级、相数、频率都要与供电电压相一致。我国 Y 系列三相异步电动机的额定电压只有 380V 一种。对于 100kW 以上的大功率电动机，常采用 3000V 或 6000V 额定电压。

对电动机本身而言，额定功率相同的电动机额定转速越高，体积越小，造价越低。但是电动机是用来拖动生产机械的，而生产机械的转速一般是由生产工艺所决定的。如果生产机械的运行速度很低，电动机的转速很高，则必然要增加减速传动机械的体积和成本，机械效率也会因此而降低。因此，必须全面考虑电动机和传动机械的各方面因素，才能确定最合适的额定转速。通常采用较多的是同步转速为 1500r/min 的异步电动机。

4.3.3 三相异步电动机的结构

三相异步电动机按转子结构形式不同分为鼠笼式和绕线式两种。图 4-1 为一台鼠笼式异步电动机的外形及内部结构图。异步电动机由两个基本部分组成：固定不动的定子和可以旋转的转子。定子和转子之间有很小的气隙，一般为 0.2～1.5mm，气隙的大小对电动机性能影响很大。

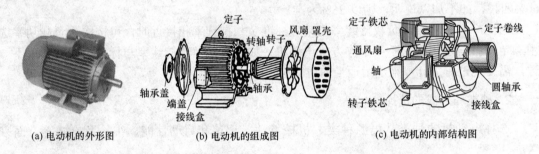

(a) 电动机的外形图　　　(b) 电动机的组成图　　　(c) 电动机的内部结构图

图 4-1　鼠笼式异步电动机的外形、组成和结构图

1. 定子

定子由机座(外壳)、定子铁芯和定子绕组组成。机座可以起到固定与支撑定子铁芯的作用，一般由铸铁制成，定子铁芯一般由 0.5mm 厚的硅钢片叠成，片与片之间涂有绝缘漆。铁芯内圆有均匀分布的槽，用来嵌放定子绕组。图 4-2 为电动机线圈及示意图。

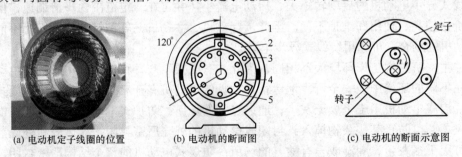

(a) 电动机定子线圈的位置　　　(b) 电动机的断面图　　　(c) 电动机的断面示意图

图 4-2　电动机的线圈及示意图

三相定子绕组是定子的电路部分，由三相完全相同的绕组组成，每个绕组为一相，三

个绕组相差 120°电角度。三相绕组的三个首端和三个末端都被引出并接于机座上的接线盒内，可根据需要接成星形或三角形。当电网线电压为 380V，电动机定子各相绕组额定电压是 220V 时，定子绕组必须接成星形。若电动机定子各相绕组额定电压是 380V 时，定子绕组必须接成三角形，如图 4-3 所示。

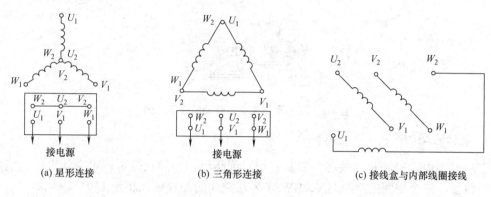

(a) 星形连接　　　　　　(b) 三角形连接　　　　　　(c) 接线盒与内部线圈接线

图 4-3　三相绕组的连接

2. 转子

转子由转子铁芯、转子绕组和转轴组成。转子铁芯的作用与定子铁芯的作用相同，一方面作为电动机磁路的一部分，另一方面用来安放转子绕组。转子铁芯也是用硅钢片叠成，转子硅钢片外表面冲成均匀分布的槽，槽内嵌放(或浇铸)转子绕组。

鼠笼式转子绕组是在转子铁芯槽内插入铜条，两端再用两个铜环焊接而成。若把铁芯拿出来，整个转子绕组外形很像一个鼠笼，故称鼠笼式转子。对于中小功率的电动机，常用铸铝工艺把鼠笼式绕组及冷却用的风扇叶片铸在一起。如图 4-4(a)所示。绕线式转子绕组和定子绕组一样，也是用绝缘导线绕成的三相对称绕组，被嵌放在转子的铁芯槽中，如图 4-4(b)所示。

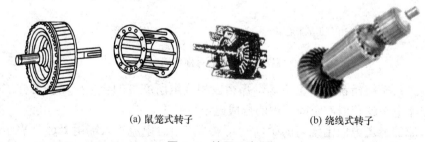

(a) 鼠笼式转子　　　　　　　　　　　(b) 绕线式转子

图 4-4　转子示意图

3. 其他部分

电动机的其他部分包括端盖、风扇、轴承等。端盖除起保护作用外，在端盖上还装有轴承，用来支撑转子轴。风扇则用于通风散热。

4.3.4　三相异步电动机的工作原理

三相异步电动机接上电源就会转动，这是为什么呢？图 4-5 为演示实验原理图。图中一蹄形磁铁磁极间放有一个可以自由转动的、由铜条组成的鼠笼型转子。磁极和转子之间没有机械联系。当磁极转动时，转子跟着磁极同方向一起转动。摇得快，转子转得也快；反摇，转子也反转。实验说明：第一，有一个旋转的磁场；第二，转子跟着磁场转动。即三相异步电动机旋转的关键是有旋转磁场。磁场从何而来，又怎么会旋转呢？

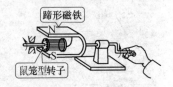

图 4-5　三相异步电动机转动原理示意图

1. 旋转磁场的产生

三相异步电动机的定子铁芯中放有三相对称绕组，为简化分析，设电动机每相绕组只有一匝线圈，三个相同的绕组 AX、BY、CZ 在空间的位置彼此相差 120°。

将三相绕组连接成星形，如图 4-6(a)所示，并接通三相对称电源，那么在定子绕组中便有对称的三相交流电流，即

$$i_A = I_m \sin \omega t$$
$$i_B = I_m \sin(\omega t - 120°)$$
$$i_C = I_m \sin(\omega t + 120°)$$

波形如图 4-6(b)所示。

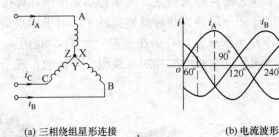

(a) 三相绕组星形连接　　　　　　　　　(b) 电流波形

图 4-6　三相对称电流

电流通过每个绕组都要产生磁场，那么三相绕组所产生的合成磁场是怎样的呢？下面分析三相交流电在铁芯内部空间产生的合成磁场。

假定电流的参考方向由绕组的始端流入末端流出。电流流入端用"⊗"表示，流出端用"⊙"表示。在电流的正半周时，电流为正值，电流的实际方向与参考方向一致；负半周时，电流的实际方向与参考方向相反。

由三相电流的波形可见，当 $\omega t = 0$ 时，电流瞬时值 $i_A=0$，$i_B<0$，$i_C>0$。即 AX 相无电流。BY 相电流是从绕组的末端 Y 流向始端 B，CX 相电流是从绕组的始端 C 流向末端 Z，这一时刻三个绕组电流所产生的合成磁场方向是自下而上的两极磁场，如图 4-7(a)所示。

当 $\omega t = 60°$ 时，$i_A>0$，$i_B<0$，$i_C=0$。即 i_A 由 A 端流向 X 端，i_B 由 B 端流向 Y 端，CZ 相电流为零。三个绕组电流所产生的合成磁场也是一个两极磁场，但 N、S 极的轴线在空间顺时针方向转了 60°，如图 4-7(b)所示。

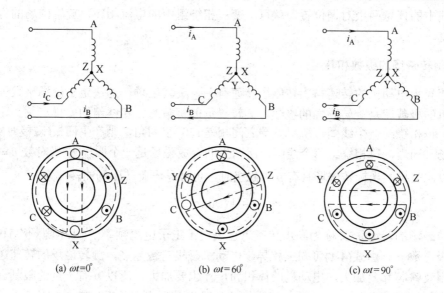

(a) $\omega t=0°$　　　　　(b) $\omega t=60°$　　　　　(c) $\omega t=90°$

图 4-7　三相电流产生的旋转磁场($p=1$)

同理可得 $\omega t=90°$ 时的三相电流合成磁场，比 $\omega t=60°$ 时的合成磁场在空间又转过来 $30°$，如图 4-7(c)所示。

由此可见，当定子绕组中通入三相电流后，它们共同产生的合成磁场是随电流的交变而在空间不断地旋转着，这就是旋转磁场。这与图 4-5 中磁铁在空间旋转所起的作用是一样的。

2. 旋转磁场的转向

由图 4-6 和图 4-7 中各瞬间磁场变化可以看出，当通入三相绕组中电流的相序为 $i_A \rightarrow i_B \rightarrow i_C$ 时，旋转磁场在空间是沿绕组始端 $A \rightarrow B \rightarrow C$ 方向旋转的，即旋转磁场按顺时针方向旋转，如图 4-8(a)所示。如果把通入三相绕组中的电流相序任意调换其中两相，如将 i_C 通入 BY 相绕组，将 i_B 通入 CZ 相绕组，此时通入三相绕组电流的相序为 $i_A \rightarrow i_C \rightarrow i_B$，分析可得出旋转磁场将按逆时针方向旋转，如图 4-8(b)所示。

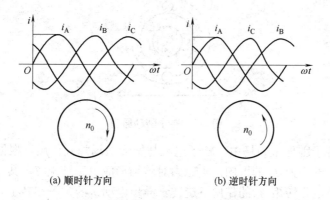

(a) 顺时针方向　　　　　　(b) 逆时针方向

图 4-8　旋转磁场的反转示意

由此可见，旋转磁场的转向是由三相电流的相序决定的，即只要将同三相电源连接的三根导线中的任意两根对调位置，就可改变三相绕组中的电流相序，旋转磁场的方向也就随之改变。

3. 旋转磁场的极数和转速

三相异步电动机的转速与旋转磁场转速有关，旋转磁场转速决定于磁场极数。三相异步电动机的极数就是旋转磁场的极数。旋转磁场的极数与三相绕组的安排有关。由上述分析可知，每相绕组一个线圈，绕组始端之间相差120°空间角，则产生两极(磁极对数 $p=1$)旋转磁场。同理，每相绕组两个线圈，所产生的合成磁场是一个四极(磁极对数 $p=2$)旋转磁场。以此类推，当旋转磁场具有 p 对磁极时，可推导出旋转磁场的转速为

$$n_0 = \frac{60 f_1}{p} (\text{r/min}) \tag{4-1}$$

旋转磁场的转速 n_0 又称为同步转速。它决定于定子电流频率 f_1(即电源频率)和旋转磁场的磁极对数 p。由式(4-1)可知三相异步电动机磁极对数越多，旋转磁场的转速越慢，但所用线圈及铁芯都要加大，电动机的体积和尺寸也要加大，所以 p 有一定的限制。国产的异步电动机的电源频率 $f_1=50\text{Hz}$，同步转速与磁极对数 p 的关系如表 4-3 所示。

表 4-3 $f=50\text{Hz}$ 时的同步转速与磁极对数的关系

p	1	2	3	4	5	6
$n_0/(\text{r}\cdot\text{min}^{-1})$	3000	1500	1000	750	600	500

4. 三相异步电动机的工作原理

由以上分析可知，如果在定子绕组中通入三相对称电流，产生同步转速为 n_0 顺时针方向转动的旋转磁场，如图 4-9 所示。这时静止的转子导体与旋转磁场之间存在着相对运动(相当于磁场静止而转子导体逆时针方向切割磁力线)，切割磁力线而产生感应电动势，其方向可根据右手定则确定。由于转子绕组是闭合的(鼠笼式转子通过短路环连接成回路，绕线式转子通过外接电阻连接成回路)，于是在感应电动势的作用下，绕组内有感应电流流过。

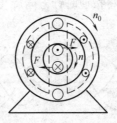

图 4-9 转子转动原理

通有电流的转子因处于磁场中，转子电流与旋转磁场相互作用，根据左手定则，便可确定转子导体所受电磁力 F 的方向。电磁力对转轴形成电磁转矩 T，其方向与旋转磁场的方向一致，转子在电磁转矩 T 的作用下旋转。异步电动机的定子和转子之间能量的传递是靠电磁感应作用的，故异步电动机又称感应电动机。

总之，三相异步电动机是利用分布在定子圆周上的三相绕组中通入三相交流电而产生

的旋转磁场与转子绕组中的感应电流相互作用而转动的。

5. 转子的转速和转差率

转子的转速 n 是否会与旋转磁场的转速 n_0 相同呢？答案是不可能的。因为一旦转子的转速和旋转磁场的转速相同，二者便无相对运动，转子也就不可能产生感应电动势和电流，也就没有电磁转矩了。只有当两者转速有差异时，才能产生电磁转矩，驱动转子转动。可见，转子转速 n 总是小于旋转磁场的同步转速 n_0。正是由于这个关系，这种电动机被称为异步电动机。

同步转速与转子转速之差 $\Delta n = n_0 - n$ 称为转速差，转速差与同步转速的比值称为转差率，用 s 表示，即

$$s = \frac{\Delta n}{n_0} = \frac{n_0 - n}{n_0} \tag{4-2}$$

转差率是分析异步电动机运行情况的一个重要参数。例如，启动时，$n = 0$，$s = 1$，转差率最大；稳定运行时 n 接近 n_0，s 很小；额定运行时 s 为 0.02～0.06；空载时 s 小于 0.005；若转子的转速等于同步转速，即 $n = n_0$，$s = 0$，这种情况称为理想空载状态。由于存在摩擦力等原因，在电动机实际运行中理想空载状态是不存在的。

【例 4-3】有一台三相异步电动机，其额定转速 $n = 975\text{r/min}$。试求电动机的极数和额定负载时的转差率。电源频率 $f_1 = 50\text{Hz}$。

解：

由于电动机的额定转速接近而略小于同步转速，而同步转速对应于不同的极对数有一系列固定的数值(见表 4-1)。显然，与 975r/min 最相近的同步转速 $n_0 = 1000\text{r/min}$，与此相应的磁极对数 $p = 3$。因此，额定负载时的转差率为

$$s = \frac{n_0 - n}{n_0} \times 100\% = \frac{1000 - 975}{1000} \times 100\% = 2.5\%$$

4.3.5　三相异步电动机的电磁转矩和机械特性

1. 转矩公式

由三相异步电动机转动原理可知，异步电动机的电磁转矩 T 是由转子电流 I_2 与旋转磁场相互作用而产生的。经数学分析可推导出电磁转矩 T 为

$$T = CU_1^2 \frac{sR_2}{R_2^2 + (sX_{20})^2} \tag{4-3}$$

式中：C 为一常数；R_2、X_{20} 为转子每相绕组的电阻和电抗，通常也是常数。

式(4-3)表明，转矩 T 与定子每相电压 U_1 的平方成正比。即电源电压变动对转矩的影响很大。

当电源电压一定时，电磁转矩 T 是转差率 s 的函数，函数关系曲线如图 4-10(a)所示，通常称其为异步电动机的转矩特性曲线。

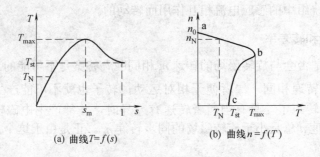

图 4-10　三相异步电动机的转矩特性曲线

2. 三个重要转矩

1) 额定转矩 T_N

在等速转动时，电动机的电磁转矩 T 必须与阻转矩 T_C 相平衡，阻转矩主要是机械负载转矩 T_2，还包括空载损耗转矩(轴承摩擦和风阻转矩)T_0。由于 T_0 很小，常略去不计，所以有

$$T = T_C = T_2 + T_0 \approx T_2$$

由此可得

$$T_N \approx T_2 = \frac{P_N}{\dfrac{2\pi n_N}{60}} = 9550\frac{P_N}{n_N} \tag{4-4}$$

式中：T_N 的单位是牛·米(N·m)；P_N 是额定功率(电动机轴上输出的机械功率)，单位是千瓦(kW)；n_N 是额定转速，单位是转每分(r/min)，常数 9550 的单位是 N·m·r/(min·kW)。

例如某普通车床的主轴电动机(Y132M-4 型)的额定功率为 7.5kW，额定转速为 1440r/min，则额定转矩为

$$T_N = 9550\frac{P_N}{n_N} = 9550 \times \frac{7.5}{1440}\text{N·m} = 49.7\text{N·m}$$

机械特性曲线分为稳定区 ab 段和不稳定区 bc 段。通常三相异步电动机工作在稳定区 ab 段的中部，如图 4-10(b)所示。当负载减小，$T > T_C$ 时，转子加速运转，工作点将沿特性曲线上移，电磁转矩自动减小，直到电磁转矩与负载阻转矩达到新的平衡，n 不再升高，电动机便稳定运行在转速比原先略高的工作点。反之，当负载增大，$T < T_C$ 时，转子将减速运转，工作点将沿特性曲线下移，电磁转矩自动增加，直到电磁转矩与负载阻转矩达到新的平衡，n 不再下降，电动机便稳定运行在转速比原先略低的工作点。

由此可见，电动机在稳定运行时，其电磁转矩和转速的大小都决定于它所拖动的机械负载。负载转矩变化时，异步电动机的转速变化不大，这种机械特性称为硬特性。三相异步电动机的这种硬特性很适用于一般金属切削机床。

2) 最大转矩 T_{max}

电动机转矩的最大值称为最大转矩 T_{max}(或称为临界转矩，对应于图 4-10(b)所示的特性曲线上 b 点)。最大转矩对应的转差率 s_m 称为临界转差率，如图 4-10(a)所示。由数学分析可得 $s_m = R_2/X_{20}$，改变转子电路的电阻 R_2，便可改变 s_m。

当负载转矩超过最大转矩时，电动机将因带不动负载而发生停车，俗称"闷车"。

此时，电动机的电流立即增大到额定值的 6～7 倍，将引起电动机严重过热，甚至烧毁。因此，电动机在运行中一旦出现堵转电流时应立即切断电源，并卸掉过重的负载。如果负载转矩只是短时间接近最大转矩而使电动机过载，这是允许的，因为时间很短，电动机不会立即过热。

最大转矩也表示电动机短时允许过载的能力，与额定转矩之比称为过载系数，用 λ 表示，$\lambda = T_{max}/T_N$。一般 $\lambda = 1.8 \sim 2.5$。在选用电动机时，必须考虑可能出现的最大负载转矩，而后根据所选电动机的过载系数算出电动机的最大转矩，它必须大于最大负载转矩。否则，就要重选电动机。

3）　启动转矩 T_{st}

电动机接入电源瞬间，$n = 0$，$s = 1$，此时的转矩称为启动转矩 T_{st}，如图 4-10(b) 中的 c 点。

启动转矩与额定转矩的比值 $\lambda_{st} = T_{st}/T_N$ 称为异步电动机的启动能力。一般 $\lambda_{st} = 0.9 \sim 1.8$。鼠笼式异步电动机取值较小，绕线式异步电动机由于转子可通过滑环外接电阻器，因此启动能力显著提高。

【例 4-4】有一台三相异步电动机，其额定数据如下：$P_N = 40\text{kW}$，$n_N = 1470\text{r/min}$，$U_N = 380\text{V}$，$\eta = 0.9$，$\lambda = 2$，$\lambda_{st} = 1.2$。试求：①额定电流；②额定转差率；③额定转矩、最大转矩和启动转矩。

解：

①　4kW 以上的电动机通常是三角形连接，所以

$$I_N = \frac{P_N}{\sqrt{3}U_N\eta\cos\phi} = \frac{40\times10^3}{\sqrt{3}\times380\times0.9\times0.9}\text{A} = 75\text{A}$$

②　由 $n_N = 1470\text{r/min}$ 可知，电动机是四极的，$P = 2$，$n_0 = 1500\text{r/min}$，所以

$$s_N = \frac{n_0 - n}{n_0} = \frac{1500 - 1470}{1500} = 0.02$$

③　$T_N = 9550\dfrac{P_N}{n_N} = 9550\times\dfrac{40}{1470}\text{N}\cdot\text{m} = 259.9\text{N}\cdot\text{m}$

$T_{max} = \lambda T_N = 2\times259.9\text{N}\cdot\text{m} = 519.8\text{N}\cdot\text{m}$

$T_{st} = \lambda_{st}T_N = 1.2\times259.9\text{N}\cdot\text{m} = 311.9\text{N}\cdot\text{m}$

3. 机械特性

在实际应用中，更需要了解的是电源电压一定时，转速 n 与电磁转矩 T 的关系，即曲线 $n = f(T)$，称为电动机的机械特性曲线，如图 4.10(b) 所示。将图 4.10(a) 顺时针旋转 90° 便得。

1）　自适应负载能力

电动机电磁转矩可随负载的变化而自动调整的能力称为电动机的自适应负载能力。

$$T_L \uparrow \Rightarrow n \downarrow \Rightarrow s \uparrow \Rightarrow I_2 \uparrow \Rightarrow T \uparrow$$

直至新的平衡。此过程中，I_2 增加时，I_1 增加，电源提供的功率自动增加。自适应负载能力是电动机区别于其他动力机械的重要特点。

2) 机械特性的软硬

如图 4-11(a)所示。硬特性的特点是负载变化时，转速变化不大，运行特性好；软特性的特点是负载增加，转速下降较快，但启动转矩大，启动特性好。

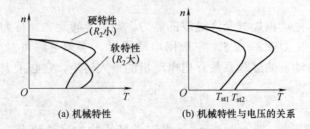

图 4-11　机械特性及其与电压的关系

3) 机械特性与电压的关系

如图 4-11(b)所示。随着电压的升高，机械特性曲线向右移动，机械特性变硬且启动转矩增加，由 T_{st1} 提高到 T_{st2}。

【例 4-5】已知 Y160L-4 型异步电动机铭牌数据如下：$P_{\text{N}} = 15\text{kW}$，△ 连接，$n_{\text{N}} = 1460\text{r/min}$，$\eta_{\text{N}} = 85\%$，$\cos\phi_{\text{N}} = 0.85$，$T_{\text{max}}/T_{\text{N}} = 2$，$T_{\text{st}}/T_{\text{N}} = 1.4$，$I_{\text{st}}/I_{\text{N}} = 7.0$，$f_{\text{1N}} = 50\text{Hz}$。试求：①极对数 p；②额定转差率；③额定转矩 T_{N}；④最大转矩 T_{max}；⑤直接启动转矩 T_{st}；⑥额定电流 I_{N}；⑦直接启动电流 I_{st}。

解：

① "型号"中最后一个数字表示磁极数，故 $p = 2$，而由式(4-1)可知，$n_0 = 1500$ r/min。

② $s_{\text{N}} = \dfrac{n_0 - n_{\text{N}}}{n_0} = \dfrac{1500 - 1460}{1500} \approx 0.0267 = 2.67\%$。

③ $T_{\text{N}} = 9550\dfrac{P_{\text{N}}}{n_{\text{N}}} = 9550 \times \dfrac{15}{1460}\text{N} \cdot \text{m} = 98.1\text{N} \cdot \text{m}$。

④ $T_{\text{max}} = 2T_{\text{N}} = 2 \times 98.1\text{N} \cdot \text{m} = 196.2\text{N} \cdot \text{m}$。

⑤ $T_{\text{st}} = 1.4T_{\text{N}} = 1.4 \times 98.1\text{N} \cdot \text{m} = 137.3\text{N} \cdot \text{m}$。

⑥ 因为 $P_{\text{1N}} = \dfrac{P_{\text{N}}}{\eta_{\text{N}}} = \sqrt{3}U_{\text{N}}I_{\text{N}}\cos\phi_{\text{N}}$，所以

$$I_{\text{N}} = \dfrac{P_{\text{N}}}{\sqrt{3}U_{\text{N}}\eta_{\text{N}}\cos\phi_{\text{N}}} = \dfrac{15 \times 10^3}{1.73 \times 380 \times 0.85 \times 0.85}\text{A} \approx 31.58\text{A}$$

⑦ $I_{\text{st}} = 7.0I_{\text{N}} = 7.0 \times 31.58\text{A} = 221\text{A}$。

4.3.6　三相异步电动机的运行

1. 三相异步电动机的启动

电动机的转子由静止不动达到稳定转速的过程称为启动。

在启动瞬间，由于转子尚未加速，此时 $n_2 = 0$，$s = 1$，旋转磁场以最大的相对速度切割转子导体，转子感应电动势和电流最大，致使定子启动电流 I_{st} 也很大。其值为额定电流

I_N 的 4～7 倍。以 Y132M-4 型电动机为例，其额定电流为 15.4A，启动瞬间电流可达 61.6～107.8A。因为启动时功率因数很低，尽管启动电流很大，启动转矩 T_{st} 依然较小。

过大的启动电流会引起电网电压的明显降低，而且还影响接在同一电网上的其他用电设备的正常运行，严重时连电动机本身也转不起来。如果是频繁启动，不仅使电动机温度升高，还会产生过大的电磁冲击，影响电动机的寿命。启动转矩小会使电动机启动时间拖长，既影响生产效率又会使电动机温度升高；如果小于负载转矩，电动机根本不能启动。

需要指出的是：电动机不是频繁启动时，启动电流对电动机本身影响不大。在机械加工设备中常采用离合器将主轴与电动机轴脱开，而不需将电动机停止、再启动，从而减少电动机的频繁启动。

综上所述，启动转矩过小，就不能满载启动；过大会因冲击而损坏传动机构。必须根据异步电动机的不同情况，采取不同的启动方式，限制启动电流，并应尽可能地提高启动转矩，以保证电动机顺利地启动。鼠笼式电动机的启动有直接启动和降压启动两种方式。

1) 直接启动

所谓直接启动，就是启动时直接给电动机加额定电压，又称全压启动。直接启动的优点是启动设备与操作都比较简单，缺点是启动电流大、启动转矩小。对于小容量鼠笼式异步电动机，因电动机启动电流较小，且体积小、惯性小，所以启动快，一般来说，对电网和电动机本身都不会造成影响。因此，可以直接启动，但必须根据电源的容量来限制直接启动电动机容量。

一台电动机能否直接启动，一般应遵循的原则为：用电单位如有独立的变压器，则在电动机启动频繁时，电动机容量小于变压器容量的 20%时允许直接启动；如果电动机不经常启动，它的容量小于变压器容量的 30%时允许直接启动。如果没有独立的变压器，电动机直接启动时所产生的电压降不应超过其额定电压的 5%。

在工程实践中，能否直接启动可按下列经验公式核定

$$\frac{I_{st}}{I_N} \leqslant \frac{3}{4} + \frac{S_N}{4P_N} \tag{4-5}$$

式中：I_{st} 为电动机的启动电流；I_N 为电动机的额定电流；P_N 为电动机的额定功率(kW)；S_N 为电源总容量(kV·A)。

如果不能满足式(4-5)的要求，则必须采取限制启动电流的方式进行启动。

2) 降压启动

在不允许直接启动的场合，对容量较大的鼠笼式异步电动机，可采用降压启动方法以降低启动电流。所谓降压启动，是借助启动设备将电源电压适当降低后加在定子绕组上进行启动，待电动机转速升高到接近稳定转速时，再使电压恢复到额定值，转入正常运行。但是降压启动时，会使启动转矩下降较多，因为 T_{st} 与电源电压的平方成正比。所以，降压启动只适用于在空载或轻载情况下启动的电动机，启动完毕后再加上机械负载。

下面介绍常用的 Y-△(即星形-三角形)降压启动。

对于正常运行时定子绕组规定是△形连接的三相异步电动机，启动时才可以采用 Y 形连接，使电动机每相所承受的电压降低，从而降低了启动电流，待电动机转速上升启动毕后，再连接成△形，这种启动方式为 Y-△降压启动，其接线原理线路如图 4-12 所示。

如图 4-12(a)所示，启动时，先将控制开关 Q_2 投向 Y 形位置，将定子绕组连接成 Y

形，然后合上电源开关 Q_1。当转速上升到接近额定值时，再将 Q_2 切换到△形运行的位置，电动机便连接成△形，在全压下正常工作。

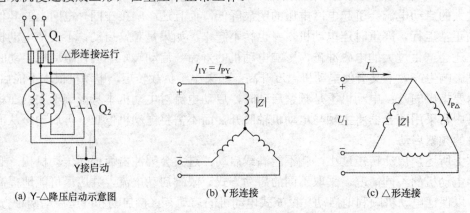

(a) Y-△降压启动示意图　　　(b) Y 形连接　　　(c) △形连接

图 4-12　Y-△启动原理线路及连接电流比较

图 4-12(b)、(c)是定子绕组的两种接法，Z 为每相绕组的等效阻抗。当定子绕组为 Y 形连接，即降压启动时，定子每相绕组上的电压降到正常工作电压的 $\dfrac{1}{\sqrt{3}}$。线电流为

$$I_{1Y} = I_{PY} = \frac{U_1/\sqrt{3}}{|Z|}$$

当定子绕组为△形连接，即直接启动时，线电流为

$$I_{1\triangle} = \sqrt{3}I_{P\triangle} = \sqrt{3}\frac{U_1}{|Z|}$$

比较以上两式可得

$$\frac{I_{1Y}}{I_{1\triangle}} = \frac{1}{3}$$

即 Y 形连接降压启动时，电网供给的电流下降为△形连接直接启动时的 1/3。同理，由于转矩和电压的平方成正比，故启动转矩也下降为△形连接直接启动时的 1/3。

此启动方法结构简单、成本低、寿命长、动作可靠，从而得到了广泛应用。

对于容量较大、正常运行时连接成 Y 形的鼠笼式电动机不能用降压启动，可用自耦变压器降压启动。绕线式异步电动机的启动通常用转子电路串接电阻或串接频敏变阻器的方法实现启动。这两种情况的启动方法可参考有关资料，这里不再详述。

【例 4-6】已知 Y280S-4 型鼠笼式异步电动机额定数据为：$P_N = 75\text{kW}$，$n_N = 1480\text{r/min}$，启动能力 $T_{st}/T_N = 1.9$，负载转矩为 200N·m，电动机由额定容量为 320kV·A，输出电压为 380V 的三相电力变压器供电，试问：

① 电动机能否直接启动？

② 电动机能否用 Y-△降压启动？

解：

① 由式(4-5)得

$$\frac{3}{4} + \frac{S_N}{4P_N} = 0.75 + \frac{320}{4 \times 75} = 1.82 < 4$$

因为 $I_{st} = (4 \sim 7)I_N$，所以不能直接启动。

② 电动机的额定转矩 T_N 和启动转矩 T_{st} 分别为

$$T_N = 9550\frac{P_N}{n_N} = 9550\frac{75}{1480}\text{N} \cdot \text{m} \approx 484\text{N} \cdot \text{m}$$

$$T_{st} = 1.9 \times 484\text{N} \cdot \text{m} = 920\text{N} \cdot \text{m}$$

如果用 Y-△ 换接启动，则启动转矩为

$T_{st} = \frac{1}{3}T_{\triangle st} = \frac{1}{3} \times 920\text{N} \cdot \text{m} = 307\text{N} \cdot \text{m} > 200\text{N} \cdot \text{m}$，故可以采用此种启动方式。

2. 三相异步电动机的调速

工业生产中，常要求生产机械在同一负载下能得到不同的转速，以获得最高的生产效率和保证产品加工质量。如果采用电气调速，就可大大简化机械变速机构。

由式(4-1)和式(4-2)得

$$n = n_0(1-s) = \frac{60f_1}{p}(1-s) \tag{4-6}$$

可知，要调节异步电动机的转速，可采用改变电源频率 f_1、极对数 p 以及转差率 s 三种方法来实现。

1) 变频调速

近年来，变频调速技术发展很快，通过变频装置可将 380V、50Hz 的三相交流电变换为所需的频率 f_2 和电压有效值 U_2 可调的三相交流电，从而实现了异步电动机的无极调速。

2) 变极调速

通过改变异步电动机绕组极数，从而改变同步转速进行调速称为变极调速，主要用于鼠笼式电动机。改变电动机旋转磁场的极对数，可以通过改变定子绕组接线方法来实现。由于磁极对数 p 只能成倍地变化，所以这种调速方法不能实现无极调速。

两个 U 相绕组串联时，绕组的极对数是并联时的一倍，而电动机的转速是并联时的一半。即串联时为低速，并联时为高速。

变极调速虽然不能实现平滑无级调速，但它控制简单，只需用转换开关或接触器控制，投资少、维护方便、可分段启动、减速可回馈电能，节能效果好。变极调速在金属切削机床上广泛应用。洗衣机也用到变极调速的方法，以获得洗衣和脱水两种工作转速。

3) 改变转差率调速

在绕线式异步电动机电路中接入调速电阻器(和串接启动电阻方法类似)可以通过改变转子电路的电阻值来改变转差率 s，实现无级调速。

这种调速方法电能损耗较大，调速范围有限。主要应用于小型电动机调速中(如起重机的提升设备)。

3. 三相异步电动机的反转

根据三相异步电动机原理可知，三相异步电动机转子的转向与定子旋转磁场的转向相同，改变通入三相定子绕组的电流的相序，就可以改变旋转磁场的转向，从而改变了电动机转子的转向。根据生产需要，采用电气控制线路，可以方便地改变通入三相定子绕组的电流的相序，从而实现三相异步电动机的反转。

4. 三相异步电动机的制动

三相异步电动机切除电源后，由于惯性的作用，总是要经过一段时间才能停转，这往往不能适应某些生产机械的要求。为了提高生产效率和安全性，使电动机能够迅速停车，要求对电动机进行制动，即断电后在惯性旋转的转子加上反方向的制动转矩。常用的制动方法有以下两种。

1) 能耗制动

如图 4-13 所示，当电动机定子被切断三相电源后，立即通入直流电，在定子和转子间形成恒定磁场。根据右手定则和左手定则不难确定，此时惯性运转的转子导体切割磁力线，在转子导体上产生感应电流，该电流又与磁场发生电磁作用产生电磁转矩，可见这时的电磁转矩与惯性运转方向相反，所以是制动转矩。在此制动转矩作用下，电动机将迅速停转。这种制动方法把转子及拖动系统的动能转换为电能并以热能的形式迅速消耗在转子电路中，因而称为能耗制动。

能耗制动转矩的大小与通入定子绕组的直流电的大小有关，可通过调节电阻 R 的值来控制。电动机停转后，由控制电路自动切断直流电源。

能耗制动的优点是制动平衡、消耗电能少，但需要有直流电源。这种制动方法广泛应用于一些金属切削机床中。

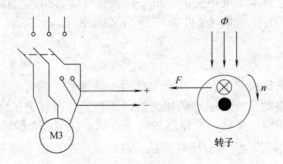

图 4-13　能耗制动原理图

2) 反接制动

改变电动机三相电流的相序，使电动机的旋转磁场反向的制动方法称为反接制动，如图 4-14 所示。制动时，将电动机与电源连接的三根导线通过控制电路实现两根对调，于是旋转磁场反向旋转，根据右手定则和左手定则可以确定，惯性运转的转子与反向旋转的磁场间的作用，产生了与转子惯性运转方向相反的制动转矩，使电动机转速迅速降低，当转速接近零时，再通过控制电路自动切断反接电源，恢复电动机与电源原来的连接状态，以免电动机继续反向运转。

反接制动时，由于旋转磁场与转子的相对速度很大，转差率 $s>1$，因此电流很大。为了限制电流及调整制动转矩的大小，常在定子电路(鼠笼式)或转子电路(绕线转子)中串入适当的限流电阻。

反接制动比较简单，制动力矩较大、停机迅速，但能量损耗大，常用于启动不频繁、功率小于 10kW 的中小型机床及辅助性的电力拖动中。

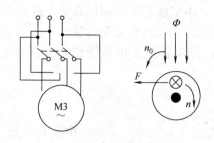

图 4-14　反接制动原理图

4.4　直流电动机与控制电机

　　直流电动机是将直流电能转换为机械能的电气设备。生产生活中时常需要用到直流电，如蓄电池充电、同步电机励磁、电镀和电解、直流电焊机等。

　　直流电动机与三相异步电动机相比，结构复杂、价格昂贵、使用和维护要求高。但在启动和调速性能方面却有其独特的优越性。所以在需要较大启动转矩和要求调速性能高的生产机械上仍然获得广泛应用，如电车、电气机车、龙门刨床、轧钢机等。

　　随着社会经济的发展和科技的进步，先进的控制技术也得到广泛应用，控制技术的实现、控制指令的执行都由控制电机来完成。

　　思考： 直流电动机与交流电动机有何不同？直流电动机是如何转动起来的，其运行有何特点？什么是控制电机呢？常见的控制电机有哪些？

4.4.1　直流电动机的结构及分类

1. 直流电动机的结构

　　直流电动机由磁极、电枢和换向器等主要部件构成，如图 4-15 所示。磁极由磁极铁芯和励磁绕组组成，安装在机座上。机座是电动机的支撑体，也是磁路的一部分。磁极分为主磁极和换向极。主磁极励磁线圈用直流电励磁，产生 N、S 极相间排列的磁场，换向极置于主磁极之间，用来减小换向时产生的火花。小功率的直流电动机可以不装换向极。

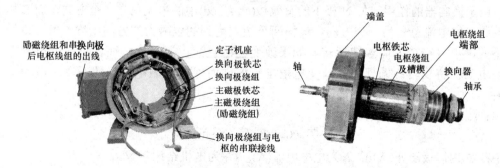

图 4-15　直流电动机的结构图

　　电枢由电枢铁芯与电枢绕组组成。电枢装在转轴上。转轴旋转时，电枢绕组切割磁场，在其中产生感应电动势。电枢铁芯用硅钢片叠成，外表面开有均匀的槽，槽内嵌放电枢绕组，电枢绕组与换向器相连。换向器又称为整流子，它是直流电动机的关键部件。换向器的作用是将外电路的直流电转换成电枢绕组的交流电，以保证电磁转矩作用方向不变。

2. 直流电动机的分类

直流电动机按励磁方式可分为他励、并励、串励和复励四种，其接线原理图分别如图 4-16 所示。

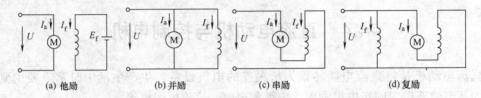

(a) 他励   (b) 并励   (c) 串励   (d) 复励

图 4-16　直流电动机励磁绕组的连接方式

4.4.2　直流电动机的工作原理和机械特性

1. 直流电动机的工作原理

直流电动机的工作原理如图 4-17 所示，我们把复杂的直流电动机结构简化为只具有一对磁极，电枢绕组只有一个线圈，线圈两端分别连在两个换向片上，换向片上压着电刷 A 和 B。

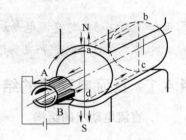

励磁绕组通入直流电励磁时，主磁极在空间产生一静止的磁场。当电枢绕组接通直流电源后，绕组的 ab 边在 N 极作用下，绕组的 cd 边在 S 极作用下，电枢电流 I_a 经电刷 B 和换向片流入电枢绕组 d 端，从绕组 a 端经换向片和电刷 A 流出。根据电磁力定律可知，载流线圈在磁场的作用下受到电磁力的作用，力的方向遵从左手定

图 4-17　直流电动机的工作原理

则，形成顺时针方向的电磁转矩 T，驱使电枢旋转。

由于换向器的作用，使 N 极下的有效边(ab 或 cd)中的电流总是一个方向，而 S 极下的有效边中的电流总是另一个方向。这样两个边上受到的电磁力的方向始终一致，电枢转向也不变，沿着一个方向连续运转。如果改变励磁直流电源极性，而保持电枢电流方向不变，电动机将反转；同理，只改变电枢电流方向而保持励磁电源极性不变，电动机也将反转。

直流电动机的电磁转矩为

$$T = C_T \cdot \Phi \cdot I_a \ (\text{N} \cdot \text{m}) \tag{4-7}$$

式中：Φ 为每极磁通(Wb)；I_a 为电枢电流(A)；C_T 为电机结构常数。

电动机在旋转时，电枢绕组切割磁场，电枢绕组中也要产生感应电动势，称为反电动势。其方向与电枢电压 U_a 相反，制约电枢电流。根据法拉第电磁感应定律，反电动势的

大小为

$$E = C_E \cdot \Phi \cdot n \text{ (V)} \tag{4-8}$$

式中：Φ 为每极磁通(Wb)；n 为电机转速(r/min)；C_E 为电机结构常数。

设电枢电路电阻为 R_a(包括电枢绕组电阻、电刷与换向器接触电阻等)，电枢的端电压为 U_a，则电枢电路的等效电路模型如图 4-18 所示。

图 4-18　电枢电路的等效电路图

电枢电路的电压方程为

$$U_a = E + I_a R_a \tag{4-9}$$

2. 直流电动机的机械特性

电动机带负载 T 稳定运行时，由式(4-7)～式(4-9)可得直流电动机的机械特性表达式为

$$n = \frac{E}{C_E \Phi} = \frac{1}{C_E \Phi}(U_a - I_a R_a) = \frac{U_a}{C_E \Phi} - \frac{R_a}{C_E C_T \Phi^2}T = n_0 - \Delta n$$

式中：$n_0 = \dfrac{U_a}{C_E \Phi}$，表示电动机的理想空载转速；$\Delta n = \dfrac{R_a}{C_E C_T \Phi^2}T$，表示因负载而降低的转速。

Δn 又称转速降，它表示当负载增加时，电动机的转速会下降，这是由 R_a 引起的。由公式 $n = \dfrac{1}{C_E \Phi}(U_a - I_a R_a)$ 可知，当负载增加时，I_a 随着增大，于是使 $R_a I_a$ 增加。由于电源电压 U_a 是一定的，使反电动势减小，故转速 n 降低了。

并励电动机的机械特性曲线如图 4-19(a)所示。由于 R_a 很小，在负载变化时，转速的变化不大。因此，并励电动机具有硬的机械特性，这也是它的特点之一。

直流电动机的机械特性因励磁方式而异。他励和并励电动机的励磁电流 I_f 与负载无关，当励磁电压恒定时可保持为常数，磁通 Φ 也可视为常数(忽略电枢电流的影响)，所以他励和并励电动机空载转速为定值，电动机的转速随负载增大而降低。因为电枢电阻 R_a 很小，电动机的转速从空载到满载变化不大，故其机械特性为硬特性。

串励电动机的转速随负载增大显著下降，其机械特性属软特性，如图 4-19(b)所示。

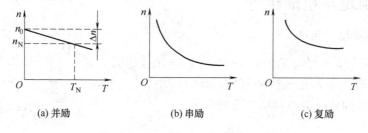

(a) 并励　　　　　　　　(b) 串励　　　　　　　　(c) 复励

图 4-19　直流电动机的机械特性

复励电动机的励磁由串励和并励两部分组成,并励为主,串励为辅。并励与串励的励磁方向一致时为积复励;相反时称为差复励。复励电动机的机械特性介于并励和串励之间,如图 4-19(c)所示。

【例 4-7】 有一并励电动机,其额定数据如下:$P_2 = 22\text{kW}$,$U = 110\text{V}$,$n = 1000\text{r/min}$,$\eta = 0.84$;并已知 $R_a = 0.04\,\Omega$,$R_f = 27.5\,\Omega$。试求:①额定电流 I,额定电枢电流 I_a 及额定励磁电流 I_f;②损耗功率 ΔP_{aCu}、ΔP_{fCu} 及 P_0;③额定转矩 T;④反电动势 E。

解:

① P_2 是输出(机械)功率,所以额定输入功率为

$$P_1 = \frac{P_2}{\eta} = \frac{22\text{kW}}{0.84} = 26.19\text{kW}$$

额定电流为

$$I = \frac{P_1}{U} = \frac{26.19 \times 10^3}{110}\text{A} = 238\text{A}$$

额定励磁电流为

$$I_f = \frac{U}{R_f} = \frac{110}{27.5}\text{A} = 4\text{A}$$

额定电枢电流为

$$I_a = I - I_f = 238\text{A} - 4\text{A} = 234\text{A}$$

② 电枢电路铜损为

$$\Delta P_{aCu} = R_a I_a^2 = 0.04 \times 234^2\text{W} = 2190\text{W}$$

励磁电路铜损为

$$\Delta P_{fCu} = R_f I_f^2 = 27.5 \times 4^2\text{W} = 440\text{W}$$

总损失功率为

$$\sum \Delta P = P_1 - P_2 = 26190\text{W} - 22000\text{W} = 4190\text{W}$$

空载损耗功率为

$$\Delta P_0 = \sum \Delta P - \Delta P_{aCu} = 4190\text{W} - 2190\text{W} = 2000\text{W}$$

③ 额定转矩为

$$T = 9550\frac{P_2}{n} = 9550 \times \frac{22}{1000}\text{N} \cdot \text{m} = 210\text{N} \cdot \text{m}$$

④ 反电动势为

$$E = U - R_a I_a = 110\text{V} - 0.04 \times 234\text{V} = 100.6\text{V}$$

4.4.3 直流电动机的运行

1. 直流电动机的启动

图 4-20 所示为并励电动机启动电路。在电源接通瞬间,电动机转速为零,由式(4-8)可知,此时反电势亦为零。由式(4-9)可知此时电枢启动电流为

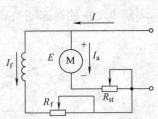

图 4-20 并励电动机的启动电路

$$I_{st} = \frac{U}{R_a} \tag{4-10}$$

由于电枢电阻 R_a 很小,启动电流 I_{st} 可达额定电流的 10～20 倍。如此大的启动电流将在换向器与电刷之间产生强烈的火花,将换向器烧坏。另一方面,由于电磁转矩 $T = C_T \Phi I_a$,故启动转矩也会达到额定转矩的 10～20 倍。它将导致生产机械遭受巨大机械冲击,对齿轮、皮带等传动机构很不利。因此直流电动机是不允许直接启动的。

为了限制启动电流,可以用降低电枢两端的电压(他励电动机)或者增加电枢电路电阻(并励电动机)的方法,即启动时在电枢电路中串联启动电阻 R_{st}。为了不影响换向器的正常工作又要保证一定的启动转矩,通常将启动电流限制在额定电流的 2～2.5 倍范围内,即

$$I_{st} = \frac{U}{R_a + R_{st}} = (2 \sim 2.5)I_N$$

为了保证在启动时有足够大的启动转矩,从式 $T_{st} = C_T \Phi I_{st}$ 中可以看出,应使磁通 Φ 保持最大,故励磁回路调节电阻 R_f' 应短接,使 $R_f' = 0$。特别应该指出的是,并励电动机启动时,励磁电路是不允许断开的。若励磁电路断开,磁通 $\Phi \approx 0$,电磁转矩 T 太小,将使电动机无法启动。由于电枢电流过大,时间一长,将导致电枢绕组烧毁。若电动机在运行过程中突然失磁,在电动机带有负载时,将会导致电机停转,电枢电流剧增;在电动机空载时失磁,则会使其转速上升到很高,出现"飞车"现象,危及设备和人身安全。

在电动机启动过程中,随着转速 n 升高,反电势 E 逐渐增大,应把 R_{st} 逐渐减小到零。此时电动机进入稳定运行状态。由于 R_{st} 是按短时运行的条件来设计的,故它不能长期接在电路中运行。

【例 4-8】一台并励电动机额定功率 $P_N = 5.5kW$,效率 $\eta_N = 0.85$,额定电压 $U_N = 110V$,额定转速 $n_N = 1500r/min$,电枢电阻 $R_a = 0.2\Omega$。试求:①直接启动电流 I_{st} 与额定电流 I_N 的比值;②若启动电流不超过额定电流的 2 倍,此时电枢电路中应串联多大的启动电阻 R_{st}?

解:

① 直接启动时启动电流近似为

$$I_{st} = \frac{U}{R_a} = \frac{110}{0.2}A = 550A$$

电动机额定电流为

$$I_N = \frac{P}{\eta_N U_N} = \frac{5.5 \times 10^3}{0.85 \times 110}A = 58.82A$$

$$\frac{I_{st}}{I_N} = \frac{550}{58.82} = 9.35(倍)$$

② 允许启动电流为

$$I_{st} = 2I_N = 2 \times 58.82A = 117.64A$$

启动电阻应为

$$R_{st} = \frac{U}{I_{st}} - R_a = \frac{110V}{117.64A} - 0.2\Omega = 0.74\Omega$$

2. 直流电动机的反转

要改变直流电动机的旋转方向,就要改变电磁转矩的方向。改变励磁电流的方向或电枢电流的方向,都可改变直流电动机的转向。改变励磁电流的方向来改变转向,优点是控制功率较小,缺点是反向时间长,多用于不要求频繁正反转的生产机械。改变电枢电流方向来改变转向,优点是反向时间短,缺点是控制功率较大,多用于频繁正反转的生产机械。

3. 直流电动机的调速

并励(或他励)电动机具有独特的调速性能,无须复杂的调速设备即可实现无极调速。虽然笼型异步电动机通过变频调速可以实现无极调速,但其调速设备复杂,投资较大。因此,对调速性能要求高的生产机械,常用直流电动机。机械变速齿轮箱也可以大大简化。

直流电动机的调速就是在同一负载下获得不同的转速,以满足生产要求。根据转速公式 $n = \dfrac{U - I_a R_a}{C_E \Phi}$ 可知,改变转速常用改变磁通 Φ(调磁)和改变电压 U(调压)两种方法。

1) 改变磁通 Φ

当保持电源电压 U 为额定值时,调节 $R_f{}'$,改变励磁电流 I_f 可以改变磁通。由式

$$n = \frac{U}{C_E \Phi} - \frac{R_a}{C_E C_T \Phi^2} T$$

可见,将磁通 Φ 减小时,n_0 升高了,转速降 Δn 也增大了;但后者与 Φ^2 成反比,所以磁通越小,机械特性曲线也就越陡,但仍具有一定硬度。如图 4-21 所示。在一定负载下,Φ 越小,则 n 越高。由于电动机在额定状态运行时,它的磁路已接近饱和,所以通常只是减小磁通($\Phi < \Phi_N$),将转速往上调($n > n_N$)。

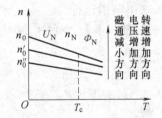

图 4-21 改变 Φ 时机械特性曲线

调速过程分析:当电压 U 保持恒定时,减小磁通 Φ。由于机械惯性,转速不立即发生变化,而反电动势减小,I_a 随之增加。由于 I_a 增加的影响超过 Φ 减小的影响,所以转矩 $T = C_T \Phi I_a$ 也就增加。如果阻转矩 T_C 不变,则转速上升。随着 n 的升高,反电动势 E 增大,I_a 和 T 也随之减小,直到 T 与阻转矩相等为止。但这时转速已较原来的升高了。

上述调速过程是假设负载转矩保持不变。结果由于 Φ 的减小而使 I_a 增加。如果在调速前电动机已在额定电流下运行,那么,调速后的电流势必超过额定电流,这是不允许的。

从发热的角度考虑,调速后的电流仍应保持额定值,也就是电动机在高速运转时其负载转矩必须减小。因此,这种调速方法仅适用于转矩与转速约成反比而输出功率基本上不变(恒功率调速)的场合,如用于切削机床中。

这种调速方法有下列优点。

(1) 调速平滑,可得到无级调速。

(2) 调速经济,控制方便。

(3) 机械特性较硬,稳定性较好。

(4)　对专门生产的调磁电动机，其调速幅度可达 3～4 倍，如 530～2120r/min 及 310～1240 r/min。

【例 4-9】有一并励电动机，已知：$U=110V$，$E=90V$，$R_a=20\ \Omega$，$I_a=1A$，$n=3000r/min$。为了提高转速，把励磁调节电阻 R_f' 增大，使磁通 Φ 减小 10%，如负载转矩不变，问转速如何变化？

解：

Φ 减小 10% 到 Φ'，$\Phi'=0.9\Phi$，因此电流需增大到 I_a'，以维持转矩不变，即

$$C_T\Phi I_a = C_T\Phi'I_a'$$

可得

$$I_a' = \frac{\Phi I_a}{\Phi'} = \frac{1}{0.9}A = 1.11A$$

故

$$\frac{n'}{n} = \frac{E'/C_E\Phi'}{E/C_E\Phi} = \frac{E'\Phi}{E\Phi'} = \frac{(U-R_aI_a')\Phi}{(U-R_aI_a)\Phi'} = \frac{(110-20\times1.11)\times1}{(110-20\times1)\times0.9} = 1.08$$

即转速增加了 8%。

2)　改变电压 U

当保持他励电动机的励磁电流 I_f 为额定值时，减低电枢电压 U，则 n_0 变低了，但 Δn 未改变。因此，改变 U 可得出一族平行的机械特性曲线，如图 4-22 所示。在一定负载下，U 越低，则 n 越低。为了保证电动机的绝缘不受损害，通常只是降低电压，将转速往下调。

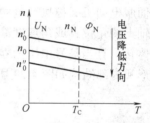

图 4-22　改变 U 时机械特性曲线

调速过程分析：当磁通 Φ 保持不变时，减小电压 U。由于转速不立即发生变化，反电动势 E 也暂不变化，于是电流 I_a 减小了，转矩 T 也减小了。如果阻转矩 T_C 未变，则 $T<T_C$，转速 n 下降。随着 n 的降低，反电动势 E 减小，I_a 和 T 也随之增大，直到 $T=T_C$ 时为止。但这时转速已较原来降低了。

由于调速时磁通不变，如在一定的额定电流下调速，则电动机的输出转矩也是一定的，称为恒转矩调速。起重设备中常用这种调速方法。

恒转矩调速方法有下列优点。

(1)　机械特性较硬，并且电压降低后硬度不变，稳定性较好。

(2)　调速幅度较大，可达 6～10 倍。

(3)　通过均匀调节电枢电压，可得到平滑的无级调速。

恒转矩调速的缺点是，需要用电压可以调节的专用设备，投资费用相对较高。近年来已普遍采用晶闸管整流电源对电动机进行调压和调磁，以改变它的转速。

【例 4-10】有一他励电动机，已知：$U=220V$，$I_a=53.8A$，$n=1500r/min$，$R_a=0.7\Omega$。如将电枢电压降低一半，而负载转矩不变，问转速降低多少？设励磁电流保持不变。

解：

由 $T=C_T\Phi I_a$ 可知，在保持负载转矩和励磁电流不变的条件下，电流也保持不变。

电压降低后的转速 n' 与原来转速 n 之比为

$$\frac{n'}{n} = \frac{E'/C_E\Phi}{E/C_E\Phi} = \frac{E'}{E} = \frac{U' - R_aI_a'}{U - R_aI_a} = \frac{110 - 0.7 \times 53.8}{220 - 0.7 \times 53.8} = 0.4$$

即转速降低到原来的 40%。

4.4.4　控制电机

电动机一方面作为主要动力来源广泛应用于工农业生产，它将电能转换为机械能，大大提高生产效率和生产力水平。另一方面，随着社会经济的发展和科技的进步，先进的控制技术也得到广泛应用，控制技术的实现、控制指令的执行还是由电动机完成，这就是控制电机。通过控制电机可以实现诸如自动操纵、自动驾驶、自动加工、自动调节、自动记录、自动检测等目的。

控制电机的类型很多，下面主要介绍伺服电机和步进电机两种。

1. 伺服电机

在自动控制系统中，伺服电机用来驱动控制对象，它的转矩和转速受信号电压控制。当信号电压的大小和极性(或相位)发生变化时，电动机的转速和转动方向将非常灵敏和准确地跟着变化。

伺服电动机又称执行电动机，用做控制系统的执行元件，把所收到的电信号转换成电动机轴上的角位移或角速度输出。其主要特点是，在运行时如果控制电压变为零，电动机立即停转。且当信号电压为零时无自转现象，转速随着转矩的增加而匀速下降。伺服电机的外形和内部结构如图4-23所示。伺服电机有交流和直流两种。

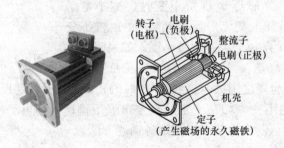

图4-23　伺服电机外形和内部结构图

1) 交流伺服电机

交流伺服电机就是两相异步电动机。它的定子上装有两个绕组，一个是励磁绕组，另一个是控制绕组。它们在空间相隔90°。其原理和单相异步电动机电容分相启动的情况相似。在空间相隔90°的两个绕组，分别通入在相位上相差90°的两个电流，便产生两相旋转磁场，在旋转磁场作用下，转子便转动起来。

交流伺服电机的转子分两种：笼型转子和杯形转子。笼型转子和三相鼠笼式电动机的转子结构相似，只是为了减少转动惯量而做得细长一些。杯形转子伺服电机的结构如图4-24所示。为了减少转动惯量，杯形转子通常是用铝合金或铜合金制成的空心薄壁圆筒。此外，为了减少磁路的磁阻，在空心杯形转子内放置固定的内定子。目前主要应用的是笼型转子的交流伺服电机。

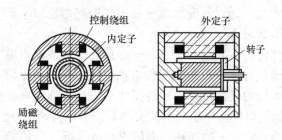

图 4-24　杯形转子伺服电机

交流伺服电机的接线和机械特性曲线如图 4-25 所示。励磁绕组和电容 C 串联后接到交流电源上，其电压为 $\dot{U}$。控制绕组接到放大器输出端，控制电压 $\dot{U}_2$ 即放大器输出电压。当电源电压 U 为常数时，转子转速随着控制电压 U_2 的变化而相应变化。控制电压大，电动机转得快；控制电压小，电动机转得慢。控制电压反相时，旋转磁场和转子也反转。由此实现电动机的转速和转向控制。若运行时控制电压变为零，电动机立即停转。这就是伺服电机的特点，也是工作所要求的。

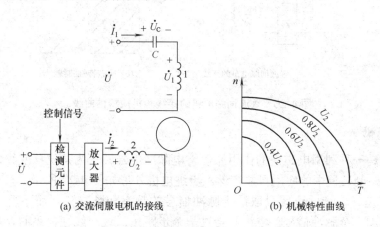

(a) 交流伺服电机的接线　　　　(b) 机械特性曲线

图 4-25　交流伺服电机的接线和机械特性曲线

从交流伺服电机的机械特性曲线可见：在一定负载转矩下，控制电压越高，则转速也越高；在一定控制电压下，负载增加，转速下降。此外，由于转子电阻较大，机械特性曲线下降较快，特性很软，不利于系统稳定。交流伺服电机的输出功率一般为 0.1～100W。其电源频率有 50Hz 和 400Hz 等。

交流伺服电机也是无刷电机，分为同步和异步电机，目前运动控制中一般都用同步电机，它的功率范围大，可以做到很大的功率。

伺服电机内部的转子是永磁铁，驱动器控制的 U/V/W 三相电形成电磁场，转子在此磁场的作用下转动，同时电机自带的编码器反馈信号给驱动器，驱动器根据反馈值与目标值进行比较，调整转子转动的角度。伺服电机的精度决定于编码器的精度(线数)。

2)　直流伺服电机

直流伺服电机的结构和一般直流电动机一样，只是为了减小转动惯量而做的细长一些。它的励磁绕组和电枢分别由两个独立电源供电。通常采用电枢控制，就是励磁电压 U_1 一定，建立的磁通也一定，通过改变加载电枢上的控制电压 U_2 来实现控制目的。接线和机械特性曲线图如图 4-26 所示。

从直流伺服电机机械特性曲线可见：在一定负载转矩下，当磁通不变时，如果升高电枢电压，电动机的转速就升高；反之，降低电枢电压，转速就下降；当 $U_2=0$ 时，电动机立即停转。改变电枢电压的极性可使电动机反转。与交流伺服电机相比，直流伺服电机的机械特性较硬。直流伺服电机常用于功率较大的系统中，其输出一般为 $1\sim600W$。

直流伺服电机分为有刷和无刷两种。有刷电机成本低、结构简单、启动转矩大、调速范围宽、控制容易、维护方便(换碳刷)，但易产生电磁干扰、对环境有要求。无刷电机体积小、重量轻、响应快、速度高、惯量小、转动平滑、力矩稳定、控制复杂，容易实现智能化，其电子换相方式灵活，可以方波换相或正弦波换相。电机免维护，效率很高，运行温度低，电磁辐射很小，寿命长，可用于各种环境。

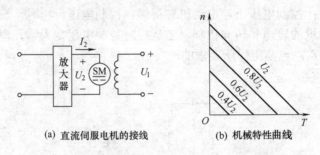

(a) 直流伺服电机的接线   (b) 机械特性曲线

图 4-26   直流伺服电机的接线和机械特性曲线

2. 步进电机

步进电机是一种利用电磁铁的作用原理将电脉冲信号转变为角位移或线位移的电机，近年来在数字控制装置中的应用日益广泛。步进电机外形如图 4-27 所示。在非超载的情况下，电机的转速、停止的位置只取决于脉冲信号的频率和脉冲数，而不受负载变化的影响，即给电机加一个脉冲信号，电机则转过一个步距角。这一线性关系的存在，加上步进电机只有周期性的误差而无累积误差等特点，使得在速度、位置等控制领域用步进电机来控制变得非常简单。

虽然步进电机应用广泛，但步进电机并不能像普通的直流电机、交流电机那样在常规下使用。它必须由双环形脉冲信号、功率驱动电路等组成控制系统方可使用。因此用好步进电机确非易事，它涉及机械、电机、电子及计算机等许多专业知识。

步进电机可以作为一种控制用的特种电机，利用其没有积累误差(精度为 100%)的特点，广泛应用于各种开环控制系统。

图 4-27   步进电机外形

1) 步进电机的分类

比较常用的步进电机包括永磁式步进电机(PM)、反应式步进电机(VR)、混合式步进电机(HB)和单相式步进电机等。

永磁式步进电机一般为两相，转矩和体积较小，步进角一般为 $7.5°$ 或 $15°$。

反应式步进电机一般为三相，可实现大转矩输出，步进角一般为 1.5°，但噪声和振动都很大。反应式步进电机的转子磁路由软磁材料制成，定子上有多相励磁绕组，利用磁导的变化产生转矩。

混合式步进电机综合了永磁式和反应式的优点。它又分为两相和五相：两相的步进角一般为 1.8°，而五相的步进角一般为 0.72°，这种步进电机的应用最为广泛。

2) 步进电机的主要特性

(1) 步进电机必须加驱动才可以运转，驱动必须为脉冲信号，没有脉冲信号的时候，步进电机静止，如果加入适当的脉冲信号，就会以一定的角度(称为步角)转动。转动的速度和脉冲的频率成正比。

(2) 腾龙版步进电机的步进角度为 7.5°，一圈 360°，需要 48 个脉冲完成。

(3) 步进电机具有瞬间启动和急速停止的优越特性。

(4) 改变脉冲的顺序，可以方便地改变转动的方向。

因此，目前打印机、绘图仪、机器人等设备都以步进电机为动力核心。

4.5　变　压　器

变压器是利用电磁感应原理进行能量传输的一种电气设备。与电动机一样，都是在电和磁的转换中传递、转换能量。电动机最终以机械能输出，变压器则仍以电能输出，表现为输出的交流电压、电流的等级的变化，相对于电动机而言，变压器可称为"静止电器"。变压器具有变压、变流、变阻抗(耦合、匹配)等作用，主要应用于电力、通信和电源电路中。在电力系统中变压器用来传输、分配电能；在通信电路中，变压器用来进行阻抗匹配以及隔离交流信号；在电源系统中，变压器用来变换电压的大小，以利于电信号的传输、分配以及使用。

> **思考**：你见过的变压器外形和内部结构是什么样的？变压器的主要用途及工作原理是什么？变压器与电动机有何异同点？

4.5.1　变压器的结构、原理、运行

1. 变压器的结构

对于不同类型的变压器，尽管它们的具体结构、外形、体积和重量上有很大差异，但是它们的基本结构都是相同的，主要由铁芯和线圈两部分组成。图 4-28 为变压器的结构示意图。

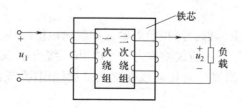

图 4-28　变压器的结构示意图

普通双绕组变压器的结构形式有心式和壳式两种。图 4-29(a)是心式单相变压器的外形和结构示意图，其线圈环绕着铁芯柱，是应用最多的一种结构。图 4-29(b)是壳式单相变压器的结构示意图，其线圈被铁芯包围，仅用于小功率的单相变压器和特殊用途的变压器。

1) 铁芯

铁芯是变压器磁路的主体部分，是变压器线圈的支撑骨架。铁芯由铁芯柱和铁轭两部分构成，铁芯柱上装线圈，铁轭是连接铁芯柱的部分，同时使磁路闭合。为了减少铁芯内交变磁通引起的磁滞和涡流损耗，铁芯通常由表面涂有漆膜、厚度为 0.35mm 或 0.5mm 的硅钢片冲压成一定形状后叠装而成。变压器在不同频率时，其铁芯材料有所不同。低频变压器中，常选用硅钢片作铁芯，中频变压器中选用铁氧体或薄膜合金作铁芯，高频变压器一般采用非铁磁材料作铁芯或干脆将线圈空绕。不同频率时变压器的表示符号如图 4-30 所示。

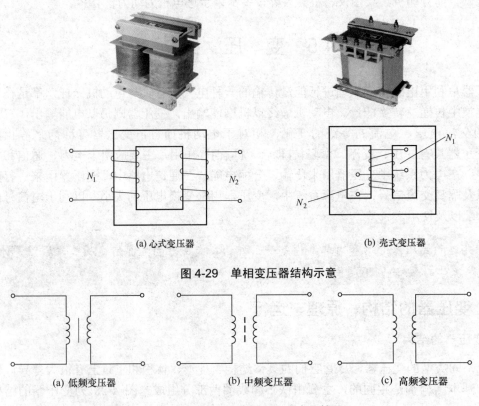

(a) 心式变压器　　　　　　　　　(b) 壳式变压器

图 4-29　单相变压器结构示意

(a) 低频变压器　　　　　　(b) 中频变压器　　　　　　(c) 高频变压器

图 4-30　变压器在电路中的符号

2) 线圈

线圈是变压器电路的主体部分，担负着输入和输出电能的任务。我们把变压器与电源相接的一侧称为"一次侧"，相应线圈称为一次绕组(原绕组)，又称初级线圈(原线圈)；与负载相接的一侧称为"二次侧"，相应线圈称为二次绕组(次绕组)，又称为次级线圈(副线圈)。

通常一、二绕组的匝数并不相等，匝数多的电压较高，称为高压绕组；匝数少的电压较低，称为低压绕组。为了有利于处理线圈和铁芯之间的绝缘，通常总是将低压绕组安放在靠近铁芯的内层，而高压绕组则套在低压绕组外面，如图 4-31 所示。

变压器最主要的组成部分是铁芯和线圈，两者装配在一起构成变压器的器身。器身不置于油箱中的变压器称为干式变压器。如果器身置于油箱中，则为油浸式变压器，大中型变压器的器身都浸入盛满变压器油的封闭油箱中。变压器油既是冷却介质，又是绝缘介质，它使铁芯和线圈不被潮气所侵蚀，并通过油的对流，对铁芯和线圈进行散热。

各线圈对外线路的连接由绝缘套管引出。同时，为了使变压器安全、可靠地运行，还设有油箱、储油柜、安全气道、分接开关、气体继电器等附件。其中分接开关装在变压器油箱顶部，可以通过分接开关改变一次绕组的匝数，从而调节输出电压，使输出电压控制在允许的变化范围内。

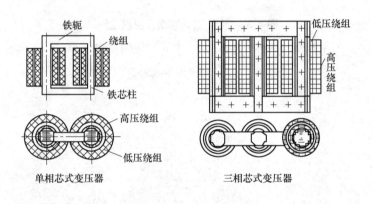

图 4-31　变压器线圈位置图

2. 变压器的工作原理

变压器工作原理就是电磁感应原理。以单相变压器为例，原绕组加交流电产生磁场，通过铁芯磁路传到副绕组，副绕组在这个磁场作用下，产生感应电动势，这时在副绕组接上负载就会产生电流。原绕组与副绕组匝数不等可以输出不同的电压或电流，实现了电能的传输。变压器工作过程中，一、二次绕组互不相连，没有电的直接联系，能量传递是靠磁耦合实现的，这是变压器的重要特点。

1）变压器的空载运行

磁路是磁通经过的路径。在电气工程中，多采用磁性能良好的铁磁材料制作成一定形状的铁芯，构成磁力线比较集中的磁路，如图 4-32 所示。在磁路中，较严重的问题是漏磁现象。全部在磁路中闭合的磁通称为主磁通 $\dot{\Phi}$，经过部分磁路后漏出磁路的磁通称为漏磁通用 $\dot{\Phi}_\sigma$ 表示。

如图 4-32 所示的变压器的初级加额定电压，而次级不接负载(即开路)的工作状态，称为变压器的空载运行。为了分析方便，把一、二次绕组分别画在两个铁芯柱上。

当一次绕组接电源电压 $\dot{U}_1$ 时，一次绕组中通过的电流为空载电流，用 $\dot{I}_{10}$ 表示。$\dot{I}_{10}$ 在变压器铁芯中建立了磁场，故又称其为励磁电流。由于变压器铁芯由硅钢片叠压而成，而且是闭合的，即气隙很小，因此建立工作磁通(主磁通)Φ 所需的励磁电流 $\dot{I}_{10}$ 并不大，其有效值约为一次绕组额定电流(长期连续工作允许通过的最大电流)的 2.5%～10%。由物理学

知识可知，主磁通在一次绕组中产生的感应电动势为

$$\dot{E}_1 = -j4.44 f N_1 \Phi_m$$

式中：f 为电源频率；Φ_m 为主磁通的最大值。

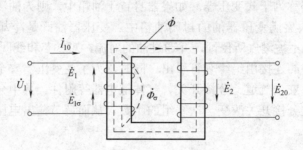

图 4-32 变压器的磁路及空载运行

同理，二次绕组中的感应电动势为

$$\dot{E}_2 = -j4.44 f N_2 \Phi_m$$

因此，有

$$\frac{\dot{E}_1}{\dot{E}_2} = \frac{N_1}{N_2} = k$$

或写成有效值

$$\frac{E_1}{E_2} = \frac{N_1}{N_2} = k$$

根据交流铁芯线圈的分析结论，可写出一次绕组的电压平衡方程式为

$$\dot{U}_1 = \dot{I}_{10} R_1 - \dot{E}_1 - \dot{E}_{1\sigma} \tag{4-11}$$

式(4-11)中，$\dot{E}_{1\sigma}$ 为穿过一次绕组的漏磁通产生的感应电动势，数值较小。一次绕组电阻 R_1 也比较小，$\dot{I}_{10}$ 也不大，所以 $\dot{I}_{10} R_1$ 也较小，忽略 $\dot{I}_{10} R_1$ 和 $\dot{E}_{1\sigma}$，则有

$$\dot{U}_1 \approx -\dot{E}_1$$

或写成有效值

$$U_1 \approx E_1 \tag{4-12}$$

空载时，二次绕组开路，$\dot{I}_2 = 0$，因此开路电压(空载电压)$\dot{U}_{20}$ 为

$$\dot{U}_{20} = \dot{E}_2$$

或写成有效值

$$U_{20} = E_2 \tag{4-13}$$

由式(4-12) 和式(4-13)可以得出

$$\frac{U_1}{U_{20}} \approx \frac{E_1}{E_2} = \frac{N_1}{N_2} = k \tag{4-14}$$

式(4-14)表明：一、二次绕组的电压比等于匝数比。只要改变一、二次绕组的匝数比，就可以进行电压变换，匝数多的绕组，电压就高。

2) 变压器的负载运行

变压器的一次绕组接上额定电压，二次绕组连接负载时的工作状态称为变压器的负载

运行，如图 4-33 所示。

由于变压器接通负载，感应电动势 $\dot{E}_2$ 将在二次绕组中产生电流 $\dot{I}_2$，一次绕组中的电流由 $\dot{I}_{10}$ 变化为 $\dot{I}_1$。因此，负载运行时，变压器铁芯中的主磁通 Φ 由 $\dot{I}_1 N_1$ 和 $\dot{I}_2 N_2$ 共同作用产生。由于负载和空载时一次绕组电压 $\dot{U}_1$ 不变，因此铁芯中主磁通的最大值 Φ_m 保持不变，故磁通势满足下面式子

$$\dot{I}_1 N_1 + \dot{I}_2 N_2 = \dot{I}_{10} N_1$$

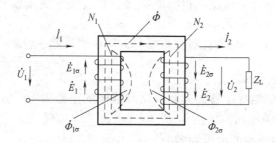

图 4-33　变压器的负载运行

这是变压器接负载时的磁通势平衡方程式。由于空载电流比较小，与负载时的电流相比，可以忽略空载磁通势 $\dot{I}_{10} N_1$。因此

$$\dot{I}_1 N_1 + \dot{I}_2 N_2 \approx 0$$

改写为

$$\frac{\dot{I}_1}{\dot{I}_2} \approx -\frac{N_2}{N_1} = -\frac{1}{k} \tag{4-15}$$

或写成有效值

$$\frac{I_1}{I_2} = \frac{1}{k} \tag{4-16}$$

式(4-16)反映了变压器变换电流的功能，即一、二次绕组的电流比等于匝数比的倒数。变压器初、次级线圈的电流与它们的匝数成反比。匝数越多的一边电流越小；匝数越少的一边电流越大，这就是变压器的电流变换作用。式(4-15)中的负号表示 $\dot{I}_2$ 的真实方向与图 4-33 中的参考方向相反。在分析计算中可只计算有效值，电流的方向可根据图 4-33 判定。

负载运行时，根据图 4-33 所示参考方向，可写出变压器一、二次绕组中的电压平衡方程式分别为

$$\dot{U}_1 = \dot{I}_1 R_1 - \dot{E}_1 - \dot{E}_{1\sigma}$$
$$\dot{U}_2 = -\dot{I}_2 R_2 + \dot{E}_2 + \dot{E}_{2\sigma}$$

忽略数值较小的漏抗压降和电阻压降，有

$$\dot{U}_1 \approx -\dot{E}_1$$
$$\dot{U}_2 \approx \dot{E}_2$$

或写成有效值为

$$U_1 \approx E_1 = 4.44 f N_1 \Phi_m$$

$$U_2 \approx E_2 = 4.44 f N_2 \Phi_\mathrm{m}$$

因此可得

$$\frac{U_1}{U_2} \approx \frac{E_1}{E_2} = \frac{N_1}{N_2} = k \qquad (4\text{-}17)$$

式(4-17)表明：变压器一、二次绕组的电压比等于匝数比的结论不仅适用于空载运行情况，而且也适用于负载运行情况，不过负载时比空载时的误差稍大些。

$k = \dfrac{N_1}{N_2}$ 称为变压器的变压比，也称匝数比。它反映了变压器初、次级电压的变换关系。若 $k = \dfrac{N_1}{N_2} > 1$，则 $U_1 > U_2$，此时变压器称为降压变压器；若 $k = \dfrac{N_1}{N_2} < 1$，则 $U_1 < U_2$，此时变压器称为升压变压器。

【例 4-11】 有一单相变压器，其初、次级线圈的匝数为 N_1=160 匝、N_2=20 匝，若初级线圈接上 220V 的交流电压，求：

① 空载时，次级绕组的电压为多少？

② 次级接上 R_L=5 Ω 的负载时，初、次级绕组的电流各是多少？

解：

① 空载时，根据 $\dfrac{U_1}{U_2} = \dfrac{N_1}{N_2}$，得次级电压为

$$U_2 = \frac{N_2}{N_1} U_1 = \frac{20}{160} \times 220\mathrm{V} = 27.5\mathrm{V}$$

② 次级接上 R_L=5Ω 的负载时，次级绕组的电流 I_2 为

$$I_2 = \frac{U_2}{R_\mathrm{L}} = \frac{27.5}{5}\mathrm{A} = 5.5\mathrm{A}$$

根据 $\dfrac{I_1}{I_2} = \dfrac{N_2}{N_1}$，得初级电流 I_1 为

$$I_1 = \frac{N_2}{N_1} I_2 = \frac{20}{160} \times 5.5\mathrm{A} = 0.6875\mathrm{A}$$

3) 变压器的阻抗变换

在电子线路中，常利用变压器的阻抗变换功能来达到阻抗匹配的目的。

图 4-34(a)中，负载阻抗 Z_L 接在变压器二次侧，而图中虚框启动部分可以用一个等效阻抗 Z_L' 来代替，如图 4-34(b)所示。所谓等效，就是在电源相同的情况下，电源输入的电压、电流、功率保持不变。就是说，直接接到电源上的阻抗 Z_L' 和接在变压器二次侧的阻抗 Z_L 是等效的。等效阻抗 Z_L' 值为

$$\left| Z_\mathrm{L}' \right| = \frac{U_1}{I_1} \qquad (4\text{-}18)$$

根据变压器的电压、电流变换特性，得

$$U_1 = \frac{N_1}{N_2} U_2, \quad I_1 = \frac{N_2}{N_1} I_2$$

将其代入式(4-18)，得

$$\left| Z_{\mathrm{L}}' \right| = \frac{U_1}{I_1} = \frac{\dfrac{N_1}{N_2}U_2}{\dfrac{N_2}{N_1}I_2} = \left(\frac{N_1}{N_2} \right)^2 \cdot \frac{U_2}{I_2}$$

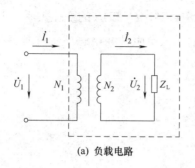
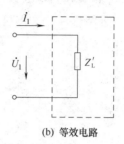

(a) 负载电路　　　　　　　　　(b) 等效电路

图 4-34　变压器的阻抗变换作用

即

$$\left| Z_{\mathrm{L}}' \right| = k^2 \left| Z_{\mathrm{L}} \right| \tag{4-19}$$

式(4-19)说明，接在变压器的二次侧的负载 $\left| Z_{\mathrm{L}} \right|$，对一次电流而言，相当于接上一个 $\left| Z_{\mathrm{L}}' \right| = k^2 \left| Z_{\mathrm{L}} \right|$ 的负载，这就是变压器的阻抗变换作用。实际应用中，可利用变压器的阻抗变换作用，把负载阻抗模变换为所需要的、比较合适的数值。即通过改变匝数比 k，使电源的阻抗 $\left| Z_{\mathrm{L}}' \right|$ 与负载阻抗 $\left| Z_{\mathrm{L}} \right|$ 相等，达到电路的匹配状态，此时负载上获得最大输出功率。

若信号源的内阻为 R_{S}，负载电阻为 R_{L}，则电路匹配时，根据式(4-19)，变压器的匝数比应满足

$$k = \sqrt{\frac{R_{\mathrm{S}}}{R_{\mathrm{L}}}}$$

【例 4-12】 某收音机末极的输出电阻为 $800\,\Omega$，现通过一个输出变压器接上一个 $8\,\Omega$ 的喇叭作其负载。问负载获得最大功率时，变压器的匝数比应为多少？若变压器的初级绕组为 300 匝，则次级绕组的匝数应为多少？

解：

当收音机末极的输出电阻 R_0 与变压器初级的等效电阻 R_{L}' 相等时，电路达到匹配，负载获得最大功率，即

$$R_0 = R_{\mathrm{L}}' = k^2 R_{\mathrm{L}}$$

所以

$$k = \sqrt{\frac{R_0}{R_{\mathrm{L}}}} = \sqrt{\frac{800}{8}} = 10$$

若变压器的初级绕组为 300 匝，根据 $k = \dfrac{N_1}{N_2}$，则次级绕组的匝数应为

$$N_2 = \frac{N_1}{k} = \frac{300}{10} = 30 (\text{匝})$$

3. 变压器的运行

1) 外特性

当电源电压 U_1 和负载功率因数 $\cos\phi_2$ 为常数时，U_2 和 I_2 的变化关系，即 $U_2=f(I_2)$ 称为变压器的外特性。外特性曲线如图 4-35 所示。对电阻性和电感性负载而言，电压 U_2 随电流 I_2 的增加而下降。

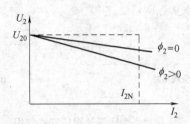

图 4-35　变压器的外特性曲线

电压变化率反映电压 U_2 的变化程度，通常希望电压 U_2 的变动越小越好，一般变压器的电压变化率约在 5%。从空载到额定负载，二次绕组电压的变化程度用电压变化率 ΔU 表示，即

$$\Delta U = \frac{U_{20} - U_2}{U_{20}} \times 100\%$$

2) 损耗与效率

变压器的输入有功功率 P_1 与输出有功功率 P_2 之差即变压器的损耗，如式(4-20)所示。变压器的损耗主要包括两部分：一部分是变压器线圈电阻消耗的电能所产生的铜损 ΔP_{Cu}；另一部分是变压器铁芯的磁滞损耗和涡流损耗所造成的铁损 ΔP_{Fe}。铁损的大小与铁芯内磁感应强度的最大值有关，与负载大小无关，而铜损则与负载大小有关。

$$\Delta P = P_1 - P_2 = \Delta P_{Fe} + \Delta P_{Cu} \tag{4-20}$$

式中：$\Delta P_{Cu} = I_1^2 R_1 + I_2^2 R_2$ 指铜损；ΔP_{Fe} 指铁损，包括磁滞损耗和涡流损耗，其值可以通过实验获得。

(1) 磁滞损耗。

磁导率 μ 是表征物质导磁性能的物理量。不同的物质其磁导率不同，真空中的磁导率 $\mu_0 = 4\pi \times 10^{-7}$ H/m 是一个常数。铁磁材料的磁导率 μ 远大于 μ_0，且随磁场强度的变化而变化，它们可以达到几百、几千，甚至几万。工程上除了铁磁材料外，其余物质的磁导率都认为是 μ_0 (非铁磁材料的 μ 接近 μ_0)。由于铁磁材料具有高导磁性能，且磁阻小，易使磁通通过，所以往往利用它来做磁路，以提高效率，减小电磁设备的体积、重量。

由磁滞回线(图 4-36 中 abcda)得知，铁磁材料在磁化过程中，其磁感应强度 B 的变化总是滞后外磁场强度 H 的变化，这一现象称为磁滞现象。

当铁芯线圈加上交变电压时，铁磁材料沿磁滞曲线交变磁化，且磁化时磁场吸收的能量大于去磁时返回电源的能量，其差额就是磁滞现象引起的能量损耗，称为磁滞损耗。磁滞损耗的功率与铁磁材料的磁滞回线所包围的面积成正比，磁滞损耗的主要现象表现为铁芯发热。为了减小磁滞损耗，交流铁芯应选用磁滞损耗较小的软磁材料制成。

　　磁性材料一般分为三类：软磁材料如铸铁、硅钢、铁氧体等，其磁滞回线较窄如图 4-37(b) 所示，一般用于电机、变压器的铁芯；永磁材料如碳钢、铁镍铝钴合金等，其磁滞回线较宽，如图 4-36 所示，一般用来制造永久磁铁；矩磁材料如镁锰铁氧体、1J51 铁镍合金等，其磁滞回线接近矩形，如图 4-37(a)所示，一般用于计算机和控制系统中的记忆元件。

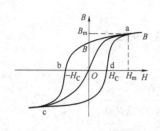

图 4-36　磁滞回线

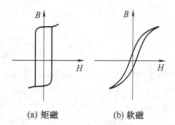

(a) 矩磁　　　　(b) 软磁

图 4-37　矩磁和软磁材料的磁滞回线

(2) 涡流损耗。

　　交变的电流通过铁芯线圈时，产生交变的磁场，而交变的磁场在铁芯中产生闭合的旋涡状感应电流，称为涡流。它在垂直于磁通方向的平面内环流着，如图 4-38 (a)所示。由涡流引起的功率损耗称为涡流损耗。

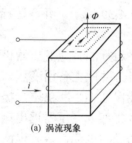

(a) 涡流现象

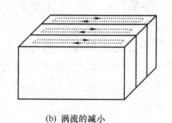

(b) 涡流的减小

图 4-38　涡流损耗

　　涡流对电机、变压器等设备的工作会产生不良影响，它不仅消耗了电能，使电气设备的效率降低，而且使电气设备中的铁芯发热、温度升高，影响电气设备的正常运行。

　　为了减小涡流损耗，常选用表面绝缘的硅钢片拼叠成铁芯，这样就可以限制涡流只能在较小的截面内流通，如图 4-38(b)所示。另外，由于硅钢片具有较大的电阻率和较高的磁导率，可以使铁芯电阻增大，涡流减小，从而涡流损耗也大大减小。

　　由于变压器铜损和铁损的存在，变压器的输出有功功率 P_2 小于输入有功功率 P_1，将输出有功功率 P_2 与输入有功功率 P_1 之比称为变压器的效率，常用 η 表示，公式如下：

$$\eta = \frac{P_2}{P_1} = \frac{P_2}{P_2 + \Delta P_{Fe} + \Delta P_{Cu}} \tag{4-21}$$

　　变压器的功率损耗很小，所以效率很高，通常在 95%以上。在满载工作时，大容量变压器的效率可达到 96%～99%，小型电源变压器的效率为 70%～80%。但在轻载或空载时，变压器的效率会大大下降。在一般电力变压器中，当负载为额定负载的 50%～75%时，效率达到最大值。

【**例 4-13**】有一带电阻负载的三相变压器，其额定数据如下： $S_N = 100\,kV \cdot A$，$U_{1N} = 6000V$，$U_{2N} = U_{20} = 400V$，$f = 50Hz$。绕组为 Y/Y$_O$ 连接。由实验测得： $\Delta P_{Fe} = 600W$，额定负载时的 $\Delta P_{Cu} = 2400W$。试求：①变压器的额定电流；②满载和半载时的效率。

解：

① 由式($S = 3U_p I_p = \sqrt{3}\,U_l I_l$)求额定电流。

$$I_{2N} = \frac{S_N}{\sqrt{3}U_{2N}} = \frac{100 \times 10^3}{\sqrt{3} \times 400}A = 144A$$

$$I_{1N} = \frac{S_N}{\sqrt{3}U_{1N}} = \frac{100 \times 10^3}{\sqrt{3} \times 6000}A = 9.62A$$

② 满载和半载时的效率分别为

$$\eta = \frac{P_2}{P_2 + \Delta P_{Fe} + \Delta P_{Cu}} = \frac{100 \times 10^3}{100 \times 10^3 + 600 + 2400} \times 100\% = 97.1\%$$

$$\eta_{\frac{1}{2}} = \frac{P_2}{P_2 + \Delta P_{Fe} + \Delta P_{Cu}} = \frac{\frac{1}{2} \times 100 \times 10^3}{\frac{1}{2} \times 100 \times 10^3 + 600 + \left(\frac{1}{2}\right)^2 \times 2400} \times 100\% = 97.6\%$$

3) 变压器的并联运行

变压器并联运行是指将两台或两台以上的变压器的一、二次绕组分别接在一、二次侧的公共母线上，共同向负载供电的运行方式，如图 4-39 所示。并联运行的优点：①提高供电的可靠性；②提高供电的经济性。

其意义在于：当一台变压器发生故障时，并联运行的其他变压器仍可以继续运行，以保证重要用户的用电；或当变压器需要检修时可以先并联上备用变压器，再将要检修的变压器停电检修，既能保证变压器的计划检修，又能保证不中断供电，提高供电的可靠性。又由于用电负荷季节性很强，在负荷轻的季节可以将部分变压器退出运行，这样既可以减少变压器的空载损耗，提高效率，又可以减少无功励磁电流，改善电网的功率因数，提高系统的经济性。

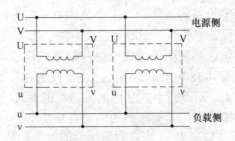

图 4-39　单相变压器的并联运行

变压器并联运行最理想的运行情况是：当变压器已经并联起来，但还没有带负荷时，各台变压器之间应没有循环电流；同时带上负荷后各台变压器能合理地分配负荷，即应该按照它们各自的容量比例来分担负荷，以不超过各自的容量范围。因此，为了达到理想的运行情况，变压器并联运行时必须满足下列条件：①各变压器的极性相同；②各变压器的变比相等；③各变压器的阻抗电压相等；④各变压器的漏电抗与电阻之比相等。

4.5.2　变压器的选择和使用

为了正确地选择和使用变压器，有必要了解实际变压器的特点及其额定值。

1. 实际变压器

实际变压器除了起主导作用的主磁通 Φ (等效为激励电感 L_m)之外，还有漏磁通 Φ_σ (等效为漏电感 L_{S1}、L_{S2})，绕制线圈的导线损耗电阻(称线圈内阻)r_1、r_2 以及初、次级线圈匝与匝之间的分布电容 C_1、C_2 等，因此，实际变压器的等效电路如图 4-40 所示。

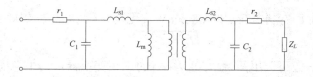

图 4-40　实际变压器的等效电路

低频时，漏电感 L_{S1}、L_{S2} 的感抗很小，分布电容 C_1、C_2 的容抗很大，它们对变压器的影响非常小，因而可以忽略。但在高频时，它们的影响就应该考虑了。

2. 变压器的额定值

(1)　额定电压 U_{1N}、U_{2N}。额定电压 U_{1N} 是指根据变压器的绝缘强度和允许温升而规定在初级线圈上所加电压的有效值。额定电压 U_{2N} 是指初级加上额定电压 U_{1N} 时，次级线圈两端的电压有效值。

(2)　额定电流 I_{1N}、I_{2N}。根据变压器的允许温升而规定的变压器连续工作的初、次级线圈的最大允许工作电流。

(3)　额定容量 S_N。次级线圈的额定电压与额定电流的乘积称为变压器的额定容量 S_N，也就是变压器的视在功率，常以千伏安(kV·A)作其单位。

(4)　额定频率 f_N。变压器初级所允许接入的电源频率。我国规定的额定频率为 50Hz。

3. 变压器的选用

中小型工厂通常是由电网的三相电源供电，进线电压大多是 10kV，而用电设备的额定电压以 380V/220V 的居多，因此，需要经过变压器将进线电压降低为用电设备所需要的电压。

1)　额定电压的选择

变压器额定电压的选择主要依据的是输电线路电压等级和用电设备的额定电压。在一般情况下，变压器原边绕组的额定电压应与线路额定电压相等。因为从变压器至用电设备往往需要经过一段低压配电线路，为计其电压损失，变压器副边绕组的额定电压通常应超过用电设备额定电压的 5%。一般中小型工厂变压器的额定电压通常选为 10kV/400V。

2)　额定容量的选择

变压器容量选择是一个非常重要的问题。容量选小了，会造成变压器经常过载运行，缩短变压器的寿命，甚至影响工厂的正常供电。如果选得过大，变压器就会得不到充分利用，效率和功率因数也就较低，选择不但增加了初投资，而且根据我国供电部门的收费制度，变压器容量越大，基本电费收得就越高。

变压器容量能否正确选择，关键在于工厂总电力负荷及用电量能否正确统计计算。工厂总电力负荷的统计计算是一件十分复杂和细致的工作。因为工厂设备不是同时工作，即使同时工作，也不是同时满负荷工作，所以工厂总负荷不是各用电设备容量的总和，而是要乘以一个系数，该系数可在有关设计手册中查到，一般为 0.2～0.7。

工厂的有功负荷和无功负荷计算出来后，即可计算出视在功率，再根据它选定变压器额定容量。

例如，已知某工厂有功负荷 $P_Y = 885.6\text{kW}$，无功负荷 $Q_W = 777.5\text{kVar}$，则视在功率为

$$S = \sqrt{P_Y{}^2 + Q_w{}^2} = 1178 \text{ kV·A}$$

根据变压器的等级可选用两台 750kV·A 的三相变压器，为了考虑近期负荷增长的需要，也可选用两台 1000kV·A 的三相变压器，在现阶段工作时，有时可只投入一台运行。

3) 台数的选择

当总负荷小于 1000kV·A 时，一般选用一台变压器，当总负荷大于 1000kV·A 时，可选用两台技术数据相同的变压器并联运行。对于特别重要的负荷，一般也应选用两台，当一台出故障或检修时，另一台仍能保证重要负荷的正常供电。

4. 变压器的故障分析

1) 引出线端头断裂

如果原边回路有电压而无电流，一般是原边线圈的端头断裂；若原边回路有较小电流而副边回路既无电流也无电压，一般是副边线圈端头断裂。通常是由于线头折弯次数过多，或线头遇到猛拉，或焊接处霉断(焊剂残留过多)，或引出线过细等原因所造成的。

如果断裂线头处在线圈的最外层，可掀开绝缘层，挑出线圈上的断头，焊上新的引出线，包好绝缘层即可；若断裂线端头处在线圈内层，一般无法修复，需要拆开重绕。

2) 线圈的匝间短路

线圈如果存在匝间短路，短路处的温度会剧烈上升。如果短路发生在同层排列的左右两匝或多匝之间，过热现象则稍轻；若发生在上下层之间的两匝或多匝之间，过热现象就严重。线圈的匝间短路通常是由线圈遭受外力撞击，或漆包线绝缘线老化等原因所造成的。

如果短路发生在线圈的最外层，可掀去绝缘层后，在短路处局部加热(指对浸过漆的线圈，可用电吹风加热)，待漆膜软化后，用薄竹片轻轻挑起绝缘已破坏的导线，若线芯没损失，可插入绝缘纸，裹住后揿平；若线芯已损失，应剪断，去除已短路的一匝或多匝导线，两端焊接后垫好绝缘纸，揿平。用以上两种方法修复后均应涂上绝缘漆，吹干，再包上外层绝缘。如果故障发生在无骨架线圈两边沿口的上下层之间，一般也可按上述方法修复。若故障发生在线圈内部，一般无法修理，需拆开重绕。

3) 线圈对铁芯短路

存在线圈对铁芯短路这一故障，铁芯就会带电，这种故障在有骨架的线圈上较少出现，但在线圈的最外层会出现这一故障；对于无骨架的线圈，这种故障多发生在线圈两边的沿口处，但在线圈最内层的四角处也比较常出现，在最外层也会出现。通常是由线圈外

形尺寸过大而铁芯窗口容纳不下，或因绝缘纸垫得不佳或遭到剧烈跌碰等原因所造成。修理方法可参照匝间短路的修理方法进行。

4) 铁芯噪声过大

铁芯噪声有电磁噪声和机械噪声两种。电磁噪声通常是由于设计时铁芯磁通密度选得过高，或变压器过载，或存在漏电故障等原因所造成；机械噪声通常是由于铁芯没有压紧，在运行时硅钢片发生机械振动所造成。

如果是电磁噪声，属于设计原因的，可换用质量较佳的同规格硅钢片；属于其他原因的，应减轻负载或排除漏电故障。如果是机械噪声，应压紧铁芯。

5) 线圈漏电

这一故障的基本特征是铁芯带电和线圈温度增高，通常是由线圈受潮或绝缘老化所引起的。

若是受潮，只要烘干后故障即可排除；若是绝缘老化，严重的一般较难排除，轻度的可拆去外层包缠的绝缘层，烘干后重新浸漆。

6) 线圈过热

线圈过热通常是由过载或漏电所引起的，或因设计不佳所致；若是局部过热，则是由匝间短路所造成的。

7) 铁芯过热

铁芯过热通常是由过载、设计不佳、硅钢片质量不佳或重新装配硅钢片时少插入片数等原因所造成的。

8) 输出侧电压下降

这一故障通常是由原边侧输入的电源电压不足(未达到额定值)、副边绕组存在匝间短路、对铁芯短路、漏电或过载等原因所造成的。

4.5.3　特殊变压器

1. 自耦变压器

一般变压器的初、次级线圈绕组之间是相互绝缘的、没有电的直接联系，仅靠磁进行耦合，但是自耦变压器的初、次级线圈绕组之间既有磁的耦合又有电的联系，其特点如下。

(1) 自耦变压器结构简单、体积小、重量轻，且节省材料，铜损小，有利于变压器效率的提高。

(2) 自耦变压器的初、次级线圈绕组之间不仅有磁的耦合，而且有电的直接联系。

(3) 自耦变压器的变压比 k 一般取得较小，常选择 $k<3$。

因为自耦变压器初、次级线圈绕组之间有电的直接联系，当其初、次级绕组的公共部分发生断路故障时，高压会引入到低压绕组一边，而造成意外，发生危害。所以自耦变压器的变压比不宜过大；同时为安全起见，自耦变压器不允许作为安全变压器使用。在实验室和小型仪器设备中，自耦变压器常用做调压设备，或者在照明装置上用于调节灯光亮度。

自耦变压器的典型应用是自耦调压器，外形如图 4-41(a)所示。它可以使次级电压 U_2

在 $0 \sim U_1$(初级电压)之间连续变化。

自耦变压器只有一个绕组，其初、次级共用一个绕组，采用绕组抽头的办法来实现变压，其电路原理图如图 4-41(b)所示。

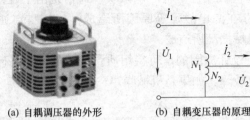

(a) 自耦调压器的外形   (b) 自耦变压器的原理

图 4-41　自耦变压器

自耦变压器与普通变压器的工作原理相同，同样具有变压、变流、变阻抗的作用，即满足

$$\frac{U_1}{U_2} = \frac{N_1}{N_2} , \quad \frac{I_1}{I_2} = \frac{N_2}{N_1} , \quad R'_L = \left(\frac{N_1}{N_2}\right)^2 R_L$$

2. 多绕组变压器

多绕组变压器是指有一个初级线圈绕组，若干个次级线圈绕组的变压器，它可以同时提供若干种不同大小的电压输出，如图 4-42 所示。

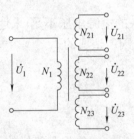

图 4-42　多绕组变压器

多绕组变压器的特点为：体积小、重量轻、效率高、节省材料，可同时输出若干个不同大小的电压。在电子线路中，多绕组变压器常用做电源变压器，为了避免线圈之间的相互干扰，常在多绕组变压器的初、次级绕组之间装上屏蔽层。

多绕组变压器的每个副绕组与主绕组之间均满足普通变压器的变压特性，即

$$U_{21} = \frac{N_{21}}{N_1} U_1 , \quad U_{22} = \frac{N_{22}}{N_1} U_1 , \quad \cdots , \quad U_{2n} = \frac{N_{2n}}{N_1} U_1$$

式中：U_1 为输入电压；$U_{21}, U_{22}, \cdots, U_{2n}$ 为若干个不同大小的输出电压。

当各副绕组分别接上负载 $|Z_1|, |Z_2|, \cdots, |Z_n|$ 后，各副边电流为

$$I_{21} = \frac{U_{21}}{|Z_1|} , \quad I_{22} = \frac{U_{22}}{|Z_2|} , \quad \cdots , \quad I_{2n} = \frac{U_{2n}}{|Z_n|}$$

3. 仪用互感器

专门用在测量仪器和保护设备上的变压器，称为仪用互感器，它分为电压互感器和电流互感器两种。

1) 电压互感器

电压互感器实际上是一个损耗低、变压比精确的安全变压器，它将待测的高电压与测量仪器电路隔离，以保证测量及安全。电压互感器的外形如图 4-43(a)所示。

测量时，将绕组匝数多的一边作为主绕组与高压电路连接；将绕组匝数少的一边作为副绕组，接在高阻抗的电压测量仪上，如图 4-43(b)所示。

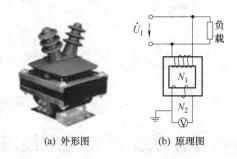

(a) 外形图　　　　(b) 原理图

图 4-43　电压互感器的外形与原理图

由于电压互感器的主、副绕组满足电压变换关系 $\dfrac{U_1}{U_2} = \dfrac{N_1}{N_2}$，且 $N_1 \gg N_2$，所以

$U_2 = \dfrac{N_2}{N_1} U_1 \ll U_1$，即可以用较小量程的电压表来测量较大的电压。

在实际操作中，一般规定电压互感器次级绕组的额定电压为 100V。不同电压等级的电路，所用的电压互感器的变压比不同，常用的变压比有 6000/100、10000/1000、3500/100 等。

特别需要注意的是：由于电压互感器的变压比 $\dfrac{N_1}{N_2}$ 较大，故其副边的电流 $I_2 = \dfrac{N_1}{N_2} I_1$ 很大，因此电压互感器的副边不允许短路。

2) 电流互感器

电流互感器实际上是一个将大电流变换为小电流的变压器，外形如图 4-44(a)所示。测量时，将只有一匝或几匝线圈的一边作为主绕组，与被测电流的负载 Z_L 串联；将匝数较多线圈的一边作为副绕组，与测量的电流表或功率表连接，如图 4-44(b)所示。

由于电流互感器的主、副绕组满足电流变换关系 $\dfrac{I_1}{I_2} = \dfrac{N_2}{N_1}$，且 $N_1 \ll N_2$，所以

$I_2 = \dfrac{N_1}{N_2} I_1 \ll I_1$，即可以用较小量程的电流表来测量较大的电流。

在实际操作中，一般规定电流互感器次级绕组的额定电流为 5A。不同电流等级的电路，所用的电流互感器的变流比不同，常用的变流比有 30/5、50/5、100/5 等。

特别需要注意的是：由于电流互感器中 $N_1 \ll N_2$，故在其副边会产生很高的电压，因此

电流互感器的副边不允许开路。

便携式钳形电流表是一种配有电流互感器的电流表，其副绕组接有电流表，利用钳形电流表上的手柄能将铁芯张开或闭合，如图4-45所示，可方便地用于测量电路中的电流。测量时，不需断开被测电路，只要用手柄将铁芯张开套上被测导线，这根导线就能成为电流互感器的初级绕组，因而在副绕组的电流表上就可以读出被测电路的电流。

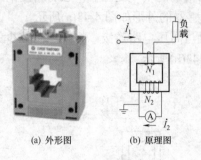

(a) 外形图　　　　(b) 原理图

图 4-44　电流互感器　　　　　　　　图 4-45　便携式钳形电流表

4.6　三相异步电动机正反转控制线路的设计过程

生产中经常要对电动机的运行进行控制，小型电动机可以直接通过开关控制，但是大多数电动机要通过控制线路和控制电器的控制来满足生产的需要，比如正反转运行等。生产中主要通过交流接触器实现对电动机的控制。主要控制设备有：交流接触器、常开(常闭)按钮、热继电器、熔断器、闸刀开关等。

1. 常用低压电器及其电路符号

低压电器通常是指交流 1200V 或直流 1500V 以下电路中，用来控制与保护用电设备的电器。低压控制电器广泛应用于电力拖动系统和自动控制系统。

1) 闸刀开关

常见的三刀闸刀开关的结构和符号如图4-46所示。闸刀开关一般不宜在带负载时切断电源，在继电控制线路中，只作隔离电源的开关用。用做电源开关的闸刀开关，其额定电流应大于电动机额定电流的 3 倍。

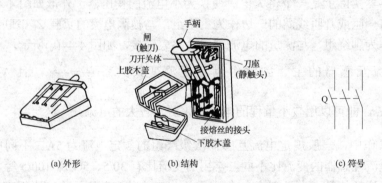

(a) 外形　　　　　(b) 结构　　　　　(c) 符号

图 4-46　闸刀开关的结构示意图及其符号

2)　按钮

按钮主要由桥式双断点的动触头和静触头及按钮帽和复位弹簧组成。根据结构的不同, 按钮可分为启动按钮、停止按钮和复合按钮。按钮的外形、结构、符号和名称如图 4-47 所示。

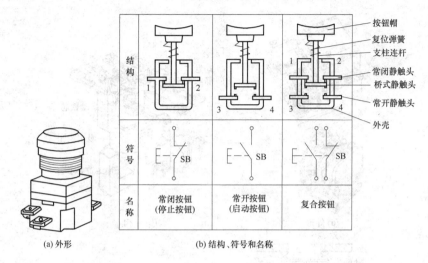

图 4-47　按钮开关的外形、结构、符号和名称

3)　熔断器

熔断器主要用于短路保护。由于熔断器串联在被保护的电路中, 所以当过大的短路电流流过易熔合金制成的熔体(熔丝或熔片)时, 熔体因过热而迅速熔断, 从而达到保护电路及电气设备的目的。各种熔断器的结构、外形及图形符号如图 4-48 所示。

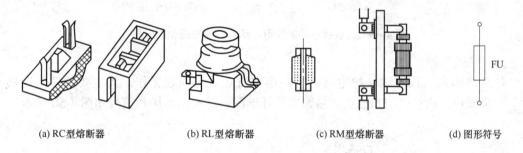

(a) RC型熔断器　　　　(b) RL型熔断器　　　　(c) RM型熔断器　　　　(d) 图形符号

图 4-48　熔断器的外形结构和图形符号

4)　交流接触器

交流接触器是一种自动控制电器, 主要由电磁系统、触头系统和灭弧装置组成。电磁系统包括线圈、静铁芯和动铁芯(衔铁)。一般静铁芯是固定不动的, 动铁芯在接触器线圈通电时, 在电磁吸力作用下向静铁芯移动; 线圈断电时, 在复位弹簧作用下恢复到原来位置。接触器的动触点与动铁芯直接相连, 当动铁芯移动时, 拖动动触点作相应的移动。交流接触器的外形、结构、原理图及图形符号如图 4-49 所示。

交流接触器的触点分为主触点和辅助触点。主触点通常为 3 对常开(动合)触点, 它的接触面积较大, 带有灭弧装置, 所以允许通过较大的电流; 辅助触点既有常开(动合)触点, 也有常闭(动断)触点, 辅助触点接触面积较小, 不带有灭弧装置, 所以允许通过的电流也就较小。

无论是主触点还是辅助触点,都因连接在动铁芯上而与其同步动作。当吸引线圈通电时,动铁芯克服复位弹簧作用力向静铁芯移动,拖动触点动作,其常闭(动断)触点断开,常开(动合)触点闭合,从而完成电气设备所要求的控制。

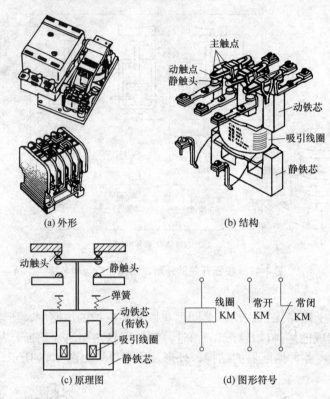

图 4-49　交流接触器的外形、结构、原理图和图形符号

5)　热继电器

　　热继电器是一种过载保护电器,它利用电流热效应原理工作,其主要部件是发热元件、双金属片、执行机构和触点。热继电器外形图、结构示意图和符号如图 4-50 所示。

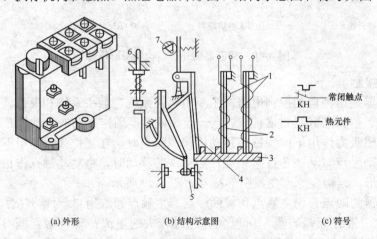

图 4-50　热继电器的外形、结构示意图和符号

1—热元件；2—双金属片；3—导板；4—补偿金属片；5—常闭触点；6—复位按钮；7—推杆

在图 4-50(b)中，热元件 1 是电阻不太大的电阻丝，接在电动机的主电路中。热元件绕在上端固定于外壳上的双金属片 2 上，热元件和双金属片要绝缘。双金属片是由两种不同膨胀系数的金属碾压而成，每个双金属片的右片比左片膨胀系数大。当主电路中的电流超过允许值一段时间后，热元件发热使双金属片膨胀而向左弯曲，通过导板 3 推动补偿金属片 4 向左移，使得常闭触点 5(串联在控制回路中)断开，切断接触器线圈电路，从而使主电路断电。热继电器触点动作后，由于热元件断电而使双金属片冷却后动触点自动复位；如双金属片冷却后动触点不能自动复位，按下手动复位按钮 6 即可使动触点复位。

2. 电气控制原理图及绘制

各种生产机械，为满足生产工艺的要求，拖动电动机的动作是多样的，其继电控制电路也各不相同；但无论是怎样的继电接触控制电路，都可以用原理图和接线图表示。由于原理图便于说明电路的工作原理，又容易理解，便于分析和设计，因此，除安装、接线和故障检查外，大多采用原理图。

电气原理图分为主电路和辅助电路两部分。主电路是电源和负载相连的电路部分。在主电路中有启动电器、熔断器、热继电器的热元件、接触器的主触头等。主电路中的电流较大。辅助电路包括控制电路、照明电路和信号电路等，控制电路的主要元件有按钮、接触器线圈和辅助触头等，流过的电流较小。在绘制、识读电气原理图时应遵循下述原则。

(1) 应将主电路、控制电路、指示电路、照明电路分开绘制。

(2) 电源电路应绘成水平线，而受电的动力装置及其保护电路应垂直绘出。控制电路中的耗能元件(如接触器和继电器的线圈、信号灯、照明灯等)应画在电路的下方，而电器触点应放在耗能元件的上方。

(3) 在原理图中，各电器的触点应是未通电的状态，机械开关应是循环开始前的状态。

(4) 图中从上到下，从左到右表示操作顺序。

(5) 原理图应采用国家规定的国标符号。在不同位置的同一电器元件应标有相同的文字符号。

(6) 在原理图中，若有交叉导线连接点，要用小黑圆点表示，无直接电联系的交叉导线则不画出小黑圆点。在电路图中，应尽量减少或避免导线的交叉。

3. 电动机的点动控制电路

所谓点动控制，就是按下启动按钮电动机转动，松开按钮电动机就停止转动的控制方法。这种控制方法在工业中应用很多，如机床工作台的上下移动等。

图 4-51 所示的是鼠笼式电动机点动控制原理图。在主电路中，有组合开关(或闸刀开关)Q、熔断器 FU 和接触器 KM 的三个触点。在控制电路中，有按钮 SB 和接触器线圈 KM。

当电动机需要点动时，先合上组合开关 Q，按下按钮 SB，控制电路中的接触器 KM 通电，其三个主触点闭合，电动机接通电源而运转。松开按钮 SB 后，接触器 KM 失电，接触器动铁芯释放，三个主触点恢复常态，电动机停转。

多数生产机械往往要求较长时间的连续运行，只有一个点动的基本控制环节是不够的。例如，水泵、通风机、机床等，不能一直靠按着点动按钮来工作，必须配有启动控制环节；要停止时，为了不经常地扳动组合开关，也必须配有停止控制环节；考虑到以上两个环节时，这就构成了起停控制电路。图 4-52 为起停控制原理图。

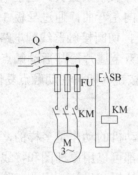

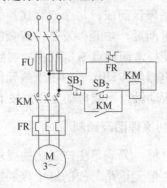

图 4-51　点动控制电路　　　图 4-52　鼠笼式电动机直接起停控制电路

4. 正、反转控制电路设计思路

在生产实际中，经常要求生产机械改变运动方向，如工作台的前进、后退，电梯的上升、下降，这就要求电动机能够实现正反转。对于三相异步电动机，利用两个接触器改变电动机定子绕组的电源相序就可以实现。KM_1 为正转接触器，KM_2 为反转接触器。电路控制过程如下。

1)　正转

按正转按钮 SB_1→KM_1 线圈得电→KM_1 辅助触点自锁→KM_1 主触点接通→电动机 M 正转。

2)　停止

按停止按钮 SB_2→KM_1 线圈失电→KM_1 主触点释放，电动机 M 断电停止。

3)　反转

按反转按钮 SB_3→KM_2 线圈得电→KM_2 辅助触点自锁→KM_2 主触点接通→电动机 M 反转。

注意：按正转按钮 SB_1 时 KM_2 线圈不能得电，按反转按钮 SB_3 时 KM_1 不能得电，按停止按钮 SB_2 时线圈 KM_1、KM_2 都不能得电。据此绘制出电动机正反转控制线路图。

4.7　拓　展　实　训

4.7.1　单相电容式电动机的故障检修

1. 实训目的

(1)　学会单相电容式异步电动机的电气故障检修方法。
(2)　学会单相电容式异步电动机的机械部分故障检修方法。

2. 实训设备与器材

单相电容式电动机 1 台、钢丝钳、试电笔、万用表、兆欧表、转速表、螺丝刀、活动扳手、电烙铁等。

3. 实训内容

1)　未通电前的工作

(1)　记录电动机铭牌数据。

(2)　检查接线、螺帽及清洁卫生。

(3)　绝缘电阻的测量。

(4)　直流电阻的测量。

2)　机械检查

(1)　观察定子、转子、摇头箱(对电风扇)、转轴、端盖、轴承、防护罩等，看是否有明显故障。

(2)　检查轴承磨损程度，清洗上油。

(3)　检查转轴磨损程度，确定是否有必要换转轴。

3)　通电检查

(1)　测量空载电流。

(2)　测量电动机的转速。

(3)　观察电动机的升温情况。

(4)　记录上述数据。

4.7.2　小型变压器的测试

1. 实训目的

(1)　掌握变压器空载特性和负载特性的测量方法。

(2)　掌握变压器变比和电压调整率 ΔU 的测量方法。

(3)　掌握变压器短路电压、损耗与效率的测量方法。

(4)　掌握变压器直流电阻和绝缘电阻的测量方法。

2. 实训设备与器材

小型变压器 1 台、自耦变压器 1 台、万用表 1 只、交流电压表 1 只、交流电流表 1 只、兆欧表 1 只、功率表 2 只、滑杆电阻器(75Ω/10A)、单联明装开关 2 个。

3. 实训内容

1)　测量变压器的空载特性

变压器的空载特性测试电路如图 4-53 所示。图中，T_1 为自耦变压器；T_2 为待测小型变压器。开关 S_1 闭合，S_2 断开，调节自耦变压器，使电压表读数从 0 逐渐增加到 240V，观察并逐次记录 U_1 与 I_0 的值填入表 4-4 中，再以 U_1 为纵坐标、I_0 为横坐标逐点作图，就可以得到如图 4-54 所示的变压器的空载特性曲线。

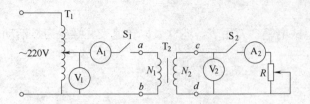

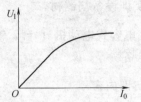

图 4-53　变压器的空载特性测试电路　　　　图 4-54　变压器的空载特性曲线

表 4-4　变压器空载特性测量数据

U_1/V	0	10	30	60	120	160	200	220	240
I_0/A									

2)　测量变压器的负载特性(外特性)

测试电路如图 4-53 所示，开关 S_1、S_2 闭合。测量数据填入表 4-5 中。根据表 4-5 中的数据计算变压器的变比；根据表 4-5 中数据计算变压器的电压调整率 ΔU（$\Delta U = \dfrac{U_{20} - U_2}{U_{20}} \times 100\%$）。

表 4-5　变压器外特性测量数据

I_2/A	0	0.1	0.2	0.3	0.4	0.5	0.6	0.7	0.8
U_2/V									
I_1/A									

3)　测量变压器的短路电压

按图 4-55 所示测量电路测量变压器的短路电压。

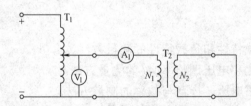

图 4-55　变压器短路电压的测量电路

4)　测量变压器的损耗与效率

按图 4-56 所示测量电路测量变压器的损耗与效率。

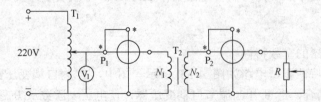

图 4-56　变压器损耗与效率的测量电路

5) 测量变压器的直流电阻和绝缘电阻

用万用表欧姆挡分别测量变压器原边绕组和副边绕组的直流电阻 R_1 和 R_2，用兆欧表测量各绕组间和它们对铁芯(地)的绝缘电阻。

本 章 小 结

(1) 三相异步电动机定子绕组通上三相交流电后产生旋转磁场，转子产生感应电流并在旋转磁场作用下与磁场同方向转动。由于转子始终与旋转磁场同向旋转，又总是慢于磁场转速，故称为"异步"电动机。改变电源相序可以改变电动机转向，转子转向与旋转磁场转向一致，但存在转速差，用转差率 s 表示。

异步电动机启动时，旋转磁场与转子之间相对转速很大，导致转子和定子电流比正常运行时增加很多。为了限制启动电流，常采用 Y-△ 换接降压或自耦变压器降压启动。

(2) 直流电动机定子上装有励磁绕组，通直流电后产生恒定不动的磁场，转子上装有电枢绕组和换向器。输入电枢绕组的直流电通过换向器换向，使磁场中旋转电枢导体受力总是一个方向，即产生一致的电枢转矩，使电动机沿一个方向旋转。直流电动机具有可逆性。由原动机拖动它转动，就成为发电机。按励磁绕组与电枢绕组间连接方式的不同直流电动机可分为他励、并励、串励和复励等四种。并励直流电动机机械特性比较硬。

直流电动机具有良好的启动和调速性能。为限制启动电流，启动要满励磁，同时可调节电枢电路中启动电阻或降低电枢端电压。可通过改变电枢电流或励磁电流的方向来改变电动机转向。可增加电枢电路或励磁电路的调节电阻，使转速下降或上升，也可降低电枢两端的电压，使转速下降。

(3) 变压器是利用电磁感应原理进行能量传输的一种元器件，它具有变压、变流、变阻抗的作用，常应用于输配电、通信等电路的阻抗匹配。

自耦变压器的初、次级线圈共用一个绕组，其初、次级线圈绕组之间不仅有磁耦合，而且有电的直接联系。多绕组变压器具有一个初级线圈绕组，若干个次级线圈绕组，它可以同时提供若干种不同大小的电压输出。专门用在测量仪器和保护设备上的变压器称为仪用互感器，分为电压互感器和电流互感器两种。

思考题与习题

1. 三相异步电动机的定子和转子主要由哪些部分组成，各起什么作用？

2. 简述三相异步电动机的转动原理，如何改变旋转磁场的方向？

3. 三相异步电动机的"异步"含义是什么？什么是三相异步电动机的转差率？电动机转速增大时，转差率如何变化？

4. 为什么容量大的鼠笼式异步电动机通常采用降压启动？线电压为 380V，星形连接的三相异步电动机能否采用 Y-△降压启动的方法启动？为什么？

5. 三相异步电动机有几种调速方法？各适用于哪种类型的电动机？

6. 若供电电源频率 f=50Hz，三相异步电动机的转速能否高于 3000r/min？为什么？

7. 电动机铭牌上标有 380V/220V 两种电压和 Y/△两种接法，试问当采用不同的接法时，电动机的额定电流、额定转速和额定功率如何变化？

8. 已知三相异步电动机的额定转速为 1440r/min，电源频率为 50Hz，求电动机的磁极对数和额定转差率；当转差率由 0.6%变到 0.4%时，试求电动机转速的变化范围。

9. 已知三相异步电动机在额定状态下运行，转速为 1430r/min，电源频率为 50Hz，求：

(1) 极对数。

(2) 额定转差率 S_N。

(3) 额定运行时转子电势的频率 f_2。

(4) 额定运行时定子旋转磁场对转子的转差率。

10. 已知一台三相异步电动机的转速 n_N=960r/min，电源频率 f=50Hz，转子电阻 R_2=0.03Ω，感抗 X_{20}=0.16Ω，E_{20}=25V，试求额定转速下转子电路的 E_2、I_2 及 $\cos\phi_2$。

11. 已知一台三相异步电动机，其额定功率 P_N=7.5 kW，额定转速 n_N=1450r/min，启动能力 T_{st}/T_N=1.4，过载能力 T_m/T_N=2，试求该电动机的额定转矩、启动转矩和最大转矩。

12. 已知一台三相异步电动机的部分数据如下：P_N=3kW，U_N=220V/380V，I_N=11A/6.34A，f=50 Hz，n_N=2880r/min，η_N=0.825，I_{st}/I_N=6.5，T_{st}/T_N=2.4，试求：

(1) 极对数 p。

(2) 额定转差率 s_N 和额定情况下的转子频率 f_2。

(3) 额定功率因数 $\cos\phi_N$。

(4) 额定转矩 T_N、启动电流 I_{st}。

(5) 在电源线电压为 220 V 时，用 Y-△启动法的启动电流 I_{st} 和启动转矩 T_{st}。

13. 已知一台三相异步电动机，部分额定数据如下：P_N=10kW，n_N=1450r/min，电压为 380V，$\cos\phi_N$=0.87，η_N=87.5%，I_{st}/I_N=7，T_{st}/T_N=1.4，T_m/T_N=2，试求：

(1) 额定转差率 s_N。

(2) 额定电流 I_N 和启动电流 I_{st}。

(3) 额定输入电功率 P_1。

(4) 额定转矩 T_N ；最大转矩 T_m 和启动转矩 T_{st}。

(5) △-Y 启动时的启动电流 I_{st} 和启动转矩 T_{st}。

(6) 负载转矩分别为额定转矩 T_N 的 65%和 40%时，电动机能否启动？

14. 有一台三相异步电动机，其输出功率 P_2=30kW，I_{st}/I_N=7。如果供电变压器的容量为 500kV·A，问可否直接启动？

15. 有一台 Y225M-4 型三相异步电动机，其额定数据如下：P_N=46kW，U_N=380V，I_N=84.2A，n_N=1480r/min，I_{st}=7.0I_N，T_{st}=1.9T_N。今采用自耦变压器降压启动，设启动时，电动机的端电压降到电源电压的 60%，试求：

(1) 电动机的启动电流和线路上的启动电流。

(2) 电动机的启动转矩。

(3) 若负载转矩 T_L 为 250N·m，电动机能否启动？

16. 有一并励直流电动机，已知 R_a=0.2Ω，R_1=220Ω，U=220V，如果输入功率为 12.1kW，求电动势和所产生的全部电功率？

17. 变压器的基本组成部分是什么？变压器的主要功能有哪些？

18. 铁芯线圈中的损耗有哪些？各是什么原因造成的？

19. 自耦变压器有何特点？仪用变压器有何特点？适用于什么场合？

20. 若在一个变压比为 120/20 的变压器的初级接上 20V 的直流电压，变压器次级的电压为多大？会出现什么问题？

21. 一单相变压器一次绕组接 220V 交流电源，空载时二次绕组的电压表读数为 55V。若一次绕组匝数为 100 匝，问：

(1) 二次绕组匝数为多少？该变压器是升压变压器还是降压变压器？

(2) 当二次绕组接 R_L=54Ω 负载时，变压器的一次、二次绕组电流各为多少？

22. 有一单相变压器，一次绕组接 3300V 交流电压时，二次绕组电压为 220V，若一次绕组额定电流为 10A，则二次绕组可接多少盏 220V/40W 的日光灯？

23. 收音机输出电路的电阻为 600Ω，通过一次绕组匝数为 100 的变压器，与 8Ω 的扬声器达到阻抗匹配。若扬声器阻抗变为 4Ω，且仍能获得最大功率，此时变压器匝数比为多少？比原来增加还是减小？

24. 有一变压器，其初级电压为 2200V，次级电压为 220V，接上一纯电阻负载后，测得次级电流为 15A，变压器的效率为 90%，试求：

(1) 初级电流。

(2) 变压器初级从电源吸收的功率。

(3) 变压器的损耗功率。

25. 有一台单相自耦变压器，初级线圈匝数为 550，接在 220V 的交流电源上。若次级要得到 132V 的电压，问次级线圈应该为多少匝？

26. 一电源变压器的初级额定电压为 220V，次级有两个线圈绕组，其电压分别是 55V 和 11V，若初级线圈有 200 匝，问次级线圈的匝数各是多少？若初级额定电流为 1.5A，则次级线圈的额定电流各是多少？

27. 如图 4-57 所示，输出变压器的二次绕组有中间抽头，以便接 8Ω 或 3.5Ω 的扬声器，两者都能达到阻抗匹配。试求二次绕组两部分匝数比 $\dfrac{N_2}{N_3}$。

28. 图 4-58 所示为一电源变压器。一次绕组有 550 匝，接 220V 电压。二次绕组有两个：一个电压为 36V，负载为 36W；另一个电压为 12V，负载为 24W。两个都是纯电阻负载。试求一次侧电流 I_1 和两个二次绕组匝数。

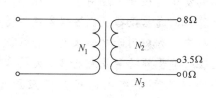

图 4-57　题 27 图

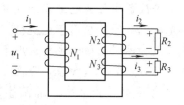

图 4-58　题 28 图

第 5 章　常用电子器件及其应用

本章要点 ▍▍

- 掌握二极管的工作特性及其常见应用电路。
- 掌握三极管的工作特性及其三种基本放大电路。
- 理解多级放大电路和差动放大电路的工作原理及特点。
- 能够正确分析并计算三极管共射极放大电路、多级放大电路和差动放大电路的电压放大倍数、输入电阻和输出电阻。
- 了解场效应管的工作原理及其放大电路。
- 掌握晶闸管的工作原理及其应用电路。

技能目标 ▍▍

- 会分析并设计简单的整流电路和稳压电路。
- 能够分析并设计单级放大电路。
- 会用万用表对二极管、三极管进行正确测试。
- 会用万用表判断场效应管、晶闸管的好坏和各个引脚。
- 具备设计和制作一个简单收音机的能力。
- 灵活运用各种电子器件，掌握设计电路的一般思路和方法。

主要理论及工程应用导航 ▍▍

本章主要讲述了二极管的工作原理及其整流电路、稳压电路等，三极管的工作原理及其三种基本放大电路、多级放大电路、差动放大电路、场效应管及其放大电路和晶闸管的工作原理及其应用电路。它们以体积小、质量小、功耗小、寿命长、可靠性高等优点在近年获得了迅猛发展，在计算机、工业自动检测、通信、航天等方面获得了广泛应用，主要表现为：二极管种类繁多，如应用于半导体收音机、电视机及通信等设备的小信号电路中的检波二极管，应用于电动机自控电路、变压器及各种低频整流电路中的整流二极管，应用于稳压电路、过电压保护电路和电弧抑制电路中的稳压二极管，应用于各种电子电路、家电、仪表等设备中作为电源指示或电平指示的发光二极管，应用于光电探测器和光通信等领域的光电二极管，应用于电视机、家用计算机、通信设备及仪器仪表及各类高频电路中的开关二极管等；三极管主要应用于放大电路中，如应用于功率放大、音频放大以及控制电路中；场效应管中 CMOS 场效应管广泛应用于音频功率放大电路、大屏幕彩色电视机、开关电源等电子产品中；晶闸管因其工作过程可以控制而被广泛应用于可控整流、交流调压、无触点电子开关、逆变及变频等电子电路中。

5.1　半导体二极管

5.1.1　半波整流电路设计

目前，人们多用荧光灯照明，但是由于荧光灯长时间点燃，再加上电源电压不稳定，经常造成荧光灯烧毁损坏。另外，荧光灯受电压、气候、环境温度的影响特别大，尤其在气温低、电压低时，电流小，灯丝预热不行，易造成启动困难，灯光忽明忽暗。试设计一个半波整流电路，改善上述问题。

1. 设计目的

通过设计荧光灯的半波整流电路，掌握单相半波整流电路的组成和工作原理。

2. 设计内容

选择合适的二极管，设计一个单相半波整流电路，改善荧光灯照明中存在的问题。

思考：什么是二极管？它是如何工作的？

5.1.2　二极管工作原理与特性参数

1. 半导体与 PN 结

半导体是导电能力介于导体和绝缘体之间的物质，具有热敏、光敏和掺杂特性。常见的三种半导体材料是硅(Si)、锗(Ge)和碳(C)。不含有任何杂质的半导体材料称为本征半导体。本征半导体属于理想的晶体，在热激发的作用下，其内部会产生自由电子或空穴等载流子。在硅或锗等本征半导体中掺入微量的磷、砷等五价元素，就变成了以电子为多数载流子的半导体，称为 N 型半导体；若掺入微量的硼、镓或铝等三价元素，就变成了以空穴为多数载流子的半导体，称为 P 型半导体。如果通过特殊的扩散制作工艺，将一块本征半导体的一半掺入微量的五价元素，变成 N 型半导体，而将另一半掺入微量的三价元素，变成 P 型半导体，由于多数载流子的扩散运动，则 P 型半导体区和 N 型半导体区的交界面两侧形成空间电荷层。靠近 N 型半导体的一侧由于失去电子而带正电，靠近 P 型半导体的一侧由于失去空穴而带负电，形成一个由 N 区指向 P 区的电场，这个电场称为内电场，它对 P 型区和 N 型区的多数载流子的扩散运动产生阻力。该空间电荷层因为缺少可以自由运动的载流子，所以又称为耗尽层，如图 5-1 所示。

2. 二极管工作原理

二极管就是一个由 P 型半导体和 N 型半导体形成的 PN 结。

当不存在外加电压时，PN 结两边载流子浓度差引起的扩散电流和内电场引起的漂移电流相等而处于电平衡状态。通常我们把 P 端称为二极管的正极，N 端称为二极管的负极，用字母 D 表示二极管。若将二极管的正极接高电位，负极接低电位，如图 5-2 所示，这种连接方式称为正向偏置，反之，则称为反向偏置。

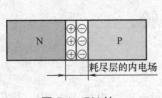

图 5-1　PN 结

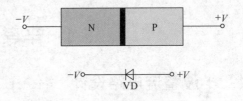

图 5-2　二极管正向偏置

正向偏置时，外界电场和内电场产生互相抵消的作用，使得载流子的扩散电流增加，从而引起正向电流。必须说明的是，当加在二极管两端的正向电压很小时，流过二极管的正向电流十分微弱，二极管不能导通。只有当正向电压达到某一数值(这一数值称为"门槛电压")以后，二极管才能导通。

反向偏置时，外界电场和内电场产生互相加强的作用，使得二极管中几乎没有电流流过，处于截止状态。但是，当反向偏置的电压高到某一数值(这一数值称为"反向击穿电压")时，PN 结空间电荷层中的电场强度达到临界值，会产生大量电子空穴对，形成数值很大的反向击穿电流，称为二极管的击穿。

由上述可知，二极管的特性就是单方向导电性，即二极管两端加正向偏置电压时，二极管才导通，电流从二极管的正极流入，负极流出。

3. 二极管的主要参数

用来表示二极管的性能好坏和适用范围的技术指标，称为二极管的参数。不同类型的二极管有不同的参数，下面介绍几个主要的参数。

1) 额定正向工作电流 I_F

I_F 是指二极管长期连续工作时允许通过的最大正向电流值。因为电流通过管子时会使管芯发热，温度上升，温度超过容许限度(硅管为 140℃左右，锗管为 90℃左右)时，就会使管芯过热而损坏。所以，二极管在使用中，其电流不要超过额定正向工作电流值。例如，常用的 IN4001-4007 型锗二极管的额定正向工作电流为 1A。

2) 正向电压降 V_F

V_F 是指二极管导通后，其两端产生的电压降，如锗管约为 0.3V，硅管约为 0.7V。在一定的正向电流下，二极管的正向电压降越小越好。

3) 最高反向工作电压 V_R

V_R 是指二极管在工作中所能承受的最大反向电压值，略低于二极管的反向击穿电压 V_B。例如，IN4001 二极管的最高反向工作电压为 50V，IN4007 的为 1000V。

4) 反向电流 I_R

反向电流是指二极管在规定的温度和最高反向电压作用下，流过二极管的反向电流。反向电流越小，管子的单方向导电性能越好。值得注意的是，反向电流与温度有着密切的关系，大约温度每升高 10℃，反向电流增大 1 倍。例如，2AP1 型锗二极管，在 25℃时反向电流若为 250μA，温度升高到 35℃，反向电流将上升到 500μA，依此类推，在 75℃时，它的反向电流已达 8mA，不仅失去了单方向导电特性，还会使管子过热而损坏。又例如，2CP10 型硅二极管，25℃时反向电流仅为 5μA，温度升高到 75℃时，反向电流也不过 160μA。故硅二极管比锗二极管在高温下具有更好的稳定性。

5.1.3　常见二极管及其应用

二极管种类有很多，按照所用的半导体材料，可分为锗二极管(Ge 管)和硅二极管(Si 管)。根据其不同用途，可分为检波二极管、整流二极管、稳压二极管、开关二极管等。按照管芯结构，又可分为点接触型二极管、面接触型二极管及平面型二极管。点接触型二极管是用一根很细的金属丝压在光洁的半导体晶片表面，通以脉冲电流，使触丝一端与晶片牢固地烧结在一起，形成一个"PN 结"。由于是点接触，所以只允许通过较小的电流(不超过几十毫安)，且其适用于高频小电流电路，如收音机的检波等。面接触型二极管的"PN 结"面积较大，允许通过较大的电流(几安培到几十安培)，主要用于把交流电变换成直流电的"整流"电路中。平面型二极管是一种特制的硅二极管，它不仅能通过较大的电流，而且性能稳定可靠，多用于开关、脉冲及高频电路中。

下面简要地介绍常见二极管及其应用情况。

1. 检波二极管

检波二极管也称解调二极管，它利用单向导电性将高频或中频无线电信号中的低频信号或音频信号检出来。其工作频率较高，处理信号幅度较弱，被广泛应用于半导体收音机、电视机及通信设备等的小信号电路中。目前，常见的国产检波二极管有 2AP 系列锗玻璃封装二极管，如图 5-3 所示。

2. 整流二极管

整流二极管利用单向导电性将交流电变成直流电。它有金属封装、塑料封装、玻璃封装等多种形式，如图 5-4 所示，广泛应用于电动机自控电路、变压器及各种低频整流电路中。

整流二极管除有硅管和锗管之分外，还可分为高频整流二极管、低频整流二极管、大功率整流二极管和中小功率整流二极管。目前，国产低频整流二极管有 2CP 系列、2DP 系列和 2ZP 系列；高频整流二极管有 2CZ 系列、2CP 系列、2CG 系列和 2DG 系列等。

3. 稳压二极管

稳压二极管也称齐纳二极管或反向击穿二极管。它利用二极管在反向击穿后，在一定反向电流范围内反向电压不随反向电流变化这一特性进行稳压，广泛应用于稳压电路、过电压保护电路和电弧抑制电路等。

稳压二极管既有普通二极管的单向导电性，又可工作于反向击穿状态。在反向电压较低时，稳压二极管截止；当反向电压达到一定数值时，反向电流突然增大，稳压二极管进入击穿区，此时反向电流在很大范围内变化，稳压二极管两端的反向电压基本保持不变。但若反向电流大到一定程度时，稳压二极管会被彻底击穿而损坏。

稳压二极管根据其封装形式可分为金属封装、玻璃封装和塑料封装；按其电流容量可分为大功率(2A 以上)和小功率稳压二极管(1.5A 以下)；按内部结构可分为单稳压二极管和双稳压二极管。常见的国产稳压二极管有 2CW 系列和 2DW 系列，如图 5-5 所示。

图 5-3　检波二极管

图 5-4　整流二极管

图 5-5　稳压二极管

4. 开关二极管

开关二极管是利用单向导电性制成的电子开关,如图 5-6 所示。它具有良好的高频开关特性,广泛应用于电视机、家用计算机、通信设备及仪器仪表及各类高频电路中。

5. 发光二极管

发光二极管(LED)是一种由磷化镓(GaP)等半导体材料制成的、能直接将电能转变成光能的发光显示器件,如图 5-7 所示。当其内部有一定电流通过时,它就会发光,因此被广泛应用于各种电子电路、家电、仪表等设备中,作电源指示或电平指示。

发光二极管按其使用材料可分为磷化镓(GaP)发光二极管、磷砷化镓(GaAsP)发光二极管、砷化镓(GaAs)发光二极管、磷铟砷化镓(GaAsInP)发光二极管和砷铝化镓(GaAlAs)发光二极管等多种;按其封装结构及封装形式可分为金属封装、陶瓷封装、塑料封装、树脂封装和无引线表面封装等。塑封发光二极管按管体颜色又可分为红色、琥珀色、黄色、橙色、浅蓝色、绿色、黑色、白色、透明无色等多种。另外,发光二极管还可分为普通单色发光二极管、高亮度发光二极管、超高亮度发光二极管、变色发光二极管、闪烁发光二极管、电压控制型发光二极管、红外发光二极管和负阻发光二极管等。

6. 光电二极管

光电二极管又称光敏二极管,它利用光生伏特效应把光信号转化为电信号,如图 5-8 所示。即当二极管受到光照时,即使没有外加偏压,PN 结也会产生光生电动势,使外接电路中有光电流通过。因此在设计和制作时尽量使 PN 结的面积相对较大,以便接收入射光。光电二极管是在反向电压作用下工作的,没有光照时,反向电流极其微弱,称为暗电流;有光照时,反向电流迅速增大到几十微安,称为光电流。光照的变化引起光电二极管电流变化,把光信号转换成电信号,它广泛应用于光电探测器和光通信等领域。

图 5-6　开关二极管

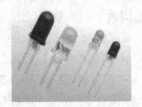
图 5-7　发光二极管

图 5-8　光电二极管

7. 肖特基二极管

肖特基二极管，又称肖特基势垒二极管(简称 SBD)，如图 5-9 所示。它是一种低功耗、超高速半导体器件。最显著的特点为反向恢复时间极短(可以小到几纳秒)，正向导通压降仅 0.4V 左右，是高频和快速开关的理想器件，其工作频率可达 100GHz，多用于高频、低压、大电流整流二极管、续流二极管、保护二极管，也可用在微波通信等电路中作整流二极管、小信号检波二极管使用。

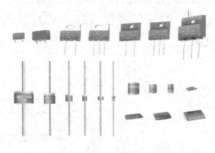

图 5-9　肖特基二极管

5.1.4　二极管整流电路

利用二极管的单向导电性，将交流电转化为单向脉动直流电的电路，称为整流电路。常见的整流电路有单相半波、单相全波和单相桥式整流电路，下面将分别介绍。

1. 单相半波整流电路

二极管单相半波整流电路及其输入输出波形如图 5-10 所示。

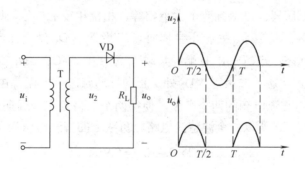

图 5-10　单相半波整流电路

当 u_2 为正半周期时，二极管 VD 处于正向导通状态，电流流过负载 R_L，负载上的电压 $u_o = u_2$。当 u_2 为负半周期时，二极管 VD 处于反向截止状态，没有电流流过负载 R_L，负载上的电压 $u_o = 0$。

由于二极管的单向导电作用，使负载上电流大小变化但方向不改变，称为脉动直流，负载电压也是单向脉动电压，其平均值即负载上的直流电压

$$U_o = 0.45 \dot{U}_2 \tag{5-1}$$

式中：$\dot{U}_2$ 为变压器二次侧交流电压有效值，则负载上的直流电流为

$$I = \frac{U_{\mathrm{o}}}{R_{\mathrm{L}}} = \frac{0.45\dot{U}_2}{R_{\mathrm{L}}} \tag{5-2}$$

半波整流电路实现了交流到直流的转换，但是输出电压比输入电压少了一半，电源利用率低、负载电压脉动大，一般用于降压电路中。

2. 单相全波整流电路

二极管单相全波整流电路及其输入输出波形如图 5-11 所示。它由具有中心抽头的变压器和两只二极管 VD_1、VD_2 组成，其中二极管 VD_1、VD_2 的正极分别接在变压器次级绕组的两端，它们的负极接在一起。

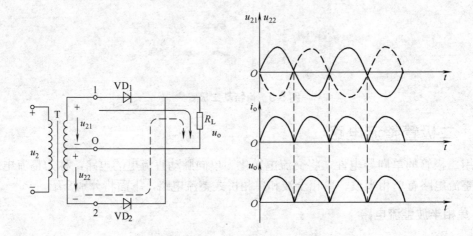

图 5-11　单相全波整流电路

利用中心抽头变压器，可得到两个大小相等、相位相反的电压，即 $u_{21} = -u_{22}$，其波形分别用实线和虚线表示。当 u_{21} 处于正半周时，二极管 VD_1 处于正向导通状态，二极管 VD_2 处于反向截止状态，电流 i_1 由 1 端经负载 R_{L} 流回中点 O；当 u_{21} 处于负半周时，二极管 VD_1 处于反向截止状态，二极管 VD_2 处于正向导通状态，电流 i_2 由 2 端经负载 R_{L} 流回中点 O。因此，利用交流电源的两个半波，使得两个二极管在一周期内轮流导通，在负载上得到方向一致的电流，所以称全波整流电路。负载上的直流电压为

$$U_{\mathrm{o}} = 2 \times 0.45\dot{U}_2 = 0.9\dot{U}_2 \tag{5-3}$$

则负载上的直流电流为

$$I = \frac{U_{\mathrm{o}}}{R_{\mathrm{L}}} = \frac{0.9\dot{U}_2}{R_{\mathrm{L}}} \tag{5-4}$$

流过二极管 VD_1 和 VD_2 的电流相等，即

$$I_1 = I_2 = \frac{1}{2}I \tag{5-5}$$

3. 单相桥式整流电路

二极管单相桥式整流电路如图 5-12 所示，由变压器和四只二极管 VD_1、VD_2、VD_3 和

VD_4 组成。值得注意的是，四个二极管中 VD_1 和 VD_2 的负极接在一起，VD_3 和 VD_4 的正极接在一起，从 VD_1 和 VD_2 的负极处、VD_3 和 VD_4 的正极处接负载 R_L。

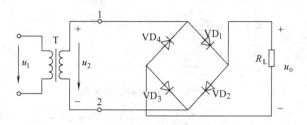

图 5-12　单相桥式整流电路

当 u_2 处于正半周时，二极管 VD_1 和 VD_3 正向导通，二极管 VD_2 和 VD_4 反向截止，电流由 1 端经 VD_1、负载 R_L 和 VD_3 流向 2 端；当 u_2 处于负半周时，二极管 VD_2 和 VD_4 正向导通，二极管 VD_1 和 VD_3 反向截止，电流由 2 端经 VD_2、负载 R_L 和 VD_4 流向 1 端。因此，无论 u_2 处于正半周还是负半周，都有电流流过负载，且电流方向不变，这与全波整流电路相同，不难看出，负载上的直流电压与直流电流也与全波整流电路相同，但是桥式整流电路比全波整流电路结构简单、易于实现。

比较上述三种整流电路，半波整流电路只用了一个二极管，电路简单，但电源的使用率低；全波整流电路用到了两个二极管和有中心抽头的变压器，电源利用率提高了，但中心抽头变压器的使用较麻烦；桥式整流电路用了四个二极管，电路简单，但四个二极管的接法要注意，避免造成短路或断路。它们各有自己的优点与缺点，各有自己的用途，要注意分辨，灵活使用。

实际中，由于整流电路输出的是单向脉动电压，含有较强的交流分量，接在电子设备上会产生不良的影响，甚至不能正常工作，故在整流电路和负载之间，并联上滤波电容以去掉交流分量，分别称为单相半波整流电容滤波电路和桥式整流电容滤波电路，图 5-13 所示是一个单相半波整流电容滤波电路。

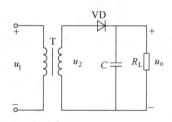

图 5-13　单相半波整流电容滤波电路

5.1.5　二极管稳压电路

上文已经讲到，稳压二极管是利用二极管在反向击穿后，在一定反向电流范围内反向电压不随反向电流变化这一特性进行稳压。一个典型的硅稳压管稳压电路如图 5-14 所示，它利用硅稳压管 VD_Z 和限流电阻 R 构成了一个简单并联型稳压电路。值得注意的是，稳压管一定要工作在反向工作状态，否则会因为稳压管正向导通形成短路而使输出电压趋于零。

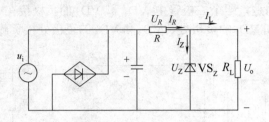

图 5-14　硅稳压管稳压电路

其稳压原理为：当负载电阻 R_L 不变而输入电压 u_i 增大时，必然引起输出电压 U_o 的增加，而稳压管两端的电压 $U_Z = U_o$，即稳压管两端电压 U_Z 增大，由于稳压管工作在反向击穿区，故其反向击穿电流 I_Z 随着 U_Z 的增加而增加，干路上的电流 $I_R = I_Z + I_L$ 增加，U_R 增加，使得输出电压 $U_o = U - U_R$ 减小，最终使得 U_o 基本保持不变。当输入电压 u_i 减小时，稳压调节的过程与此相反。

当输入电压 u_i 不变而负载电阻 R_L 增大时，必然引起输出电流 I_L 的减小，U_o 减小，则干路上的电流 $I_R = I_Z + I_L$ 也随之减小，U_R 减小，使得输出电压 $U_o = U - U_R$ 增大，最终使得 U_o 基本保持不变。当负载电阻减小时，稳压调节的过程与此相反。

总之，当输出电压一旦有微小变化时，利用与负载并联的稳压管中电流自动变化的调整作用和限流电阻 R 上的电压降的补偿作用，来保持输出电压基本不变。

5.1.6　带有半波整流器的照明电路设计过程

结合二极管单相半波电路的工作原理，针对荧光灯在温度或电压低的情况下，荧光灯丝经多次冲击闪烁仍不能启动，从而影响灯管使用寿命并经常烧毁损坏的问题，可在照明电路中串接一个整流二极管，利用其半波整流特性供电，限制了部分电流，间断照明的连续性并不影响人类照明需要，保证正常照明，同时可将荧光灯的实际使用寿命延长十几倍，减少了经常更换荧光灯的麻烦，电路元件原理图和实际接线图分别如图 5-15(a)、(b)所示。

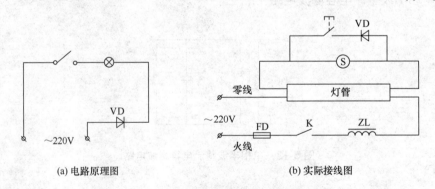

(a) 电路原理图　　　　　　　　　　　　　　(b) 实际接线图

图 5-15　带有半波整流器的照明电路

从图 5-15 中可看出，当把启动开关合上时，交流电经整流后，变成脉动直流电，通过荧光灯灯丝的电流较大，容易使管内气体电离。另外，这种脉动的直流波形，使整流器产生的自感电动势也较大。所以，一般 K 合上 1～4s 即断开，荧光灯随即启辉。K 可用电铃按钮，二极管可选用 2CP3、2CP4、2CP6 等。此法一般适用于功率较小的荧光灯，且由于启辉时电流较大，启动开关 K 不要按得太久。

小实验：组建一个简单的收音机。

实验目的：组建一个简单的收音机，理解收音机的工作原理和二极管的作用。

实验设备：环状天线，频率可变的电容，二极管 1N60，0.01μF 的旁路电容，电阻 10kΩ，晶体式或高阻抗电磁式耳机，电感线圈。

实验步骤：

(1) 焊接与组装。按图 5-16 所示连接电路，并在相关点处进行焊接。

(2) 接收信号。调节可变电容，反复进行，直到达到稳定的接收状态。

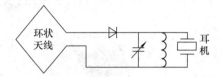

图 5-16　简单收音机的电路图(部分)

> 提示：(1) 接收信号时，除调节可变电容外，还可以调节环状天线的朝向。环状天线在捕捉到无线电波磁力线后产生感应电流，就能接收到信号；若磁力线不穿过环状天线，则收音机不能接收信号。这种特性被称为"方向性"。
>
> (2) 有时实验场所离电台很远或不在无线波覆盖区，可以将收音机拿到开着的电视机附近，将电视看成假想的无线电台，观察收音机的动静。

5.2　半导体三极管

5.2.1　三极管放大电路设计

在 5.1.6 节小实验中组建的收音机运行得怎么样？由于无线电波的接收效果比较差，有些地方听不到声音，需要加入一个放大电路。本节介绍如何设计一个三极管放大电路。

1. 设计目的

(1) 能根据一定的技术指标设计一个单级三极管放大电路，学习单级放大电路的一般设计方法，掌握放大器的安装与调试技术。

(2) 掌握晶体管放大电路静态工作点的设置和调试方法，掌握放大电路电压放大倍数、输入电阻、输出电阻及最大不失真输出电压的测试方法。

(3) 进一步掌握万用表、示波器、信号发生器和直流稳压电源等常用仪器的正确使用方法。

2. 设计内容

设计一个三极管放大电路，其中负载电阻 R_L=3kΩ，三极管参数见附录 A 中的 A.4 节，要求工作点稳定，电压放大倍数 $A_u \geqslant 70$，输出电压 $u_o \geqslant 2V$。

思考：什么是三极管？它如何实现放大？它与二极管有什么区别呢？

5.2.2 三极管的工作原理与特性

三极管又称晶体管，是组成各种电子电路的核心，其外形如图 5-17 所示。它的典型特征是具有三个电极，分别为基极(b)、发射极(e)和集电极(c)。三极管内部结构实质是两个具有单向导电性的 PN 结，即集电结和发射结，根据分层次序分为 NPN 型和 PNP 型两大类，其结构和符号分别如图 5-18 所示，通常用字母 VT 表示三极管。

图 5-17　三极管的外形

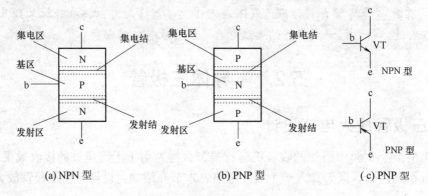

图 5-18　三极管的结构示意图和符号

1. 三极管工作原理

下面用图 5-19 所示的一个典型的三极管放大电路为例说明三极管内部载流子的运动规律和电流放大的工作原理。

(1) 发射区向基区扩散电子：由于发射结处于正向偏置，发射区的多数载流子(自由电子)不断扩散到基区，并不断从电源补充进电子，形成发射极电流 I_E。

(2) 电子在基区扩散和复合：由于基区很薄，其多数载流子(空穴)浓度很低，所以从发射极扩散过来的电子只有很少部分可以和基区空穴复合，形成比较小的基极电流 I_B，而剩下的绝大部分电子都能扩散到集电结边缘。

(3) 集电区收集从发射区扩散过来的电子：由于集电结反向偏置，可将从发射区扩散到基区并到达集电区边缘的电子拉入集电区，从而形成较大的集电极电流 I_C。

从三极管制造工艺上来看，它要求发射区多数载流子的浓度高，基区薄且掺杂浓度低，才能将较小的基极电流 I_B 放大为较大的发射极电流 I_E 或集电极电流 I_C，从而利用电流控制作用实现放大。这也是三极管实现放大作用的内部条件。

三极管实现放大作用的外部条件是：发射结正向偏置，集电结反向偏置，即要求直流电压源 V_{CC} 应大于 V_{BB}。另外，改变可调电阻 R_B，基极电流 I_B、集电极电流 I_C 和发射极电流 I_E 都会发生变化，且满足 KCL 定理 $I_E = I_B + I_C$。

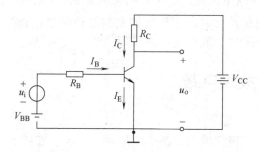

图 5-19　一个典型的三极管放大电路

2. 三极管特性曲线

图 5-20 所示为 NPN 三极管的共射输入和输出特性曲线。

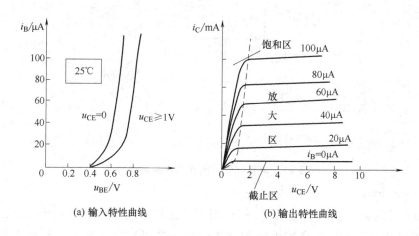

(a) 输入特性曲线　　　　(b) 输出特性曲线

图 5-20　NPN 三极管的共射输入和输出特性曲线

图 5-20(a) 反映了输入特性 $i_B = f(u_{BE})$（u_{CE} 是常数）。当 $u_{CE} = 0$ 时，基极和发射极之间相当于两个 PN 结并联，当 b、e 之间加正向电压时，三极管的输入特性相当于二极管的正向伏安特性。当 $u_{CE} > 0$ 时，发射区发射的电子只有一小部分在基区与空穴复合形成 i_B，大部分被集电极收集形成 i_C，故同样的 u_{BE} 下，i_B 比 $u_{CE} = 0$ 时减小很多，输入特性右移；并且 u_{CE} 大于某一个数值(如 $u_{CE} = 1V$)后，不同 u_{CE} 的各条输入特性重叠在一起，因此，常用 u_{CE} 大于某一个数值时的一条输入特性来代表大于该数值的所有 u_{CE} 的情况。

图 5-20(b) 反映了输出特性 $i_C = f(u_{CE})$（i_B 是常数）。一般地将 $i_B \leqslant 0$ 的区域称为截止区，此时 i_C 也近似为零，三极管处于截止状态，发射结和集电结都处于反向偏置。

在放大区内，各条输出特性曲线近似为水平的直线，即 i_B 一定时，i_C 一定，不随 u_{CE}

发生变化。当 $u_{CE} = 6V$ 时，i_B 由 20μA 增加到 40μA 时，相应的 i_C 由 0.8mA 增加到 1.5mA，可见三极管具有电流放大作用，这个放大系数称为共射电流放大系数，用 β 来表示，即 $\beta = \dfrac{\Delta i_C}{\Delta i_B}$，又因为 $i_B = 0$ 时 i_C 也近似为 0，故又可写为 $i_C = \beta i_B$。此时，三极管的发射结正向偏置，集电结反向偏置。

在图 5-20(b)中，靠近纵坐标处，三极管的集电极电流 i_C 不再随 i_B 变化，三极管失去放大作用，这种现象称为饱和，此时，三极管的发射结和集电结都处于正向偏置。三极管饱和时的管压降用 U_{CES} 来表示，一般小功率的硅三极管 $U_{CES}<0.4V$。

5.2.3 三极管基本放大电路

1. 共发射极放大电路

共发射极放大电路在三极管放大电路中应用最为广泛。在图 5-19 中省去基极直流电源 V_{BB}，将 u_i 和 V_{CC} 的一端接公共接地端，并加入电容 C_1、C_2 和负载电阻 R_L，即形成如图 5-21(a) 所示的单管共射放大电路，考虑到电容 C_1、C_2 的隔直特性，其直流通道如图 5-21(b)所示。

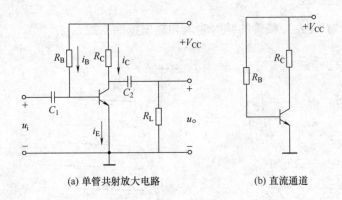

(a) 单管共射放大电路   (b) 直流通道

图 5-21 单管共射放大电路及其直流通道

1) 静态分析

当无输入信号时，在直流电源 V_{CC} 的作用下，三极管的基极回路和集电极回路均存在直流电流和直流电压，这些直流电流和直流电压在三极管的输入输出特性上均对应一个点，称为静态工作点，如图 5-22 中的点 Q。静态工作点的基极电流、基极和发射极之间的电压、集电极电流、集电极和发射极之间电压分别用 I_{BQ}，U_{BEQ}，I_{CQ} 和 U_{CEQ} 来表示。由其直流通道不难看出，它们之间的关系为

$$I_{BQ} = \frac{V_{CC} - U_{BEQ}}{R_B} \tag{5-6}$$

$$I_{CQ} = \beta I_{BQ} \tag{5-7}$$

$$U_{CEQ} = V_{CC} - I_{CQ}R_C \tag{5-8}$$

三极管输入回路的电流与电压之间的关系可以用输入特性曲线来描述，三极管输出回路的电流与电压之间的关系可以用输出特性曲线来描述，因此可以在放大三极管的输入输出特性曲线上，直接用作图的方法求解静态工作点，这种方法称为图解法，如图 5-22 所示。

由共射放大电路的直流通道可知，i_C 与 u_{CE} 之间存在线性关系，即 $u_{CE} = V_{CC} - i_C R_C$。它实质上是一条直线方程，该直线与横坐标的交点为 $(V_{CC}, 0)$，与纵坐标的交点为 $(0, \dfrac{V_{CC}}{R_C})$，它表示出了外电路的伏安特性，所以称直流负载线。直流负载线的斜率为 $-\dfrac{1}{R_C}$，因此，集电极负载电阻 R_C 越大，直流负载线越平坦；反之，R_C 越小，直流负载线越陡。i_C 与 u_{CE} 之间既要满足三极管输出特性曲线表示的关系，又要符合直流负载线所表示的关系，因此，两者的交点就确定了放大电路的静态工作点，即图 5-22 中 $i_B = I_{BQ}$ 的输出特性曲线与直流负载线的交点 Q。

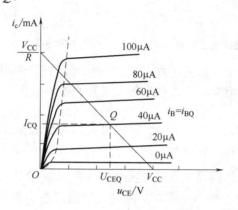

图 5-22 静态工作点的图解法

【**例 5-1**】如图 5-21 所示，$V_{CC} = 20\text{V}$，$R_B = 500\text{k}\Omega$，$R_C = 3\text{k}\Omega$，晶体管为 NPN 型硅管，$\beta = 75$，试求电路的静态工作点。

解：

$$I_{BQ} = \frac{V_{CC} - U_{BEQ}}{R_B} = \frac{20\text{V} - 0.7\text{V}}{500 \times 10^3 \Omega} \approx 0.04\text{mA} = 40\,\mu\text{A}$$

$$I_{CQ} = \beta I_{BQ} = 75 \times 0.04\text{mA} = 3\,\text{mA}$$

$$U_{CEQ} = V_{CC} - I_{CQ}R_C = 20\text{V} - 3 \times 10^3 \times 3 \times 10^{-3}\text{V} = 11\text{V}$$

也可以用图解法求该电路的静态工作点，由 $U_{CEQ} = V_{CC} - I_{CQ}R_C = 20 - 3 \times 10^3 I_C$，可知该直线与横轴的交点是 $(20\text{V}, 0\text{mA})$；与纵轴的交点是 $(0\text{V}, 6.67\text{mA})$，做出该条直线，并求得它与 $I_{BQ} = 40\,\mu\text{A}$ 的交点 Q 的坐标为 $(11\text{V}, 3\text{mA})$，即 $U_{CEQ} = 11\text{V}$，$I_{CQ} = 3\,\text{mA}$。

静态工作点的选择十分重要。由于三极管是非线性元件，当选择的工作点进入输入特性曲线的截止区或饱和区时，都会使得输出信号与输入信号的波形不一致，即失真。

如果静态工作点选择的太低，在输入信号 u_i 的负半周，三极管进入截止区，使得 i_B、i_C 的负半周被削平，u_{CE} 的正半周被削平，这种失真是由三极管的截止引起的，故称为截止失真，如图 5-23 所示。

如果静态工作点选择得太高，在输入信号 u_i 的正半周，三极管进入饱和区，使得 i_C 的正半周被削平，u_{CE} 的负半周被削平，这种失真是由三极管的饱和引起的，故称为饱和失真，如图 5-24 所示。

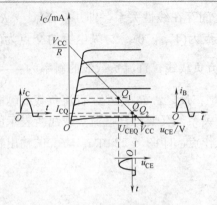

图 5-23　放大电路的截止失真　　　　图 5-24　放大电路的饱和失真

因此，对于静态工作点一般选取在负载线的中点附近，三极管工作时沿负载线上下波动，就有一个较大的动态范围，不易产生截止失真和饱和失真。

2)　动态分析

当输入一个正弦信号时，设 C_1、C_2 容量很大，可看成交流短路，内阻很小的电源也可看成短路，则单管共射放大电路的交流通道如图 5-25(a)所示。不难看出，i_C 与 u_{CE} 之间仍然存在线性关系，且其比例系数就是交流负载电阻 $R_L' = R_L // R_C$。当输入信号的瞬时值为零时，电路状态相当于处于静态，所以交流负载经过静态工作点 Q，考虑到 i_C 与 u_{CE} 的方向相反，则根据点斜式可知，该交流负载线的方程为

$$u_{CE} - U_{CEQ} = -R_L'(i_C - I_{CQ}) \tag{5-9}$$

该直线与横坐标的交点为$(U_{CEQ} + I_{CQ}R_L', 0)$，与纵坐标的交点为$\left(0, I_{CQ} + \dfrac{U_{CEQ}}{R_L'}\right)$。可以

利用交流负载线与三极管的输出特性曲线描绘出加入交流输入信号后，共射放大电路的输出波形，即图解法。这里引入另一种放大电路的分析方法——微变等效电路法。

如果放大电路中的输入信号电压很小，输出信号电压的幅值不进入饱和区和截止区时，就可以把三极管的输入特性曲线近似地用直线来代替，从而可以把三极管这个非线性器件当成线性器件来对待，也就是把三极管用线性电路来等效，这就是微变等效电路的基本指导思想。所谓微变等效电路法即利用已知网络的特性方程，按此方程画出其等效电路，也称为 H 参数等效电路，其特点是每个等效参数的物理意义明确，而且便于测量。具体方法是：首先画出放大电路的交流通路，然后用晶体管的简化 H 参数等效电路代替晶体管，并标明电压、电流的参考方向。当把三极管用线性电路等效时，放大电路中的全部元器件都是线性的，可用电路理论来分析放大电路。

利用单管共射放大电路的交流通道，将三极管的集电极看成受控电流源，可得出其微变等效电路如图 5-25(b)所示。由图可知，单管共射放大电路的电压放大倍数为

$$\dot{A}_u = \frac{\dot{U}_o}{\dot{U}_I} = -\frac{\beta R_L'}{r_{be}} = -\frac{\beta(R_L // R_C)}{r_{be}} \tag{5-10}$$

共射放大电路的输入电阻和输出电阻分别为

$$R_i = r_{be} // R_B, \quad R_o = R_C \tag{5-11}$$

式中：$r_{be} = r_{bb'} + (1+\beta)\dfrac{26}{I_{EQ}}$。对于低频、小功率三极管，没有特殊说明时，认为 $r_{bb'} = 300\,\Omega$。

不难看出，共射放大电路同时具有较大的电压放大倍数和电流放大倍数，输入电阻和输出电阻适中，广泛地用作低频电压放大电路的输入级、中间级和输出级。

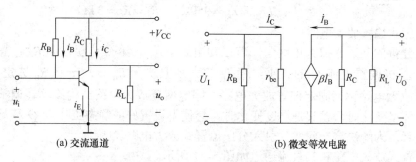

(a) 交流通道　　　　　　　　　　　(b) 微变等效电路

图 5-25　单管共射放大电路的交流通道和微变等效电路

【例 5-2】如图 5-21 所示的单管共射放大电路中，$R_L = 3\,k\Omega$，其他参数如例 5-1，当输入为正弦信号 $u_i = 0.02\sin\omega t$ 时，求：

① 画出交流负载线；

② 试用微变等效电路法估算 $\dot{A}_u$、R_i 和 R_o。

解：

① $R_L{}' = R_L \,//\, R_C = \dfrac{R_L R_C}{R_L + R_C} = 1.5\,k\Omega$

由题意知，交流负载线的方程为 $u_{CE} - U_{CEQ} = -R_L{}'(i_C - I_{CQ})$，由例 5-1 已解得 $U_{CEQ} = 11\,V$，$I_{CQ} = 3\,mA$，则该方程为 $u_{CE} - 11 = -1.5(i_C - 3)$，化简得 $u_{CE} = 15.5 - 1.5i_C$，如图 5-26 虚线所示。

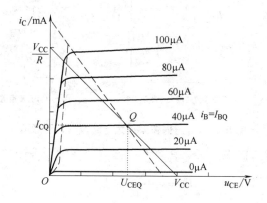

图 5-26　交流负载线

② 欲求放大电路的 $\dot{A}_u$、R_i 和 R_o，首先估算三极管的 r_{be}。

由例 5-1 知，$I_{EQ} = I_{CQ} = 3\,mA$，则

$$r_{be} = r_{bb'} + (1+\beta)\frac{26}{I_{EQ}} = \left[300 + (1+75) \times \frac{26}{3}\right]\Omega = 959\Omega$$

$$\dot{A}_u = -\frac{\beta R_L'}{r_{be}} = -\frac{75 \times 1.5}{0.829} = -117.3$$

$$R_i = r_{be} // R_B \approx r_{be} = 959\Omega, \quad R_o = R_C = 3\,k\Omega$$

3) 分压式偏置放大电路

在前面分析的共射极放大电路中，若已知电源电压V_{CC}和集电极电阻R_C，静态工作点Q就取决于基极偏置电流I_B的大小，而I_B的大小取决于R_B。故一旦R_B选定，则I_B不变。这样的放大电路称为固定偏置放大电路。固定偏置放大电路结构简单、调整容易，但是电路外部环境变化时，尤其是温度变化时，会使得设置好的静态工作点Q移动而引起输出信号的失真。为解决这一问题，引入分压偏置式放大电路。

分压偏置式放大电路和其直流通道如图 5-27 所示。

图 5-27(a)中，三极管的基极电流I_B一般很小，若忽略不计，则三极管的基极电位取决于R_{B1}和R_{B2}上的分压，即$V_B = \dfrac{R_{B2}}{R_{B1}+R_{B2}}V_{CC}$，因此基极电位与三极管的参数无关，但为了便于设计与实现电路，实践中通常把V_B取为硅管压降的 5～10 倍。当环境温度升高时，三极管集电极I_C增大，I_E同步增大，则R_E的压降增大，使得三极管的发射极电位V_E增大，而基极电位V_B保持不变，则发射结电压$U_{BE} = V_B - V_E$下降，从而导致I_B减小，使得I_C减小，即抵消了由于温度升高而引起的I_C增大，保持静态工作点的稳定，这是分压偏置式放大电路的一个重要特征。正因为这个特征，该放大电路在实际电路中应用广泛。

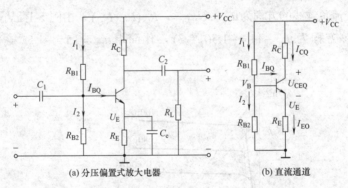

(a) 分压偏置式放大电器　　　(b) 直流通道

图 5-27　分压偏置式放大电路及其直流通道

根据图 5-27(b)的直流通道，可知其静态工作点的计算过程如下：

$$V_B = \frac{R_{B2}}{R_{B1}+R_{B2}}V_{CC} \tag{5-12}$$

$$I_{CQ} = I_{EQ} = \frac{V_B - U_{BEQ}}{R_E} \tag{5-13}$$

$$I_{BQ} = \frac{I_{CQ}}{\beta} \tag{5-14}$$

$$U_{CEQ} = V_{CC} - I_{CQ}(R_C + R_E) \tag{5-15}$$

根据图 5-27 所示的分压偏置式放大电路，可作出其交流通道和微变等效电路如图 5-28 所示。可知其电压放大倍数为

$$\dot{A}_{u} = -\beta\frac{R_{C}\,//\,R_{L}}{r_{be}} \tag{5-16}$$

输入电阻和输出电阻分别为

$$R_{i} = R_{B1}\,//\,R_{B2}\,//\,r_{be}, \quad R_{o} = R_{C} \tag{5-17}$$

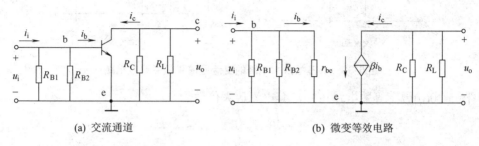

(a) 交流通道　　　　　　　　　　　(b) 微变等效电路

图 5-28　分压偏置式放大电路的交流通道和微变等效电路

2. 共基极放大电路

共基极放大电路中，输入信号是由三极管的发射极与基极两端输入的，再由三极管的集电极与基极两端获得输出信号，因为基极是共同接地端，所以称为共基极放大电路，如图 5-29(a)所示。图中，将 V_{CC} 在电阻 R_{B1}、R_{B2} 上分压得到的电压接到基极，以保证发射结正向偏置，集电结反向偏置，使三极管工作在放大区。将图 5-29 中电容 C_1、C_2 和 C_b 看成短路，可得图 5-29(b)的直流通道，则可知其静态工作点为

$$I_{EQ} = \frac{U_{BQ}-U_{BEQ}}{R_{E}} \approx \frac{1}{R_{E}}\left(\frac{R_{B2}}{R_{B1}+R_{B2}}V_{CC}-U_{BEQ}\right) \approx I_{CQ} \tag{5-18}$$

$$I_{BQ} = \frac{I_{EQ}}{1+\beta} \tag{5-19}$$

$$U_{CEQ} = V_{CC}-I_{EQ}R_{E}-I_{CQ}R_{C} \approx V_{CC}-I_{CQ}(R_{C}+R_{E}) \tag{5-20}$$

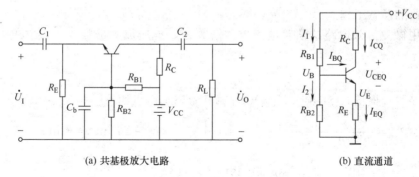

(a) 共基极放大电路　　　　　　　　　(b) 直流通道

图 5-29　共基极放大电路

不难看出，共基极放大电路和分压偏置式放大电路的直流通道相同，其分析静态工作点的方法也相同。

接入交流信号时，将 C_1、C_2 看成交流短路，内阻很小的电源也可看成短路，则共基极放大电路的交流通道和微变等效电路如图 5-30 所示。

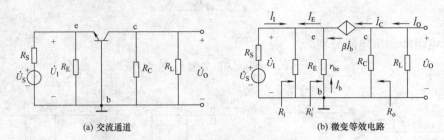

(a) 交流通道　　　　　　　　(b) 微变等效电路

图 5-30　共基极放大电路的交流通道和微变等效电路

由图 5-30(b)微变等效电路可知，其电流放大倍数为

$$\dot{A}_i = \frac{\dot{I}_O}{\dot{I}_I} = -\frac{\dot{I}_C}{\dot{I}_E} = -\alpha = -\frac{\beta}{\beta+1} \tag{5-21}$$

α 是三极管的共基电流放大系数，由于 α 小于 1 而接近 1，所以共基极放大电路没有电流放大作用。

电压放大倍数为

$$\dot{A}_u = \frac{\dot{U}_O}{\dot{U}_I} = \frac{\beta R_L'}{r_{be}} = \frac{\beta(R_L /\!/ R_C)}{r_{be}} \tag{5-22}$$

放大电路的输入电阻和输出电阻分别为

$$R_i = \frac{r_{be}}{1+\beta} /\!/ R_E, \quad R_o = R_C \tag{5-23}$$

不难看出，共基极放大电路输入信号与输出信号同相，电压增益高，电流增益低，功率增益高，适用于高频电路，但是其输入阻抗很小，会使输入信号严重衰减，不适合作为电压放大器。但它的频宽很大，因此通常用来做宽频或高频放大器。

【例 5-3】 在如图 5-29 所示的共基极放大电路中，已知 $V_{CC} = 20\text{ V}$，$U_{BEQ} = 0.7\text{ V}$，$R_E = 3\text{k}\Omega$，$R_C = 2\text{k}\Omega$，$R_L = 3\text{k}\Omega$，$R_{B1} = R_{B2} = 5\text{k}\Omega$，$\beta = 60$，试求：

① 电路的静态工作点；

② 试用微变等效电路法估算电流放大倍数 $\dot{A}_i$、电压放大倍数 $\dot{A}_u$、输入电阻 R_i 和输出电阻 R_o。

解：

① 由题意，根据式(5-18)～式(5-20)计算其静态工作点如下：

$$I_{EQ} = \frac{1}{R_E}\left(\frac{R_{B2}}{R_{B1}+R_{B2}}V_{CC} - U_{BEQ}\right) = \frac{1}{3}\left(\frac{5}{5+5}\times 20 - 0.7\right)\text{mA} = 3.1\text{mA} \approx I_{CQ}$$

$$I_{BQ} = \frac{I_{EQ}}{1+\beta} = \frac{3.1}{1+60}\text{mA} \approx 0.051\text{mA} = 51\mu\text{A}$$

$$U_{CEQ} = V_{CC} - I_{CQ}(R_C + R_E) = 20\text{V} - 3.1\times(2+3)\text{V} = 4.5\text{V}$$

②

$$\dot{A}_i = -\alpha = -\frac{\beta}{\beta+1} = -0.98$$

又

$$r_{be} = r_{bb'} + (1 + \beta)\frac{26}{I_{EQ}} = 300\Omega + (1 + 60) \times \frac{26}{3.1}\Omega = 812\Omega$$

则

$$\dot{A}_u = \frac{\beta(R_L // R_C)}{r_{be}} = \frac{60 \times (3 // 2)}{0.812} = 88.7$$

$$R_i = \frac{r_{be}}{1 + \beta} // R_E = \frac{0.812}{1 + 60} // 3 = 0.0132k\Omega = 13.2\Omega$$

$$R_o = R_C = 2k\Omega$$

3. 共集电极放大电路

图 5-31 所示为一个共集电极的单管放大电路及其直流通道，其输入信号和输出信号的公共端是三极管的集电极，所以属于共集组态，其输出是从发射极引出，因此这种电路又称为射极输出端。从图 5-31(b)的直流通道可求得其静态工作点为

$$I_{BQ} = \frac{V_{CC} - U_{BEQ}}{R_B + (1 + \beta)R_E} \tag{5-24}$$

$$I_{CQ} = \beta I_{BQ} \tag{5-25}$$

$$U_{CEQ} = V_{CC} - I_{EQ}R_E \approx V_{CC} - I_{CQ}R_E \tag{5-26}$$

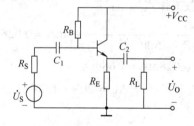 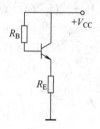

(a) 共集电极放大电路的单管放大电路　　　　(b) 直流通道

图 5-31　共集电极放大电路的单管放大电路及其直流通道

接入交流信号时，得到共集电极放大电路的交流通道和微变等效电路如图 5-32 所示。可知其电流放大倍数为

$$\dot{A}_i = \frac{\dot{I}_O}{\dot{I}_I} = -\frac{\dot{I}_E}{\dot{I}_B} = -(1 + \beta) \tag{5-27}$$

电压放大倍数为

$$\dot{A}_u = \frac{\dot{U}_O}{\dot{U}_I} = \frac{(1 + \beta)R_E'}{r_{be} + (1 + \beta)R_E'} = \frac{(1 + \beta)(R_L // R_E)}{r_{be} + (1 + \beta)(R_L // R_E)} \tag{5-28}$$

放大电路的输入电阻和输出电阻分别为

$$R_i = [r_{be} + (1 + \beta)R_E'] // R_B = [r_{be} + (1 + \beta)(R_L // R_E)] // R_B \tag{5-29}$$

$$R_o = \frac{r_{be} + R_S'}{1 + \beta} // R_E = \frac{r_{be} + R_S // R_B}{1 + \beta} // R_E \qquad (5\text{-}30)$$

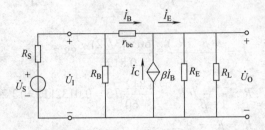

图 5-32 共集电极放大电路的交流通道和微变等效电路

不难看出，共集电极放大电路的特点是电压放大倍数接近 1 而小于 1，输入电阻很高，输出电阻很低，因此，常被用作多级放大电路的输入级、输出级或隔离用的中间级。

【例 5-4】 如图 5-31 所示的共集电极放大电路中，已知 $V_{CC} = 20\text{V}$，$U_{BEQ} = 0.7\text{V}$，$R_E = 3\text{k}\Omega$，$R_B = 500\text{k}\Omega$，$R_L = 3\text{k}\Omega$，$R_S = 1\text{k}\Omega$，$\beta = 60$。

① 求电路的静态工作点。

② 试用微变等效电路法估算电流放大倍数 $\dot{A_i}$ 和电压放大倍数 $\dot{A_u}$。

③ 求放大电路的输入电阻 R_i 和输出电阻 R_o。

解：

① 根据式(5-24)～式(5-26)计算静态工作点如下：

$$I_{BQ} = \frac{V_{CC} - U_{BEQ}}{R_B + (1 + \beta)R_E} = \frac{20 - 0.7}{500 + (1 + 60) \times 3}\text{mA} = 0.028\text{mA}$$

$$I_{CQ} = \beta I_{BQ} = 60 \times 0.028\text{mA} = 1.68\text{mA}$$

$$U_{CEQ} = V_{CC} - I_{EQ}R_E \approx V_{CC} - I_{CQ}R_E = 20\text{V} - 1.68 \times 3\text{V} = 14.96\text{V}$$

② 易求得

$$\dot{A_i} = \frac{\dot{I_O}}{\dot{I_I}} = -\frac{\dot{I_E}}{\dot{I_B}} = -(1 + \beta) = -61$$

又

$$r_{be} = r_{bb'} + (1 + \beta)\frac{26}{I_{EQ}} = [300 + (1 + 60) \times \frac{26}{1.68}]\Omega = 1244\Omega = 1.24\text{k}\Omega$$

$$R_E' = R_L // R_E = 3\text{k}\Omega // 3\text{k}\Omega = 1.5\text{k}\Omega$$

$$\dot{A_u} = \frac{\dot{U_O}}{\dot{U_I}} = \frac{(1 + \beta)R_E'}{r_{be} + (1 + \beta)R_E'} = \frac{(1 + 60) \times 1.5}{1.24 + (1 + 60) \times 1.5} = 0.987$$

③ $R_i = [r_{be} + (1 + \beta)R_E'] // R_B = [1.24 + (1 + 60) \times 1.5]\text{k}\Omega // 500\text{k}\Omega = 92.74\text{k}\Omega // 500\text{k}\Omega$
$= 78.2\text{k}\Omega$

$$R_S' = R_S // R_B = 1\text{k}\Omega // 500\text{k}\Omega \approx 1\text{k}\Omega$$

$$R_o = \frac{r_{be} + R_S'}{1 + \beta} // R_E = \frac{1.24 + 1}{1 + 60}\text{k}\Omega // 3\text{k}\Omega = 0.0367\text{k}\Omega // 3\text{k}\Omega = 0.0363\text{k}\Omega = 36.3\Omega$$

综上所述，可将共射、共集和共基三种基本放大电路性能进行归纳，并列于表 5-1 中。

表 5-1 三极管三种基本放大电路的比较

名　称	共射电路	共基电路	共集电路
电路图	图 5-21	图 5-29	图 5-31
电压放大倍数 A_u	$-\dfrac{\beta(R_L // R_C)}{r_{be}}$	$\dfrac{\beta(R_L // R_C)}{r_{be}}$	$\dfrac{(1+\beta)(R_L // R_E)}{r_{be}+(1+\beta)(R_L // R_E)}$
电流放大倍数 A_i	β	$-\alpha = -\dfrac{\beta}{\beta+1}$	$-(1+\beta)$
输入电阻 R_i	$r_{be} // R_B$	$\dfrac{r_{be}}{1+\beta} // R_E$	$[r_{be}+(1+\beta)(R_L // R_E)] // R_B$
输出电阻 R_o	R_C	R_C	$\dfrac{r_{be}+R_S // R_B}{1+\beta} // R_E$

5.2.4 多级放大电路

前面所讲的三种三极管基本放大电路，电压放大倍数只能达到几十到几百，而实际应用中，由于放大电路的输入信号多是微弱的毫伏或微伏级信号，故要将其放大到能推动负载工作的程度，仅一级放大电路是远远不够的。因此，实际应用时为了满足负载的需要，常采用两级或者两级以上的基本单元放大电路连接起来组成的多级放大电路，如图 5-33 所示。

图 5-33 多级放大电路基本结构

通常把与信号源相连接的第一级放大电路称为输入级，与负载相连接的末级放大电路称为输出级，输出级与输入级之间的放大电路称为中间级。下面主要介绍多级放大电路的耦合方式、电压放大倍数、输入电阻和输出电阻的分析方法。

1. 多级放大电路的耦合方式

多级放大电路前后两级之间信号的传递称为耦合或级间耦合。它一般有四种方式，分为直接耦合、阻容耦合、变压器耦合和光电耦合等。光电耦合是用发光器件将电信号转变为光信号，再通过光敏器件把光信号转变为电信号来实现级间耦合，这里不作详细讨论，仅介绍应用较广泛的直接耦合、阻容耦合和变压器耦合放大电路。

1) 直接耦合

直接耦合是指各级放大电路之间通过导线直接相连。如图 5-34 所示为直接耦合两级放大电路。前级的输出信号 u_{o1}，直接作为后一级的输入信号 u_{i2}。

直接耦合方式既能放大交流信号，也能放大直流信号以及变化缓慢的信号，电路中没有大容量的电容，因此易于集成，在实际使用的集成放大电路中一般都采用直接耦合方式。但是直接耦合电路中存在两个问题：一是级与级之间的直接相连导致静态工作点之间相互影响，不利于电路的设计、调试和维修；二是直接耦合电路中存在零点漂移现象。所谓零点漂移是指输入电压为零，输出电压偏离零值变化的现象。这是因为直接耦合电路的各级静态工作点相互影响，第一级的微弱变化，会使输出级产生很大的变化。当输入短路时，输出将随时间缓慢变化，即形成了零点漂移。

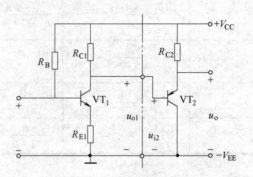

图 5-34　直接耦合两级放大电路

2) 阻容耦合

阻容耦合是指各单级放大电路之间通过隔直电容和电阻连接。图 5-35 所示为阻容耦合两级放大电路。

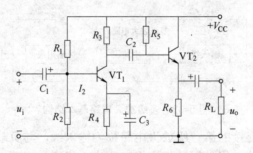

图 5-35　阻容耦合两级放大电路

由于阻容耦合方式每级之间有电容将直流隔开，因此每级的直流通道是独立的，即每级静态工作点不会相互影响和牵制，计算静态工作点也可以每级分别计算，有利于放大器的设计、调试和维修；而且它的输出温度漂移比较小，具有体积小、重量轻的优点，在分立元件电路中应用较多。但是它的低频特性较差，不适合放大直流及缓慢变化的信号，只能传递具有一定频率的交流信号，且它包含有电阻电容元件，不便于做成集成电路。

3) 变压器耦合

变压器耦合是指各级放大电路之间通过变压器耦合传递信号。图 5-36 所示为变压器耦合放大电路。通过变压器 T_1 把前级的输出信号 u_{o1} 耦合传送到后级，作为后一级的输入信号 u_{i2}。变压器 T_2 将第二级的输出信号耦合传递给负载 R_L。

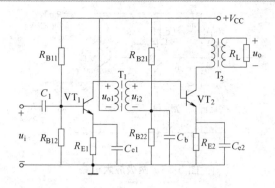

图 5-36　变压器耦合放大电路

变压器具有隔直流、通交流的特性，因此变压器耦合放大电路各级的静态工作点相互独立，互不影响，利于放大器的设计、调试和维修；可以实现电压、电流和阻抗的变换，容易获得较大的输出功率，且输出温度漂移比较小。但是，它同阻容耦合一样，低频特性差，不适合放大直流及缓慢变化的信号，只能传递具有一定频率的交流信号，而且由于变压器耦合电路体积和重量较大，不便于做成集成电路。

2. 多级放大电路的动态分析

如图 5-37 所示的多级放大电路中，各级之间是相互串行连接的，前一级的输出信号就是后一级的输入信号，后一级的输入电阻就是前一级的负载，因此多级放大电路的电压放大倍数等于各级电压放大倍数的乘积，即

$$\dot{A}_{u} = \frac{U_O}{U_I} = \frac{U_O}{U_{I1}} = \frac{\dot{U}_{O1}}{\dot{U}_{I1}} \cdot \frac{\dot{U}_{O2}}{\dot{U}_{I2}} \cdot \cdots \cdot \frac{\dot{U}_O}{\dot{U}_{In}} = \dot{A}_{u1} \cdot \dot{A}_{u2} \cdot \cdots \cdot \dot{A}_{un} \tag{5-31}$$

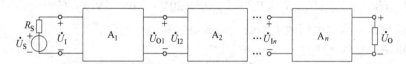

图 5-37　多级放大电路示意图

多级放大电路的输入电阻就是第一级的输入电阻，即 $R_i = R_{i1}$。

多级放大电路的输出电阻就是最后一级的输出电阻，即 $R_o = R_{on}$。在计算多级放大电路交流参数时常采用两种方法：一种方法是画出多级放大电路的微变等效电路，然后用电路方面的知识直接求出 U_O 和 U_I 之比，即整个多级放大电路的总电压放大倍数以及输入电阻和输出电阻；另一方法是利用基本放大电路的公式，先求出每级电压放大倍数，然后相乘得到总电压放大倍数。但在求每级放大电路放大倍数的时候，要考虑到它后面一级的输入电阻应看成它的负载电阻，而它前面一级的输出电阻对它而言应看成是信号源的内阻。

【**例 5-5**】两级放大电路如图 5-38 所示，已知 $\beta_1 = \beta_2 = 50$，$U_{BE1} = U_{BE2} = 0.7V$ V，$r_{bb'} = 300\Omega$，电容器对交流可视为短路。

①　试估算该电路 VT_1 管和 VT_2 管的静态工作点。

②　估算该电路的电压放大倍数、输入电阻和输出电阻。

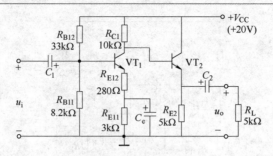

图 5-38　两级放大电路

解:

该两级放大电路属于直接耦合电路。

① 首先求 VT_1 管的静态工作点。它是分压偏置式共发射极放大电路。

$$V_{B1} = \frac{R_{B11}}{R_{B11} + R_{B12}} V_{CC} = \frac{8.2}{8.2 + 33} \times 20V = 3.98V$$

$$I_{C1Q} = I_{E1Q} = \frac{V_{B1} - U_{BE1}}{R_{E11} + R_{E12}} = \frac{3.98 - 0.7}{0.28 + 3} mA = 1mA$$

$$I_{B1Q} = \frac{I_{C1Q}}{\beta} = \frac{1}{50} mA = 0.02mA$$

$$U_{CE1Q} = V_{CC} - I_{C1Q}(R_{C1} + R_{E11} + R_{E12}) = 20V - 1 \times (10 + 3 + 0.28)V = 6.72V$$

下面求 VT_2 管的静态工作点。它是共集电极放大电路。

$$I_{B2Q} = \frac{V_{CC} - U_{BEQ}}{R_B + (1+\beta)R_E} = \frac{V_{CC} - U_{BE2}}{R_{C1} + (1+\beta_2)R_{E2}} = \frac{20 - 0.7}{10 + (1+50) \times 5} mA = 0.073mA$$

$$I_{C2Q} = \beta I_{B2Q} = 50 \times 0.073mA = 3.65mA$$

$$U_{CE2Q} = V_{CC} - I_{E2Q}R_E \approx V_{CC} - I_{C2Q}R_E = 20V - 3.65 \times 5V = 1.75V$$

② 欲估算该电路的电压放大倍数、输入电阻和输出电阻。

首先分析第二级放大电路。

$$r_{be2} = r_{bb'} + (1+\beta)\frac{26}{I_{E2Q}} = \left[300 + (1+50) \times \frac{26}{3.65}\right]\Omega = 663\Omega$$

$$\dot{A}_{u2} = \frac{\dot{U}_o}{\dot{U}_i} = \frac{(1+\beta)(R_L // R_{E2})}{r_{be} + (1+\beta)(R_L // R_{E2})} = \frac{(1+50)(5//5)}{0.663 + (1+50)(5//5)} = 0.99$$

$$R_{i2} = [r_{be} + (1+\beta)(R_L // R_{E2}] // R_{C1} = [0.663 + (1+50)(5//5)]k\Omega // 10k\Omega = 9.28k\Omega$$

分析第一级放大电路时,要考虑第二级放大电路对第一级放大电路的影响,即第二级放大电路的输入电阻作为第一级放大电路的负载。

$$r_{be1} = r_{bb'} + (1+\beta)\frac{26}{I_{E1Q}} = \left[300 + (1+50) \times \frac{26}{1}\right]\Omega = 1626\Omega \approx 1.63k\Omega$$

$$\dot{A}_{u1} = -\beta\frac{R_{C1} // R_{i2}}{r_{be1}} = -50 \times \frac{10//9.28}{1.63} = -147.6$$

$$R_{i1} = R_{B11} // R_{B12} // r_{be1} = 8.2k\Omega // 33k\Omega // 1.63k\Omega = 1.3k\Omega$$

$R_{o1} = R_{C1} = 10k\Omega = R_S$ 作为下一级放大电路的电源内阻。

多级放大电路的输入电阻就是第一级的输入电阻，$R_i = R_{i1} = 1.3\,\text{k}\Omega$。

多级放大电路的输出电阻就是最后一级的输出电阻，即

$$R_o = R_{o2} = \frac{r_{be2} + R_S // R_{C1}}{1 + \beta} // R_{E2} = \frac{0.663 + 10 // 10}{1 + 50}\,\text{k}\Omega // 5\,\text{k}\Omega = 0.1\,\text{k}\Omega$$

则电压放大倍数为

$$\dot{A}_u = \dot{A}_{u1} \cdot \dot{A}_{u2} = -147.6 \times 0.99 = -146$$

5.2.5　差动放大电路

前面提到了在多级放大电路中采用直接耦合存在着两个问题：一是静态工作点的相互影响；二是零点漂移。为了解决这两个问题，可采用差动式放大电路。

图 5-39 所示为基本差动式放大电路，它由两个完全对称的共射极电路组成，即两个三极管的特性相同，外接电阻对称相等，各元件的温度特性相同，即 $R_{C1} = R_{C2}$，$R_{S1} = R_{S2}$。采用双电源 V_{CC} 和 V_{EE} 供电。输入信号 u_{i1} 和 u_{i2} 从两个三极管的基极加入，称为双端输入；输出信号从两个三极管的集电极取出，称为双端输出。R_E 为差动放大电路的公共发射极电阻，用来抑制零点漂移并决定晶体管的静态工作点电流。

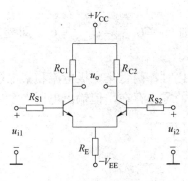

图 5-39　基本差动式放大电路

1. 静态分析

若输入信号为零，即 $u_{i1} = u_{i2} = 0$ 时，放大电路处于静态，其直流通道和直流等效电路如图 5-40(a)、(b)所示。由图 5-40(a)可知，由于电路对称，则

$$I_{B1Q} = I_{B2Q}, \quad I_{C1Q} = I_{C2Q}, \quad I_{E1Q} = I_{E2Q} \tag{5-32}$$

流过 R_E 的电流为

$$I_E = I_{E1Q} + I_{E2Q} = \frac{V_{EE} - U_{BEQ}}{R_E} \tag{5-33}$$

则

$$I_{E1Q} = I_{E2Q} = \frac{V_{EE} - U_{BEQ}}{2R_E} \tag{5-34}$$

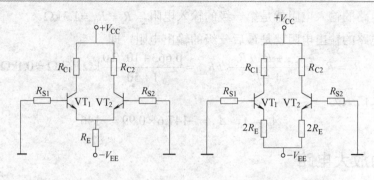

(a) 直流通道　　　　　　　　(b) 直流等效电路

图5-40　差动放大电路的直流通道和直流等效电路

此结论也可从图5-40(b)中得到，因此两管的集电极电流分别为

$$I_{C1Q} = I_{C2Q} = \frac{V_{EE} - U_{BEQ}}{2R_E} \tag{5-35}$$

则两管的集电极对地电压为

$$U_{CE1Q} = V_{CC} - I_{C1Q}R_{C1} \tag{5-36}$$

$$U_{CE2Q} = V_{CC} - I_{C2Q}R_{C2} \tag{5-37}$$

不难看出，两者相等，则 $U_O = U_{CE1Q} - U_{CE2Q} = 0$，即差动放大电路静态时输出电压为零。

当电源电压波动或温度变化时，两管集电极电流和集电极电位同时发生变化。输出电压仍然为零。可见，尽管各管的零漂存在，但输出电压为零，从而使得整个放大电路的零漂得到抑制。

2. 动态分析

1) 差模输入

放大器的两个输入端分别输入大小相等、极性相反的信号，即 $u_{i1} = -u_{i2}$，这种输入方式称为差模输入，两个输入端之间的电压差为差模输入电压，即

$$u_{id} = u_{i1} - u_{i2} = 2u_{i1} \tag{5-38}$$

设 u_{i1} 使 VT_1 管产生的集电极电流增量为 i_{C1}，u_{i2} 使 VT_2 管产生的集电极电流增量为 i_{C2}。由于差动放大电路单管对称，则 i_{C1} 和 i_{C2} 大小相等，极性相反，即 $i_{C1} = -i_{C2}$，因此两管的集电极电流分别为

$$i_1 = I_{C1Q} + i_{C1} \tag{5-39}$$

$$i_2 = I_{C2Q} + i_{C2} = I_{C1Q} - i_{C1} \tag{5-40}$$

则两管的集电极电压分别为

$$u_{C1} = V_{CC} - i_1 R_{C1} \tag{5-41}$$

$$u_{C2} = V_{CC} - i_2 R_{C2} = V_{CC} - i_2 R_{C1} \tag{5-42}$$

则两管的集电极之间的差模输出电压为

$$u_{od} = u_{C1} - u_{C2} = (i_2 - i_1)R_{C1} = -2i_{C1}R_{C1} = 2u_{o1} \tag{5-43}$$

式中：$u_{o1} = -i_{C1}R_{C1}$ 称为 VT_1 管集电极的增量电压。

双端差模输出电压 u_{od} 与双端差模输入电压 u_{id} 之比称为差动放大电路的差模电压放大倍数 A_{ud}，即

$$A_{ud} = \frac{u_{od}}{u_{id}} = \frac{u_{C1} - u_{C2}}{u_{i1} - u_{i2}} = \frac{2u_{o1}}{2u_{i1}} = \frac{u_{o1}}{u_{i1}} = A_{ud1} \qquad (5\text{-}44)$$

不难看出，差动放大电路的差模电压放大倍数 A_{ud} 等于单管的差模电压放大倍数 A_{ud1}，即

$$A_{ud} = A_{ud1} = -\frac{\beta R_{C1}}{r_{be}} \qquad (5\text{-}45)$$

从差动放大电路两个输入端看进去所呈现的等效电阻，称为差动放大电路的差模输入电阻，即

$$R_{id} = 2r_{be} \qquad (5\text{-}46)$$

差动放大电路两个输出端对差模信号所呈现的等效电阻，称为差动放大电路的差模输出电阻，即

$$R_{id} = R_{C1} + R_{C2} = 2R_{C1} \qquad (5\text{-}47)$$

由于两管集电极电流 i_{C1} 和 i_{C2} 大小相等、极性相反，通过 R_E 时互相抵消，故流经 R_E 的电流不变，仍为静态电流 I_E。

2)　共模输入

放大器的两个输入端分别输入大小相等、极性相同的信号，即 $u_{i1} = u_{i2}$，这种输入方式称为共模输入，两个输入端之间的电压差为共模输入电压，即

$$u_{ic} = u_{i1} - u_{i2} = 0 \qquad (5\text{-}48)$$

由于两管集电极电流 i_{C1} 和 i_{C2} 大小相等、极性相同，则通过 R_E 的电流为

$$i_e = I_E + i_{e1} + i_{e2} = I_E + 2i_{e1} \qquad (5\text{-}49)$$

式中：i_{e1} 为 u_{i1} 使 VT_1 管产生的发射极电流增量；i_{e2} 为 u_{i2} 使 VT_2 管产生的发射极电流增量，则 R_E 两端的电压的变化量为

$$u_e = 2i_{e1}R_E = i_{e1}(2R_e) \qquad (5\text{-}50)$$

故其共模信号交流通道如图 5-41 所示。

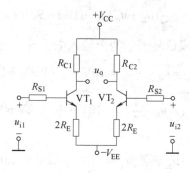

图 5-41　差动放大电路的共模信号交流通道

设 u_{i1} 使 VT_1 管产生的集电极电流增量为 i_{C1}，u_{i2} 使 VT_2 管产生的集电极电流增量为 i_{C2}。由于差动放大电路单管对称，则 i_{C1} 和 i_{C2} 大小相等，极性相同，即 $i_{C1} = i_{C2}$，因此两管的集电极电流分别为

$$i_1 = I_{C1Q} + i_{C1} \tag{5-51}$$

$$i_2 = I_{C2Q} + i_{C2} = I_{C1Q} + i_{C1} \tag{5-52}$$

则两管的集电极电压分别为

$$u_{C1} = V_{CC} - i_1 R_{C1} \tag{5-53}$$

$$u_{C2} = V_{CC} - i_2 R_{C2} = V_{CC} - i_1 R_{C1} \tag{5-54}$$

则两管的集电极之间的共模输出电压为

$$u_{oc} = u_{C1} - u_{C2} = 0 \tag{5-55}$$

实际应用中,两管电路不可能完全对称,因此 u_{oc} 不等于零,但要求 u_{oc} 越小越好。双端共模输出电压 u_{oc} 与双端共模输入电压 u_{ic} 之比称为差动放大电路的共模电压放大倍数 A_{uc},即 $A_{uc} = \dfrac{u_{oc}}{u_{ic}}$。对于完全对称的理想情况的差动放大电路,$A_{uc} = 0$。

根据差动放大器共模输入的这个特点,常把伴随输入信号的相同的外界干扰信号一起引入到两管基极,看成共模信号,从而被抑制。为了表征这种抑制能力,通常采用共模抑制比 K_{CMRR} 来表示,即 $K_{CMRR} = \left| \dfrac{A_{ud}}{A_{uc}} \right|$。$K_{CMRR}$ 值越大,表明电路抑制共模信号的能力越好。

【例 5-6】已知差动放大电路的输入信号 $u_{i1} = 10.1\text{V}$,$u_{i2} = 9.9\text{V}$,$A_{ud} = 100$,$A_{uc} = 0.05$。试求:

① 差模和共模输入电压。

② 输出电压 u_o 和共模抑制比 K_{CMRR}。

解:

① 差模输入电压为

$$u_{id} = u_{i1} - u_{i2} = 10.1\text{V} - 9.9\text{V} = 0.2\text{V}$$

因此,VT_1 和 VT_2 管的差模输入电压分别为

$$\frac{1}{2} u_{id} = 0.1\text{V} , \quad -\frac{1}{2} u_{id} = -0.1\text{V}$$

共模输入电压为

$$u_{ic} = \frac{1}{2} (u_{i1} + u_{i2}) = \frac{1}{2} (10.1 + 9.9)\text{V} = 10\text{V}$$

由此可见,当用共模和差模信号表示两个输入电压时,有

$$u_{i1} = u_{ic} + \frac{1}{2} u_{id} = 10\text{V} + \frac{1}{2} \times 0.2\text{V} = 10.1\text{V}$$

$$u_{i2} = u_{ic} - \frac{1}{2} u_{id} = 10\text{V} - \frac{1}{2} \times 0.2\text{V} = 9.9\text{V}$$

② 差模输出电压 u_{od} 为

$$u_{od} = A_{ud} u_{id} = -100 \times 0.2\text{V} = -20\text{V}$$

共模输出电压 u_{oc} 为

$$u_{oc} = A_{uc} u_{ic} = -0.05 \times 10\text{V} = -0.5\text{V}$$

在差模和共模信号共同存在时,对于线性放大电路,可用叠加原理来求总的输出电压,故该差动放大电路的输出电压为

$$u_o = u_{od} + u_{oc} = -20\text{V} - 0.5\text{V} = -20.5\text{V}$$

共模抑制比为

$$K_{CMRR} = \left| \frac{A_{ud}}{A_{uc}} \right| = \left| \frac{100}{0.05} \right| = 2000$$

5.2.6 三极管放大电路的设计过程

1. 选择电路形式

因要求工作点稳定，故选取分压偏置式放大电路，如图 5-27(a)所示。

2. 选择晶体管

在小信号放大电路中，由于对极限参数要求不高，故可以不考虑极限参数。由于要求工作频率很低，3AX 系列就可以满足。考虑到通用性，也可选择高频小功率 3DG 系列的管子。本节选取 3DG6B，集电极最大电流 $I_{CM} = 20\text{ mA}$，集电极-发射极之间的最大允许反向电压 $U_{CEO} = 20\text{ V}$，集电极-基极之间的反向电流 $I_{CBO} < 0.01\,\mu\text{A}$，实测 $\beta = 70$。

3. 确定集电极电阻 R_C

设计要求 $A_u \geqslant 70$，$U_{OM} \geqslant 2\text{ V}$，并考虑到留有一定的余地，但不超过原量的 20%，可按 $A_u = 80$，$U_{OM} = 2.5\text{ V}$ 来设计。则输入电压的峰值为

$$U_{IM} = \frac{U_{OM}}{A_u} = 31\text{ mV}$$

如果静态电流选在 2mA 左右，晶体管的输入电阻按 $1\text{k}\Omega$ 的经验值估计，则基极电流的峰值为

$$I_{BM} = \frac{U_{IM}}{r_{be}} = 31\,\mu\text{A}$$

集电极电流的峰值为

$$I_{CM} = \beta I_{BM} = 70 \times 31\,\mu\text{m} = 2170\,\mu\text{A} \approx 2.1\text{mA}$$

故可根据设计指标确认 $U_{OM} = 2.5\text{V}$，$I_{CM} = 2.1\text{mA}$，则

$$R_L{'} = \frac{U_{OM}}{I_{CM}} = \frac{2.5}{2.1}\text{k}\Omega = 1.19\text{k}\Omega$$

由 5.2.1 节设计内容知 $R_L = 3\text{k}\Omega$。

集电极输出电阻为

$$R_C = \frac{R_L R_L{'}}{R_L + R_L{'}} = 1.97\text{k}\Omega$$

根据附录 A 中 A.1 节，取电阻标称值，则 $R_C = 2\text{ k}\Omega$。

4. 确定射极电阻 R_E

根据工作点稳定的条件，一般取 $V_B = (5 \sim 10)U_{BE} = 3 \sim 5\text{ V}$(硅管)，选 $V_B = 3\text{ V}$。考虑到不使输入信号因截止产生失真，故取

$$I_{CQ} = I_{CM} + 0.5 = 2.6\,\text{mA}$$

$$R_E = \frac{U_E}{I_E} \approx \frac{V_B - U_{BE}}{I_{CQ}} = \frac{3 - 0.7}{2.6}\,\text{k}\Omega = 0.88\,\text{k}\Omega$$

根据附录 A 中的 A.1 节,取电阻标称值,则 $R_E = 0.91\,\text{k}\Omega$。

5. 确定电源电压 V_{CC}

三极管饱和时管压降 U_{CES} 取 1V。由分压偏置式共射放大电路的分析可知

$$V_{CC} = U_{CEQ} + I_{CQ}(R_C + R_E) = U_{OM} + U_{CES} + I_{CQ}(R_C + R_E) = [2.5 + 1 + 2.6 \times (2 + 0.91)]\text{V} = 11.1\text{V}$$

国家规定电源电压值须为 3 的倍数,则取 $V_{CC} = 12\,\text{V}$。

6. 基极偏置电阻 R_{B1}、R_{B2} 的确定

根据工作点稳定的另一个条件:通过 R_{B1} 和 R_{B2} 的电流 $I_1 = (5 \sim 10)I_B$,又

$$I_{BQ} = \frac{I_{CQ}}{\beta} = \frac{2.6\,\text{mA}}{70} = 37\,\mu\text{A}$$

则可选取

$$I_1 = 0.2\,\text{mA}, \quad R_{B1} = \frac{V_B}{I_1} = 15\,\text{k}\Omega, \quad R_{B2} = \frac{V_{CC} - V_B}{I_1} = 45\,\text{k}\Omega$$

则取标称值 $R_{B1} = 15\,\text{k}\Omega$,$R_{B2} = 45\,\text{k}\Omega$。

通常可用 R_{B2} 来实现静态工作点的改变,因此 R_{B2} 用 47kΩ 电位器与 20kΩ 的固定电阻串联来获得。

7. 电容 C_1、C_2、C_e 的选取

耦合电容及旁路电容的取值,并不一定都要通过计算求得,也可根据经验和参考一些电路酌情选择,在低频范围,通常取 $C_1 = C_2 = 5 \sim 20\mu\text{F}$,$C_e = 50 \sim 200\mu\text{F}$。

参阅附录 A 中的 A.2 节,并考虑到电容的耐压,选取标称值 $C_1 = C_2 = 10\ \mu\text{F}/15\,\text{V}$,$C_e = 47\mu\text{F}/6\,\text{V}$。

8. 校核放大倍数与静态工作点

上述元件参数的选定,均有一定的估计成分,能否完成设计指标要求,应加以检验校核。由上文分析可知

$$R_L' = \frac{R_L R_C}{R_L + R_C} = \frac{3 \times 2}{3 + 2}\,\text{k}\Omega = 1.2\,\text{k}\Omega, \quad r_{be1} = r_{bb'} + (1 + \beta)\frac{26}{I_{E1Q}} = 1\,\text{k}\Omega$$

故可得

$$A_u = -\beta \frac{R_L'}{r_{be}} = -84$$

满足设计要求。

为使放大器不产生饱和失真,要求 $U_{CEQ} > U_{OM} + 1\text{V} = 3.5\text{V}$。从上文的设计数据可知

$$U_{CEQ} = V_{CC} - I_{CQ}(R_C + R_E) = 4.4 > 3.5$$

即放大器在满足输出幅度的要求下没有饱和失真,再加上 $I_{CQ} = I_{CM} + 0.5$ 的条件,可见

放大电路工作在放大区。

至此，电路设计完毕。

小实验：双晶体管收音机的制作

根据本章 5.1 节制作的收音机，再加上 5.2 节学习的放大电路，就可以制作一个具有放大功能的收音机。这里详细介绍一个完整的具有放大功能的双晶体管收音机的制作过程。

(1) 电子器件的选择。

① 晶体管 T_{r1} 和 T_{r2}：本实验采用 2SC1815，若没有，也可用 2SC945、2SC2320 或其他非高频非电力的晶体管。

② 二极管 D_1 和 D_2：采用锗二极管，如 1N60 或者肖特基二极管。

③ 铁氧体天线 L_1 和可变电容 VC：市面上标准产品，可变电容的最大容量约 330pF。

④ 线圈 L_2：扼流圈，约 500μH。

⑤ 电容和电阻：没有严格要求。参考如下：C_1、C_2、C_3 可采用陶瓷类电容，分别取值为 0.033μF(标志 333)、270pF 和 0.01μF(标志 103)；C_4、C_5 采用电解 33μF；R_1、R_4 均取为碳膜 82kΩ1/8W，R_2 取碳膜 560Ω1/8W，R_3 取碳膜 12kΩ1/8W，R_5 取碳膜 470Ω1/8W。

⑥ 电源：两个 5 号干电池。

⑦ 电路板和导线：电路板采用面包板或实验板，导线采用锡包线。

⑧ 电池盒和电池搭扣：电池盒采用 UM3×2，普通的电池搭扣。

⑨ 耳机：晶体型的耳机。

(2) 在面包板上按照图 5-42 所示的电路图组装所有器件。

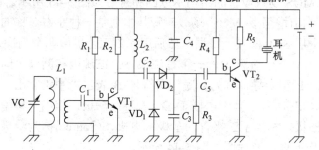

图 5-42　双晶体管收音机电路图

(3) 试听并调试。如果声音小或声音不清楚，可改变 R_2、R_5 或 L_2。

5.3　场　效　应　管

5.3.1　场效应管放大电路设计

1. 设计目的

(1) 掌握场效应管的输出特性、转移特性、主要性能参数及测试方法。

(2) 学习场效应管源极跟随器的设计方法及安装测试技术。

2. 设计内容

设计一个场效应管源极跟随器，其中电源电压 $V_{DD} = 12\,V$，场效应管自选(参考附录 A 中的 A.4 节)，要求输入电阻 $R_i > 2\,M\Omega$，电压放大倍数 $A_u \approx 1$，输出电阻 $R_o \geqslant 1\,k\Omega$。

> 思考：什么是场效应管？它是如何实现放大功能的？它与三极管作用有什么区别呢？

5.3.2 场效应晶体管工作原理与特性

场效应晶体管(Field Effect Transistor, FET)是利用电场效应来控制半导体中电流的一种半导体器件。它与双极型晶体三极管封装外形基本相同，但是结构和工作原理不同。它是一种电压控制器件，只依靠一种载流子参与导电，故又称为单极型晶体管，具有输入阻抗高、噪声低、热稳定性好、抗辐射能力强、功耗小、制造工艺简单和便于集成化等优点。

从参与导电的载流子来划分，场效应管有电子作为载流子的 N 沟道器件和空穴作为载流子的 P 沟道器件；从场效应三极管的结构来划分，它有结型场效应三极管 JFET 和绝缘栅型场效应三极管 MOS。两者相比，MOS 管性能更为优越，发展更迅速，应用更广泛。本书仅介绍 MOS 场效应三极管。

MOS 场效应三极管分为增强型(又有 N 沟道、P 沟道之分)及耗尽型(又有 N 沟道、P 沟道之分)两类。下面分别一一介绍。

1. N 沟道增强型 MOS 场效应管

N 沟道增强型 MOS 场效应管的结构示意图和符号如图 5-43 所示。由图 5-43(a)所示结构示意图可知，N 沟道增强型 MOS 场效应管基本上是一种左右对称的拓扑结构，它是在 P 型半导体上生成一层 SiO_2 薄膜绝缘层，然后用光刻工艺扩散两个高掺杂的 N 型区，从 N 型区引出两个电极，一个是漏极 D，一个是源极 S。在源极和漏极之间的绝缘层上镀一层金属铝作为栅极 G。P 型半导体称为衬底，用符号 B 表示。不难看出，场效应管有三个电极，其符号如图 5-43(b)所示，其中电极 D(Drain)称为漏极，相当双极型三极管的集电极；电极 G(Gate)称为栅极，相当于三极管的基极；电极 S(Source)称为源极，相当于发射极。下面详细介绍其工作原理，原理图如图 5-44 所示。

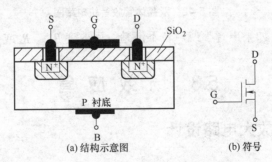

(a) 结构示意图　　(b) 符号

图 5-43　N 沟道增强型 MOS 场效应管的结构示意图和符号

同，供电电压极性不同而已。这如同双极型三极管有 NPN 型和 PNP 型一样。

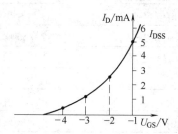

图 5-47　N 沟道耗尽型 MOSFET 的转移特性曲线

4. 场效应管与三极管的性能比较

场效应管和双极型三极管都是组成电子电路常用的放大器件。这两种器件有许多共同之处，同时又有不同的特点，下面一一列举两种放大器件的异同点，以加深理解。

(1) 场效应管的源极 S、栅极 G、漏极 D 分别对应于三极管的发射极 E、基极 B、集电极 C，它们的作用相似。

(2) 场效应管是电压控制电流器件，它依靠控制栅源电压 U_{GS} 控制输出电流 I_D，其放大系数用跨导 g_m 表示，一般较小，因此场效应管的放大能力较差；三极管是电流控制电流器件，它依靠注入到基极区的非平衡少数载流子的扩散运动而工作，由 i_B 控制 i_C，其放大系数用 $\beta = \dfrac{i_C}{i_B}$ 来描述。

(3) 场效应管栅极几乎不吸取电流；而三极管工作时基极总要吸取一定的电流。因此场效应管的输入电阻比三极管的输入电阻高。

(4) 场效应管只有多数载流子参与导电，又称为单极型晶体管；三极管有多数载流子和少数载流子同时参与导电，又被称为双极型晶体管。因少数载流子浓度受温度、辐射等因素影响较大，所以场效应管比三极管的稳定性好、抗辐射能力强，在环境条件(如温度等)变化很大的情况下应选用场效应管。

(5) 场效应管的源极未与衬底连在一起时，源极和漏极可以互换使用，且特性变化不大；而三极管的集电极与发射极互换使用时，其特性差异很大。

(6) 场效应管的噪声系数很小，在低噪声放大电路的输入级及要求信噪比较高的电路中要选用场效应管。

(7) 场效应管和三极管均可组成各种放大电路和开关电路，但由于前者制造工艺简单，且具有耗电少、热稳定性好、工作电源电压范围宽等优点，因而被广泛用于大规模和超大规模集成电路中。

三极管和场效应管的性能比较如表 5-2 所示。

表 5-2　三极管和场效应管的性能

名　称	双极型三极管	场效应三极管	
结构	NPN 型 PNP 型	结型耗尽型	N 沟道　P 沟道
		绝缘栅增强型	N 沟道　P 沟道
		绝缘栅耗尽型	N 沟道　P 沟道

名　称	双极型三极管	场效应三极管
引脚使用	C 与 E 一般不可倒置使用	D 与 S 可倒置使用
载流子	多子扩散，少子漂移	多子漂移
工作原理	电流控制电流(β)	电压控制电流(g_m)
噪声	较大	较小
温度特性	受温度影响较大	较小，可有零温度系数点
输入电阻	几十到几千欧姆	几兆欧姆以上
静电影响	不受静电影响	易受静电影响
集成工艺	不易大规模集成	适宜大规模和超大规模集成

5.3.3　场效应管放大电路

与双极型三极管放大电路相对应，场效应管放大电路也有三种基本组态，即共源极、共漏极和共栅极放大电路。由于共栅连接时，栅极与沟道间的高阻未能发挥作用，故共栅电路很少使用。所以本节只讲述共源极场效应管放大电路和共漏极场效应管放大电路。

1. 共源极场效应管放大电路

共源极场效应管放大电路如图 5-48(a)所示。图 5-48(a)中 R_{G1} 和 R_{G2} 是栅极偏置电阻，R_S 是源极电阻，R_D 是漏极负载电阻。静态时，场效应管的栅极电压由 V_{DD} 经电阻 R_{G1} 和 R_{G2} 分压后提供，静态漏极电流通过电阻 R_S 产生一个自偏压，这个自偏压和分压共同决定了场效应管的静态偏置电压 U_{GSQ}。当旁路电容 C_S 足够大时，可认为 R_S 两端交流短路，因此从交流通道上来看，输入信号和输出信号的公共端是场效应管的源极，故该电路称为共源极放大电路。共源极放大电路的 R_{G1}、R_{G2}、R_S 和 R_D 分别与共射极放大电路的 R_{B1}、R_{B2}、R_E 和 R_C 对应，前面介绍用来分析三极管放大电路的图解法和微变等效电路法等，在分析场效应管时也可以采用，故这里只作简要介绍。

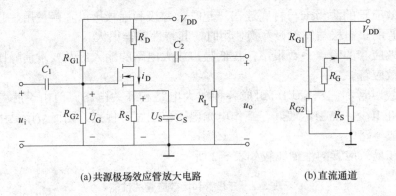

(a)共源极场效应管放大电路　　　　(b)直流通道

图 5-48　共源极场效应管放大电路及其直流通道

1)　静态分析

考虑到电容的隔直特性，做出其直流通道如图 5-48(b)所示。不难看出，栅源电压

U_{GSQ} 和漏极电流 I_{DQ} 之间的关系为

$$\left. \begin{array}{l} I_{DQ} = I_{DO}\left(1 - \dfrac{U_{GSQ}}{U_{GS(th)}}\right)^2 \\[4mm] U_{GSQ} = U_G - I_{DQ}R_S = \dfrac{R_{G2}}{R_{G1} + R_{G2}}V_{DD} - I_{DQ}R_S \end{array} \right\} \tag{5-59}$$

从该方程解出 U_{GSQ} 和 I_{DQ}，代入

$$U_{DSQ} = V_{DD} - I_{DQ}(R_S + R_D) \tag{5-60}$$

可求得 U_{DSQ}。

2）　动态分析

假设共源极放大电路中的隔直电容 C_1、C_2 和旁路电容 C_S 均足够大，交流看成短路，则可画出其微变等效电路如图 5-49 所示。

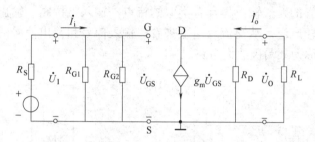

图 5-49　共源极放大电路的微变等效电路

令 $R_L' = R_D \mathbin{/\mkern-5mu/} R_L$，则电压放大倍数为

$$A_u = \frac{u_o}{u_i} = \frac{-g_m u_{GS} R_L'}{u_{GS}} = -g_m R_L' \tag{5-61}$$

输入、输出电阻分别为

$$R_i = R_{G1} \mathbin{/\mkern-5mu/} R_{G2} \tag{5-62}$$

$$R_o = R_D \tag{5-63}$$

【例 5-7】如图 5-48 所示的共源极场效应管放大电路中，所用场效应管为 N 沟道耗尽型，其参数为 $g_m = 1\text{mA/V}$，$I_{DO} = 1\,\text{mA}$，$U_{GS(off)} = -4\text{V}$。已知 $V_{DD} = 18\,\text{V}$，$R_D = 10\,\text{k}\Omega$，$R_S = 6\,\text{k}\Omega$，$R_{G1} = 100\,\text{k}\Omega$，$R_{G2} = 20\,\text{k}\Omega$，$R_L = 10\,\text{k}\Omega$，试求：

①　静态工作点。

②　求电压放大倍数、输入电阻和输出电阻。

解：

①　根据题意可列方程组 $\begin{cases} I_{DQ} = I_{DO}\left(1 - \dfrac{U_{GSQ}}{U_{GS(off)}}\right)^2 = \left(1 - \dfrac{U_{GSQ}}{-4}\right)^2 \\[4mm] U_{GSQ} = \dfrac{R_{G2}}{R_{G1} + R_{G2}}V_{DD} - I_{DQ}R_S = 3 - 6I_{DQ} \end{cases}$

解该方程组可得：$U_{GSQ} = -0.81\,\text{V}$，$I_{DQ} = 0.64\,\text{mA}$。

则

$$U_{DSQ} = V_{DD} - I_{DQ}(R_S + R_D) = 18\text{V} - 0.64 \times (6+10)\text{V} = 7.8\text{V}$$

故所求得静态工作点为

$$U_{GSQ} = -0.81\text{V} , \quad I_{DQ} = 0.64\text{mA} , \quad U_{DSQ} = 7.8\text{V}$$

② 电压放大倍数为

$$A_u = -g_m(R_L /\!/ R_D) = -1 \times (10 /\!/ 10) = -5$$

输入、输出电阻分别为

$$R_i = R_{G1} /\!/ R_{G2} = 100\text{k}\Omega /\!/ 20\text{k}\Omega = 16.67\text{ k}\Omega$$

$$R_o = R_D = 10\text{ k}\Omega$$

2. 共漏极场效应管放大电路

共漏极场效应管放大电路及其直流通道如图 5-50 所示。它又被称为源极输出器或源极跟随器，它与三极管的射极输出器具有类似的特点，输入阻抗高、输出阻抗低，电压放大倍数接近 1，应用较广泛。从交流通道上来看，输入信号和输出信号的公共端是场效应管的漏极，故该电路称为共漏极放大电路。

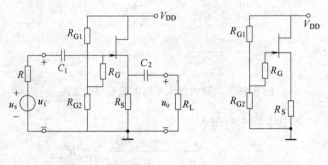

(a)共漏极场效应管放大电路　　　　(b)直流通道

图 5-50　共漏极场效应管放大电路及其直流通道

1) 静态分析

由图 5-50(b)直流通道不难看出，栅源电压 U_{GSQ}、漏极电流 I_{DQ} 之间的关系仍为

$$\left.\begin{array}{l} I_{DQ} = I_{DO}\left(1 - \dfrac{U_{GSQ}}{U_{GS(th)}}\right)^2 \\[3mm] U_{GSQ} = U_G - I_{DQ}R_S = \dfrac{R_{G2}}{R_{G1}+R_{G2}}V_{DD} - I_{DQ}R_S \end{array}\right\} \qquad (5\text{-}64)$$

与共源极放大电路相同。从该方程解出 U_{GSQ} 和 I_{DQ}，代入

$$U_{DSQ} = V_{DD} - I_{DQ}R_S \qquad (5\text{-}65)$$

可求得 U_{DSQ}。

2) 动态分析

共漏极放大电路的微变等效电路如图 5-51 所示。由图可知

$$\dot{A}_{u} = \frac{\dot{U}_{O}}{\dot{U}_{I}} = \frac{g_{m}\dot{U}_{GS}(R_{S} /\!/ R_{L})}{\dot{U}_{GS} + g_{m}\dot{U}_{GS}(R_{S} /\!/ R_{L})} = \frac{g_{m}R'_{L}}{1 + g_{m}R'_{L}} \tag{5-66}$$

当 $g_{m}R'_{L} \gg 1$ 时，$A_{u} \approx 1$。

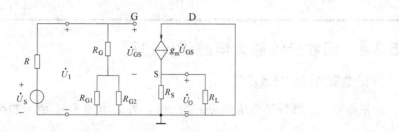

图 5-51 共漏极场效应管放大电路微变等效电路

$$R_{i} = R_{G} + (R_{G1} /\!/ R_{G2}) \tag{5-67}$$

$$\dot{A}_{us} = \frac{\dot{U}_{O}}{\dot{U}_{S}} = \frac{R_{i}}{R_{i} + R_{S}} \cdot \dot{A}_{u} \approx \dot{A}_{u} \ (R_{i} \gg R_{S}) \tag{5-68}$$

又因为 $\dot{U}_{O} \approx -\dot{U}_{GS}$，则

$$\dot{I}_{o} = \frac{\dot{U}'_{O}}{R_{S}} - g_{m}\dot{U}_{GS} = \dot{U}'_{O}\left[R_{S} /\!/ \frac{1}{g_{m}}\right] \tag{5-69}$$

$$R_{o} = \frac{\dot{U}'_{O}}{\dot{I}'_{o}} = R_{S} /\!/ \frac{1}{g_{m}} = \frac{R_{S}}{1 + g_{m}R_{S}} \tag{5-70}$$

【例 5-8】 如图 5-50 所示的共漏极场效应管放大电路中，已知 $V_{DD} = 24V$，$R_{S} = 10k\Omega$，$R_{G} = 300M\Omega$，$R_{G1} = 20k\Omega$，$R_{G2} = 20k\Omega$，$R_{L} = 10k\Omega$，场效应管在 Q 点处的跨导 $g_{m} = 1.8mA/V$。试求电压放大倍数、输入电阻和输出电阻。

解： 电压放大倍数为

$$\dot{A}_{u} = \frac{g_{m}(R_{S} /\!/ R_{L})}{1 + g_{m}(R_{S} /\!/ R_{L})} = \frac{1.8 \times (10 /\!/ 10)}{1 + 1.8(10 /\!/ 10)} = 0.9$$

输入、输出电阻分别为

$$R_{i} = R_{G} + R_{G1} /\!/ R_{G2} \approx R_{G} = 300M\Omega$$

$$R_{o} = \frac{R_{S}}{1 + g_{m}R_{S}} = \frac{10}{1 + 1.8 \times 10}k\Omega = 0.53k\Omega$$

共源极放大电路和共漏极放大电路性能类似于共射极放大电路和共集电极放大电路，其具体的性能比较如表 5-3 所示。

表 5-3 共源极放大电路和共漏极放大电路性能比较

名 称	共源极放大电路	共漏极放大电路
与三极管放大电路的关系	共射极放大电路	共集电极放大电路
电压放大倍数 A_{u}	$-g_{m}(R_{D} /\!/ R_{L})$	$\dfrac{g_{m}(R /\!/ R_{L})}{1 + g_{m}(R /\!/ R_{L})}$

续表

名 称	共源极放大电路	共漏极放大电路
输入电阻 R_i	$R_{G1} // R_{G2}$	$R_G + (R_{G1} // R_{G2})$
输出电阻 R_o	R_D	$\dfrac{R_S}{1 + g_m R_S}$

5.3.4 场效应管放大电路设计过程

1. 选取电路和场效应管

根据要求，选择结型场效应管 3DJ6F，并采用图 5-51 所示的结型场效应管源极跟随器电路。

2. 选取场效应管的静态工作点

场效应管的静态工作点要借助于转移特性曲线来设置。依据 Q 点一般选在特性曲线 $\left(\dfrac{1}{3} \sim \dfrac{1}{2}\right) I_{DS}$ 范围的原则，取静态工作点 Q 对应的参数分别为

$$U_{GS(off)} = -4V, \quad I_{DSS} = 3mA, \quad I_{DQ} = 1.5mA, \quad U_{GSQ} = -1V, \quad g_m = \frac{\Delta I}{\Delta U_{GS}} = 2ms$$

3. 确定源极电阻 R_S

因为要求 $A_u \approx 1$，即空载时 $g_m R_S >> 1$，则

$$R_S >> \frac{1}{g_m} = 0.5\,k\Omega$$

故取标称值 $R_S = 5.6k\Omega$。

4. 确定基极电阻 R_{G1}、R_{G2} 和 R_G

由上文知

$$U_{SQ} = I_{DQ} R_S = 8.4\,V$$
$$U_{GQ} = U_{GSQ} + U_{SQ} = 7.4\,V$$
$$\frac{R_{G2}}{R_{G1} + R_{G2}} = \frac{U_{GQ}}{V_{DD}} = 0.62$$

若取 $R_{G1} = 75k\Omega$，则 $R_{G2} = 46k\Omega$，可用 $30k\Omega$ 固定电阻和 $47k\Omega$ 的电位器串联实现，用以调整静态工作点。

因技术指标要求 $R_i > 2M\Omega$，则

$$R_G = R_i$$

取 $R_G = 2.2M\Omega$，$R_o = R_S // \dfrac{1}{g_m} = \dfrac{R_S}{1 + g_m R_S} = 0.46k\Omega$，满足指标 $R_o < 1k\Omega$ 的要求。

5. 选取电容 C_1 和 C_2

根据上述参数选取 C_1 和 C_2。因为场效应管的输入、输出阻抗比晶体管要求高，则场

效应管输入耦合电容 C_1 的值比晶体管放大电路要小，一般取 $C_1 = 0.02\,\mu\text{F}$ 。在本设计中，取 $C_1 = 0.022\mu\text{F}$ ， $C_2 = 20\mu\text{F}$ 。

5.4 晶 闸 管

5.4.1 晶闸管整流电路设计

1. 设计目的

(1) 能根据一定的技术指标设计一个单相半控桥式整流电路，掌握单相半控桥式整流电路的工作原理。

(2) 掌握晶闸管的特性，能够根据相关参数选取合适的晶闸管。

2. 设计内容及要求

选择合适的晶闸管和触发电路，设计一个负载为纯电阻性的单相半控桥式整流电路，使得负载上输出的直流电压为 $U_L = 0\sim60\text{V}$ ，直流电流为 $I_L = 0\sim10\text{A}$ 。

> 思考：什么是晶闸管？它的整流作用与二极管的整流有什么区别？

5.4.2 晶闸管基础知识

1. 晶闸管的结构和符号

晶闸管(Thyristor)是晶体闸流管的简称，又称可控硅整流器，俗称可控硅，它是一种大功率开关型半导体器件，在电路中用 VH 表示。因其具有硅整流器件的特性，能在高电压、大电流条件下工作，且其工作过程可以控制而被广泛应用于可控整流、交流调压、无触点电子开关、逆变及变频等电子电路中。其封装外形如图 5-52 所示。晶闸管内部由 PNPN 四层半导体构成，其外部有三个电极，最外的 P 层引出阳极 A，最外的 N 层引出阴极 K，中间的 P 层引出门极 G，其结构和符号分别如图 5-53 所示。

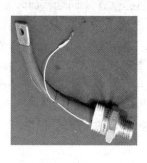

图 5-52 晶闸管的封装外形

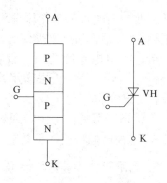

图 5-53 晶闸管的结构示意图和符号

2. 晶闸管的工作原理

晶闸管内部可以等效为 PNP 晶体管 VT_1 和 NPN 晶体管 VT_2 组成的组合管，如图 5-54 中虚线框所示。VT_1(PNP 型)的发射极相当于晶闸管的阳极 A，VT_2(NPN 型)的发射极相当于晶闸管的阴极 K，VT_2 的基极相当于晶闸管的门极 G。不难看出，阳极 A 和阴极 K 之间加正向电压，门极 G 不加电压时，晶闸管内部的 PN 结 J_2 处于反向偏置，晶闸管不能导通，处于正向阻断状态；当阳极和阴极之间加反向电压时，PN 结 J_1、J_3 均处于反向偏置，无论控制极是否加电压，晶闸管都不能导通，呈反向阻断状态。

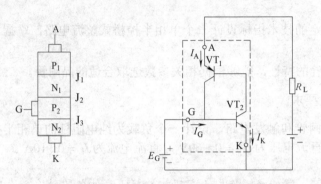

图 5-54 晶闸管的等效电路图

当阳极 A 和阴极 K 之间加正向电压，门极 G 加电压时，即如图 5-54 所示，阳极 A 通过负载和电源正极相连，阴极 K 和电源负极相连，门极 G 和阴极 K 之间施加正向电压 E_G，此时门极电流 I_G 就是 VT_2 的基极电流 I_{B2}，经 VT_2 放大后得到其集电极电流 $I_{C2} = \beta_2 I_G$，I_{C2} 同时又是 VT_1 的基极电流，经 VT_1 放大后得到其集电极电流 $I_{C1} = \beta_1 \beta_2 I_G$。该电流又送到 VT_1 和 VT_2 循环反复放大，形成正反馈，使得两个三极管达到饱和导通状态，即晶闸管导通，此时阳极 A 和阴极 K 之间的压降很小，导通电流的大小取决于外电路。晶闸管导通后，取消门极 G 的正向电压 E_G，晶闸管仍然能够保持导通，故门极在晶闸管导通后失去控制作用，E_G 被称为触发脉冲。要将已导通的晶闸管关断，必须将阳极电流减小到不能维持正反馈过程，可通过增大负载电阻、降低阳极电压或施加反向电压来实现。

因此，晶闸管的工作原理可总结如下：当晶闸管反向连接(即 A 接电源负极，K 接电源正极)时，不管门极承受何种电压，晶闸管都处于关断状态；晶闸管正向连接(即 A 接电源正极，K 接电源负极)时，仅在门极承受正向电压的情况下晶闸管才由关断状态变为导通状态；导通后，门极失去作用，不论门极电压如何，只要有一定的正向阳极电压，晶闸管即保持导通。只有把阳极 A 和阴极 K 之间电压极性发生改变，晶闸管才由导通状态转变为关断状态。可见，晶闸管通过门极触发信号(小的触发电流)来控制导通(可控硅中通过大电流)，这种可控特性，正是它区别于普通整流二极管的重要特征。

3. 晶闸管主要参数与型号

(1) 额定正向平均电流 I_F，环境温度小于 40℃，标准散热和全导通条件下，晶闸管阳极和阴极间可以连续通过的工频正弦半波电流平均值，简称正向额定电流。

(2) 正向阻断峰值电压 U_{DRM}，指控制极开路，正向阻断条件下，晶闸管允许重复加在阳极和阴极间正向电压的峰值。

(3) 反向阻断峰值电压 U_{RRM}，指控制极开路，正向阻断条件下，晶闸管允许重复加在阳极和阴极间反向电压的峰值。使用时，不能超过手册给出的这个参数值。

(4) 控制极触发电流 I_g 和触发电压 V_g，在规定的环境温度下，阳极-阴极间加有一定电压时，可控硅从关断状态转为导通状态所需要的最小控制极电流和电压。

(5) 通态平均电压，晶闸管导通时，阳极和阴极间电压的平均值，俗称导通时的管压降，一般为 1V 左右。它的大小反映了晶闸管功耗的大小，因此值越小越好。

(6) 维持电流 I_H，在规定温度下，控制极断路，维持可控硅导通所必需的最小阳极正向电流。

国产普通型的晶闸管的型号有 3CT 和 KP 系列。对于 3CT 系列，"3"表示三个电极，"C"表示 N 型硅材料，"T"表示晶闸管元件，如 3CT-5/500 表示正向额定电流为 5A，正向阻断峰值电压为 500V 的普通型晶闸管；对于 KP 系列，"K"表示晶闸管，"P"表示普通型，如 KP100-12G 表示正向额定电流为 100A，正向阻断峰值电压为 1200V，通态平均电压组别为 G 的普通反向阻断型晶闸管。

5.4.3 晶闸管整流电路

晶闸管整流电路可以在交流电压不变的情况下，方便地改变直流输出电压的大小，即实现交流到可变直流的转换。晶闸管整流电路用做直流调速装置，因具有体积小、质量轻、效率高以及控制灵敏等优点，广泛应用于机床、轧钢、造纸、电解、电镀、光电、励磁等领域。

为了简化问题，一般情况下，认为负载为电阻性，变压器为理想变压器，晶闸管为理想管，即晶闸管被导通时等效电阻为零，等效压降为零，这里仅讨论应用广泛的单相可控整流电路。单相可控整流电路分为单相半波可控整流电路和单相半控桥式整流电路。下面分别讨论。

1. 单相半波可控整流电路

将单相半波整流电路中的二极管换成晶闸管即构成单相半波可控整流电路，如图 5-55 所示。在输入交流电压 u 的正半周期(即变压器副边电压)，晶闸管加正向电压，门极无触发脉冲，管子处于正向阻断状态，负载两端电压 $u_o = 0$。在 t_1 时刻，门极加上触发脉冲，晶闸管导通，负载两端电压 $u_o = u = \sqrt{2}U\sin\omega t$。当 u 下降到接近零值时，晶闸管因其电流小于维持电流而被关断，负载两端电压 $u_o = 0$。在 u 的负半周期内，晶闸管因承受反向电压呈反向阻断状态，负载两端电压 $u_o = 0$。直至下一个周期，在 $t_1 + T$ 时刻再加上触发脉冲，晶闸管导通，如此循环往复，输出电压波形如图 5-56 所示。其中晶闸管开始承受正向电压到触发导通，其间的电角度成为控制角，也称移相角，通常用 α 表示；在一个周期内导通的角度称为导通角，通常用 θ 表示，显然，$\theta = \pi - \alpha$，控制角越小，导通角越大，输出电压越高。输出电压的平均值即等效直流电压为

$$U_O = \frac{1}{2\pi}\int_\alpha^\pi \sqrt{2}U\sin\omega t\,d\omega t = \frac{\sqrt{2}}{2\pi}U(1+\cos\alpha) = 0.45U\frac{1+\cos\alpha}{2} = 0.225U(1+\cos\alpha) \quad (5\text{-}71)$$

由式(5-71)可知，当 $\alpha = 0$ 时，$U_O = 0.45U$，晶闸管在正半周导通，相当于二极管单相

半波整流电路，输出电压取最高；当 $\alpha = \pi$ 时， $U_O = 0$ ，晶闸管全关断。因此，当控制角 α 从零变化到 π 时，负载上输出的等效直流电压从 $0.45U$ 连续变化到零，实现直流电压连续可调的要求。

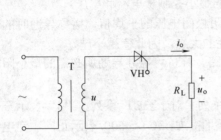

图 5-55　单相半波可控整流电路　　　　图 5-56　单相半波可控整流电路输出波形

【例 5-9】在如图 5-55 所示的电路中，变压器二次侧电压 $U = 100\text{V}$ ， $R_L = 225\Omega$ 。求控制角为 $90°$ 时，负载上的平均电压和电流。

解：

$$U_O = 0.225U(1 + \cos\alpha) = 0.225 \times 100(1 + \cos 90°)\text{V} = 22.5\text{V}$$

$$I_L = \frac{U_O}{R_L} = \frac{22.5\text{V}}{225\Omega} = 0.1\text{A}$$

2. 单相半控桥式整流电路

将单相桥式整流电路中两个臂上的二极管换成晶闸管即构成单相半控桥式整流电路，如图 5-57 所示。

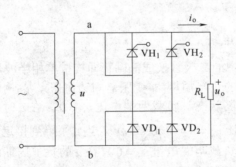

图 5-57　单相半控桥式整流电路

在输入交流电压 u 的正半周期，晶闸管 VH_1 和二极管 VD_2 承受正向电压，在 VT_1 门极加入触发信号， VH_1 和 VD_2 导通， VH_2 和 VD_1 因承受反向电压而截止，故此时的电流通路为 $a-VH_1-R_L-VD_2-b$ ；同理，在输入交流电压 u 的负半周， VH_2 和 VD_1 承受正向电压，在 VH_2 门极加入触发信号， VH_2 和 VD_1 导通， VH_1 和 VD_2 因承受反向电压而截止，故此时的电流通路变为 $b-VH_2-R_L-VD_1-a$ ，输出电压波形如图 5-58 所示。

不难看出，单相半控桥式整流电路输出电压是单相半波可控整流电路输出电压的 2

倍，故

$$U_O = 0.9U\frac{1+\cos\alpha}{2} = 0.45U(1+\cos\alpha)$$ (5-72)

流过晶闸管和二极管的电流平均值为

$$I_T = I_D = \frac{1}{2}I_O = \frac{U_O}{2R_L}$$ (5-73)

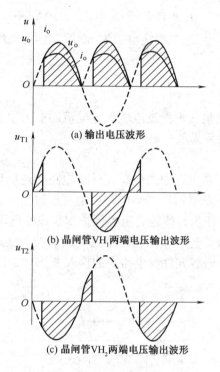

(a) 输出电压波形

(b) 晶闸管VH$_1$两端电压输出波形

(c) 晶闸管VH$_2$两端电压输出波形

图 5-58　单相半控桥式整流电路输出电压波形

　　【例 5-10】在如图 5-57 所示的电路中，变压器二次侧电压 $U = 220V$，$R_L = 5\Omega$。要求输出电压的范围为 $0\sim150\,V$，试计算通过晶闸管的最大电流和此时晶闸管的导通角。

　　解：

　　当输出电压为 150 V 时，晶闸管通过的电流最大，则

$$I_T = \frac{1}{2}I_O = \frac{U_O}{2R_L} = \frac{150V}{2\times5\Omega} = 15A$$

此时，晶闸管的导通角为

$$\cos\alpha = \frac{U_O}{0.45U} - 1 = \frac{150}{0.45\times220} - 1 = 0.51$$

查表得 $\alpha = 60°$，则晶闸管的导通角 $\theta = 180° - \alpha = 120°$。

5.4.4　晶闸管的选择与保护

1. 晶闸管的选择

　　晶闸管的特性参数很多，在实际安装和维修时主要考虑的是晶闸管的工作电压和工作

电流。其反向阻断峰值电压 $U_{RRM} \geqslant (1.5\sim2)U_{RM}$，其中 U_{RM} 是晶闸管在工作中可能承受的反向峰值电压；其额定正向平均电流 $I_F \geqslant (1.5\sim2)I_f$，其中 I_f 是电路中最大工作电流。如在例 5-10 中，变压器二次侧电压 $U = 220V$，当输出电压为 150V 时，通过晶闸管平均电流为 15 A，则选择晶闸管反向阻断峰值电压为

$$U_{RRM} \geqslant (1.5\sim2)U_{RM} = (1.5\sim2)\sqrt{2}U = 465\sim620V \tag{5-74}$$

其额定正向平均电流为

$$I_F \geqslant (1.5\sim2)I_f = 22.5\sim30A \tag{5-75}$$

查附录 A 中的 A.4 节，可选取额定电压为 600V，额定平均电流为 30A 的 KP30-6 晶闸管。

2. 晶闸管的保护

晶闸管的优点很多，但是它承受过电压和过电流的能力很差。在使用中，除了要使它的工作条件留有余地外，还要采取一定的保护措施。

1) 过电压保护

出现过电压的原因主要是电路中的电感元件在电路接通或切断时，从一个元件导通转换到另一个元件导通时，以及雷击等使得电路中电压超过正常值，使得晶闸管误导通甚至被击穿损坏。常采取的过电压保护措施有阻容保护和非线性电阻保护两种。

阻容保护是利用电容吸收过电压，将产生过电压的能量变成电场能储存到电容器中，然后释放到电阻上消耗掉。阻容元件在电路中的接入方法有 3 种，如图 5-59 所示。

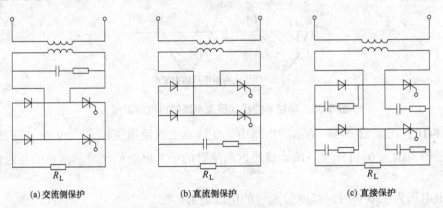

(a) 交流侧保护　　　　(b) 直流侧保护　　　　(c) 直接保护

图 5-59　阻容电阻的过电压保护电路

非线性电阻保护是指利用硒整流片或压敏电阻等非线性电阻元件反向击穿电压的原理来限制过电压，适合于持续时间较长的雷击过电压。其接入方法也有 3 种，如图 5-60 所示。

2) 过电流保护

出现过电流的原因主要是负载端过载或短路、某个晶闸管被击穿短路、触发电路工作不正常或受干扰使晶闸管误触发等。晶闸管允许过电流的时间短，一旦产生过电流，晶闸管的热容量小，它的温度就会急剧上升，超过其允许值而损坏晶闸管。例如，一个 100A 的晶闸管，过电流为 400A 时，仅允许持续 0.02s，否则将因过热而烧毁。因此，过电流保护的作用就在于能在允许时间内快速地切断电流而避免损坏晶闸管。常用的过电流保护措施有快速熔断器保护、灵敏过电流继电器保护和过电流截止保护等。

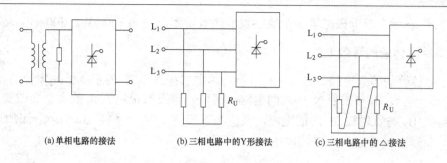

(a)单相电路的接法　　(b)三相电路中的Y形接法　　(c)三相电路中的△接法

图 5-60　压敏电阻的过电压保护电路

快速熔断器保护是利用低熔点的银质熔丝的快速熔断性质。当流过 5 倍额定电流时，快速熔断器在小于 0.02s 的时间内，晶闸管损坏之前熔断，从而切断电流，保护晶闸管。它在电路中的接入方法有 3 种，如图 5-61 所示。

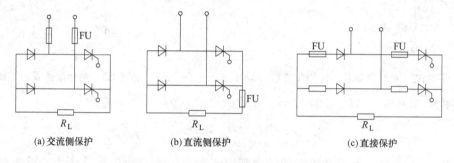

(a)交流侧保护　　　　(b)直流侧保护　　　　(c)直接保护

图 5-61　快速熔断器的过电流保护电路

灵敏过电流继电器保护是利用过电流继电器在发生过电流时自动开关或接触器跳闸的原理。但是过电流继电器、自动开关和接触器跳闸动作所需时间较长，因此这种保护作用不甚理想。

过电流截止保护是利用过电流信号控制晶闸管的触发电路。当整流输出过载，直流电流增大时，触发脉冲后移，即控制角增大甚至停发脉冲，以保护晶闸管。

5.4.5　晶闸管触发电路

为晶闸管控制极提供触发电压和电流的电路称为触发电路，它决定晶闸管的导通方式和导通时刻，是晶闸管电路的重要组成部分。为保证晶闸管电路正常可靠地工作，要求触发电路产生的触发脉冲与晶闸管阳极电压同步、具有足够的幅值和脉冲宽度、能平稳移向且具有足够的移相范围、稳定性和抗干扰能力好等。

触发电路的种类很多，这里仅介绍应用广泛的单结晶体管触发电路。

1. 单结晶体管的结构、符号及型号

单结晶体管(Uni-juntion Transistor，UJT)外形与普通晶体管相似，其结构和符号如图 5-62 所示。它是在一块高阻率的 N 型硅片上制作两个接触电极，即第一基极 B_1 和第二基极 B_2，所以单结晶体管又称为双基极二极管。在两个基极间，靠近 B_2 极处掺入 P 型杂质，引出电极即发射极 E。故它有三个电极，一个 PN 结，亦得名单结晶体管。

单结晶体管的型号有 BT31、BT33、BT35 等，其中"B"表示半导体，"T"表示特

种管，"3"表示3个电极，第四个数字表示耗散功率分别为100mW、300mW、500mW。

2. 单结晶体管的等效电路

单结晶体管的等效电路如图 5-63 所示，其中二极管 VD 表示单结晶体管的 PN 结，R_{B1} 表示第一基极 B_1 与发射极 E 间的电阻，其值随着发射极电流 I_E 的大小而改变，R_{B2} 表示第二基极 B_2 与发射极 E 间的电阻，其值与 I_E 无关。两个基极 B_1、B_2 之间加直流电压 U_{BB}，B_1 和发射极 E 之间加直流电压 U_E。

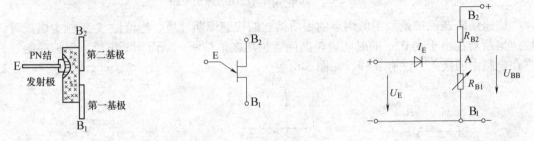

图 5-62　单结晶体管的结构和符号　　　　图 5-63　单结晶体管的等效电路

由图 5-63 可知，当 $U_E = 0$ 时，A、B_1 之间的电压为

$$U_A = \frac{R_{B1}}{R_{B1} + R_{B2}} U_{BB} = \frac{R_{B1}}{R_{BB}} U_{BB} = \eta U_{BB} \tag{5-76}$$

式中：$R_{BB} = R_{B1} + R_{B2}$ 为两基极之间的电阻；η 为分压比，是单结晶体管的重要参数，一般在 0.3～0.9。

3. 单结晶体管伏安特性

单结晶体管的伏安特性如图 5-64 所示。

当 $0 < U_E < U_A + U_D$ 时，PN 结反向截止，单结晶闸管也截止，I_E 为很小的漏电流。U_D 为单结晶体管中 PN 结的正向压降。对应曲线中 P 点以前的区域称为截止区。

当 $U_E = U_A + U_D$ 时，PN 结正向导通。PN 结由截止到导通的转折点称为峰点，通常记为 P，其对应的发射极电压和电流分别称为峰点电压 U_P 和峰点电流 I_P，显然 $U_P = \eta U_{BB} + U_D$，分压比 η 不同的管子，峰点电压 U_P 不同。

随着 U_E 的增加，I_E 显著增加，相当于从 P 区向硅片下部注入大量空穴，R_{B1} 迅速减小，U_E 相应下降。电压随电流的增加反而下降的特性，称为负阻特性，所对应的区域称为负阻区。当 U_E 下降到 V 点后，PN 结又反向截止。PN 结由导通到截止的转折点 V 被称为谷点，所对应的发射极电压和电流称为谷点电压 U_V 和谷点电流 I_V。显然，U_V 是维持单结晶体管导通的最小发射极电压。一般谷点电压在 2～5V。

过了 V 点后，由于硅片下部空穴浓度很高，R_{B1} 不再减小，故 I_E 增加时，U_E 缓慢地上升但变化很小，单结晶体管恢复导通，这部分区域称为饱和区。

综上所述，单结晶体管的伏安特性如下：当发射极电压 U_E 等于峰点电压 U_P 时，单结晶体管由截止变为导通。导通后，I_E 增加，U_E 减小。当 U_E 减小到谷点电压 U_V 时，单结晶体管又由导通变为截止。P 点到 V 点导通的这部分区域称为负阻区，P 点左边的区域为截止区，V 点右边的区域为饱和区。

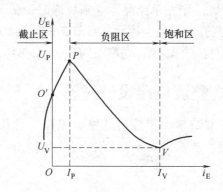

图 5-64 单结晶体管的伏安特性

4. 单结晶体管触发电路

利用单结晶体管负阻特性与 RC 电路的充放电特性组成频率可调的振荡电路，如图 5-65(a)所示。电源 U_{BB} 通过 R_1 和 R_2 加在单结晶体管的基极上，同时通过 R_P 和 R_E 给电容 C 充电，电容两端电压 u_C 按指数规律增加。

当 $u_C < U_P$ 时，单结晶体管截止，R_1 输出电压为零。

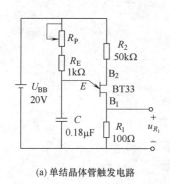

(a) 单结晶体管触发电路

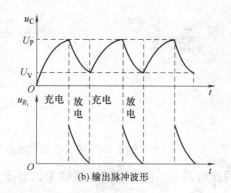

(b) 输出脉冲波形

图 5-65 单结晶体管触发电路及其输出脉冲波形

当 $u_C \geqslant U_P$ 时，单结晶体管导通，反射极和基极 B_1 之间的电阻 R_{B1} 急剧减小，电容 C 向 R_1 迅速放电，放电时间很短，在 R_1 上形成一个很窄的尖脉冲，同时 u_C 减小。

当 $u_C < U_V$ 时，即 $u_E < U_V$，单结晶体管截止，R_1 输出电压为零，放电结束，完成了一次振荡。此后，电容 C 又重新充电，重复上述过程，于是在电容上形成锯齿波电压，在 R_1 上形成一个又一个的输出脉冲，如图 5-65(b)所示。

在该触发电路中，电位器 R_P 的作用是移相，改变其值就改变了充电的时间常数，$\tau = (R_P + R)C$，即改变充电的快慢，从而调节输出脉冲电压的频率。$R_P + R$ 的阻值如果太小，使得单结晶体管导通之后，电路中电流始终大于谷点电流，u_C 始终大于 U_V，单结晶体管不能截止，形成直通现象。$R_P + R$ 的阻值如果太大，充电太慢，电容器上的电压充不到 U_P，使得单结晶体管不能导通。因此，常取 $R_P + R$ 的值为几千欧到几十千欧，取电容 C 为 $0.1 \sim 1\,\mu F$。

R_1 的大小影响输出脉冲的宽度和幅值。若 R_1 太小，则放电太快，脉冲太窄，还没有来得及触发晶闸管；若 R_1 太大，则在单结晶体管未导通时，u_C 还没有增大到 U_P，电流 I_{BB} 在 R_1 上压降较大，使得晶闸管误导通。因此，常取 R_1 的值为 50～100Ω。

R_2 的作用是补偿温度对 U_P 的影响，通常取为 200～600Ω。

5.4.6　单相半控桥式整流电路设计过程

现在再来考虑节首提出的单相半控桥式整流电路，使得负载上输出的直流电压为 $U_L = 0\sim60\text{V}$，直流电流为 $I_L = 0\sim10\text{A}$。设计过程如下。

1. 选取触发电路

为简化问题，选取图 5-65(a)所示单结晶体管触发电路。该触发电路与单相半控桥式整流电路相连，其电路图如图 5-66 所示。

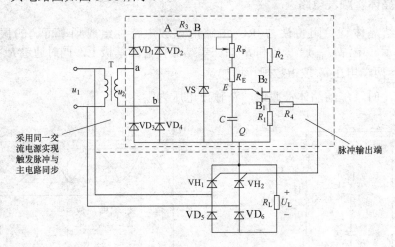

图 5-66　带有触发电路的单相半控桥式整流电路

2. 确定单相半控桥式整流电路的输入电压 U

由单相半控桥式整流电路的工作原理知负载上的输出电压 $U_L = 0.45U(1+\cos\alpha)$，设输出直流电压最大为 60V 时，其控制角 $\alpha = 0°$，则

$$U = \frac{U_L}{0.45(1+\cos\alpha)} = \frac{60\text{V}}{0.9} \approx 67\text{V}$$

考虑到整流器件上压降等因素，U 取值应比计算值高 10%，则取 $U = 75\text{V}$。故选取或制作一个合适的变压器，使得输出电压的有效值为 75V。

3. 选取合适的晶闸管

该电路中晶闸管承受的反向峰值电压为

$$U_{RM} = \sqrt{2}U = 1.414\times75\text{V} = 106\text{V}$$

应选取晶闸管的反向阻断峰值电压 $U_{RRM} \geqslant (1.5\sim2)U_{RM}$，则

$$U_{RRM} \geqslant (1.5\sim2)U_{RM} = 159\sim212\text{V}$$

该电路中晶闸管通过的最大平均电流 $I_f = \dfrac{1}{2} I_L = 5A$ 。

应选取晶闸管的额定正向平均电流 $I_F \geqslant (1.5 \sim 2) I_f = 7.5 \sim 10A$ 。

综上所述，查附录 A 中的 A.4 节，可选取额定正向平均电流为 10A，额定电压为 200V 的 KP10-2 晶闸管。

4. 选取负载电阻

由所给技术指标负载上输出的直流电压为 $U_L = 0 \sim 60\ V$ ，直流电流为 $I_L = 0 \sim 10A$ ，可知 $R_L = 6\ \Omega$ 。故可取标称值为 $6.2\ \Omega$ 精度为 5%的碳膜电阻。

5.5 拓 展 实 训

5.5.1 常用电子器件的测试

1. 半导体二极管的测试

大多数二极管的损坏是由于器件的老化、正向电流过大、超过器件的最高反向工作电压所致。当二极管由于电流过大而损坏时，二极管会破裂或完全崩溃，焊接点和印刷电路板也有过电流的现象。当二极管没有明显的损坏现象时，需通过万用表测试判断二极管是否损坏。

实训目的：通过测量二极管的正向电阻和反向电阻判断二极管是否损坏。

实训设备与器材：数字万用表 1 只、普通二极管多个。

实训内容：

1) 选挡

测试前要选好挡位，两表笔短接后调零位。一般的，$R \times 1$ 挡用于耐压较低、电流较小的二极管。$R \times 100$ 或 $R \times 1k$ 挡用于测电流较大的二极管。

2) 测量二极管正向电阻

用万用表黑笔接二极管的正极(或阳极)，红笔接二极管的负极(或阴极)。

3) 测量二极管反向电阻

用万用表黑笔接二极管的负极(或阴极)，红笔接二极管的正极(或阳极)。

4) 判断

正向电阻较小，反向电阻较大的管子是好的。正向电阻=反向电阻=0，短路损坏。正向电阻=反向电阻=无穷大，开路损坏。正向电阻接近反向电阻，管子是坏的。

> 提示：(1) 不同的万用表测同一只二极管，二极管的电阻不同。
> (2) 对于发光二极管，只需要观察其颜色即可判断是否损坏；如果二极管由于烧毁而发出黑色光时，应该更换该器件，同时检查电路其他器件，以避免其他器件的损坏再次导致发光二极管的损坏。
> (3) 对于稳压二极管，因其工作在反向击穿区，不能用上述方法进行测试。最简单的方法是测量二极管在电路中的端电压。如果端电压在允许的范围内，则器件是好的。

2. 半导体三极管的测试

实训目的：通过测量三极管的压降判断三极管的导电类型和三个电极。

实训设备与器材：万用表1只、普通三极管多个。

实训内容：

1) 基极和导电类型的判别

将挡位调到二极管/蜂鸣器挡，红表笔插入电源正极(伏特/欧姆孔)，黑表笔插入电源负极(COM孔)，假设被测三极管任意一个管脚为基极，用红表笔(黑表笔)与该管脚相连，黑表笔(红表笔)分别去测其他两个极，若两次显示的值都在0.7V左右，则假设正确，该二极管为NPN型(PNP型)，否则重新假设。

2) 发射极和集电极的判别

利用万用表分别测两个管脚与基极的压降，较大者为发射极。

3. 绝缘栅型场效应管的检测

实训目的：通过测量场效应管引脚间的压降判断场效应管的类型和各电极，并判别其好坏，估算其放大能力。

实训设备与器材：万用表1只、场效应管多个。

实训内容：

1) 判别各电极和管型

用万用表置于$R\times100$挡，用两表笔分别测试任意两引脚之间的正、反向电阻值。其中一次测量两引脚的电阻值为数百欧姆，这时两表笔所接的引脚分别为漏极D和源极S，另一个引脚即栅极G。

再用万用表置于$R\times10k$挡测量漏极D和源极S两引脚之间的正、反向电阻值。正常时，正向电阻为$2k\Omega$，反向电阻大于$500k\Omega$。在测量反向电阻值时，红表笔所接引脚不动，黑表笔所接引脚脱离引脚后，先于栅极G触碰一下，再接原引脚，观察万用表读数的变化。若万用表由原来较大阻值变为零，则此红表笔所接引脚是源极S，黑表笔所接引脚是漏极D。用黑表笔触发栅极G有效，说明该管是N沟道场效应管。

若万用表仍为较大阻值，则黑表笔接回原引脚不变，改用红表笔去触碰栅极G后再接回原引脚，若此时万用表由原来较大阻值变为零，则黑表笔所接引脚是源极S，红表笔所接引脚是漏极D。用红表笔触发栅极G有效，说明该管是P沟道场效应管。

2) 判别其好坏

用万用表置于$R\times1k$挡或$R\times10k$挡，测量场效应晶体管任意两引脚的正、反向电阻值。正常时，除漏极和源极之间的正向电阻值较小外，其他引脚的正反向电阻值均为无穷大；若测得两引脚之间的电阻值接近0Ω，则说明该管已被击穿损坏。

另外，可以用触发栅极的方法(N沟道场效应管用黑表笔触发，P沟道场效应管用红表笔触发)来判断场效应晶体管是否损坏，若触发有效(触发栅极后，D、S极之间的正反向电阻均为零)，则可确定该管性能良好。

3) 估测其放大能力

测量N沟道场效应晶体管时，可用万用表($R\times1k$挡)的黑表笔接源极S，红表笔接漏极D，此时栅极G开路，万用表指示电阻值较大；再用手指接触栅极G，为该极加入人体感应信号。若加入人体感应信号后，万用表指针大幅地偏转，则说明该管具有较强的放大功能；若指针不动或偏转幅度不大，则说明该管无放大能力或放大能力较弱。

应注意此检测方法对少数内置保护二极管的 VMOS 大功率场效应晶体管不适用。

4. 普通晶闸管的测试

实训目的：通过测量晶闸管引脚间的电阻值判断晶闸管各电极和管子好坏，并检测其触发能力。

实训设备与器材：万用表 1 只、普通晶闸管多个。

实训内容：

1) 判别各电极

根据普通晶闸管的结构可知，其门极 G 与阴极 K 之间为一个 PN 结，具有单向导电特性，而阳极 A 与门极之间有两个反极性串联的 PN 结，因此，通过万用表的 $R\times 100$ 挡或 $R\times 1k$ 挡测量普通晶闸管的各引脚之间的电阻值，即能确定三个电极。

将万用表黑表笔接晶闸管任一极，红表笔依次触碰另外两极，若测量结果有一次阻值为几千欧姆，另一次为几百欧姆，则可判定黑表笔接的是门极 G。在阻值为几百欧姆的测量中，红表笔接的是阴极 K，而在阻值为几千欧姆的测量中，红表笔接的是阳极 A。若两次测量的阻值都很大，则说明黑表笔接的不是门极 G，应用同样方法改测其他电极，直到找到三个电极为止。

也可以测任意两脚之间的正反向电阻值，若正反向电阻值均接近于无穷大，则两极为阳极 A 和阴极 K，而另一脚为门极 G。

普通晶闸管也可以根据其封装形式来判断各电极。例如，螺栓形普通晶闸管的螺栓一端为阳极 A，较细的引线端为门极 G，较粗的引线端为阴极 K；平板形普通晶闸管的引出线端为门极 G，平面端为阳极 A，另一端为阴极 K；金属壳封装(TO-3)的普通晶闸管，其外壳为阳极 A；塑封(TO-220)普通晶闸管的中间引脚为阳极 A，且多与自带散热片相连。

2) 判断其好坏

用万用表置于 $R\times 1k$ 挡测量普通晶闸管阳极 A 和阴极 K 之间的正、反向电阻值，正常时均应为无穷大，若测得 A、K 之间的正反向电阻值为零或者阻值较小，则说明晶闸管内部击穿短路或漏电。

测量门极 G 和阴极 K 之间的正反向电阻值，正常时应有类似二极管的正反向电阻值(实测结果较普通二极管的正反向电阻值小一些)，一般正向电阻值较小(小于 $2k\Omega$)，反向电阻值较大(大于 $80k\Omega$)。若两次测量的电阻值均很大或很小，则说明该管 G、K 之间开路或短路。若正反向电阻值均相等或接近，则说明该晶闸管已失效，其 G、K 间的 PN 结失去了单向导电性。

测量阳极 A 和门极 G 之间的正反向电阻值，正常时，两个阻值均应为几百千欧姆或者无穷大，若正反向电阻值不一样，说明 GA 之间反向串联的两个 PN 结中一个已被击穿短路。

3) 检测触发能力

对于工作电流为 5A 以下的小功率的普通晶闸管，可以用万用表 $R\times 1$ 挡测量。测量时黑表笔接阳极 A，红表笔接阴极 K，此时表针不动，显示阻值为无穷大。用镊子或导线将晶闸管的阳极 A 与门极短路，相当于给 G 极加上正向触发电压，此时若电阻值为几欧姆至几十欧姆，则表明晶闸管因正向触发而导通。再断开 A 极与 G 极的连接，即 AK 极上的表笔不动，只将 G 极的触发电压断掉，若表指针仍保持在原位置不动，则说明此晶闸管的触发性能良好。

对于工作电流在 5A 以上的中大功率普通晶闸管，因其通态压降、维持电流和门极触发电压均相对比较大，万用表 $R \times 1$ 挡所提供的电流偏低，晶闸管不能完全导通，故检测时可在黑表笔端串接一只 200Ω 的可调电阻和 1～3 节 1.5V 的干电池(视被测晶闸管的容量而定。对于 100A 的晶闸管，应用 3 节 1.5V 的干电池)。

5.5.2　差动放大电路性能测试

1. 实训目的

(1) 加深对差动放大器性能及特点的理解。

(2) 掌握差动放大器主要性能指标的测试方法。

2. 实训设备与器材

±12V 直流电源；函数信号发生器；双踪示波器；交流毫伏表；直流电压表；晶体三极管 3DG6×3，要求 T_1、T_2 管特性参数一致；电阻器、电容器若干。

3. 实训内容

按图 5-67 连接实训电路，合上开关 K 即构成一个典型的差动放大器。

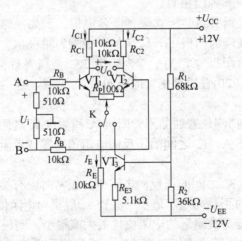

图 5-67　差动放大器实训电路

1) 测量静态工作点

(1) 调节放大器零点。

不接入信号源，将放大器输入端 A、B 与地短接，接通±12V 直流电源，用直流电压表测量输出电压 U_O，调节调零电位器 R_P，使 $U_O = 0$。调节要仔细，力求准确。

(2) 测量静态工作点。

零点调好以后，用直流电压表测量 VT_1、VT_2 管各电极电位及射极电阻 R_E 两端电压 U_{R_E}，记入表 5-4。

表 5-4　静态工作点测量数据表

测量值	U_{C1}/V	U_{B1}/V	U_{E1}/V	U_{C2}/V	U_{B2}/V	U_{E2}/V	U_{R_E}/V
计算值	I_C/mA		I_B/mA		U_{CE}/V		

2)　测量差模电压放大倍数 A_{ud}

断开直流电源，将函数信号发生器的输出端接放大器输入 A 端，地端接放大器输入 B 端构成单端输入方式，调节输入信号为频率 $f=1kHz$ 的正弦信号，并使输出旋钮旋至零，用示波器监视输出端(集电极 C1 或 C2 与地之间)。

接通±12V 直流电源，逐渐增大输入电压 U_i(约 100mV)，在输出波形无失真的情况下，用交流毫伏表测 U_i、U_{C1}、U_{C2}，记入表 5-5 中，并观察 U_i、U_{C1}、U_{C2} 之间的相位关系及 U_{R_E} 随 U_i 改变而变化的情况。

3)　测量共模电压放大倍数 A_{uc}

将放大器 A、B 端短接，信号源接 A 端与地之间，构成共模输入方式，调节输入信号 $f=1kHz$，$U_i=1V$，在输出电压无失真的情况下，测量 U_{C1}、U_{C2} 的值记入表 5-5，并观察 U_i、U_{C1}、U_{C2} 之间的相位关系及 U_{R_E} 随 U_i 改变而变化的情况。

表 5-5　典型差动放大电路性能数据表

	典型差动放大电路	
	单端输入	共模输入
U_I	100mV	1V
U_{C1}/V		
U_{C2}/V		
$A_{ud1} = \dfrac{U_{C1}}{U_i}$		
$A_{ud} = \dfrac{U_{od}}{U_i}$		
$A_{uc1} = \dfrac{U_{C1}}{U_i}$		
$A_{uc} = \dfrac{U_{oc}}{U_i}$		
$K_{CMR} = \left| \dfrac{A_{ud}}{A_{uc}} \right|$		

4. 实训总结

(1)　整理实训数据，列表比较实验结果和理论估算值，分析误差原因。

① 静态工作点和差模电压放大倍数。

② 典型差动放大电路单端输出时的 K_{CMRR} 实测值与理论值比较。

(2) 比较 U_i、U_{C1} 和 U_{C2} 之间的相位关系。

(3) 根据实训结果，总结分析电阻 R_E 和恒流源的作用。

本 章 小 结

本章介绍了二极管、三极管、场效应管和晶闸管四种半导体器件及其应用电路，主要内容归纳如下。

1. 二极管

二极管实质是一个 PN 结。它最重要的特点是单方向导电性，在电路中起到整流和检波等作用。在二极管的应用方面，详细讲述了半波、全波和桥式三种整流电路以及稳压电路。

2. 三极管

三极管分为 NPN 型和 PNP 型两大类，其共同特征是内部有两个 PN 结，外部有三个电极。它是电流控制电流器件，由较小的基极电流产生较大的集电极电流，从而实现放大作用。其实现放大作用的外部条件是发射结正向偏置，集电结反向偏置；实现放大作用的内部条件是发射区多数载流子的浓度高，基区薄且掺杂浓度低。描述三极管放大作用的参数是共射电流放大系数 $\beta = \Delta i_C / \Delta i_B$ 和共基电流放大系数 $\alpha = \Delta i_C / \Delta i_E$。一般的，用输入特性曲线和输出特性曲线来描述三极管的特性。其输出特性可以分为三个区：截止区、放大区和饱和区。

在三极管的应用方面，本章介绍了三极管的三种基本放大电路、多级放大电路和差动放大电路。三极管的三种基本放大电路即共射极放大电路、共基极放大电路和共集电极放大电路的主要特点如表 5-1 所示。

3. 场效应管

场效应管是电压控制电流器件，它依靠控制栅源电压控制输出电流，具有放大作用。描述场效应管放大作用的参数是跨导 $g_m = \Delta I_D / \Delta U_{GS}$。场效应管的特性也用输入特性曲线和输出特性曲线来描述。其输出特性可以分为三个区：可变电阻区、恒流区和截止区。

在场效应管的应用方面，本章介绍了两种场效应管放大电路，即共源极场效应管放大电路和共漏极场效应管放大电路，它们的特性如表 5-3 所示。

4. 晶闸管

晶闸管内部由 PNPN 四层半导体构成，外部有三个电极。当晶闸管反向连接时，不管门极承受何种电压，晶闸管都处于关断状态；当晶闸管正向连接时，仅在门极承受正向电压的情况下晶闸管才由关断状态变为导通状态；导通后，门极失去作用，不论门极电压如何，只要有一定的正向阳极电压，晶闸管保持导通。可见它通过门极触发信号(小的触发电流)来控制导通，这种可控特性，是它区别于普通整流二极管的重要特征。

在晶闸管应用方面，详细讲述了单相半波可控整流电路、单相半控桥式整流电路、晶闸管的选择与保护以及晶闸管的触发电路。

5. 放大电路的分析方法

分析放大电路一般有两种方法，即图解法和微变等效电路法。

所谓图解法是指在已知放大管的输入特性、输出特性以及放大电路中其他各元件参数的情况下，利用作图的方法对放大电路进行分析。例如，利用三极管放大电路的直流负载线和三极管的输出特性曲线即可确定静态工作点；利用交流负载线与三极管的输出特性曲线能够表示出加入交流输入信号后电路的输出波形。

所谓微变等效电路法是指把三极管这个非线性器件在输入信号电压很小、输出信号电压的幅值不进入饱和区和截止区时当成线性器件，并用线性电路来等效。微变等效电路法利用已知网络的特性方程，按此方程画出其等效电路，也称为 H 参数等效电路，其特点是每个等效参数的物理意义明确，而且便于测量。具体方法是：首先画出放大电路的交流通道，然后用晶体管的简化 H 参数等效电路代替晶体管，并标明电压、电流的参考方向。

应用微变等效电路分析法分析放大电路的基本步骤总结如下。

(1) 确定放大电路的静态工作点。这一步多采用近似估算法或图解法。

(2) 求出静态工作点 Q 附近的 H 参数。这一步可通过在输入输出特性曲线上作图确定。

(3) 画出放大电路的微变等效电路。

(4) 应用线性电路理论进行计算，求得放大电路的主要性能指标。

思考题与习题

1. 什么是半导体？什么是 N 型半导体？什么是 P 型半导体？

2. 二极管最重要的特性是什么？什么情况下它会被导通？

3. 电路如图 5-68 所示，二极管的正向压降为 0.7V，试计算下列情况下的输出电压。

(1) $U_1 = U_2 = 0$。

(2) $U_1 = 0$，$U_2 = 6V$。

(3) $U_1 = U_2 = 6V$。

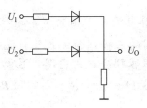

图 5-68　题 3 图

4. 图 5-69 中，已知 $u_i = 5\sin\omega t (V)$，$R = 5k\Omega$，试画出二极管的电压 u_D、电流 i_D 及输出电压 u_o 的波形，并标出幅值。其中二极管的正向压降和反向电流可以忽略。

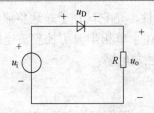

图 5-69　题 4 图

5. 图 5-70 中，已知电源电压 $U = 12\,\text{V}$，$R = 200\,\Omega$，$R_L = 1\,\text{k}\Omega$，稳压管的反向工作电压 $U_Z = 6\,\text{V}$，试求：

(1) 稳压管中的电流 I_Z。

(2) 当电源电压变为 15V 时，I_Z 将变为多少？输出电压 U_O 为多少？

(3) 如果电源电压不变，但 $R = 2\,\text{k}\Omega$，则 I_Z 将变为多少？输出电压 U_O 为多少？

6. 简述三极管实现放大作用的外部条件和内部条件。

7. 简述三极管三种基本放大电路的特点和用途。

8. 如图 5-71 所示的单管共射放大电路中，$V_{CC} = 12\text{V}$，$U_{BEQ} = 0.7\text{V}$，$R_B = 280\,\text{k}\Omega$，$R_C = 3\text{k}\Omega$，$\beta = 50$，$R_L = 3\text{k}\Omega$，试求：

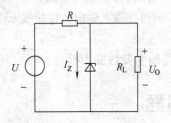

图 5-70　题 5 图

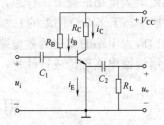

图 5-71　题 8 图

(1) 电路的静态工作点。

(2) 画出直流负载线和交流负载线。

(3) 试用微变等效电路法估算 $\dot{A}_u$ 和 R_o。

9. 如图 5-72 所示的分压偏置式放大电路中，$V_{CC} = 20\text{V}$，$U_{BEQ} = 0.7\text{V}$，$R_C = 2\text{k}\Omega$，$R_E = 3\text{k}\Omega$，$R_L = 3\text{k}\Omega$，$R_{B1} = R_{B2} = 5\text{k}\Omega$，$\beta = 60$。

(1) 求电路的静态工作点。

(2) 试用微变等效电路法估算电流放大倍数 $\dot{A}_i$ 和电压放大倍数 $\dot{A}_u$。

10. 简述多级放大电路中常用的三种耦合方式及其优缺点。

11. 如图 5-73 所示的两级阻容耦合放大电路，已知 $V_{CC} = 20\text{V}$，$U_{BE1} = U_{BE2} = 0.7\text{V}$，$R_1 = R_2 = 5\text{k}\Omega$，$R_3 = 2\text{k}\Omega$，$R_4 = 3\text{k}\Omega$，$R_5 = R_6 = 3\text{k}\Omega$，$R_L = 3\text{k}\Omega$，$\beta_1 = \beta_2 = 50$，电容器对交流可视为短路。

(1) 试估算该电路 VT$_1$ 管和 VT$_2$ 管的静态工作点。

(2) 估算该电路的电压放大倍数、输入电阻和输出电阻。

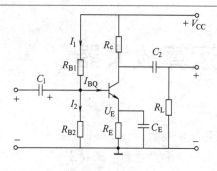

图 5-72 题 9 图

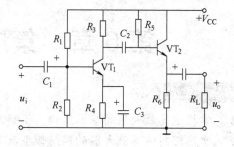

图 5-73 题 11 图

12. 已知差动放大电路的输入信号 $u_{i1} = 1.1\text{V}$ ，$u_{i2} = 0.9\text{V}$ ，$A_{ud} = 100$ ，$A_{uc} = 0.05$ 。试求：

(1) 差模和共模输入电压。

(2) 输出电压 u_o 和共模抑制比 K_{CMRR} 。

13. 简述场效应管与三极管的共同点和不同点。

14. 如图 5-74 所示的共源极场效应管放大电路中，所用场效应管为 N 沟道耗尽型，其参数为 $g_m = 1\text{mA/V}$ ，$I_{DO} = 1\text{mA}$ ，$U_{GS(off)} = -4\text{V}$ 。已知 $V_{DD} = 18\text{V}$ ，$R_d = 10\text{k}\Omega$ ，$R_S = 6\text{k}\Omega$ ，$R_{g1} = 100\text{k}\Omega$ ，$R_{g2} = 20\text{k}\Omega$ ，$R_L = 10\text{k}\Omega$ ，试求：

(1) 静态工作点。

(2) 求电压放大倍数、输入电阻和输出电阻。

15. 简述晶闸管的工作原理。

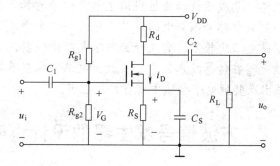

图 5-74 题 14 图

16. 在单相半控桥式整流电路中，变压器二次侧电压 $U = 220\text{V}$ ，$R_L = 5\Omega$ ，晶闸管的导通角 $\theta = 120°$ 。求：

(1) 负载上的输出电压。

(2) 通过晶闸管的实际电流。

第6章　集成运算放大器

本章要点

- 掌握运算放大器的基本结构，了解其主要技术参数。
- 掌握理想运算放大器的理想模型及其"虚短"和"虚断"的特点。
- 掌握负反馈放大电路的4种类型和判别方法。
- 理解反馈放大电路的工作原理，了解负反馈对放大电路的影响。
- 掌握比例、加法、积分和微分运算电路的工作原理，了解其相关应用领域。
- 了解集成运算放大器的选取方法、电源供给方式和相关保护措施。

技能目标

- 能够正确地选择和使用集成运算放大器。
- 能够根据输出电压和输入电压的表达式设计实现该运算关系的集成运算电路。
- 能够利用集成运算放大器制作方波信号发生器和三角波信号发生器。
- 能够利用集成运算放大器组成差分放大电路。

主要理论及工程应用导航

本章主要介绍了集成运算放大器的结构、技术参数、理想运放的工作特点、负反馈及集成运放的各种应用电路。集成运放的线性应用主要是信号运算方面，可以构成比例运算电路、加法运算电路、积分电路和微分电路；其非线性应用主要是信号的产生及波形变换方面，基本应用电路就是电压比较器，它又分为单限电压比较器、滞回比较器和双限比较器。另外，集成运算放大器在传感技术、交直流放大电路、振荡器领域、滤波器电路以及低噪声、高精度测量技术及其他电子领域中都有广泛应用。

6.1　方波信号发生器的设计说明

1. 设计目的

(1) 掌握方波信号发生器电路的设计方法及工作原理。

(2) 熟悉集成运算放大器的线性应用及非线性应用。

(3) 初步了解利用集成运放的基本应用电路设计和分析复杂组合电路的方法。

2. 设计内容

设计一个用集成运算放大器构成的方波信号发生器。其指标为：方波幅值为 6V，频率为 500 Hz，相对误差 $< \pm 5\%$。

> 思考：什么是集成运算放大器？它是如何产生方波信号的？

6.2　集成运算放大器基础知识

集成电路是 20 世纪 60 年代初期发展起来的一种半导体器件，它采用一定的生产工艺将晶体管、场效应管、二极管、电阻、电容以及它们之间的连线所组成的整个电路集成在一块半导体基片上，封装在一个管壳内，构成一个完整的具有一定功能的器件。通常可将集成电路分为模拟集成电路和数字集成电路两大类。发展最早、应用最广的模拟集成电路就是集成运算放大器。

集成运算放大器是具有高输入阻抗、低输出阻抗的高增益直流放大器。在实际电路中，通常结合反馈网络共同组成某种功能模块。由于早期应用于模拟计算机中，用以实现数学运算，故得名"运算放大器"，简称"运放"，集成运算放大器也通常简称为"集成运放"。运放是一个从功能的角度命名的电路单元，可以由分立的器件实现，也可以由半导体芯片实现。随着半导体技术的发展，如今绝大部分的运放是以单片的形式存在，种类繁多，用途广泛，接入适当的反馈网络，可用作精密的交流和直流放大器、信号发生器、有源滤波器、振荡器及电压比较器等，广泛应用于电子技术的各个领域。

6.2.1　集成运放的结构

不管哪种类型的集成运放，其基本结构通常都包括四个组成部分，即输入级、中间级、输出级和偏置电路，如图 6-1 所示。

图 6-1　集成运算放大器的结构框图

偏置电路的作用是向各放大级提供合适的偏置电流，确定各级静态工作点。

集成运放的输入级决定了集成运放的很多指标，如输入电阻、共模输入电压、差模输入电压和共模抑制比等，因此要求输入级温漂小、共模抑制比高，多采用具有恒流源的差动放大电路，并通常工作在低电流状态，以获得较高的输入阻抗。

中间级的主要任务是提供足够大的电压放大倍数，因此，要求中间级本身具有较高的电压增益，一般采用带有恒流源负载的共射放大电路，其放大倍数在几千倍以上。

输出级的主要作用是提供足够的输出功率以满足负载的需要，因此要求其具有较大的电压输出幅度和较低的输出电阻，并有过载保护，以防止在输出端意外短路或负载电流过大时烧毁功率三极管。

6.2.2　集成运放的符号

集成运放一般采用金属封装和双列直插式塑料封装，其封装外形如图 6-2 所示，其符号如图 6-3 所示。它有两个输入端和一个输出端，其中标有"–"的输入端与输出端成反相关系，称为反相输入端；标有"+"的输入端与输出端成同相关系，称为同相输入端。从原理上说，运算放大器内部实质上是一个具有高放大倍数的多级直接耦合放大电路。一般可将运放简单地视为具有一个信号输出端和同相、反相两个高阻抗输入端的高增益直接耦合电压放大单元，因此可采用运算放大器制作比例电路、加法电路、积分和微分电路等，这将在 6.4 节详细介绍。

(a) 双列直插式塑料封装

(b) 金属封装

图 6-2　集成运算放大器的封装形式图

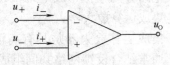

图 6-3　集成运算放大器的符号

6.2.3　主要技术参数

为表征集成运放的性能，合理选择和正确使用集成运放，下面将介绍其主要的技术参数。

1. 开环差模电压增益 A_{od}

A_{od} 表示运放在无外加反馈的情况下的直流差模增益，它的值为输出电压与输入差模电压之比的对数的 20 倍，用公式表示为

$$A_{od} = 20 \lg \left| \frac{U_O}{U_- - U_+} \right| \tag{6-1}$$

开环差模电压增益 A_{od} 是决定运放精度的重要因素，单位为分贝(dB)，A_{od} 越大，运放性能越稳定，精度也越高。理想情况下希望 A_{od} 为无穷大。实际集成运放 A_{od} 一般为 $100\,dB$ 左右，高质量的集成运放 A_{od} 可达140dB 以上。

2. 输入失调电压 U_{IO}

U_{IO} 表示使输出电压为零时需要在输入端所加的补偿电压，其数值表征了输入级差分对管失配的程度，在一定程度上也反映了温漂的大小。一般运放的 U_{IO} 值为1～10mV，高质量运放的 U_{IO} 在 1mV 以下。

3. 输入失调电压温漂 $\alpha_{U_{IO}}$

$\alpha_{U_{IO}}$ 表示温度变化引起的输入失调电压的变化，用公式表示为

$$\alpha_{U_{IO}} = \frac{dU_{IO}}{dT} \tag{6-2}$$

它是衡量运放温漂的重要指标。一般的运放为每度 10～20μV，高质量的低于每度 $0.5\,\mu V$。这个指标往往比失调电压更为重要，因为可通过调整电阻的阻值人为地使失调电压等于零，但无法将失调电压的温漂调至零，甚至并不能使其降低。

4. 输入失调电流 I_{IO}

I_{IO} 表示当输出电压等于零时，两个输入端的偏置电流之差，用公式表示为

$$I_{\text{IO}} = \left| I_{\text{B1}} - I_{\text{B2}} \right| \tag{6-3}$$

它用以描述差分对管输入电流的不对称情况。一般运放的 I_{IO} 的值为 $0.01 \sim 0.1\text{mA}$，该值越小越好，高质量的低于 1nA。

5. 输入失调电流温漂 $\alpha_{I_{\text{IO}}}$

$\alpha_{I_{\text{IO}}}$ 表示输入失调电流在温度变化时产生的变化量，其值为在规定工作温度范围内，输入失调电流的变化量与温度变化量之比值，用公式表示为

$$\alpha_{I_{\text{IO}}} = \frac{\text{d}I_{\text{IO}}}{\text{d}T} \tag{6-4}$$

一般运放为每度几纳安，高质量的运放只有每度几皮安。

6. 输入偏置电流 I_{B}

I_{B} 表示当运算放大器的输出电压等于零时，两输入端偏置电流的平均值，即

$$I_{\text{B}} = \frac{1}{2}(I_{\text{B1}} + I_{\text{B2}}) \tag{6-5}$$

它是衡量差分对管输入电流绝对值大小的指标，它的值主要取决于集成运放输入级的静态集电极电流和输入级放大管的 β 值。双极型三极管输入级的集成运放的输入偏置电流为几十纳安至 $1\mu\text{A}$；场效应管输入级的集成运放的输入偏置电流在 1nA 以下。一般 I_{B} 越小，零漂越小。

7. 输入偏置电流温漂 $\alpha_{I_{\text{B}}}$

$\alpha_{I_{\text{B}}}$ 表示输入偏置电流在温度变化时产生的变化量。其值为输入偏置电流的变化量与温度变化量之比值，用公式表示为

$$\alpha_{I_{\text{B}}} = \frac{\text{d}I_{\text{B}}}{\text{d}T} \tag{6-6}$$

一般每度为几皮安。

8. 差模输入电阻 r_{id}

r_{id} 表示差模输入电压的变化量与相应的输入电流变化量之比，用公式表示为

$$r_{\text{id}} = \frac{\Delta U_{\text{ID}}}{\Delta I_{\text{ID}}} \tag{6-7}$$

它用来衡量集成运放向信号源索取电流的大小。此值越大，集成运放向信号源索取电流越小。一般集成运放的差模输入电阻为几兆欧，以场效应管作为输入级的集成运放 r_{id} 可达 $10^6\,\text{M}\Omega$。

9. 输出阻抗 r_{O}

r_{O} 是指运算放大器工作在线性区时，输出端的内部等效小信号阻抗。r_{O} 越小，带负载

能力越强。

6.2.4 集成运放的理想模型

1. 集成运放的理想模型概述

所谓集成运放的理想模型就是将集成运放的各项技术指标理想化，即认为集成运放的各项技术指标为：开环差模电压增益 $A_{od} = \infty$；差模输入电阻 $r_{id} = \infty$；输出阻抗 $r_O = 0$；共模抑制比 $K_{CMRR} = \infty$；输入失调电压 U_{IO}、失调电流 I_{IO} 以及它们的温漂 $\alpha_{U_{IO}}$、$\alpha_{I_{IO}}$ 均为零；输入偏置电流 $I_B = 0$ 等。这样的运放又称为理想运算放大器。

实际的集成运算放大器当然不可能达到上述理想化的技术指标，但随着集成运放制造工艺水平的提高，集成运放产品的各项性能指标日益完善。一般情况下，在分析集成运放电路时，将实际运放视为理想运放，有利于抓住事物的本质，忽略次要因素，简化分析过程，它所带来的误差，在工程上是允许的。故本章及后续章节中涉及的集成运放均作为理想运放来考虑。

2. 集成运放理想模型的工作特点

集成运放的电压传输特性如图 6-4 所示。

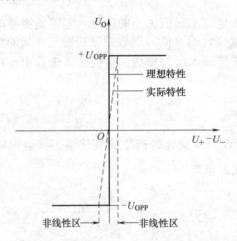

图 6-4 运放的电压传输特性

不难看出，当集成运放工作在线性区时

$$U_O = A_{od}(U_+ - U_-) \tag{6-8}$$

又因为其理想模型的 $A_{od} = \infty$，则

$$U_+ - U_- = \frac{U_O}{A_{od}} = 0 \tag{6-9}$$

即 $U_+ = U_-$，故可知运放的同相输入端和反相输入端两点的电压相等，如同将两点短路一样。但是，该两点实际上并未真正被短路，因而是虚假的短路，所以将这种现象称为"虚短"。

实际的集成运放 $A_{od} \neq \infty$，但是当 A_{od} 足够大时，集成运放的差模输入电压

$U_{od} = U_+ - U_-$的值很小，与电路中其他电压相比，可以忽略不计。故其差模输入电压也看成零，这也是集成运放工作在线性区的一个重要特点。

集成运放工作在线性区的另一个重要特点是其输入电流等于零。这是因为理想运放的差模输入电阻$r_{id} = \infty$，故其两个输入端均没有电流，$i_+ = i_- = 0$，即运放的同相输入端和反相输入端的电流都等于零，如同这两点被断开一样，这种现象称为"虚断"。

当运放的工作信号超出了线性放大的范围时，则输出电压不再随着输入电压线性增加。 不难看出，此时运放的差模输入电压$U_{od} = U_+ - U_-$可能很大，即$U_+ \neq U_-$，"虚短"现象不再存在，其传输特性如下。

当$U_+ > U_-$时，$U_O = +U_{OPP}$

当$U_+ < U_-$时，$U_O = -U_{OPP}$

其中，U_{OPP}为输出电压的峰-峰值。

因为理想运放的差模输入电阻$r_{id} = \infty$，故此时的输入电流仍等于零，即$i_+ = i_- = 0$，"虚断"现象仍然存在。

综上所述，理想运放工作在线性区和非线性区时，各有不同的特点。因此，在分析各种应用电路的工作原理时，首先应该判断集成运放工作在线性区还是非线性区。"虚短"和"虚断"是集成运放工作在线性区的两个重要特点，也是今后分析许多运算应用电路的出发点，必须牢牢掌握。

6.3　放大器中的负反馈

反馈在电子电路中应用极其广泛。所谓反馈是将放大电路的输出量(电压或电流)的一部分或全部，通过一定的网络反送到输入回路，如果引入的反馈信号增强了外加输入信号的作用，使放大倍数增大，则称为正反馈；反之，如果它削弱了外加输入信号的作用，使放大电路的放大倍数减少，则称为负反馈。在集成运算放大电路中，常采用负反馈改善放大器性能，如低频放大器，而正反馈一般应用在某些振荡电路中，以满足自激振荡的条件，应用较少，故本节仅讲述负反馈的基本知识。

6.3.1　反馈的类型及判别方法

根据反馈信号本身的交、直流性质，可以将其分为直流反馈和交流反馈。如果反馈信号只有交流成分，则称为交流反馈；若反馈信号只有直流成分，则称为直流反馈。如果交直流两种成分都存在，则称为交直流反馈。根据反馈信号在放大电路输出端采样方式的不同，可以分为电压反馈和电流反馈，如果反馈信号取自输出电压，则称为电压反馈；如果反馈信号取自输出电流，则称为电流反馈。根据反馈信号与输入信号在放大电路输入回路中的求和形式不同，可以将其分为串联反馈和并联反馈。因此，常把负反馈分为四种组态，分别是电压并联负反馈、电压串联负反馈、电流并联负反馈和电流串联负反馈。它们的判别方法和应用如表 6-1 所示。

表 6-1 负反馈四种组态性能比较表

反馈类型	电路形式	判断方法	应 用
电压并联	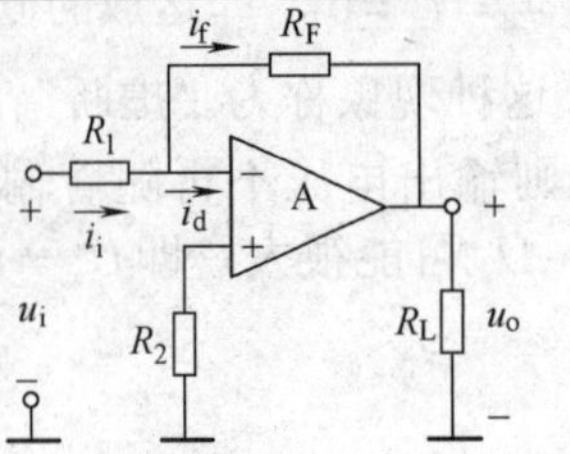	(1) 从输出端看，输出线与反馈线接在同一点上； (2) 从输入端看，输入线与反馈线接在同一点上； (3) $i_d = i_i - i_f$，i_f 削弱了 i_i	使输出电压稳定，常用作电流、电压变换器或放大电路的中间级
电压串联	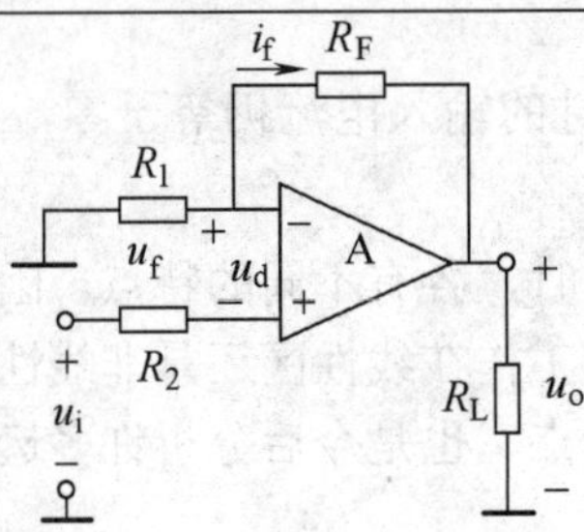	(1) 从输出端看，输出线与反馈线接在同一点上； (2) 从输入端看，输入线与反馈线接在不同点上； (3) $u_d = u_i - u_f$，u_f 消弱了 u_i	常用于输入级或中间放大级
电流并联	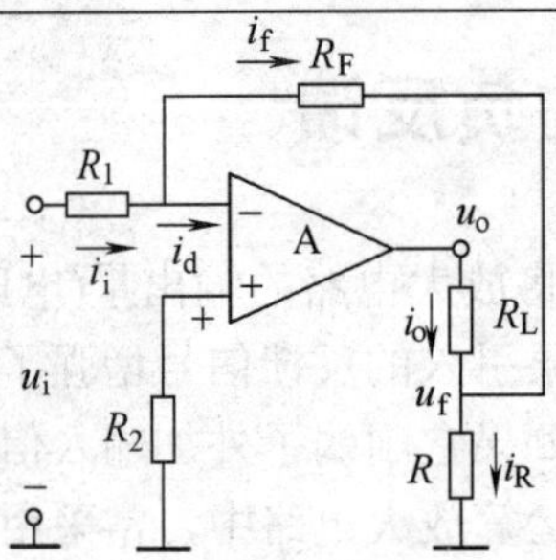	(1) 从输出端看，输出线与反馈线接在不同点上； (2) 从输入端看，输入线与反馈线接在同一点上； (3) $i_d = i_i - i_f$，i_f 削弱了 i_i	使输出电流维持稳定，常用作电流放大电路
电流串联	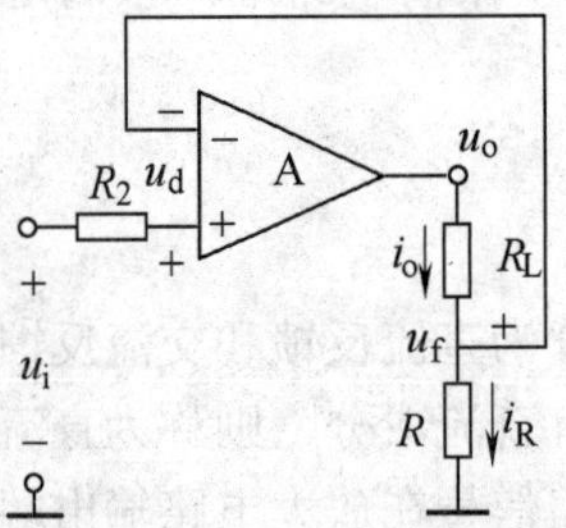	(1) 从输出端看，输出线与反馈线接在不同点上； (2) 从输入端看，输入线与反馈线接在不同点上； (3) $u_d = u_i - u_f$，u_f 消弱了 u_i	使输出电流稳定，常用作电压、电流变换器或放大电路的输入级

6.3.2 反馈放大电路的工作原理

负反馈放大电路的框图如图 6-5 所示。为了表示一般情况，框图中的输入信号、输出信号和反馈信号分别用正弦相量 $\dot{X}_i$、$\dot{X}_O$ 和 $\dot{X}_F$ 表示，它们可能是电压或电流。放大网络用 $\dot{A}$ 表示，反馈网络用 $\dot{F}$ 表示，信号传递的方向用箭头表示。图 6-5 中的符号 ⊕ 表示求和环节，外加输入信号与反馈信号经过求和环节后得到净输入信号 $\dot{X}_i'$，再送到放大网络。

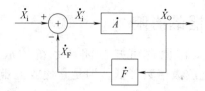

图 6-5　负反馈放大电路框图

现在来分析反馈后放大电路中各变量之间的关系。由图 6-5 可知，放大倍数 $\dot{A} = \dfrac{\dot{X}_O}{\dot{X}_i'}$，

反馈系数 $\dot{F} = \dfrac{\dot{X}_F}{\dot{X}_O}$，净输入信号为 $\dot{X}_i' = \dot{X}_i - \dot{X}_F$，可得

$$\dot{X}_O = \dot{A}\dot{X}_i' = \dot{A}(\dot{X}_i - \dot{X}_F) = \dot{A}(\dot{X}_i - \dot{F}\dot{X}_O) \tag{6-10}$$

则

$$\dot{A}_F = \frac{\dot{X}_O}{\dot{X}_i} = \frac{\dot{A}}{1 + \dot{A}\dot{F}} \tag{6-11}$$

式中：$\dot{A}_F$ 称为反馈放大电路的闭环放大倍数，表示引入反馈后，放大电路的输出信号与外加输入信号之间的总的放大倍数；$\dot{A}\dot{F}$ 称为回路增益，表示反馈放大电路中，信号沿着放大网络和反馈网络组成的环路传递一周后所得到的放大倍数；$1 + \dot{A}\dot{F}$ 称为反馈深度，表示引入反馈后放大电路的放大倍数与无反馈时相比所变化的倍数。它是一个十分重要的参数，表征系统引入负反馈后放大电路各项性能的改善程度。

如果 $|1 + \dot{A}\dot{F}| > 1$，则 $|\dot{A}_F| < |\dot{A}|$，说明引入反馈后，放大倍数比原先倍数减小，这种反馈称为负反馈；反之，如果 $|1 + \dot{A}\dot{F}| < 1$，则 $|\dot{A}_F| > |\dot{A}|$，说明引入反馈后，放大倍数比原先倍数增大，这种反馈称为正反馈。

如果 $|1 + \dot{A}\dot{F}| \gg 1$，称为深度负反馈，则

$$\dot{A}_F = \frac{\dot{X}_O}{\dot{X}_i} = \frac{\dot{A}}{1 + \dot{A}\dot{F}} \approx \frac{\dot{A}}{\dot{A}\dot{F}} = \frac{1}{F} \tag{6-12}$$

它表明在深度负反馈条件下，闭环放大倍数 $\dot{A}_F$ 约等于反馈系数 $\dot{F}$ 的倒数，即深度负反馈放大电路的闭环放大倍数 $\dot{A}_F$ 几乎与放大网络的放大倍数 $\dot{A}$ 无关，而主要取决于反馈网络的反馈系数 $\dot{F}$。因此，深度负反馈放大电路的一个突出优点就是只要反馈系数 $\dot{F}$ 的值一定，就能保持闭环放大倍数 $\dot{A}_F$ 的稳定，避免了影响放大倍数 $\dot{A}$ 的干扰因素对闭环放大倍数 $\dot{A}_F$ 的影响。故实际的反馈网络常由电阻等元件组成，反馈系数取决于某些电阻值，基本不受温度等因素的影响。因此，为了提高放大电路的稳定性，常选用开环增益很高的集成运放，以便引入深度负反馈。

如果 $\left|1 + \dot{A}\dot{F}\right| = 0$，即 $\dot{A}\dot{F} = -1$ 时，$\dot{A}_F = \infty$，说明 $\dot{X}_i = 0$ 时，$\dot{X}_O \neq 0$，说明此时放大电路中尽管没有外加输入信号，但仍然有一定的输出信号，放大电路的这种状态称为自激振荡。此时放大电路的输出信号不受输入信号的控制，失去了放大作用，不能正常工作，这是应该避免的。

6.3.3　负反馈对放大器的影响

由负反馈放大电路的工作原理可知，闭环系统的放大倍数是开环放大倍数的 $1/(1+\dot{A}\dot{F})$，负反馈使得系统放大倍数降低，但是它使放大器的其他性能得以改善，如提高了放大倍数的稳定性、减小了非线性失真、改变了输入电阻和输出电阻、抑制了噪声等。下面分别详细介绍。

1. 提高放大倍数的稳定性

放大器的开环放大倍数 $\dot{A}$ 通常受到温度变化、电源波动、负载变化、器件老化及其他因素的影响而不稳定。引入负反馈使其稳定性得到提高，这可以从相对变化率得以证明。

由反馈放大电路的工作原理可知，$\dot{A}_F = \dfrac{\dot{A}}{1+\dot{A}\dot{F}}$，则

$$\frac{\mathrm{d}\dot{A}_F}{\dot{A}} = \frac{1}{1+\dot{A}\dot{F}} - \dot{A}\cdot\frac{\dot{F}}{(1+\dot{A}\dot{F})^2} = \frac{1}{(1+\dot{A}\dot{F})^2} \tag{6-13}$$

式子两边同乘以 $\dfrac{\mathrm{d}\dot{A}}{\dot{A}_F}$，可得

$$\frac{\mathrm{d}\dot{A}_F}{\dot{A}_F} = \frac{1}{1+\dot{A}\dot{F}}\frac{\mathrm{d}\dot{A}}{\dot{A}} \tag{6-14}$$

由式(6-14)可知，闭环放大倍数 $\dot{A}_F$ 的相对变化率 $\dfrac{\mathrm{d}\dot{A}_F}{\dot{A}_F}$ 只有开环放大倍数 $\dot{A}$ 的相对变化率 $\dfrac{\mathrm{d}\dot{A}}{\dot{A}}$ 的 $\dfrac{1}{1+\dot{A}\dot{F}}$。由此可见，放大倍数受外界影响大为减小，放大器的稳定性得到提高。

2. 减小非线性失真

当放大器输入一个正弦信号时，由于放大器本身的非线性以及静态工作点选择不适当。就会使输出变为一个非正弦信号，产生非线性失真，使正负半周不对称。引入负反馈以后可减小放大器的非线性失真。

从谐波分析的角度看，一个非正弦波可以看成由基波和一系列谐波合成，所谓非线性失真即在放大电路的输出波形中产生了输入信号原来没有的谐波成分。如果正弦波输入信号 x_i 经过放大后产生的失真波形为正半周大，负半周小，反馈系数 F 为常数的情况下，反馈信号 x_f 也是正半周大，负半周小，则 $x_d = x_i - x_f$ 的波形就变成了正半周小，负半周大，这样把输出信号的正半周压缩，负半周扩大，结果使正负半周的幅度趋于一致，从而改善输出波形，减小非线性失真。

3. 改变输入电阻和输出电阻

放大电路引入不同类型的负反馈后，对输入电阻和输出电阻产生不同的影响。

输入电阻的变化取决于输入端的负反馈方式(串联或并联)，串联负反馈使输入电阻增大，并联负反馈使输入电阻减小。

输出电阻的变化取决于输出端反馈方式(电流或电压)，电流负反馈可以稳定输出电

流，即负载电阻变化时，输出电流基本不变，接近恒流源的特性，考虑到理想电流源的电阻为无穷大，这就意味着放大电路的输出电阻增大。电压负反馈可以稳定输出电压，即负载电阻变化时，输出电压基本不变，接近恒压源的特性，考虑到理想电压源的电阻为零，这就意味着放大电路的输出电阻减小。

6.4　集成运放的应用电路

集成运算放大器是一种高增益的直接耦合放大器，其基本应用有信号的运算、处理和测量电路等，在工作状态上，有线性和非线性应用。线性应用电路有反相比例运算、加法运算、积分运算和微分运算等；非线性最典型的应用电路是电压比较器。下面利用集成运放工作于线性区和非线性区的特点分别分析上述电路。

6.4.1　比例运算电路

将信号按比例放大的电路称为比例运算电路。比例电路的输出电压和输入电压之间存在比例关系，即可以实现比例运算。根据输入信号的接法不同，比例电路可分为三种基本形式：反相比例电路、同相比例电路和差分比例电路。

1. 反相比例电路

反相比例电路如图 6-6 所示。输入信号 u_i 经电阻 R_1 从反相输入端接入，同相输入端通过电阻 R_2 接地。输出电压 u_o 经反馈电阻 R_F 引回到反相输入端。根据理想运放工作在线性区时"虚短"和"虚断"的特点，可知 $i_+ = i_- = 0$，$u_+ = u_- = 0$。这说明反相比例运算电路中，集成运放的反相输入端和同相输入端两点的电位相等，且均等于零，如同这两点接地一样，但又不是真正接地，这种现象称为"虚地"。故

$$i_1 = \frac{u_i}{R_1}, \quad i_F = \frac{u_- - u_o}{R_F} = -\frac{u_o}{R_F} \tag{6-15}$$

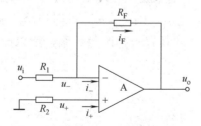

图 6-6　反相比例电路

又 $i_- = 0$，则 $i_1 = i_F$，故

$$u_o = -\frac{R_F}{R_1} u_i \tag{6-16}$$

电压放大倍数为

$$A_u = \frac{u_o}{u_i} = -\frac{R_F}{R_1} \tag{6-17}$$

可以看出，输出电压与输入电压的幅值成正比，但相位相反，电路实现了反相比例运算。电压放大倍数取决于电阻 R_F 和 R_1 的比值，而与集成运放内部的各项参数无关，故只要 R_F 和 R_1 的阻值准确且稳定，就可得到准确的比例运算关系，电压放大倍数可以大于1或等于1，也可以小于1。

另外，反相比例电路实际上是深度的电压并联负反馈电路，其反相输入端的电位为零，存在"虚地"现象；同相输入端接有电阻 R_2，参数选取时应使得两输入端外接直流通路等效电阻平衡，即 $R_2 = R_1 // R_F$，静态时使得输入级偏置电流平衡，并让输入级的偏置电流在放大器的两个输入端的外接电阻上产生相等的压降，以便消除放大器的偏置电流及漂移对输出端的影响，故 R_2 又称为平衡电阻。

2. 同相比例电路

如果输入信号从同相输入端输入，而反相输入端通过电阻接地，则称为同相比例电路，如图 6-7 所示。输入信号 u_i 经电阻 R_2 从同相输入端接入，反相输入端通过电阻 R_1 接地。输出电压 u_o 经反馈电阻 R_F 仍然接到反向输入端以保证引入负反馈，同样利用理想运放工作在线性区时"虚短"和"虚断"的特点来进行分析。

由图 6-7 可知，$i_+ = i_- = 0$，$u_- = \dfrac{R_1}{R_1 + R_F} u_o$，又因为 $u_+ = u_- = u_i$，则

$$u_o = \frac{R_1 + R_F}{R_1} u_i = \left(1 + \frac{R_F}{R_1}\right) u_i \tag{6-18}$$

电压放大倍数为

$$A_u = \frac{u_o}{u_i} = 1 + \frac{R_F}{R_1} \tag{6-19}$$

可以看出，输出电压与输入电压的幅值成正比，但相位相同，电路实现了同相比例运算，并电压放大倍数取决于电阻 R_F 和 R_1 的比值，而与集成运放内部的各项参数无关，故只要 R_F 和 R_1 的阻值准确且稳定，就可得到准确的比例运算关系，电压放大倍数大于1或等于1。当 $R_1 = \infty$ 或 $R_F = 0$ 时，电压放大倍数等于1，此时电路如图 6-8 所示。当 $R_F = 0$，$u_+ = u_i$，$u_- = u_o$，又因为 $u_+ = u_-$ 时，则 $u_o = u_i$，此时电路的输出电压与输入电压不仅幅值相等，而且相位相同，两者之间具有一种跟随关系，所以此时的同相比例电路又称电压跟随器。

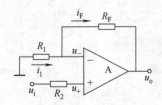

图 6-7 同相比例电路

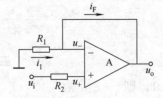

图 6-8 电压跟随器

另外，同相比例电路实际上是深度的电压串联负反馈电路，其反相输入端的电位不为零，不存在"虚地"现象；同相输入端接有电阻 R_2，参数选取时仍使 $R_2 = R_1 // R_F$，以使集成运放反相输入端和同相输入端对地的电阻一致。

3. 差分比例电路

差分比例电路如图 6-9 所示。两个输入电压 u_{i1} 和 u_{i2} 分别经电阻 R_1 和 R_2 接入集成运放的反相输入端和同相输入端。输出电压 u_o 经反馈电阻 R_F 仍然接到反相输入端。为了降低共模抑制比，并保证运放两个输入端对地的电阻平衡，通常要求 $R_1 // R_F = R_2 // R_3$。

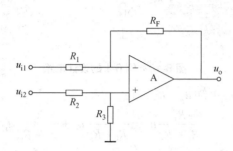

图 6-9　差分比例电路

仍然利用理想运放工作在线性区时"虚短"和"虚断"的特点来进行分析。由图 6-9 可知，$i_+ = i_- = 0$，利用叠加原理可求得反相输入端的电位为

$$u_- = \frac{R_1}{R_1 + R_F} u_o + \frac{R_F}{R_1 + R_F} u_{i1} \tag{6-20}$$

同相输入端的电位为

$$u_+ = \frac{R_3}{R_2 + R_3} u_{i2} \tag{6-21}$$

又因为 $u_+ = u_-$，则

$$\frac{R_3}{R_2 + R_3} u_{i2} = \frac{R_1}{R_1 + R_F} u_o + \frac{R_F}{R_1 + R_F} u_{i1} \tag{6-22}$$

当满足条件 $R_1 = R_2$，$R_F = R_3$ 时整理式(6-22)，可求得差分比例电路的输出电压为

$$u_o = -\frac{R_F}{R_1}(u_{i1} - u_{i2}) \tag{6-23}$$

不难看出，电路的输出电压与两个输入电压之差成正比，实现了差分比例运算，或者说减法运算。输出电压和差分输入电压之间的比例系数取决于电阻 R_F 和 R_1 的比值，而与集成运放内部的各项参数无关，故只要 R_F 和 R_1 的阻值准确且稳定，就可得到准确的差分比例运算关系。

以上介绍了反相输入、同相输入和差分输入三种基本形式的比例运算电路，这些比例运算电路是最基本的运算电路，是其他各种运算电路的基础。本节随后介绍的加法运算电路、积分和微分运算电路都是在比例电路的基础上加以扩展或演变后得到的。

【例 6-1】给定反馈电阻 $R_F = 20\text{k}\Omega$，试设计实现 $u_o = u_{i1} - 4u_{i2}$ 的运算电路。

解：

由 $u_o = u_{i1} - 4u_{i2} = -(4u_{i2} - u_{i1})$ 知，可用减法电路实现上述运算，将 u_{i2} 从反相端接入，将 u_{i1} 从同相端接入，电路如图 6-10 所示。

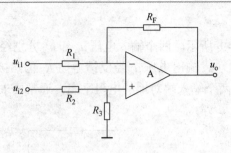

图 6-10 例 6-1 的设计电路

由减法电路的工作原理可知 $u_+ = u_-$，得

$$\frac{R_3}{R_2 + R_3} u_{i1} = \frac{R_1}{R_1 + R_F} u_o + \frac{R_F}{R_1 + R_F} u_{i2}$$

化简得

$$u_o = \frac{R_1 + R_F}{R_1} \frac{R_3}{R_2 + R_3} u_{i1} - \frac{R_F}{R_1} u_{i2}$$

与要求实现的 $u_o = u_{i1} - 4u_{i2}$ 比较，可得

$$\frac{R_1 + R_F}{R_1} \frac{R_3}{R_2 + R_3} = 1$$

$$\frac{R_F}{R_1} = 4$$

根据题意，反馈电阻 $R_F = 20\text{k}\Omega$，则可得 $R_1 = 5\text{k}\Omega$，代入上式，可得

$$\frac{R_3}{R_2 + R_3} = \frac{1}{5}$$

又因为运放两个输入端对地的电阻平衡要求 $R_1 // R_F = R_2 // R_3$，则

$$R_2 // R_3 = \frac{R_1 R_F}{R_1 + R_F} = 4\text{k}\Omega$$

即

$$\frac{R_2 R_3}{R_2 + R_3} = 4\text{k}\Omega$$

联立求解，可得：$R_2 = 20\text{k}\Omega$，$R_3 = 5\text{k}\Omega$。

6.4.2 加法运算电路

加法运算电路的输出电压取决于多个输入电压相加的结果，利用集成运放实现加法运算时，可以采用反相输入方式和同相输入方式。

1. 反相加法运算

反相加法运算电路如图 6-11 所示，它是利用反相比例运算电路实现的。两个输入电压 u_{i1} 和 u_{i2} 经电阻 R_1 和 R_2 接入集成运放的反相输入端，同相输入端经过直流平衡电阻 R_3 接地，同时为了保证运放两个输入端对地的电阻平衡，通常要求直流平衡电阻 $R_3 = R_1 // R_2 // R_F$。输出电压 u_o 经反馈电阻 R_F 仍然接到反相输入端。利用理想运放工作在线性区时"虚断"的特点可知，$i_F = i_1 + i_2$。

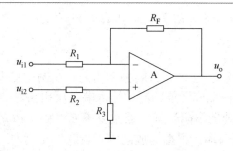

图 6-11　反相加法运算电路

根据运放反相输入端"虚地"可知，$u_- = 0$，则由图 6-11 可知

$$-\frac{u_o}{R_F} = \frac{u_{i1}}{R_1} + \frac{u_{i2}}{R_2} \tag{6-24}$$

故可求得输出电压为

$$u_o = -R_F\left(\frac{u_{i1}}{R_1} + \frac{u_{i2}}{R_2}\right) \tag{6-25}$$

不难看出，电路的输出电压反映了 u_{i1} 和 u_{i2} 相加的结果，即实现了加法运算。它实质上是通过各路输入电流相加的方法来实现输入电压的相加。如果电路中电阻 $R_1 = R_2 = R$，则

$$u_o = -\frac{R_F}{R}(u_{i1} + u_{i2}) \tag{6-26}$$

即电路的输出电压 u_o 与两个输入电压之和成正比，输出电压和输入电压的和之间的比例系数取决于电阻 R_F 和 R 的比值，而与集成运放内部的各项参数无关，故只要 R_F 和 R 的阻值准确且稳定，就可得到准确的加法运算。

因此，当改变某一个输入回路的电阻时，仅改变输出电压与该路输入电压的比例关系，而与其他各路没有关系，调节灵活方便，应用广泛。

【例 6-2】给定反馈电阻 $R_F = 20\text{k}\Omega$，试设计实现 $u_o = -u_{i1} - 4u_{i2}$ 的运算电路。

解：

由 $u_o = -u_{i1} - 4u_{i2} = -(u_{i1} + 4u_{i2})$ 知，可用反相加法运算电路实现上述运算，电路与图 6-11 相同。

由反相加法运算电路的工作原理可知，$u_+ = u_-$，可得

$$u_o = -R_F\left(\frac{u_{i1}}{R_1} + \frac{u_{i2}}{R_2}\right) = -\frac{R_F}{R_1}u_{i1} - \frac{R_F}{R_2}u_{i2}$$

与要求实现的 $u_o = -u_{i1} - 4u_{i2}$ 比较，可得

$$\frac{R_F}{R_1} = 1$$

$$\frac{R_F}{R_2} = 4$$

根据题意，反馈电阻 $R_F = 20\text{k}\Omega$，则可得 $R_1 = 20\text{k}\Omega$，$R_2 = 5\text{k}\Omega$。

根据运放两个输入端对地的电阻平衡要求可知

$$R_3 = R_1 \mathbin{/\mkern-5mu/} R_2 \mathbin{/\mkern-5mu/} R_F = 20\mathrm{k\Omega} \mathbin{/\mkern-5mu/} 5\mathrm{k\Omega} \mathbin{/\mkern-5mu/} 20\mathrm{k\Omega} = 3.33\mathrm{k\Omega}$$

2. 同相加法运算

同相加法运算电路如图 6-12 所示，它是利用同相比例运算电路实现的。两个输入电压 u_{i1} 和 u_{i2} 经电阻 R_2 和 R_3 接入集成运放的同相输入端，反相输入端经过电阻 R_1 接地。同时为了保证运放两个输入端对地的电阻平衡，通常要求 $R_1 \mathbin{/\mkern-5mu/} R_F = R_2 \mathbin{/\mkern-5mu/} R_3 \mathbin{/\mkern-5mu/} R_4$。输出电压 u_o 经反馈电阻 R_F 仍然接到反相输入端。根据运放同相"虚断"和叠加原理可得

$$u_+ = \frac{R_3 \mathbin{/\mkern-5mu/} R_4}{R_2 + R_3 \mathbin{/\mkern-5mu/} R_4} u_{i1} + \frac{R_2 \mathbin{/\mkern-5mu/} R_4}{R_3 + R_2 \mathbin{/\mkern-5mu/} R_4} u_{i2} \tag{6-27}$$

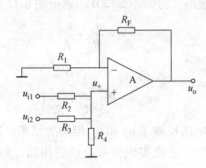

图 6-12 同相加法运算电路

根据同相输入比例电路的输出电压与输入电压的关系，可知

$$u_o = \left(1 + \frac{R_F}{R_1}\right) u_+ = \left(1 + \frac{R_F}{R_1}\right)\left(\frac{R_3 \mathbin{/\mkern-5mu/} R_4}{R_2 + R_3 \mathbin{/\mkern-5mu/} R_4} u_{i1} + \frac{R_2 \mathbin{/\mkern-5mu/} R_4}{R_3 + R_2 \mathbin{/\mkern-5mu/} R_4} u_{i2}\right) \tag{6-28}$$

不难看出，电路的输出电压反映了 u_{i1} 和 u_{i2} 相加的结果，但比反相加法运算少了一个负号，即实现了同相加法运算。如果电路中电阻 $R_2 = R_3 = R_4$，$R_F = 2R_1$，则

$$u_o = u_{i1} + u_{i2} \tag{6-29}$$

即电路的输出电压 u_o 等于两个输入电压之和。但是，当调节某一个回路的电阻以达到给定的关系时，其他各路输入电压和输出电压之间的比值也将随之变化，常常需要反复调节才能将参数值最后确定，估算和调试的过程比较烦琐，因此，在实际工作中，同相求和电路不如反相求和电路应用得广泛。

【例 6-3】电路如图 6-13 所示，$R_1 = R_2 = R_3 = 10\mathrm{k\Omega}$，$R_{F1} = 50\mathrm{k\Omega}$，$R_{F2} = 100\mathrm{k\Omega}$，$u_{i1} = 0.1\mathrm{V}$，$u_{i2} = 0.2\mathrm{V}$，求 u_{o1} 和 u_o。

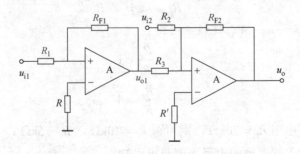

图 6-13 例 6-3 的运算电路

解：

图 6-13 所示电路由两级集成运放组成，第一级为反相比例运算电路

$$u_{o1} = -\frac{R_{F1}}{R_1}u_{i1} = -\frac{50}{10} \times 0.1\text{V} = -0.5\text{V}$$

第二级为加法运算电路

$$u_o = -R_{F2}\left(\frac{u_{i2}}{R_2} + \frac{u_{o1}}{R_3}\right) = -R_{F2}\left(\frac{1}{R_2}u_{i2} - \frac{R_{F1}}{R_3 R_1}u_{i1}\right) = -100\left(\frac{0.2}{10} - \frac{0.5}{10}\right)\text{V} = 3\text{V}$$

由上述电路的运算可知，将一个信号先求反，再利用求和的方法也可以实现减法运算。

6.4.3　积分运算电路

积分运算电路是一种应用比较广泛的模拟信号运算电路。它是组成模拟计算机的基本单元，用以实现对微分方程的模拟。同时，积分运算电路也是控制和测量系统中常用的重要单元，利用其充放电过程实现延时、定时、模/数转换以及各种波形的产生。

积分运算电路如图 6-14 所示。它和反相比例运算电路的差别是用电容 C 代替了电阻 R_F。为使得直流电阻平衡，要求 $R_1 = R_2$。

电容两端的电压 u_C 与流过电容的电流 i_C 之间存在积分关系，即

$$u_C = \frac{1}{C}\int i_C \mathrm{d}t \tag{6-30}$$

根据理想运放"虚短"和"虚断"的概念可知，$i_+ = i_- = 0$，$u_+ = u_- = 0$，则

$$i_C = i_1 = \frac{u_i}{R_1} \tag{6-31}$$

$$u_o = -u_C = -\frac{1}{C}\int i_C \mathrm{d}t = -\frac{1}{R_1 C}\int u_i \mathrm{d}t \tag{6-32}$$

从式(6-32)不难看出，电路的输出电压与输入电压是积分的关系，负号表示它们在相位上相反。电阻和电容的乘积 $R_1 C$ 为电路的积分时间常数。

当输入电压 u_i 为阶跃电压时，电容以近似恒流的方式进行充电，则输出电压与时间成线性关系，即 $u_o = -\dfrac{U}{R_1 C}t$；当电容充电到运放反向电压最大值 $-U_{OPP}$ 时，电路进入非线性状态，或者积分时间 t_0 已到，则积分停止，积分波形分别如图 6-15 中的线 2 和线 1 所示。不难看出，输入阶跃信号时，积分电路可以产生斜坡信号，利用这个原理也可以将方波信号转换为三角波信号，这将在后面的实训中得以验证。

【例 6-4】 给定电容 $C = 1\,\mu\text{F}$，试设计并实现 $u_o = -\left(20\int u_{i1}\mathrm{d}t + 10\int u_{i2}\mathrm{d}t\right)$ 的运算电路。

解：

本题要求实现的运算包括积分运算和反相加法运算，因此设计电路图如图 6-16 所示。

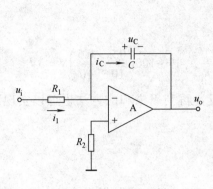

图 6-14 积分运算电路

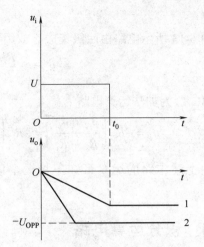

图 6-15 积分电路的阶跃信号响应波形

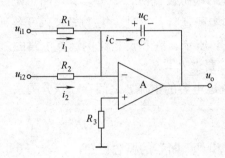

图 6-16 例 6-4 的运算电路

根据"虚短"和"虚断"的概念可知

$$u_o = -u_C = -\frac{1}{C}\int i_C \mathrm{d}t = -\frac{1}{C}\int (i_1+i_2)\mathrm{d}t = -\frac{1}{C}\int \left(\frac{u_{i1}}{R_1}+\frac{u_{i2}}{R_2}\right)\mathrm{d}t$$

$$= -\left(\frac{1}{R_1C}\int u_{i1}\mathrm{d}t + \frac{1}{R_2C}\int u_{i2}\mathrm{d}t\right)$$

与要求实现的 $u_o = -\left(20\int u_{i1}\mathrm{d}t + 10\int u_{i2}\mathrm{d}t\right)$ 比较，可得

$$\frac{1}{R_1C} = 20 , \quad \frac{1}{R_2C} = 10$$

又因为 $C = 1\mu\mathrm{F}$，则可得 $R_1 = 50\mathrm{k}\Omega$，$R_2 = 100\mathrm{k}\Omega$。

根据运放输入端对地的直流电阻平衡要求，则可得

$$R_3 = R_1 /\!/ R_2 = \frac{50\times100}{50+100}\mathrm{k}\Omega = 33.3\mathrm{k}\Omega$$

6.4.4 微分运算电路

微分是积分的逆运算，将积分运算电路中电容和电阻的位置互换，即可组成基本微分

运算电路，如图 6-17 所示。根据理想运放"虚短"和"虚断"的概念可知，$i_+ = i_- = 0$，$u_+ = u_- = 0$，则

$$i_1 = i_C = -C\frac{\mathrm{d}u_C}{\mathrm{d}t}, \quad u_C = u_i \tag{6-33}$$

$$u_o = -i_1 R_1 = -R_1 C\frac{\mathrm{d}u_C}{\mathrm{d}t} = -R_1 C\frac{\mathrm{d}u_i}{\mathrm{d}t} \tag{6-34}$$

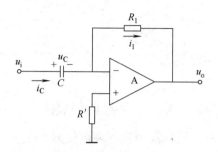

图 6-17　微分运算电路

不难看出，电路的输出电压与输入电压是微分的关系，且相位相反。

6.4.5　电压比较器

电压比较器是将一个模拟量电压信号和一个参考固定电压(又称为阈值电压)相比较，在二者幅度相等的附近，输出电压将产生跃变，相应输出高电平或低电平的电路。它是利用集成运放工作在非线性区，即 $U_+ > U_-$ 时 $U_O = +U_{OPP}$、$U_+ < U_-$ 时 $U_O = -U_{OPP}$ 而工作的，主要用来判断输入信号电位之间的相对大小，因此广泛应用于波形变换电路、模数转换及各种报警电路等。常见的电压比较器有单限比较器、滞回比较器和双限比较器。

1. 单限比较器

单限比较器一般只有一个阈值电压 U_T，在输入电压增大或减小的过程中只要经过 U_T，输出电压就产生跃变。它有同相输入和反相输入两种形式，如图 6-18 所示为反相输入形式及其电压传输特性。输入电压 u_i 加在集成运放的反相输入端，U_T 作为阈值电压加在同相输入端，则不难看出

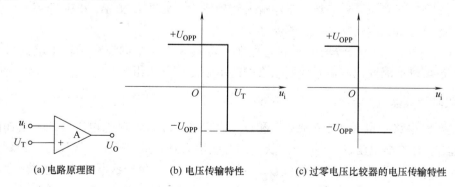

(a) 电路原理图　　　(b) 电压传输特性　　　(c) 过零电压比较器的电压传输特性

图 6-18　单限比较器

当 $u_i > U_T$ 时，$U_O = -U_{OPP}$（高电平）

当 $u_i < U_T$ 时，$U_O = +U_{OPP}$（低电平）

若 $U_T = 0$ 时，则该比较器称为过零电压比较器，其传输特性如图 6-18(c)所示。

在实际应用时，为了便于阈值的调整，经常采用如图 6-19 所示的一般单限比较器电路。

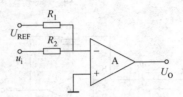

图 6-19 一般单限比较器

根据叠加原理，可求得集成运放反相输入端电位为

$$u_- = \frac{R_1}{R_1 + R_2} u_i + \frac{R_2}{R_1 + R_2} U_{REF} \tag{6-35}$$

由集成运放工作在非线性区的特点可知，当 $u_- = u_+ = 0$ 时输出电压发生跃变，此时所对应的输入电压就是阈值电压 U_T，即

$$U_T = u_i \big|_{u_- = u_+} = -\frac{R_2}{R_1} U_{REF} \tag{6-36}$$

其电压传输特性也如图 6-18(b)所示。只要调整参考电压 U_{REF} 的极性以及电阻 R_1 和 R_2 的大小，就可以改变阈值电压 U_T 的极性和大小。

单门限比较器结构简单、灵敏度高，但是抗干扰能力差，输入电压因干扰在阈值附近发生微小变化时，输出电压会频繁地跳变。

2. 滞回比较器

滞回比较电路中有两个阈值 U_{T1} 和 U_{T2}。若 $U_{T1} < U_{T2}$，输入电压 u_i 从零增加的过程中，经过 U_{T1} 时输出电压 U_O 不变，只有经过 U_{T2} 时输出电压 U_O 才产生跃变；反之，输入电压 u_i 减小的过程中，经过 U_{T2} 时输出电压 U_O 不变，只有经过 U_{T1} 时输出电压 U_O 才产生跃变。通常选取 $U_{T1} = -U_{T2}$。总之，输入电压 u_i 增加到一个较大的阈值或减小到一个较小的阈值时才产生跃变。它有同相和反相输入两种形式，如图 6-20(a)、(b)所示是一个反相输入的滞回比较器电路图及其电压传输特性。

滞回比较器与单限比较器的相同之处在于，输入电压单向变化中输出电压只跃变一次，因此也可以把滞回比较器看成两个不同的单限比较器的组合。

3. 双限比较器

双限比较电路中也有两个阈值 U_{T1} 和 U_{T2}。若 $U_{T1} < U_{T2}$，输入电压 u_i 从零增加的过程中，经过 U_{T1} 时输出电压 U_O 产生一次跃变，继续增大到 U_{T2} 时产生一次反方向的跃变；反之，输入电压 u_i 减小的过程中，经过 U_{T2} 时输出电压 U_O 产生一次跃变，继续减小到 U_{T1} 时再产生一次反方向的跃变。双限比较器与前两种比较器的区别就在于，在输入电压单向变

化时，输出电压跃变两次。其电路图和电压传输特性如图 6-21 所示。

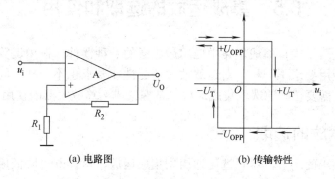

(a) 电路图　　　　　　　　(b) 传输特性

图 6-20　反相输入滞回比较器

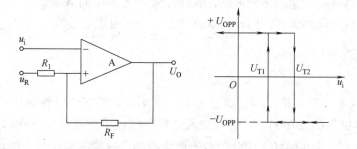

图 6-21　双门限电压比较器及传输特性曲线

不难看出，当输入电压因干扰或含有噪声信号时，只要变化幅度小于 $|U_{T1} - U_{T2}|$，输出电压就不会发生频繁地跳变，波形仍然比较稳定，如图 6-22 所示。可见，双限比较器在很大程度上提高了抗干扰能力。

以上所讲述的均是集成运算放大器的基本应用电路，将上述基本电路组合后，可以实现更加复杂的功能。例如，加上 RC 的串并联网络可以产生正弦波信号，将滞回比较器和微分运算电路组合可以设计方波信号发生器(详见 6.6 节)，将滞回比较器和积分电路组合可以设计三角波信号发生器(详见 6.7.1 节)、电压/电流变换器、数据放大电路等。在分析复杂的集成电路时，通常运用叠加原理，将电路分解成几个基本电路，而每个基本电路都可以直接运用公式求解。

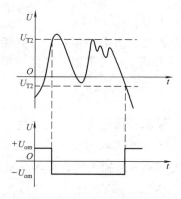

图 6-22　双门限电压比较器的抗干扰作用

6.5 集成运放的选取和使用

集成运算放大器是模拟集成电路中应用最广泛的一种器件。在由运算放大器组成的各种系统中，由于应用要求不一样，对运算放大器的性能要求也不一样；同时为使电路能正常、安全地工作，需要正确地选取集成运放，掌握集成运算放大器的使用方法。

6.5.1 集成运放的选取

在没有特殊要求的场合，尽量选用通用型集成运放，这样既可降低成本，又能保证货源。当一个系统中使用多个运放时，尽可能选用多运放集成电路，例如 LM324、LF347 等都是将四个运放封装在一起的集成电路，具体参考附录 A 中的 A.4 节。

评价集成运放性能的优劣，应看其综合性能。一般用优值系数 K 来衡量集成运放的优良程度，其定义为

$$K = \frac{SR}{I_B \cdot U_{IO}} \tag{6-37}$$

式中：SR 为转换率，单位是 V/s，其值越大，表明运放的交流特性越好；I_B 为运放的输入偏置电流，单位是纳安 (nA)；U_{IO} 为输入失调电压，单位是毫伏 (mV)。I_B 和 U_{IO} 值越小，表明运放的直流特性越好。因此，对于放大音频、视频等交流信号的电路，选转换速率大的运放比较合适；对于处理微弱的直流信号的电路，选用精度比较高的运放比较合适(即失调电流、失调电压及温漂均比较小)。

实际选择集成运放时，除要考虑优值系数外，还应考虑其他因素。例如，信号源的性质是电压源还是电流源，负载的性质，集成运放输出电压和电流是否满足环境条件，集成运放允许工作范围、工作电压范围、功耗与体积等因素的要求。

6.5.2 集成运算放大器的使用要点

1. 集成运放的电源供给方式

集成运放有两个电源接线端 $+V_{CC}$ 和 $-V_{EE}$，但有不同的电源供给方式。不同的电源供给方式对输入信号的要求是不同的。

1) 对称双电源供电方式

运算放大器多采用对称双电源方式供电，相对于公共端(地)的正极与负极分别接于运放的 $+V_{CC}$ 和 $-V_{EE}$ 管脚上。在这种方式下，可把信号源直接接到运放的输入脚上，而输出电压的振幅可达正负对称电源电压。

2) 单电源供电方式

单电源供电是将运放的 $-V_{EE}$ 管脚连接到地上。此时为了保证运放内部单元电路具有合适的静态工作点，在运放输入端一定要加入一个直流电位 V_I，如图 6-23(a)、(b)所示，V_I 分别加在了集成运放的同相输入端和反相输入端。此时运放的输出是在某一直流电位基础上随输入信号变化。静态时，运算放大器的输出电压近似为 $\frac{1}{2}V_{CC}$，同时为了隔离掉输出

中的直流成分而接入电容 C_3。

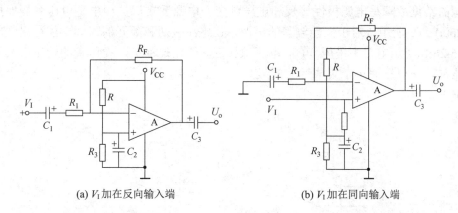

(a) V_1 加在反向输入端　　　　　　(b) V_1 加在同向输入端

图 6-23　运算放大器单电源供电电路

2. 集成运放的调零问题

由于集成运放的输入失调电压和输入失调电流的影响，当运算放大器组成的线性电路输入信号为零时，输出往往不等于零。为了提高电路的运算精度，要求对失调电压和失调电流造成的误差进行补偿，这就是运算放大器的调零。常用的调零方法有内部调零法和外部调零法，而对于没有内部调零端子的集成运放，要采用外部调零方法。下面以 A741 为例，图 6-24 给出了常用调零电路。

3. 集成运放的自激振荡问题

运算放大器是一个高放大倍数的多级放大器，在接成深度负反馈条件下，很容易产生自激振荡。为使放大器能稳定地工作，就需外加一定的频率补偿网络，以消除自激振荡。图 6-25 所示是频率补偿的使用电路。

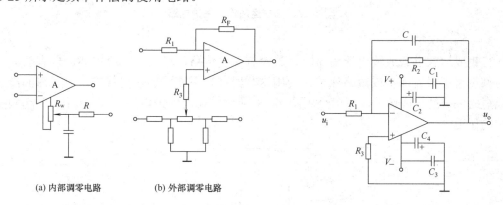

(a) 内部调零电路　　　　(b) 外部调零电路

图 6-24　运算放大器的常用调零电路　　　　**图 6-25　运算放大器的自激消除**

另外，防止通过电源内阻造成低频振荡或高频振荡的措施是：在集成运放的正、负供电电源的输入端对地一定要分别加入一个电解电容和一个高频滤波电容。

4. 集成运放的保护问题

集成运放的安全保护有三个方面：电源保护、输入保护和输出保护。

1) 电源保护

电源的常见故障是电源极性接反和电压跳变。电源反接保护和电源电压突变保护电路如图 6-26(a)、(b)所示。对于性能较差的电源，在电源接通和断开的瞬间，往往出现电压过冲。图 6-26(b)所示电路中采用 FET 电流源和稳压管钳位保护，稳压管的稳压值大于集成运放的正常工作电压而小于集成运放的最大允许工作电压。场效应管的电流应大于集成运放的正常工作电流。

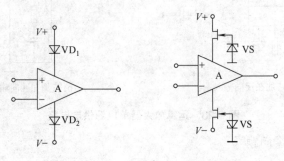

(a) 电源反接保护电路   (b) 电源电压突变保护电路

图 6-26　集成运放电源保护电路

2) 输入保护

若集成运放的输入差模电压过高或者输入共模电压过高(超出该集成运放的极限参数范围)，集成运放也会损坏。图 6-27 所示是典型的输入保护电路。

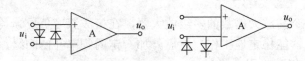

图 6-27　集成运放输入保护电路

3) 输出保护

当集成运放过载或输出端短路时，若没有保护电路，该运放就会损坏。但有些集成运放内部设置了限流保护或短路保护，使用这些器件就不需再加输出保护。对于内部没有限流或短路保护的集成运放，可以采用图 6-28 所示的输出保护电路，其中电阻 R 起到限流保护的作用。

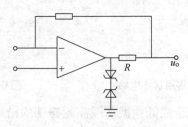

图 6-28　集成运放输出保护电路

6.6　方波信号发生器的设计过程

能产生方波的电路形式很多，如集成运算放大器、多谐振荡器等，本节要求设计一个由集成运放组成的方波信号发生电路。选择滞回比较器和微分电路组合来设计方波信号发生器，其电路图如图 6-29 所示。

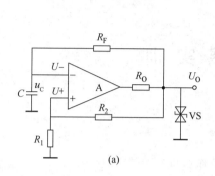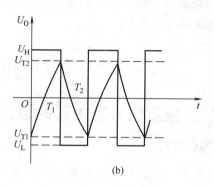

图 6-29　方波产生电路

1. 电路原理说明

由图 6-29 可知，滞回比较器的上下门限电压分别为

$$U_{T1} = \frac{R_1}{R_1 + R_2} U_H = \frac{R_1}{R_1 + R_2}(U_Z + U_D) \tag{6-38}$$

$$U_{T2} = \frac{R_1}{R_1 + R_2} U_L = -\frac{R_1}{R_1 + R_2}(U_Z + U_D) \tag{6-39}$$

式中：U_H 为输出高电平；U_Z 为稳压管的稳定电压；U_D 为稳压管的正向压降；U_L 为输出低电平。

由上述内容可知，其上下门限电压的绝对值相等。同时，电容 C 和电阻 R_F 形成一个负反馈通道，电容 C 根据 U_O 的高低电平进行充电或放电，当 $U_O > 0$ 时，电容上的电压 u_C 按指数增加，电容充电；当 $u_C = U_{T1}$ 或者 $u_C = U_{T2}$ 时，电路产生一次翻转；当 $U_{T1} < u_C < U_{T2}$ 时，电路输出 U_O 保持恒值。

2. 运放的选择

由于方波的前后沿与比较器所用运放的转换速率 SR 有关，而且所要求方波频率为 500Hz，前后沿时间较短，且误差不超过 5%，故选用精度较大的高速运放，如 BG307。

3. 稳压管的选择

稳压管的作用是限制和确定方波的幅值，改变稳压管的稳定电压即可改变输出方波的振幅。此外，方波振幅和宽度的对称性也与稳压管的对称性有关。为了得到稳定而对称的方波输出，通常选用高精度双向稳压二极管，如 2DW7 型，稳压值为 6V，R_O 是稳压管的限流电阻，具体值由所用稳压管确定。

4. 积分器元件 R、C 的确定

R、C 的值与方波的频率有关，可先选择一个合适的电容 C，再根据方波的频率选择电阻。

5. 电路的调试

用示波器分别测量方波的输出电压幅值和振荡频率，如果不符合设计要求，可适当改变反馈电阻 R_F。

6.7 拓 展 实 训

6.7.1 三角波信号发生器的设计

1. 实训目的

(1) 掌握三角波信号发生器的设计方法及工作原理。
(2) 了解集成运算放大器的波形变换及非线性应用。

2. 实训设备与器材

直流稳压电源($\pm12V$)1 台，741 集成运放 2 个，2DW7 双向稳压管 1 只，电阻若干，电容 1 只，电位器 1 只。

3. 实训内容

设计一个用集成运算放大器构成的三角波信号发生器。指标为：三角波频率为 500Hz，相对误差<为-5%～+5%，幅度为1.5～2 V。

由 6.6 节可知如何设计一个方波发生器，这里可以使用原先设计的方波信号发生电路，再经过积分电路产生三角波。但在实际电路中，通常采用积分运算电路取代方波发生电路中的 RC 充、放电回路，滞回比较器输出作为积分电路的输入，积分电路的输出作为滞回比较器的输入，其电路图如图 6-30 所示。

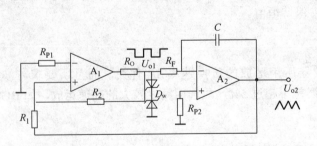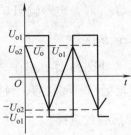

图 6-30 三角波发生器

具体计算公式如下。

电路振荡频率：$f_0 = \dfrac{R_2}{4R_1R_FC}$。

方波幅值：$U_{o1} = U_Z$。

三角波幅值：$U_{o2} = \dfrac{R_1}{R_2} U_Z$。

1)　选择集成运算放大器

由于方波的前后沿与用作开关器件的 A_1 的转换速率 SR 有关，因此当输出方波的重复频率较高时，集成运算放大器 A_1 应选用高速运算放大器，一般要求时选用通用型运算放大器即可。集成运算放大器 A_2 的选择原则是：为了减小积分误差，应选用输入失调参数小、开环增益高、输入电阻高、开环带宽较宽的运算放大器。

2)　选择稳压管 D_w

同 6.6 节方波信号发生器。

3)　确定正反馈回路电阻 R_1 和 R_2

R_1 和 R_2 的比值决定了运算放大器 A_1 的触发翻转电平，也就是决定了三角波的输出幅度。因此，根据设计要求的三角波输出幅度可以确定 R_1 和 R_2 的阻值。

4)　确定积分时间常数 RC

积分元件 RC 的参数值应根据三角波所要求的重复频率来确定，当正反馈回路电阻 R_1 和 R_2 确定之后，再选取电容 C 值，然后再由频率计算 R。

4. 实训总结

(1)　记录并整理实训数据，画出输出电压 U_{o1} 和 U_{o2} 的波形(标出幅值、周期、相位关系)，分析实训结果，得出相应结论。

(2)　将实训得到的振荡频率、输出电压幅值分别和理论计算值进行比较，分析产生误差的原因。

6.7.2　集成差分放大电路的设计

1. 实训目的

(1)　掌握利用集成运算放大器设计差分电路的方法及其工作原理。

(2)　了解集成运算放大器的使用方法。

2. 实训电路及其工作原理

1)　双运放差分放大电路

双运放差分放大电路如图 6-31 所示。

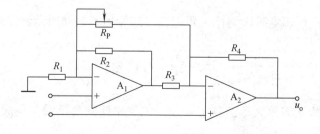

图 6-31　双运放差分放大电路

2) 电路工作原理

差分输入信号从两个放大器的同相端输入,可以有效地消除两输入端的共模分量,获得很高的共模抑制比和极高的输入电阻。该放大电路的输出电压(不考虑可调电阻 R_P)为

$$u_o = \left(1 - \frac{R_2}{R_1} \cdot \frac{R_4}{R_3}\right)u_{ic} + \frac{1}{2}\left(1 + \frac{2R_4}{R_3} + \frac{R_2}{R_1} \cdot \frac{R_4}{R_3}\right)u_{id} \tag{6-40}$$

显然,若满足的 $R_2R_4 = R_1R_3$ 匹配条件,式(6-40)第一项为零,即共模输出电压 $u_{oc} = 0$,则由式(6-40)可知,闭环差模电压增益为

$$A_{od} = 1 + \frac{R_1}{R_2} \tag{6-41}$$

因此该电路有较高的差模电压增益且能提供有效的共模抑制能力,并联在 A_1 反馈回路中的可调电阻 R_P 能调节增益而不影响共模抑制比。

3. 实训内容

已知输入信号源内阻 $R_S = 10\text{k}\Omega$,负载电阻 $R_L = \infty$,共模电压输入范围 $V_{ICM} \leqslant \pm 9\text{V}$,电源电压 $V_{CC} = +15\text{V}$ ($+12\text{V}$), $V_{EE} = -15\text{V}$ (或 -12V),试设计一个由集成运算放大器组成的差分放大电路,要求该电路满足下列技术指标。

差模电压增益 $|A_{od}| = 50$;差模输入阻抗 $r_{id} > 20\text{ k}\Omega$;共模抑制比 $K_{CMRR} > 200$ 。

(1) 根据已知条件和设计要求,选定电路方案(以图 6-32 所示的参考电路为例),计算和选取元件参数,并在实验电路板上组装所设计的电路,检查无误后接通电源,进行静态调试——调零和消除自激振荡。

(2) 测量放大电路的主要性能指标如下。

① 测量差模电压增益 A_{od} 。在两输入端加差模输入电压 u_{id} ,输入频率为500Hz,有效值为200mV 的正弦信号,测量输出电压 u_{od} ,观测输出电压与输入电压的波形,并记录它们幅值和相位的关系,算出差模电压增益,并与理论值比较。

② 测量共模电压增益 A_{oc} 。将输入端并接,加共模输入电压 u_{ic} ,输入频率为500Hz,有效值为1V 的正弦信号,测量输出电压 u_{oc} ,计算 A_{oc} 。

4. 实训总结

(1) 双端输入、双端输出及共模输入时,设计电路的输入端与信号源的输出端应如何连接?画图说明。

(2) 测量差模电压增益与共模电压增益应选用什么测量仪器(如示波器、交流毫伏表)?为什么?

(3) 差分放大电路调零时,为什么要把输入端接地?怎样用示波器进行零点检测?

本 章 小 结

本章介绍了集成运算放大器的基础知识、放大电路的负反馈及集成运放的应用电路,主要内容归纳如下。

(1) 集成运放实质上是一个高放大倍数的多级直接耦合放大电路,它通常由偏置电

路、输入级、中间级和输出级组成。

(2)　集成运放的电压传输特性分为线性区和非线性区。当集成运放工作在线性区时，多处于负反馈工作状态，具有"虚短"和"虚断"两个重要特点，它是分析许多运算应用电路的出发点，其基本应用电路有比例、加法、积分和微分运算电路；当集成运放工作在非线性区时，"虚短"现象不存在，"虚断"仍成立，其传输特性为：当 $U_+ > U_-$ 时 $U_O = +U_{OPP}$，$U_+ < U_-$ 时 $U_O = -U_{OPP}$，其典型的应用电路是电压比较器。

(3)　放大电路多采用负反馈。反馈是将放大电路的输出量(电压或电流)的一部分或全部通过一定的网络反送到输入回路，如果引入的反馈信号增强了外加输入信号的作用，使放大倍数增大，则称为正反馈；反之，如果它削弱了外加输入信号的作用，使放大电路的放大倍数减少，则称为负反馈。常把负反馈分为四种典型组态，分别是电压串联负反馈、电压并联负反馈、电流串联负反馈和电流并联负反馈，四种组态的判别方法和应用如表 6-1 所示。

(4)　集成运放的线性应用主要是信号运算方面，可以构成比例运算电路、加法运算电路、积分运算电路和微分运算电路。比例运算电路又分为反相比例、同相比例和差分比例运算电路。反相比例电路是一种电压并联负反馈电路，信号从反相输入端输入，输出电压与输入电压成比例，且相位相反；同相比例运算电路是一种电压串联负反馈电路，信号从同相输入端输入，输出电压与输入电压成比例，且相位相同；差分比例运算电路实质上就是减法电路。加法运算电路又分为同相求和电路和反相求和电路，其中反相求和电路应用更广泛。积分运算电路和微分运算电路类似，只是两者中电容和电阻的位置互换。

(5)　集成运放的非线性应用主要是信号产生及波形变换方面，基本应用电路就是电压比较器。它分为单限比较器、滞回比较器和双限比较器。单限比较器一般只有一个阈值电压 U_T，在输入电压增大或减小的过程中只要经过 U_T，输出电压就产生跃变，它结构简单、灵敏度高，但是抗干扰能力差；滞回比较电路中有两个阈值，输入电压 u_i 增加到一个较大的阈值或减小到一个较小的阈值时才产生跃变，可以把它看成两个不同的单限比较器的组合；双限比较电路中也有两个阈值 U_{T1} 和 U_{T2}，但它是在输入电压单向变化时，输出电压跃变两次，具有较好的抗干扰能力。

(6)　对于放大音频、视频等交流信号的电路，一般选转换速率大的运放；对于处理微弱的直流信号的电路，要选用精度比较高的运放。同时，在使用运放时，要注意它的电源供电方式、调零、自激振荡和保护等问题。

思考题与习题

1. 集成运放由哪四部分组成？
2. 简述集成运放理想模型的性能指标。
3. 简述集成运放的理想模型"虚短"和"虚断"的概念。
4. 如果引入的反馈信号＿＿＿＿外加输入信号的作用，使放大倍数＿＿＿＿，称为正反馈。

　　A. 增加　增大　　　　B. 增加　减小　　　　C. 削弱　减小　　　　D. 削弱　增加
5. 常把负反馈放大电路分为哪四种组态？

6. 判断如图 6-32 所示的负反馈电路的组态，并写出输出电压 u_o 的表达式。

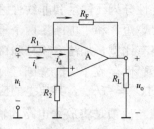

图 6-32　题 6 图

7. 简述电路中引进负反馈后对原电路的影响。

8. 电路如图 6-33 所示，$R_1 = 50\text{k}\Omega$，$R_2 = R_3 = 10\text{k}\Omega$，$R_{F1} = 50\text{k}\Omega$，$R_{F2} = 100\text{k}\Omega$，

(1) 试写出二级运算电路的输入、输出关系。

(2) 当 $u_{i1} = 0.2\text{V}$，$u_{i2} = 0.2\text{V}$ 时，计算 u_o。

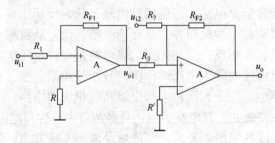

图 6-33　题 8 图

9. 给定反馈电阻 $R_F = 8\text{k}\Omega$，分别设计电路实现如下运算关系。

(1) $u_o = u_{i1} - 2u_{i2}$。

(2) $u_o = -u_{i1} - 2u_{i2}$。

10. 给定电容 $C = 1\mu\text{F}$，试设计并实现 $u_o = -\left(5\int u_{i1}\mathrm{d}t + 10\int u_{i2}\mathrm{d}t\right)$ 的运算电路。

第 7 章　组合逻辑电路

本章要点

- 熟悉组合逻辑电路的相关基础知识。
- 掌握逻辑函数的代数化简法和卡诺图化简法。
- 理解编码器、译码器、数据选择器、加法器和数据比较器的工作原理。

技能目标

- 掌握组合逻辑电路的分析与设计方法，能够设计一个简单的组合逻辑电路。
- 具备设计和制作一个简易电子密码锁的能力。

主要理论及工程应用导航

数字电路是对数字量信息进行数值运算和逻辑加工的各种电路，它们是构成数字系统的基础。它主要分为两类：一类是组合逻辑电路；另一类是时序逻辑电路。本章主要介绍组合逻辑电路。首先介绍组合逻辑电路的基础知识，接着介绍常见的组合逻辑电路，如编码器、译码器、数据选择器、加法器和数据比较器。

编码器是实现用二进制代码表示文字、符号或者数码等特定对象的过程的逻辑电路，应用范围相当广泛，主要用来侦测机械运动的速度、位置、角度、距离或计数，另外，许多的马达控制也需配备编码器以供马达控制器作为换相、速度及位置的检出。

译码器是一个多输入、多输出的组合逻辑电路，它的作用是把给定的代码进行"翻译"，变成相应的状态，使输出通道中相应的一路有信号输出，译码器在数字系统中有广泛应用，不仅用于代码的转换、终端的数字显示，还用于数据分配、存储器寻址和组合控制信号等。

数据选择器又叫"多路开关"，在地址码(或称为选择控制)电位的控制下，从几个数据输入中选择一个并将其送到一个公共的输出端，可以制作二进制比较器、二进制发生器、图形发生电路、顺序选择电路等，是目前逻辑设计中应用十分广泛的逻辑部件。

加法器除可进行二进制加法运算外，还可以广泛用于构成其他功能电路，如代码转换电路、减法器和十进制加法器等。

数据比较器是能够比较数字大小的电路，常用于相关数字系统中信号的监控和处理。

7.1　数字密码锁电路设计

随着人们生活水平的提高，如何实现家庭防盗这一问题变得尤其突出，传统的机械锁由于其构造简单，被撬的事件屡见不鲜，电子锁则由于其保密性高、使用灵活性好、安全系数高，而受到了广大用户的青睐。

1. 设计目的

掌握简单组合逻辑电路的设计、功能测试与调试。

2. 设计内容

以 74LS112 双 JK 触发器构成的数字逻辑电路进行控制，设计符合要求的数字密码锁。

思考：什么是组合逻辑电路？如何结合实际问题来设计一个组合逻辑电路？

7.2 组合逻辑基础知识

电子电路中的电信号常分为两类：一类是模拟信号，其特点是大小和方向都随时间连续变化，如正弦交流电压、正弦交流电流等；另一类是数字信号，其特点是大小和方向随时间间断变化，即离散信号，也叫脉冲信号，如矩形波、方波等。模拟信号和数字信号的区别如图 7-1 所示。由于这两类信号的处理方法各不相同，因此电子电路也相应地分为两类：一类是处理模拟信号的电路，即模拟电路；另一类是处理数字信号的电路，即数字电路。

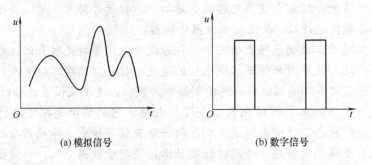

(a) 模拟信号　　　　　　　　　　　(b) 数字信号

图 7-1　模拟信号与数字信号

根据电路结构的不同，数字电路可分为分立元件电路和集成电路两大类。分立元件电路是将晶体管、电阻、电容等元器件用导线在线路板上连接起来的电路；而集成电路则是将上述元器件和导线通过半导体制造工艺集成在一块硅片上而成为一个不可分割的整体电路。数字电路比模拟电路更容易集成。

根据半导体的导电类型不同，数字电路可分为双极型电路和单极型电路。以双极型晶体管作为基本器件的数字集成电路，称为双极型数字集成电路，如 TTL、ECL 集成电路等；以单极型 MOS 管作为基本器件的数字集成电路，称为单极型数字集成电路，如 NMOS、PMOS、CMOS 集成电路等。

数字电路中的二极管、三极管和 MOS 管工作在开关状态，即导通状态相当于开关闭合，截止状态相当于开关断开。

7.2.1　逻辑门电路

逻辑门电路根据"1""0"代表逻辑状态的含义不同，有正、负逻辑之分，即在逻辑电路中有两种逻辑系统：用"1"表示高电平，"0"表示低电平的，称为正逻辑系统(简称正逻辑)；用"1"表示低电平，"0"表示高电平的，称为负逻辑系统(简称负逻辑)。逻辑电路既可用正逻辑表示，也可用负逻辑表示，但不可在同一逻辑电路中同时采用两种逻辑系统。在本书中，如无特殊说明，一律采用正逻辑系统。

数字电路中不考虑电压值的大小，只考虑电路状态，即电路是高电平还是低电平。高、低电平往往指电压的一个范畴，在双极性 TTL 电路中，通常规定高电平在 2.8～3.6V，低电平在 0.5V 以下。

基本的逻辑关系有逻辑与、逻辑或和逻辑非三种，与之对应的逻辑运算为与运算(逻辑乘)、或运算(逻辑加)和非运算(逻辑非)。

1. 与运算

在图 7-2 所示的串联开关电路中，开关 A、B 的状态(闭合或断开)与灯 Y 的状态(亮和灭)之间存在确定的因果关系，这种因果关系就称为逻辑关系。如果规定开关闭合、灯亮为逻辑 1 态，断开、灯灭为逻辑 0 态，则开关 A、B 的全部状态组合和灯 Y 的状态之间的关系可以用表 7-1 表示。这种关系可简单表述为：当决定某一事件的全部条件都具备时，该事件才会发生，这样的因果关系称为逻辑与关系，又称与逻辑。

表 7-1 又称为与运算的真值表。由该表可看出逻辑变量(开关变量) A、B 的取值和函数 Y 的值之间的关系满足逻辑乘的运算规律，因此可用下式表示：

$$Y = A \cdot B = AB \tag{7-1}$$

符号"·"读作"与"(或读作"逻辑乘")。在不致引起混淆的前提下，"·"常被省略。

实现与逻辑的电路称作与门，与逻辑和与门的逻辑符号如图 7-3 所示，符号"&"表示与逻辑运算。若开关数量增加，则逻辑变量增加。

$$Y = A \cdot B \cdot C \cdots = ABC \cdots \tag{7-2}$$

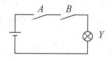

图 7-2 串联开关电路

图 7-3 与门的逻辑符号

表 7-1 与运算的真值表

A	B	Y
0	0	0
0	1	0
1	0	0
1	1	1

2. 或运算

和与逻辑的分析方法一样，由图 7-4 所示的并联开关电路可知，在开关 A 和 B 中，开关 A 合上，或者开关 B 合上，或者开关 A 和 B 都合上时，灯 Y 就亮；只有开关 A 和 B 都断开时，灯 Y 才熄灭。这种因果关系可以简单表述为：当决定某一事件的所有条件中，只要有一个具备，该事件就会发生，这样的因果关系叫作"逻辑或"关系，简称"或"逻辑。表7-2为或运算的真值表，分析该真值表中逻辑变量 A、B 的取值和函数 Y 值之间的关系可知，它们满足逻辑加的运算规律，可用式(7-3)表示：

$$Y=A+B \tag{7-3}$$

符号"+"读做"或"(或读做"逻辑加")。实现或逻辑的电路称作或门，或逻辑和或门的逻辑符号如图7-5所示，符号"≥1"表示或逻辑运算。对于多变量的逻辑加可写成

$$Y=A+B+C+\cdots \tag{7-4}$$

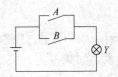

图 7-4　并联开关电路

图 7-5　或门的逻辑符号

表 7-2　或运算的真值表

A	B	Y
0	0	0
0	1	1
1	0	1
1	1	1

3. 非运算

分析如图 7-6 所示的开关与灯并联电路，可知开关 A 的状态与灯 Y 的状态满足表 7-3 所示的逻辑关系。它反映当开关闭合时，灯灭，而开关断开时，灯亮。这种相互否定的因果关系，称为逻辑非。非逻辑用式(7-5)表示：

$$Y = \overline{A} \tag{7-5}$$

表 7-3 为非运算的真值表，图 7-7 为非门的逻辑符号。由于非门的输出信号和输入信号反相，故"非门"又称为"反相器"。非门是只有一个输入端的逻辑门。

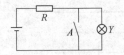

图 7-6　开关与灯并联电路

图 7-7　非门的逻辑符号

表 7-3　非运算的真值表

A	Y
0	1
1	0

4. 复合逻辑运算

在数字系统中，除应用与、或、非三种基本逻辑运算之外，还广泛应用与、或、非的不同组合，最常见的复合逻辑运算有与非、或非、与或非、异或和同或等。

1) 与非运算

"与"和"非"的复合运算称为与非运算。与非逻辑表达式为

$$Y = \overline{ABC}$$

$$(7-6)$$

其真值表和逻辑符号分别如表 7-4 和图 7-8 所示。

表 7-4　与非运逢的真值表

A B C	Y
0 0 0	1
0 0 1	1
0 1 0	1
0 1 1	1
1 0 0	1
1 0 1	1
1 1 0	1
1 1 1	0

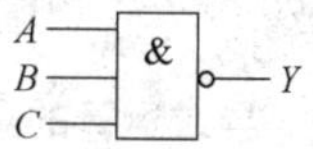

图 7-8　与非门的逻辑符号

2) 或非运算

"或"和"非"的复合运算称为或非运算。或非逻辑表达式为

$$Y = \overline{A+B+C}$$

$$(7-7)$$

或非运算真值表和逻辑符号分别如表 7-5 和图 7-9 所示。

表 7-5　或非运算的真值表

A B C	Y
0 0 0	1
0 0 1	0
0 1 0	0
0 1 1	0
1 0 0	0
1 0 1	0
1 1 0	0
1 1 1	0

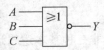

图 7-9　或非门的逻辑符号

3)　与或非运算

"与""或"和"非"的复合运算称为与或非运算。与或非逻辑表达式为

$$Y = \overline{AB + CD} \tag{7-8}$$

与或非运算的逻辑图和逻辑符号分别如图 7-10(a)、(b)所示,其功能表请读者自行画出。

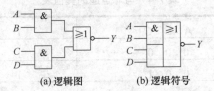

(a) 逻辑图　　　　(b) 逻辑符号

图 7-10　与或非运算的逻辑图与逻辑符号

4)　异或运算

所谓异或运算,是指两个输入变量取值相同时输出为 0,取值不相同时输出为 1。

异或逻辑表达式为

$$Y = A \oplus B \text{ 或 } Y = \overline{A}B + A\overline{B} \tag{7-9}$$

异或运算的真值表和逻辑符号分别如表 7-6 和图 7-11 所示。

表 7-6　异或运算的真值表

A	B	Y
0	0	0
0	1	1
1	0	1
1	1	0

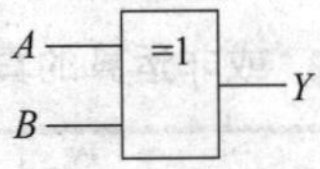

图 7-11　异或运算的逻辑符号

5)　同或运算

所谓同或运算,是指两个输入变量取值相同时输出为 1,取值不相同时输出为 0。

同或逻辑表达式为

$$Y = A \cdot B \text{ 或 } Y = AB + \overline{A}\overline{B} \tag{7-10}$$

同或运算的真值表和逻辑符号分别如表 7-7 和图 7-12 所示。

表 7-7　同或运算的真值表

A	B	Y
0	0	1
0	1	0
1	0	0
1	1	1

图 7-12　同或运算的逻辑符号

5. TTL 集成与非门电路

TTL 集成逻辑门电路的输入和输出结构均采用半导体三极管，所以称晶体管-晶体管逻辑门电路，简称 TTL 电路。TTL 电路的基本环节是反相器。我们主要了解 TTL 反相器的电路及工作原理，重点掌握其特性曲线和主要参数。

1)　TTL 集成与非门电路的工作原理

(1)　电路组成。

图 7-13 所示是 TTL 集成与非门电路的组成结构。它主要由输入级、中间级和输出级三部分组成。

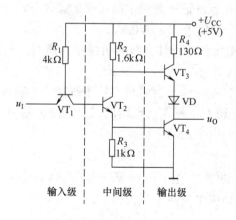

图 7-13　TTL 与非门的基本电路

(2)　工作原理。

①　当输入高电平时，$u_I=3.6V$，VT_1 处于截止工作状态，集电结正偏，发射结反偏，$u_{B1}=0.7\times3=2.1V$，VT_2 和 VT_4 饱和，$u_O=0.3V$，输出为低电平。

②　当输入低电平时，$u_I=0.3V$，VT_1 发射结导通，$u_{B1}=0.3V+0.7V=1V$，VT_2 和 VT_4 均截止，VT_3 和 VD 导通。$u_O=U_{CC}-U_{BE3}-U_D\approx5V-0.7V-0.7V=3.6V$，输出高电平。

③　采用推拉式输出级利于提高开关速度和负载能力。VT_3 组成射极输出器，优点是既能提高开关速度，又能提高负载能力。当输入高电平时，VT_4 饱和，

$u_{B3}=u_{C2}=0.3V+0.7V=1V$，VT$_3$ 和 VD 截止，VT$_4$ 的集电极电流可以全部用来驱动负载。当输入低电平时，VT$_4$ 截止，VT$_3$ 导通(为射极输出器)，其输出电阻很小，带负载能力很强。可见，无论输入如何，VT$_3$ 和 VT$_4$ 总是一个管导通而另一个管截止，使得这种推拉式工作方式增强了带负载能力。

2) TTL 集成与非门电路的电压传输特性及参数

电压传输特性是指输出电压 u_O 与输入电压 u_I 的关系曲线，如图 7-14 所示。

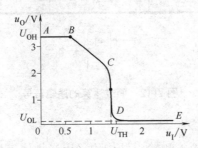

图 7-14　TTL 与非门的电压传输特性

结合电压传输特性介绍如下几个参数。

(1) 输出高电平 U_{OH}：典型值为 $U_{OH}=3V$。

(2) 输出低电平 U_{OL}：典型值为 $U_{OL}=0.3V$。

(3) 开门电平 U_{ON}：在保证输出为额定低电平的条件下，允许的最小输入高电平的数值，称为开门电平 U_{ON}。一般要求 $U_{ON}\leq1.8V$。

(4) 关门电平 U_{OFF}：在保证输出为额定高电平的条件下，允许的最大输入低电平的数值，称为关门电平 U_{OFF}，一般要求 $U_{OFF}\geq0.8V$。

(5) 阈值电压 U_{TH}：电压传输特性曲线转折区中点所对应的值称为阈值电压 U_{TH}(又称门槛电平)。通常 $U_{TH}\approx1.4V$。

(6) 噪声容限(U_{NL} 和 U_{NH})：噪声容限也称抗干扰能力，它反映门电路正常工作下所能容忍的最大干扰电压。U_{NL} 和 U_{NH} 越大，电路的抗干扰能力越强。

① 低电平噪声容限(低电平正向干扰范围)为

$$U_{NL}=U_{OFF}-U_{LL} \tag{7-11}$$

U_{LL} 为电路输入低电平的典型值(0.3V)，若 $U_{OFF}=0.8V$，则 $U_{NL}=0.8V-0.3V=0.5V$。

② 高电平噪声容限(高电平负向干扰范围)为

$$U_{NH} = U_{IH}-U_{ON} \tag{7-12}$$

U_{IH} 为电路输入高电平的典型值(3V)。若 $U_{ON}=1.8V$，则有 $U_{NH}=3V-1.8V=1.2V$。

3) TTL 集成与非门电路的输入特性和输出特性

(1) 输入伏安特性。

输入伏安特性是指输入电压和输入电流之间的关系曲线，如图 7-15 所示。其中要理解两个重要参数：输入短路电流 I_{IS} 和高电平输入电流 I_{IH}。

① 输入短路电流 I_{IS}。

当 $u_I = 0V$ 时，i_I 从输入端流出。

$$i_\mathrm{I} = -(V_\mathrm{CC} - U_\mathrm{BE1})/R_1 = -(5-0.7)\mathrm{V}/4\mathrm{k}\Omega \approx -1.1\mathrm{mA} \tag{7-13}$$

② 高电平输入电流 I_IH。

当输入为高电平时，VT_1 的发射结反偏，集电结正偏，处于倒置工作状态，倒置工作的三极管电流放大系数 $\beta_\text{反}$ 很小(约在 0.01 以下)，所以 $i_\mathrm{I} = I_\mathrm{IH} = \beta_\text{反} i_\mathrm{B2}$，$I_\mathrm{IH}$ 很小，约为 $10\mu\mathrm{A}$。

(2) 输入负载特性。

TTL 与非门的输入端对地接上电阻 R_I 时，u_I 随 R_I 的变化而变化的关系曲线如图 7-16 所示。

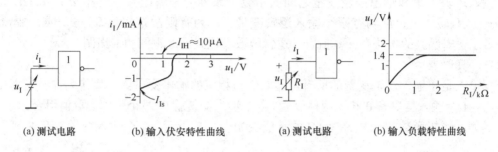

图 7-15 TTL 与非门的输入伏安特性　　　图 7-16 输入负载特性曲线

在一定范围内，u_I 随 R_I 的增大而升高。但当输入电压 u_I 达到 1.4V 以后，$u_\mathrm{B1} = 2.1\mathrm{V}$，$R_\mathrm{I}$ 增大，由于 u_B1 不变，故 $u_\mathrm{I} = 1.4\mathrm{V}$ 也不变。这时 VT_2 和 VT_4 饱和导通，输出为低电平。

① 关门电阻 R_OFF：在保证门电路输出为额定高电平的条件下，所允许 R_I 的最大值称为关门电阻。典型的 TTL 门电路 $R_\mathrm{OFF} \approx 0.7\mathrm{k}\Omega$。

② 开门电阻 R_ON：在保证门电路输出为额定低电平的条件下，所允许 R_I 的最小值称为开门电阻。典型的 TTL 门电路 $R_\mathrm{ON} \approx 2\mathrm{k}\Omega$。

数字电路中要求输入负载电阻 $R_\mathrm{I} \geq R_\mathrm{ON}$ 或 $R_\mathrm{I} \leq R_\mathrm{OFF}$，否则输入信号将不在高低电平范围内。振荡电路则令 $R_\mathrm{OFF} \leq R_\mathrm{I} \leq R_\mathrm{ON}$ 使电路处于转折区。

(3) 输出特性。

输出特性是指输出电压与输出电流之间的关系曲线。

① 输出高电平时的输出特性，如图 7-17 所示。负载电流 i_L 不可过大，否则输出高电平会降低。

② 输出低电平时的输出特性，如图 7-18 所示。

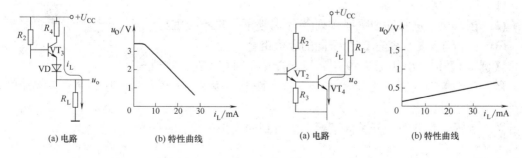

图 7-17 输出高电平时的输出特性　　　图 7-18 输出低电平时的输出特性

7.2.2 逻辑函数及其化简

逻辑代数是描述客观事物逻辑关系的数学方法，是进行逻辑分析与综合的数学工具。因为它是英国数学家乔治·布尔(George Boole)于 1847 年提出的，所以又称为布尔代数。逻辑代数有其自身独立的规律和运算法则，不同于普通代数。其与普通代数的相同点是都用字母 A、B、C、…表示变量；不同点为逻辑代数变量的取值范围仅为"0"和"1"，且无大小、正负之分。逻辑代数中的变量称为逻辑变量。

1. 逻辑函数的表示方法

输入逻辑变量和输出逻辑变量之间的函数关系称为逻辑函数，写作 $Y=F(A、B、C、D、…)$，A、B、C、D 为有限个输入逻辑变量；F 为有限次逻辑运算(与、或、非)的组合。表示逻辑函数的方法有：真值表、逻辑函数表达式、逻辑图和卡诺图。

1) 真值表

真值表是将输入逻辑变量的所有可能取值与相应的输出变量函数值排列在一起而组成的表格。1 个输入变量有 0 和 1 两种取值，n 个输入变量就有 2^n 个不同的取值组合。

例如，逻辑函数 $Y=AB+BC+AC$ 的真值表如表 7-8 所示，3 个输入变量共有 8 种取值组合。

表 7-8 $Y=AB+BC+AC$ 的真值表

A B C	Y
0 0 0	0
0 0 1	0
0 1 0	0
0 1 1	1
1 0 0	0
1 0 1	1
1 1 0	1
1 1 1	1

真值表有如下特点：

(1) 唯一性。

(2) 按自然二进制递增顺序排列(既不易遗漏，也不会重复)。

(3) n 个输入变量就有 2^n 个不同的取值组合。

【例 7-1】请列出如图 7-19 所示控制楼梯照明灯电路的真值表。

解： 两个单刀双掷开关 A 和 B 分别装在楼上和楼下。无论在楼上还是在楼下都能单独控制开灯和关灯。设灯为 L，L 为 1 表示灯亮，L 为 0 表示灯灭。对于开关 A 和 B，用 1 表示开关向上扳，用 0 表示开关向下扳，可得到如表 7-9 所示的真值表。

表 7-9 控制楼梯照明灯的电路的真值表

A	B	L
0	0	1
0	1	0
1	0	0
1	1	1

2) 逻辑表达式

按照对应的逻辑关系，把输出变量表示为输入变量的与、或、非三种运算的组合，称为逻辑函数表达式(简称逻辑表达式)。

由真值表可以方便地写出逻辑表达式，方法为：

(1) 找出使输出为 1 的输入变量取值组合。

(2) 取值为 1 用原变量表示，取值为 0 的用反变量表示，则可写成一个乘积项。

(3) 将乘积项相加即得逻辑表达式。

3) 逻辑图

用相应的逻辑符号将逻辑表达式的逻辑运算关系表示出来，就可以画出逻辑函数的逻辑图。这种表示方法非常适合于电路的设计和安装，只需用相应的器件代替图中的逻辑符号，并将图中的输入输出端按图对应连接，即可得到实际的安装电路。

例如，根据上述控制照明电路的逻辑表达式可以得到如图 7-20 所示的逻辑电路图。

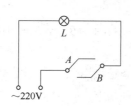

图 7-19 控制楼梯照明灯的电路

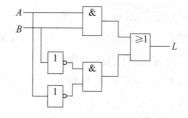

图 7-20 控制楼梯照明灯电路的逻辑图

4) 卡诺图

关于用卡诺图来表示逻辑函数的相关问题我们将在卡诺图的化简部分详细讲解。

2. 基本定律和运算规则

1) 基本公式和基本定律

基本公式和基本定律可以通过真值表加以证明，如果等式两边的真值表相同，则等式成立。读者可以自己证明。

自等律：$A+0=A$，$A \cdot 1 = A$

0-1 律：$A+1=1$，$A \cdot 0 = 0$

重叠律：$A+A=A$，$A \cdot A = A$

互补律：$A+\overline{A}=1$，$A \cdot \overline{A} = 0$

还原律：$\overline{\overline{A}} = A$

交换律：$A+B=B+A$，$A \cdot B = B \cdot A$

结合律：$(A+B)+C=A+(B+C)$，$(A \cdot B) \cdot C = A \cdot (B \cdot C)$

分配律：$A \cdot (B+C) = A \cdot B + A \cdot C$，$A \cdot B \cdot C = (A+B)(A+C)$

反演律：$\overline{A+B} = \overline{A} \cdot \overline{B}$，$\overline{A \cdot B} = \overline{A} + \overline{B}$

反演律公式可以推广到多个变量：

$$\overline{A+B+C+\cdots} = \overline{A} \cdot \overline{B} \cdot \overline{C} \cdots, \quad \overline{A \cdot B \cdot C \cdots} = \overline{A} + \overline{B} + \overline{C} \cdots$$

2) 常用公式

(1) $A+AB=A$

证明：$A + AB = A \cdot (1+B) = A \cdot 1 = A$

(2) $AB + A\overline{B} = A$

证明：$AB + A\overline{B} = A \cdot (B+\overline{B}) = A \cdot 1 = A$

(3) $A \cdot (A+B) = A$

证明：$A \cdot (A+B) = A \cdot A + A \cdot B = A + AB = A$

(4) $A + \overline{A}B = A + B$

证明：$A + \overline{A}B = (A+\overline{A})(A+B) = 1 \cdot (A+B) = A+B$

(5) $AB + \overline{A}C + BC = AB + \overline{A}C$

证明：

$$AB + \overline{A}C + BC = AB + \overline{A}C + (A+\overline{A})BC = AB + \overline{A}C + ABC + \overline{A}BC$$

$$= AB(1+C) + \overline{A}C(1+B) = AB + \overline{A}C$$

(6) $\overline{A\overline{B} + \overline{A}B} = AB + \overline{A}\,\overline{B}$

证明：$\overline{A\overline{B} + \overline{A}B} = \overline{A\overline{B}} \cdot \overline{\overline{A}B} = (\overline{A}+B)(A+\overline{B}) = A\overline{A} + \overline{A}\,\overline{B} + AB + B\overline{B} = AB + \overline{A}\,\overline{B}$

3) 逻辑代数的三个规则

(1) 代入规则：在任何一个逻辑等式中，如果将某个变量用同一个函数式来代换，则等式成立。

【例 7-2】已知等式 $A+AB=A$，若令 $Y=C+D$ 代替等式中的 A，则新等式 $(C+D)+(C+D)B=C+D$ 成立。

证明：

$$(C+D)+(C+D)B=(C+D)(1+B)=(C+D) \cdot 1=C+D$$

(2) 反演规则。

对于任意一个逻辑函数 Y，如果要求其反函数 $\overline{Y}$ 时，只要将 Y 表达式中的所有"$\cdot$"换成"$+$"，"$+$"换成"$\cdot$"，"0"换成"1"，"1"换成"0"，原变量换成反变量，反变量换成原变量，即可求出函数 Y 的反函数。

在这里要注意运算符号的优先顺序，不应改变原式的运算顺序。

例如，$Y = \overline{A}B + CD$，则 $\overline{Y} = \overline{\overline{A}B + CD} = \overline{\overline{A}B} \cdot \overline{CD} = (A+B)(\overline{C}+\overline{D})$；$Y = \overline{A} \cdot BC + C(\overline{D} \cdot E)$，则 $\overline{Y} = (A+\overline{B}+\overline{C}) \cdot [\overline{C}+(D+\overline{E})]$；$Y = \overline{\overline{A} \cdot \overline{BC}} + D$，则 $\overline{Y} = \overline{A + \overline{B}+\overline{C} \cdot \overline{D}}$。

(3) 对偶规则。

对于函数 Y，若把其表达式中的"$\cdot$"换成"$+$"，"$+$"换成"$\cdot$"，"0"换成

"1"，"1"换成"0"，就可得到一个新的逻辑函数 Y，这就是 Y 的对偶式。

【例 7-3】若 $Z = A(B + \overline{C})$，则 $Z' = A + B\overline{C}$。

若 $Z = A + B\overline{C}$，则 $Z' = A(B + \overline{C})$。

若 $Z = A\overline{B} + AC$，则 $Z' = (A + \overline{B})(A + C)$。

若 $Z = \overline{\overline{A} + B + \overline{C}}$，则 $Z' = \overline{\overline{A} \cdot B\overline{C}}$。

若两个逻辑式相等，它们的对偶式也一定相等。

【例 7-4】$A + BCD = (A + B)(A + C)(A + D)$

由对偶规则知，$A(B + C + D) = AB + AC + AD$。

使用对偶规则时，同样要注意运算符号的先后顺序和不是一个变量上的"非"号应保持不变。

3. 逻辑函数的代数法化简

1）化简的意义

逻辑函数的简化意味着实现这个逻辑函数的电路元件少，从而降低成本，提高电路的可靠性。例如

$$
\begin{aligned}
Y &= \overline{A}B\overline{C} + \overline{A}BC + \overline{A}BC + A\overline{B}C \\
&= \overline{A}B(\overline{C} + C) + \overline{B}C(\overline{A} + A) \qquad (7\text{-}14) \\
&= \overline{A}B + \overline{B}C
\end{aligned}
$$

逻辑函数表达式的表达形式大致可分为 5 种："与或"式、"与非-与非"式、"与或非"式、"或与"式、"或非-或非"式。它们可以相互转换，例如

$$
\begin{aligned}
Y &= A\overline{B} + \overline{A}C \\
&= \overline{\overline{A\overline{B} + \overline{A}C}} = \overline{\overline{A\overline{B}} \cdot \overline{\overline{A}C}} \\
&= \overline{(\overline{A} + B)(A + \overline{C})} = \overline{\overline{A}C + AB} \qquad (7\text{-}15) \\
&= \overline{\overline{A}C \cdot \overline{AB}} = (A + C)(\overline{A} + \overline{B}) \\
&= \overline{\overline{(A + C)(\overline{A} + \overline{B})}} = \overline{\overline{A + C} + \overline{\overline{A} + \overline{B}}}
\end{aligned}
$$

逻辑函数的化简，通常指的是化简为最简与或表达式。因为任何一个逻辑函数表达式都比较容易展开成与或表达式，一旦求得最简与或式，就会比较容易变换为其他形式的表达式。所谓最简与或式，是指式中含有的乘积项最少，并且每一个乘积项包含的变量也是最少的。

2）逻辑函数的代数化简法

代数化简法就是运用逻辑代数的基本定律、规则和常用公式化简逻辑函数。代数化简法经常用下列几种方法。

(1) 合并项法。

利用公式 $AB + A\overline{B} = A$，将两项合并为一项，消去一个变量。

【例 7-5】$Y = ABC + \overline{A}BC + \overline{BC} = BC(A + \overline{A}) + \overline{BC} = BC + \overline{BC} = 1$

$$Y = ABC + \overline{A}B + AB\overline{C} = B(AC + \overline{A} + A\overline{C}) = B$$

(2) 吸收法。

利用公式 $A+AB=A$ 及 $AB+\overline{A}C+BC=AB+\overline{A}C$，消去多余乘积项。

【例 7-6】 $\quad Y = A\overline{B} + A\overline{B}CD(E + F) = A\overline{B}$

$$Y = A\overline{B}D + \overline{A}\overline{B}C + CD = A\overline{B}D + \overline{A}\overline{B}C$$

(3) 消去法。

利用公式 $A+\overline{A}B = A + B$ 消去多余因子。

【例 7-7】 $\quad Y = \overline{A} + AB + \overline{B}E = \overline{A} + B + \overline{B}E = \overline{A} + B + E$

$$Y = AB + \overline{A}C + \overline{B}C = AB + (\overline{A} + \overline{B})C = AB + \overline{AB}C = AB + C$$

$$Y = A\overline{B} + \overline{A}B + ABCD + \overline{A}\overline{B}CD = A\overline{B} + \overline{A}B + (AB + \overline{A}\overline{B})CD$$

$$= A\overline{B} + \overline{A}B + \overline{A\overline{B} + \overline{A}B}CD = A\overline{B} + \overline{A}B + CD$$

(4) 配项法。

利用公式 $A+\overline{A}=1$，给某个乘积项配项，以达到进一步简化的目的。

【例 7-8】 $\quad Y = \overline{A}B + \overline{B}C + BC + AB = \overline{A}B(C + \overline{C}) + \overline{B}C + BC(A + \overline{A}) + AB$

$$= \overline{A}BC + \overline{A}B\overline{C} + \overline{B}C + ABC + \overline{A}BC + AB$$

$$= AB + \overline{B}C + \overline{A}C(B + \overline{B}) = AB + \overline{B}C + \overline{A}C$$

【例 7-9】 $\quad Y = AD + A\overline{D} + AB + A\overline{C} + BD + \overline{A}BEF + \overline{B}EF$

$$= A + AB + A\overline{C} + BD + \overline{A}BEF + \overline{B}EF = A + BD + \overline{B}EF$$

【例 7-10】 $\quad Y = AC + \overline{A}BC + \overline{B}C + AB\overline{C} = \overline{AC \cdot \overline{A}BC \cdot \overline{B}C} + AB\overline{C}$

$$= (\overline{A} + \overline{C})(\overline{A} + \overline{B} + \overline{C})(B + \overline{C}) + AB\overline{C}$$

$$= \overline{A}(\overline{A} + \overline{B} + \overline{C})(B + \overline{C}) + \overline{C}(\overline{A} + \overline{B} + \overline{C})(B + \overline{C}) + AB\overline{C}$$

$$= \overline{A}(\overline{B} + \overline{C})(B + \overline{C}) + \overline{C}(\overline{A} + \overline{B} + 1)(B + 1) + AB\overline{C}$$

$$= \overline{A}(\overline{B}C + B\overline{C} + \overline{C}) + \overline{C} + AB\overline{C} = \overline{A}C + \overline{C} + AB\overline{C}$$

$$= \overline{C} + AB\overline{C} = \overline{C}$$

在数字电路中，大量使用与非门，所以如何把一个化简了的与或表达式转换与非-与非式，并用与非门去实现它，是十分重要的。一般用两次求反法可以将一个化简了的与或式转换成与非-与非式。例如

$$Y = AB + BC + C\overline{D} = \overline{\overline{AB + BC + C\overline{D}}} = \overline{\overline{AB} \cdot \overline{BC} \cdot \overline{C\overline{D}}} \tag{7-16}$$

4. 逻辑函数的卡诺图化简

1) 最小项

(1) 最小项的定义。

对于 N 个变量，如果 P 是一个含有 N 个因子的乘积项，而在 P 中每一个变量都以原变量或反变量的形式出现一次，且仅出现一次，那么就称 P 是 N 个变量的一个最小项。

因为每个变量都以原变量和反变量两种可能的形式出现，所以 N 个变量有 2^N 个最小项。

(2) 最小项的性质。

表 7-10 列出了 3 个变量的全部最小项真值表，由此表可以看出最小项具有下列性质。

表 7-10　3 个变量的最小项真值表

ABC	$\overline{A}\,\overline{B}\,\overline{C}$	$\overline{A}\,\overline{B}\,C$	$\overline{A}\,B\,\overline{C}$	$\overline{A}\,B\,C$	$A\,\overline{B}\,\overline{C}$	$A\,\overline{B}\,C$	$A\,B\,\overline{C}$	ABC
000	1	0	0	0	0	0	0	0
001	0	1	0	0	0	0	0	0
010	0	0	1	0	0	0	0	0
011	0	0	0	1	0	0	0	0
100	0	0	0	0	1	0	0	0
101	0	0	0	0	0	1	0	0
110	0	0	0	0	0	0	1	0
111	0	0	0	0	0	0	0	1

性质 1　每个最小项仅有一组变量的取值会使它的值为 1，而其他变量取值都使其值为 0。

性质 2　任意两个不同的最小项的乘积恒为 0。

性质 3　全部最小项之和恒为 1。

由函数的真值表可以很容易地写出函数的标准与或式，此外利用逻辑代数的定律、公式可以将任何逻辑函数式展开或变换成标准与或式。

【例 7-11】将下列逻辑函数式变换成标准与或式。

①　$Y = AB + BC + AC$ ；　②　$Y = \overline{(AB + \overline{AB} + C)\overline{AB}}$ 。

解：

①　$Y = AB + BC + AC = AB(C + \overline{C}) + BC(A + \overline{A}) + AC(B + \overline{B})$

　　　$= ABC + AB\overline{C} + \overline{A}BC + A\overline{B}C$

②　$Y = \overline{(AB + \overline{AB} + C)\overline{AB}} = \overline{AB + \overline{AB} + C} + AB$

　　　$= \overline{AB} \cdot \overline{\overline{AB}} \cdot \overline{C} + AB = (\overline{A} + \overline{B})(A + B)\overline{C} + AB = \overline{A}B\overline{C} + A\overline{B}\overline{C} + AB(C + \overline{C})$

　　　$= \overline{A}B\overline{C} + A\overline{B}\overline{C} + ABC + AB\overline{C}$

(3) 最小项编号及表达式。

为了便于表示，要对最小项进行编号。编号的方法是：把与最小项对应的那一组变量取值组合当成二进制数，与其对应的十进制数，就是该最小项的编号。

在标准与或式中，常用最小项的编号来表示最小项。例如，$Y = \overline{A}BC + A\overline{B}C + AB\overline{C} + ABC$ 常写成 $Y = F(A,B,C) = m_3 + m_5 + m_6 + m_7$ 或 $Y = \sum m(3,5,6,7)$ 。

2) 逻辑函数的卡诺图表达法

(1) 逻辑变量卡诺图。

卡诺图也叫最小项方格图，它将最小项按一定的规则排列成方格阵列。根据变量的数目 N，则应有 2^N 个小方格，每个小方格代表一个最小项。

卡诺图中将 N 个变量分成行变量和列变量两组，行变量和列变量的取值，决定了小方格的编号，也即最小项的编号。行、列变量的取值顺序一定要按格雷码排列。图 7-21 列出了三变量和四变量的卡诺图。

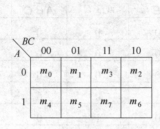
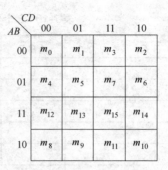

(a) 三变量卡诺图　　　　　　　　　　(b) 四变量卡诺图

图 7-21　三变量、四变量的卡诺图

卡诺图的特点是形象地表达了各个最小项之间在逻辑上的相邻性。图中任何几何位置相邻的最小项，在逻辑上也是相邻的。

- 所谓逻辑相邻，是指两个最小项只有一个是互补的，而其余的变量都相同。
- 所谓几何相邻，不仅包括卡诺图中相接小方格的相邻，方格间还具有对称相邻性。对称相邻性是指以方格阵列的水平或垂直中心线为对称轴，彼此对称的小方格间也是相邻的。

卡诺图的主要缺点是随着变量数目的增加，图形迅速复杂化，当逻辑变量在 5 个以上时，就很少使用卡诺图了。

(2) 逻辑函数卡诺图。

用卡诺图表示逻辑函数就是将函数真值表或表达式等的值填入卡诺图中。

可根据真值表或标准与或式画卡诺图，也可根据一般逻辑式画卡诺图。若已知的是一般的逻辑函数表达式，则首先将函数表达式变换成与或表达式，然后利用直接观察法填卡诺图。观察法的原理是：在逻辑函数与或表达式中，凡是乘积项，只要有一个变量因子为 0 时，该乘积项为 0；只有乘积项所有因子都为 1 时，该乘积项为 1。如果乘积项没有包含全部变量，无论所缺变量为 1 或者为 0，只要乘积项现有变量满足乘积项为 1 的条件，该乘积项即为 1。

【例 7-12】 画出 $Y = \overline{(A+D)(B+\overline{C})}$ 的卡诺图。

解：

可以将上式写成：$Y = \overline{AD} + \overline{BC}$，根据上述原理可以得到如图 7-22 所示的卡诺图。

【例 7-13】 画出下式的卡诺图。

$$Y(A,B,C,D) = \sum m(1,3,4,6,7,11,14,15)$$

解：

因为上式给出的是最小项的形式，所以可以直接进行填充，得到如图 7-23 所示的卡诺图。

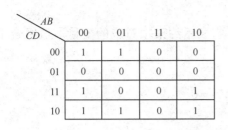

图 7-22　例 7-12 的卡诺图　　　　　图 7-23　例 7-13 的卡诺图

(3) 逻辑函数的卡诺图化简法。

合并最小项的规律是：根据相邻最小项的性质可知，两逻辑上相邻的最小项之和可以合并成一项，并消去一个变量；四个相邻最小项可合并为一项，并消去两个变量。卡诺图上能够合并的相邻最小项必须是 2 的整次幂。

用卡诺图化简逻辑函数的步骤为：首先是画出函数的卡诺图；然后是圈 1 合并最小项；最后根据方格圈写出最简与或式。

在圈 1 合并最小项时应注意以下几个问题：圈数尽可能少；圈尽可能大；卡诺图中所有 "1" 都要被圈，且每个 "1" 可以多次被圈；每个圈中至少要有一个 "1" 只圈 1 次。一般来说，合并最小项圈 1 的顺序是先圈没有相邻项的 1 格，再圈两格组、四格组、八格组、……。

> 说明：① 在有些情况下，最小项的圈法不止一种，得到的各个乘积项组成的与或表达式各不相同，哪个是最简的，要经过比较、检查才能确定。
>
> ② 在有些情况下，不同圈法得到的与或表达式都是最简形式。即一个函数的最简与或表达式不是唯一的。

3) 具有约束条件的逻辑函数化简

(1) 约束、约束条件、约束项。

在实际的逻辑问题中，决定某一逻辑函数的各个变量之间往往具有一定的制约关系，这种制约关系称为约束。

【例 7-14】设在十字路口的交通信号灯，绿灯亮表示可通行，黄灯亮表示车辆停，红灯亮表示不通行。如果用逻辑变量 A、B、C 分别代表绿、黄、红灯，并设灯亮为 1，灯灭为 0；用 Y 代表是否停车，设停车为 1，通行为 0，则 Y 的状态是由 A、B、C 的状态决定的，即 Y 是 A、B、C 是函数。

在这一函数关系中，三个变量之间存在着严格的制约关系。因为通常不允许两种以上的灯同时亮。如果用逻辑表达式表示上述约束关系，有

$$AB=0, \quad BC=0, \quad AC=0 \ 或 \ AB+BC+AC=0$$

通常把反映约束关系的这个值恒等于 0 的条件等式称为约束条件。

将等式展开成最小项表达式，则有

$$ABC + AB\overline{C} + \overline{A}BC + A\overline{B}C = 0$$

由最小项性质可知，只有对应的变量取值组合出现时，其值才为 1。约束条件中包含的最小项的值恒为 0，不能为 1，所以对应的变量取值组合不会出现。这种不会出现的变

量取值组合所对应的最小项称为约束项。

约束项所对应的函数值，一般用×表示。它表示约束项对应的变量取值组合不会出现，而函数值可以认为是任意的。

约束项可写为

$$\sum m(3,5,6,7)=0$$

(2) 具有约束的逻辑函数的化简。

约束项所对应的函数值，既看作 0，也可看作 1。当把某约束项看作 0 时，表示逻辑函数中不包括该约束项，如果是看作 1，则说明函数式中包含了该约束项，但因其所对应的变量取值组合不会出现，也就是说加上该项等于加 0，函数值不会受影响。

【例 7-15】化简逻辑函数 $Y(A,B,C,D)=\sum m(1,2,5,6,9)+\sum d(10,11,12,13,14,15)$

式中：d 表示约束项。

解：

① 根据最小项表达式和约束条件画卡诺图，根据已知函数填写卡诺图，并将约束项的小方格填上“×”，如图 7-24 所示。

② 画卡诺圈，约束项可以视为“0”，也可以视为“1”，如图 7-25 所示。

AB \ CD	00	01	11	10
00	0	1	0	1
01	0	1	0	1
11	×	×	×	×
10	0	1	×	×

图 7-24 例 7-15 的卡诺图(1)

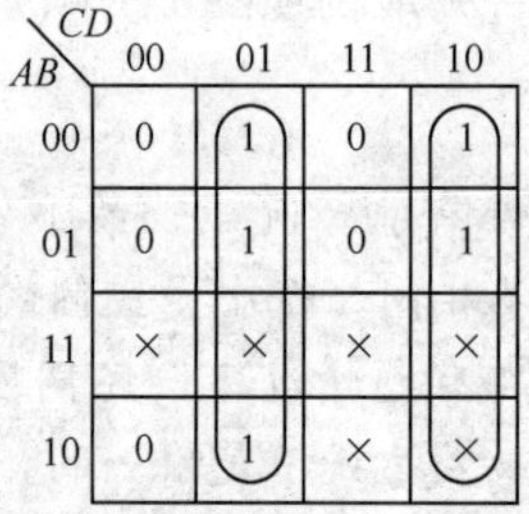

图 7-25 例 7-15 的卡诺圈(2)

③ 写出化简后的逻辑函数表达式为 $Y=\overline{C}D+C\overline{D}$。

7.2.3 组合逻辑电路的分析方法

所谓组合逻辑电路的分析，就是根据给定的逻辑电路图，求出电路的逻辑功能。分析组合逻辑电路的目的是为了确定已知电路的逻辑功能，或者检查电路设计是否合理。

1. 分析的主要步骤

(1) 根据逻辑图写表达式，从输入到输出逐级写出逻辑函数表达式。

(2) 利用代数法或卡诺图法化简表达式。

(3) 根据逻辑表达式列真值表。

(4) 按真值表的逻辑关系描述逻辑功能。

2. 举例说明组合逻辑电路的分析方法

【例 7-16】试分析图 7-26 所示电路的逻辑功能。

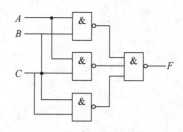

图 7-26　例 7-16 的逻辑电路图

解：

① 由逻辑图 7-26 可以写输出 F 的逻辑表达式为

$$F = \overline{\overline{AB} \cdot \overline{AC} \cdot \overline{BC}}$$

② 可变换为 $F = AB + AC + BC$。

③ 列出真值表如表 7-11 所示。

表 7-11　例 7-16 的真值表

A	B	C	F
0	0	0	0
0	0	1	0
0	1	0	0
0	1	1	1
1	0	0	0
1	0	1	1
1	1	0	1
1	1	1	1

④ 确定电路的逻辑功能。

由真值表可知，三个变量输入 A、B、C，只有两个及两个以上变量取值为 1 时，输出才为 1。可见，电路可实现多数表决逻辑功能。

【例 7-17】 分析图 7-27(a)所示电路的逻辑功能。

解：

为了方便写表达式，在图中标注中间变量，比如 F_1、F_2 和 F_3，如图 7-27(a)所示。

$$S = \overline{F_2 F_3} = \overline{\overline{AF_1} \cdot \overline{BF_1}} = \overline{\overline{A\overline{AB}} \cdot \overline{B\overline{AB}}} = A\overline{AB} + B\overline{AB} = (\overline{A} + \overline{B})(A + B) = \overline{A}B + A\overline{B} = A \oplus B$$

$$C = \overline{F_1} = \overline{\overline{AB}} = AB$$

该电路实现两个一位二进制数相加的功能。S 是它们的和，C 是向高位的进位。由于这一加法器电路没有考虑低位的进位，所以称该电路为半加器。根据 S 和 C 的表达式，将原电路图改画成图 7-27(b)所示的逻辑图，真值表如表 7-12 所示。

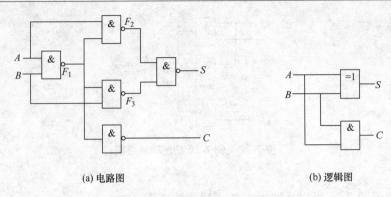

(a) 电路图   (b) 逻辑图

图 7-27   例 7-17 的逻辑电路图

表 7-12   例 7-17 的真值表

A	B	S	C
0	0	0	0
0	1	1	0
1	0	1	0
1	1	0	1

7.2.4   组合逻辑电路的设计方法

与分析过程相反，组合逻辑电路的设计是根据给定的实际逻辑问题，求出实现其逻辑功能的最简单的逻辑电路。

组合逻辑电路的设计步骤如下。

(1) 分析设计要求，设置输入输出变量并逻辑赋值；定义逻辑状态，即确定 0、1 的具体含义。

(2) 列真值表。

(3) 写出逻辑表达式，并化简。

(4) 画逻辑电路图。

【例 7-18】 一个火灾报警系统，设有烟感、温感和紫外光感三种类型的火灾探测器。为了防止误报警，只有当其中两种或两种以上类型的探测器发出火灾检测信号时，报警系统才会产生报警控制信号。试根据要求，设计一个产生报警控制信号的电路。

解：

① 分析设计要求，设输入输出变量并逻辑赋值。

输入变量为烟感 A、温感 B，紫外线光感 C。输出变量为报警控制信号 Y。用 1 表示肯定，用 0 表示否定。

② 列真值表。

把逻辑关系转换成数字表示形式，如表 7-13 所示真值表。

③ 由真值表写逻辑表达式，并化简。

$$Y = \overline{A}BC + A\overline{B}C + AB\overline{C} + ABC$$

化简得最简式 $Y = BC + AC + AB$

④　画逻辑电路图。

用 $Y = \overline{\overline{BC} + \overline{AC} + \overline{AB}}$ 代替最简式，用一个与或非门加一个非门就可以实现，其逻辑电路图如图 7-28 所示。

表 7-13　例 7-18 的真值表

A	B	C	Y
0	0	0	0
0	0	1	0
0	1	0	0
0	1	1	1
1	0	0	0
1	0	1	1
1	1	0	1
1	1	1	1

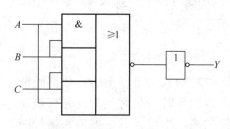

图 7-28　例 7-18 的逻辑电路图

7.3　常见的组合逻辑电路

人们为解决实际遇到的各种逻辑问题，设计了许多逻辑电路，其中有些逻辑电路经常、大量地出现在各种数字系统当中。为了方便使用，各厂家已经把这些逻辑电路制造成中规模集成的组合逻辑电路产品。比较常用的有编码器、译码器、数据选择器、加法器和数值比较器等。

7.3.1　编码器

用二进制代码表示文字、符号或者数码等特定对象的过程，称为编码。实现编码的逻辑电路，称为编码器。N 位二进制代码可以表示 2^N 个信号，则对 M 个信号编码时，应由 $2^N \geqslant M$ 来确定位数 N。

【例 7-19】对 101 键盘编码时，采用几位二进制代码？

解：

对 101 键盘编码时，采用了 7 位二进制代码 ASCII 码。$2^7 = 128 > 101$。

目前经常使用的编码器有普通编码器和优先编码器两种。

1. 普通编码器

普通编码器在任何时刻都只允许输入一个有效编码请求信号，否则输出将发生混乱。例如，一个 3 位二进制普通编码器的工作原理如表 7-14 所示。

表 7-14 编码器输入输出的对应关系

I_0	I_1	I_2	I_3	I_4	I_5	I_6	I_7	Y_2	Y_1	Y_0
1	0	0	0	0	0	0	0	0	0	0
0	1	0	0	0	0	0	0	0	0	1
0	0	1	0	0	0	0	0	0	1	0
0	0	0	1	0	0	0	0	0	1	1
0	0	0	0	1	0	0	0	1	0	0
0	0	0	0	0	1	0	0	1	0	1
0	0	0	0	0	0	1	0	1	1	0
0	0	0	0	0	0	0	1	1	1	1

在表 7-14 中所示的真值表中输入 8 个信号(对象)$I_0 \sim I_7$(二值量)，输出 3 位二进制代码 $Y_2 Y_1 Y_0$，称 8 线-3 线编码器，它的逻辑图如图 7-29 所示。

2. 优先编码器

在优先编码器中，允许同时输入两个以上的有效编码请求信号。当几个输入信号同时出现时，只对其中优先权最高的一个进行编码。优先级别的高低由设计者根据输入信号的轻重缓急情况而定。我们以 8 线-3 线优先编码器 74LS148 为例来说明优先编码的逻辑特点及功能。

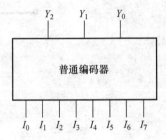

图 7-29 普通编码器的逻辑图

图 7-30 为 74LS148 的逻辑图，表 7-15 为其逻辑功能表。分析其逻辑功能表，我们不难发现 74LS148 具有以下几个特点。

表 7-15 74LS148 电路的功能表

$\overline{S}$	输 入								输 出				
	$\overline{I_0}$	$\overline{I_1}$	$\overline{I_2}$	$\overline{I_3}$	$\overline{I_4}$	$\overline{I_5}$	$\overline{I_6}$	$\overline{I_7}$	$\overline{Y_2}$	$\overline{Y_1}$	$\overline{Y_0}$	$\overline{Y_S}$	$\overline{Y_{EX}}$
1	×	×	×	×	×	×	×	×	0 1 1			1	1
0	1	1	1	1	1	1	1	1	1 1 1			0	1
0	×	×	×	×	×	×	×	0	0 0 0			1	0
0	×	×	×	×	×	×	0	1	0 0 1			1	0
0	×	×	×	×	×	0	1	1	0 1 0			1	0
0	×	×	×	×	0	1	1	1	0 1 1			1	0
0	×	×	×	0	1	1	1	1	1 0 0			1	0
0	×	×	0	1	1	1	1	1	1 0 1			1	0

续表

输　入									输　出				
$\overline{S}$	$\overline{I_0}$	$\overline{I_1}$	$\overline{I_2}$	$\overline{I_3}$	$\overline{I_4}$	$\overline{I_5}$	$\overline{I_6}$	$\overline{I_7}$	$\overline{Y_2}$	$\overline{Y_1}$	$\overline{Y_0}$	$\overline{Y_S}$	$\overline{Y_{EX}}$
0	×	0	1	1	1	1	1	1	1　1　0			1　0	
0	0	1	1	1	1	1	1	1	1　1　1			1　0	

(1) 编码输入端：逻辑符号输入端 $I_0 \sim I_7$ 上面均有 "–" 号，这表示编码输入低电平有效。I_7 的优先权最高，且低电平有效，当全为 1 时，允许编码，但无有效编码请求。

(2) 编码输出端 $\overline{Y_2}$、$\overline{Y_1}$、$\overline{Y_0}$：从功能表可以看出，74LS148 编码器的编码输出是反码。

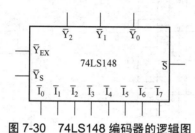

图 7-30　74LS148 编码器的逻辑图

(3) 选通输入端：只有在 $\overline{S} = 0$ 时，编码器才处于工作状态；而在 $\overline{S} = 1$ 时，编码器处于禁止状态，所有输出端均被封锁为高电平。

(4) 选通输出端 Y_S 和扩展输出端 Y_{EX}：它们是为扩展编码器功能而设置的。

7.3.2　译码器

译码是编码的逆过程，将编码时赋予代码的特定含义 "翻译" 出来就是译码。实现译码功能的组合逻辑电路称为译码器。常用的译码器有二进制译码器、二-十进制译码器和显示译码器等。

1. 二进制译码器

二进制译码器是指输入为 N 位二进制代码，输出为 2^N 个最小项。输入是 3 位二进制代码、有 8 种状态，8 个输出端分别对应其中一种输入状态。因此，又把 3 位二进制译码器称为 3 线-8 线译码器。图 7-31 为 3 位二进制译码器 74LS138 的仿真电路图，图 7-32 为其逻辑电路图。

下面来分析 74LS138 的逻辑功能。S 为控制端(又称使能端)，$S=0$ 译码工作，$S=1$ 禁止译码，输出全 1。

$$S = S_1 \cdot \overline{S_2} \cdot \overline{S_3} \tag{7-17}$$

3 个译码输入端(又称地址输入端) A_2、A_1、A_0，8 个译码输出端 $\overline{Y_1} \sim \overline{Y_7}$，以及 3 个控制端(又称使能端) S_1、$\overline{S_2}$、$\overline{S_3}$。当 $S_1 = 1$、$\overline{S_2} + \overline{S_3} = 0$(即 $S_1=1$，$\overline{S_2}$ 和 $\overline{S_3}$ 均为 0)时，G_S 输出为低电平，译码器处于工作状态；否则，译码器被禁止，所有的输出端被封锁在高电平。

当译码器处于工作状态时，每输入一个二进制代码将使对应的一个输出端为低电平，而其他输出端均为高电平。也可以说，对应的输出端被 "译中"。74LS138 输出端被 "译中"时为低电平,所以其逻辑符号中每个输出端 $\overline{Y_1} \sim \overline{Y_7}$ 上方均有"−"符号,表 7-16 为 74LS138 的功能表。

$$\overline{Y_i} = \overline{S \cdot m_i}, (i = 0, 1, \cdots, 7) \tag{7-18}$$

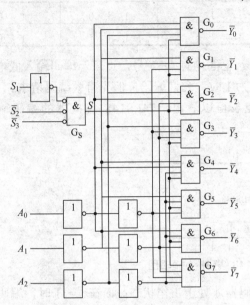

图 7-31　74LS138 的仿真电路图　　　　　图 7-32　74LS138 的逻辑电路图

表 7-16　74LS138 的功能表

输　入					输　出							
S_1	$\overline{S_2} + \overline{S_3}$	A_2	A_1	A_0	$\overline{Y_0}$	$\overline{Y_1}$	$\overline{Y_2}$	$\overline{Y_3}$	$\overline{Y_4}$	$\overline{Y_5}$	$\overline{Y_6}$	$\overline{Y_7}$
×	1	×	×	×	1	1	1	1	1	1	1	1
0	×	×	×	×	1	1	1	1	1	1	1	1
1	0	0	0	0	0	1	1	1	1	1	1	1
1	0	0	0	1	1	0	1	1	1	1	1	1
1	0	0	1	0	1	1	0	1	1	1	1	1
1	0	0	1	1	1	1	1	0	1	1	1	1
1	0	1	0	0	1	1	1	1	0	1	1	1
1	0	1	0	1	1	1	1	1	1	0	1	1
1	0	1	1	0	1	1	1	1	1	1	0	1
1	0	1	1	1	1	1	1	1	1	1	1	0

下面是几个应用举例。

(1) 利用使能端实现功能扩展,如图 7-33 用两片 74LS138 译码器构成 4 线-16 线译码器。

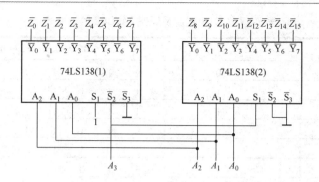

图 7-33　用两片 74LS138 译码器构成 4 线-16 线译码器

(2) 实现组合逻辑函数 $F(A,B,C)$。

$$F(A,B,C) = \sum m_i \, (i \in 0 \sim 7)$$
$$\overline{Y_i} = \overline{S \cdot m_i} = \overline{m_i} \, (S=1, i=0 \sim 7)$$

比较以上两式可知，把 3 线-8 线译码器 74LS138 地址输入端 $(A_2 A_1 A_0)$ 作为逻辑函数的输入变量 (ABC)，译码器的每个输出端 $\overline{Y_i}$ 都与某一个最小项 m_i 相对应，加上适当的门电路，就可以利用译码器实现组合逻辑函数。

【例 7-20】试用 74LS138 译码器实现逻辑函数 $F(A,B,C) = \sum m(1,3,5,6,7)$

解：

因为

$$\overline{Y_i} = \overline{m_i} \, (i=0 \sim 7)$$

则

$$F(A,B,C) = \sum m(1,3,5,7) = m_1 + m_3 + m_5 + m_6 + m_7$$
$$= \overline{\overline{m_1 \cdot m_3 \cdot m_5 \cdot m_6 \cdot m_7}} = \overline{\overline{Y_1} \cdot \overline{Y_3} \cdot \overline{Y_5} \cdot \overline{Y_6} \cdot \overline{Y_7}}$$

因此，正确连接控制输入端使译码器处于工作状态，将 $\overline{Y_1}$、$\overline{Y_3}$、$\overline{Y_5}$、$\overline{Y_6}$、$\overline{Y_7}$ 经一个与非门输出，A_2、A_1、A_0 分别作为输入变量 A、B、C，就可实现组合逻辑函数，如图 7-34 所示。

2. 二-十进制译码器

二-十进制译码器的逻辑功能是将输入的 BCD 码译成 10 个输出信号。图 7-35 是二-十进制译码器 74LS42 的逻辑符号，其功能表如表 7-17 所示。

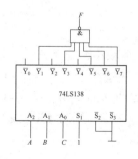

图 7-34　例 7-20 的逻辑图

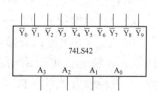

图 7-35　二-十进制译码器 74LS42 的逻辑符号

表 7-17　二-十进制译码器 74LS42 的功能表

A_3	A_2	A_1	A_0	$\overline{Y_0}$	$\overline{Y_1}$	$\overline{Y_2}$	$\overline{Y_3}$	$\overline{Y_4}$	$\overline{Y_5}$	$\overline{Y_6}$	$\overline{Y_7}$	$\overline{Y_8}$	$\overline{Y_9}$
0	0	0	0	0	1	1	1	1	1	1	1	1	1
0	0	0	1	1	0	1	1	1	1	1	1	1	1
0	0	1	0	1	1	0	1	1	1	1	1	1	1
0	0	1	1	1	1	1	0	1	1	1	1	1	1
0	1	0	0	1	1	1	1	0	1	1	1	1	1
0	1	0	1	1	1	1	1	1	0	1	1	1	1
0	1	1	1	1	1	1	1	1	1	0	1	1	1
1	0	0	0	1	1	1	1	1	1	1	0	1	1
1	0	0	1	1	1	1	1	1	1	1	1	1	0
1	0	1	1	1	1	1	1	1	1	1	1	1	1
1	1	0	0	1	1	1	1	1	1	1	1	1	1
1	1	0	1	1	1	1	1	1	1	1	1	1	1
1	1	1	1	1	1	1	1	1	1	1	1	1	1

3. 显示译码器

在数字测量仪表和各种数字系统中，都需要将数字量直观地显示出来，一方面供人们直接读取测量和运算的结果，另一方面用于监视数字系统的工作情况。

数字显示电路是数字设备不可缺少的部分。数字显示电路通常由计数器、显示译码器、驱动器和显示器等部分组成，如图 7-36 所示。

图 7-36　数字显示电路的组成框图

1) 数字显示器件

数字显示器件是用来显示数字、文字或者符号的器件，常见的有辉光数码管、荧光数码管、液晶显示器、发光二极管数码管、场致发光数字板、等离子体显示板等。本节主要讨论发光二极管数码管。

(1) 发光二极管(LED)及其驱动方式。

LED 具有许多优点，它不仅工作电压低(1.5～3V)、体积小、寿命长、可靠性高，而且响应速度快(≤100ns)、亮度比较高。一般 LED 的工作电流选在 5～10 mA，但不允许超过最大值(通常为 50mA)。LED 可以直接由门电路驱动，如图 7-37 所示。图 7-37(a)是输出为低电平时 LED 发光，称为低电平驱动；图 7-37(b)是输出为高电平时 LED 发光，称为高电平驱动；采用高电平驱动方式的 TTL 门最好选用 OC 门。

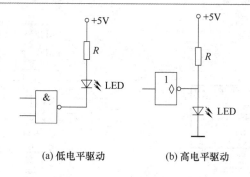

(a) 低电平驱动　　　　(b) 高电平驱动

图 7-37　门电路驱动 LED

(2) LED 数码管。

LED 数码管又称为半导体数码管，它是由多个 LED 按分段式封装制成的。LED 数码管有两种形式：共阴型和共阳型，如图 7-38 所示。

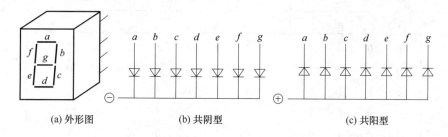

(a) 外形图　　　　(b) 共阴型　　　　(c) 共阳型

图 7-38　七段显示 LED 数码管

2) 七段显示译码器

(1) 七段字形显示方式。

LED 数码管通常采用图 7-39 所示的七段字形显示方式来表示 0～9 十个数字。

图 7-39　七段数码管字形显示方式

(2) 七段显示译码器原理。

七段显示器译码器把输入的 BCD 码，翻译成驱动七段 LED 数码管各对应段所需的电平。74LS49 是一种七段显示译码器，逻辑符号如图 7-40 所示，功能表如表 7-18 所示。

译码输入端 D、C、B、A 为 8421BCD 码；七段代码输出端为 a、b、c、d、e、f、g，某段输出为高电平时该段点亮，用以驱动高电平有效的七段显示 LED 数码管；灭灯控制端为 I_B，当 I_B=1 时，译码器处于正常译码工作状态；若 I_B=0，不管 D、C、B、A 输入什么信号，译码器各输出端均为低电平，处于灭灯状态。利用 I_B 信号，可以控制数码管按照要求处于显示或者灭灯状态，如闪烁、熄灭首尾部多余的 0 等。

图 7-41 是一个用七段显示译码器 74LS49 驱动共阴型 LED 数码管的实用电路。

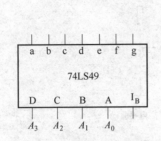

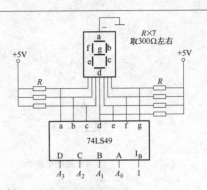

图 7-40　74LS49 的逻辑符号　　　图 7-41　74LS49 驱动共阴型 LED 数码管的电路

表 7-18　74LS49 的功能表

输　入					输　出							字　形
I_B	D	C	B	A	a	b	c	d	e	f	g	
1	0	0	0	0	1	1	1	1	1	1	0	0
1	0	0	0	1	0	1	1	0	0	0	0	1
1	0	0	1	0	1	1	0	1	1	0	1	2
1	0	0	1	1	1	1	1	1	0	0	1	3
1	0	1	0	0	0	1	1	0	0	1	1	4
1	0	1	0	1	1	0	1	1	0	1	1	5
1	0	1	1	0	0	0	1	1	1	1	1	6
1	0	1	1	1	1	1	1	0	0	0	0	7
1	1	0	0	0	1	1	1	1	1	1	1	8
1	1	0	0	1	1	1	1	0	0	1	1	9
1	1	0	1	0	0	0	0	1	1	0	1	c
1	1	0	1	1	0	0	1	1	0	0	1	⊐
1	1	1	0	0	0	1	0	0	0	1	1	u
1	1	1	0	1	1	0	0	0	1	0	1	⊑
1	1	1	1	0	0	0	0	1	1	1	1	⊦
1	1	1	1	1	0	0	0	0	0	0	0	(暗)
0	×	×	×	×	0	0	0	0	0	0	0	(暗)

字形显示补充：(暗)是指七段显示器完全没有显示。

7.3.3　数据选择器

在多路数据传送过程中，能够根据需要将其中任意一路挑选出来的电路，叫作数据选择器，也称为多路选择器，其作用相当于多路开关。常见的数据选择器有四选一、八选一等电路。

1. 数据选择器的工作原理

以四选一数据选择器为例。图 7-42 和图 7-43 分别为四选一数据选择器的仿真电路和逻辑电路，A_1、A_0 为地址输入端，D_3、D_2、D_1、D_0 为数据输入端，S 为控制输入端，Y 为输出端。

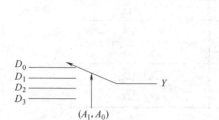

图 7-42　四选一数据选择器的仿真电路　　图 7-43　四选一数据选择器的逻辑电路

其公式表达为

$$Y(A_1, A_0) = S(m_0 D_0 + m_1 D_1 + m_2 D_2 + m_3 D_3) \tag{7-19}$$

四选一数据选择器的功能表如表 7-19 所示。

表 7-19　四选一数据选择器的功能表

输 入			输 出
S	A_1	A_0	Y
0	×	×	0
1	0	0	D_0
1	0	1	D_1
1	1	0	D_2
1	1	1	D_3

2. 八选一数据选择器 74LS151

八选一数据选择器 74LS151 具有三个地址输入端 A_2、A_1、A_0，八个数据输入端 $D_0 \sim D_7$，两个互补输出的数据输出端 Y 和 $\overline{Y}$，一个控制输入端 $\overline{S}$。74LS151 是一种典型的集成电路数据选择器，利用数据选择器，当使能端有效时，将地址输入、数据输入代替逻辑函数中的变量实现逻辑函数，图 7-44 为 74LS151 的逻辑符号，表 7-20 为 74LS151 的功能表。

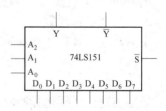

图 7-44　74LS151 的逻辑符号

表 7-20　八选一数据选择器的功能表

输　入				输　出	
$\overline{S}$	A_2	A_1	A_0	Y	$\overline{Y}$
1	×	×	×	0	1
0	0	0	0	D_0	$\overline{D_0}$
0	0	0	1	D_1	$\overline{D_1}$
0	0	1	0	D_2	$\overline{D_2}$
0	0	1	1	D_3	$\overline{D_3}$
0	1	0	0	D_4	$\overline{D_4}$
0	1	0	1	D_5	$\overline{D_5}$
0	1	1	0	D_6	$\overline{D_6}$
0	1	1	1	D_7	$\overline{D_7}$

3. 应用举例

1)　功能扩展

用两片八选一数据选择器 74LS151，利用使能端可以构成十六选一数据选择器，如图 7-45 所示。

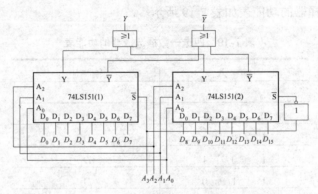

图 7-45　两片八选一数据选择器构成十六选一数据选择器电路图

A_3 =1 时，片(1)禁止，片(2)工作。A_3 =0 时，片(1)工作，片(2)禁止。

2)　实现逻辑函数

采用八选一数据选择器时，逻辑函数为

$$Y(A_2, A_1, A_0) = \sum_{i=0}^{7} m_i D_i$$

采用四选一数据选择器时，逻辑函数为

$$Y(A_1, A_0) = \sum_{i=0}^{3} m_i D_i$$

比较可知，表达式中都有最小项 m_i，利用数据选择器可以实现各种组合逻辑函数。

【例 7-21】试用八选一电路实现 $F = \overline{A}\,\overline{B}C + \overline{A}B\overline{C} + A\overline{B}C + ABC$。

解：

将 A、B、C 分别从 A_2、A_1、A_0 输入，作为输入变量，把 Y 端作为输出 F。因为逻辑表达式中的各乘积项均为最小项，所以可以改写为

$$F(A,B,C) = m_0 + m_3 + m_5 + m_7$$

根据八选一数据选择器的功能，令

$$D_0 = D_3 = D_5 = D_7 = 1$$
$$D_1 = D_2 = D_4 = D_6 = 0$$
$$S = 0$$

具体电路如图 7-46 所示。

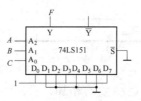

图 7-46　例 7-21 的电路图

7.3.4　加法器

算术运算是数字系统的基本功能，更是计算机中不可缺少的组成单元。本节介绍实现加法运算的逻辑电路。

1. 全加器

全加器能把本位两个加数 A_n、B_n 和来自低位的进位 C_{n-1} 三者相加，得到求和结果 S_n 和该位的进位信号 C_n。

由真值表写最小项之和式，再稍加变换得

$$\begin{aligned}
S_n &= \overline{A_n}\,\overline{B_n}C_{n-1} + \overline{A_n}B_n\overline{C_{n-1}} + A_n\overline{B_n}\,\overline{C_{n-1}} + A_nB_nC_{n-1} \\
&= \overline{A_n}(B_n \oplus C_{n-1}) + A_n\overline{(B_n \oplus C_{n-1})} \\
&= A_n \oplus B_n \oplus C_{n-1}
\end{aligned} \tag{7-20}$$

$$\begin{aligned}
C_n &= \overline{A_n}B_nC_{n-1} + A_n\overline{B_n}C_{n-1} + A_nB_n \\
&= (A_n \oplus B_n)C_{n-1} + A_nB_n
\end{aligned} \tag{7-21}$$

由表达式得逻辑图，如图 7-47 所示，其真值表如表 7-21 所示。

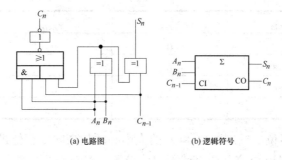

(a) 电路图　　　　　　　　　(b) 逻辑符号

图 7-47　全加器的电路图及逻辑符号

表 7-21　全加器真值表

A_n B_n C_{n-1}	S_n C_n
0　0　0	0　0
0　0　1	1　0
0　1　0	1　0
0　1　1	0　1
1　0　0	1　0
1　0　1	0　1
1　1　0	0　1
1　1　1	1　1

2. 多位加法器

全加器可以实现两个一位二进制数的相加，要实现多位二进制数的相加，可选用多位加法器电路。74LS283 电路是一个 4 位加法器电路，可实现两个 4 位二进制数的相加，其逻辑符号如图 7-48 所示。

CI 是低位的进位，CO 是向高位的进位，A_3、A_2、A_1、A_0 和 B_3、B_2、B_1、B_0 是两个二进制待加

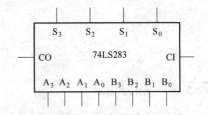

图 7-48　74LS283 电路的逻辑符号

数，S_3、S_2、S_1、S_0 是对应各位的和。多位加法器除了可以实现加法运算功能之外，还可以实现组合逻辑电路。

7.3.5　数据比较器

数据比较器是能够比较数字大小的电路。两个一位数 A 和 B 相比较的情况如下。

(1) $A>B$：只有当 $A=1$、$B=0$ 时，$A>B$ 才为真。

(2) $A<B$：只有当 $A=0$、$B=1$ 时，$A<B$ 才为真。

(3) $A=B$：只有当 $A=B=0$ 或 $A=B=1$ 时，$A=B$ 才为真。

真值表如表 7-22 所示。

表 7-22　真值表

A	B	$Y_{A>B}$	$Y_{A<B}$	$Y_{A=B}$
0	0	0	0	1
0	1	0	1	0
1	0	1	0	0
1	1	0	0	1

如果要比较两个多位二进制数 A 和 B 的大小必须从高向低逐位进行比较，如果高位已经比较出大小，便可得出结论，低位就不用比较了。只有在高位相等时，才有必要去比较

低位。4 位数值比较器 74LS85 的逻辑符号如图 7-49 所示，功能表如表 7-23 所示。

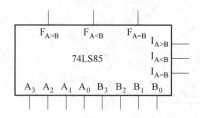

图 7-49 74LS85 的逻辑符号

表 7-23 74LS85 的功能表

输　　入				级联输入			输　　出		
A_3, B_3	A_2, B_2	A_1, B_1	A_0, B_0	$I_{A>B}$	$I_{A<B}$	$I_{A=B}$	$F_{A>B}$	$F_{A<B}$	$F_{A=B}$
1　0	×	×	×	×	×	×	1	0	0
0　1	×	×	×	×	×	×	0	1	0
$A_3 = B_3$	1　0	×	×	×	×	×	1	0	0
$A_3 = B_3$	0　1	×	×	×	×	×	0	1	0
$A_3 = B_3$	$A_2 = B_2$	1　0	×	×	×	×	1	0	0
$A_3 = B_3$	$A_2 = B_2$	0　1	×	×	×	×	0	1	0
$A_3 = B_3$	$A_2 = B_2$	$A_1 = B_1$	1　0	×	×	×	1	0	0
$A_3 = B_3$	$A_2 = B_2$	$A_1 = B_1$	0　1	×	×	×	0	1	0
$A_3 = B_3$	$A_2 = B_2$	$A_1 = B_1$	$A_0 = B_0$	1	0	0	1	0	0
$A_3 = B_3$	$A_2 = B_2$	$A_1 = B_1$	$A_0 = B_0$	0	1	0	0	1	0
$A_3 = B_3$	$A_2 = B_2$	$A_1 = B_1$	$A_0 = B_0$	0	0	1	0	0	1
$A_3 = B_3$	$A_2 = B_2$	$A_1 = B_1$	$A_0 = B_0$	×	×	1	0	0	1

7.4 数字密码锁电路设计过程

1. 设计思路

数字密码锁的密码键盘共设 9 个用户输入键，其中只有 4 个是有效的密码按键，其他的都是干扰按键，若按下干扰键，键盘输入电路自动清零，原先输入的密码无效，需要重新输入；如果用户输入密码的时间超过 40s(一般情况下，用户不会超过 40s，若用户觉得不便，还可以修改)，电路将报警 80s，若电路连续报警三次，电路将锁定键盘 5min，防止他人的非法操作。

2. 总体框图

由设计思路结合要实现的功能，设计数字密码锁电路总体框图，如图 7-50 所示。

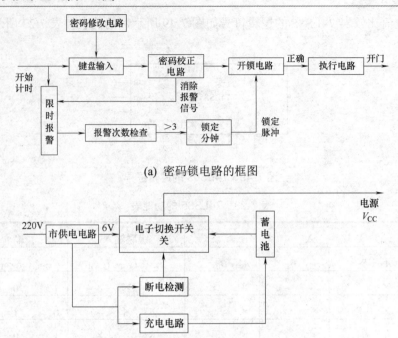

(a) 密码锁电路的框图

(b) 备用电源电路的框图

图 7-50　数字密码锁电路的总体框图

3. 设计原理及电路分析

电路由两大部分组成：密码锁电路和备用电源(UPS)，其中设置 UPS 电源是为了防止因为停电造成的密码锁电路失效。

密码锁电路包括键盘输入、密码修改、密码检测、开锁电路、执行电路、报警电路、键盘输入次数锁定电路。

(1) 键盘输入、密码修改、密码检测、开锁及执行电路，其电路如图 7-51 所示。

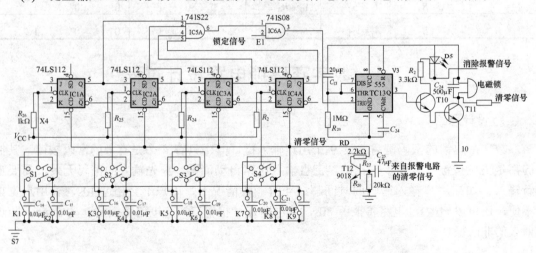

图 7-51　键盘输入、密码修改、密码检测、开锁、执行电路

开关 K1～K9 是用户输入密码的键盘，用户可以通过开关输入密码，开关两端的电容

是为了提高开关速度，电路先自动将 IC1A～IC4A 清零，由报警电路送来的清零信号经 C_{25} 送到 T12 基极，使 T12 导通，其集电极输出低电平，送往 IC1A～IC4A，实现清零。

密码修改电路由双刀双掷开关 S1～S4 组成(见图 7-52)，它是利用开关切换的原理实现密码的修改。例如，要设定密码为 1458，可以拨动开关 S1 向左，S2 向右，S3 向左，S4 向右，即可实现密码的修改，由于输入的密码要经过 S1～S4 的选择，也就实现了密码的校验。本电路有 16 组密码可供修改。

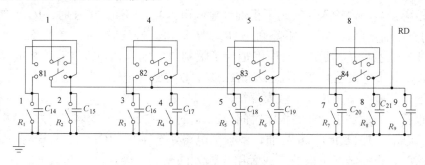

图 7-52　密码修改电路

由两块 74LS112(双 JK 触发器，包含 IC1A～IC4A)组成密码检测电路。由于 IC1A 处于计数状态，当用户按下第一个正确的密码后，CLK 端出现了一个负的下降沿，IC1A 计数，Q 端输出为高电平，用户依次按下有效的密码，IC2A～IC3A 也依次输出高电平，送入与门 IC5A，使其输出开锁的高电平信号送往 IC13 的 2 脚，执行电路动作，实现开锁。

执行电路是由一块 555 单稳态电路(IC13)，以及由 T10、T11 组成的达林顿管构成。若 IC13 的 2 脚输入一高电平，则 3 脚输出高电平，使 T10 导通，T11 导通，电磁阀开启，实现开门，同时 T10 集电极上接的 D5(绿色发光二极管)发亮，表示开门，20s 后，555 电路状态翻转，电磁阀停止工作以节电，其中电磁阀并联的电容 C_{24} 是为了提高电磁阀的力矩。

(2) 报警电路。报警电路实现的功能是：当输入密码的时间超过 40s(一般情况下用户输入不会超过)，电路报警 80s，防止他人恶意开锁。

电路包含两大部分，2min 延时和 40s 延时电路。其工作原理是当用户开始输入密码时，电路开始 2min 计时，超出 40s，电路开始 80s 的报警，如图 7-53 所示。

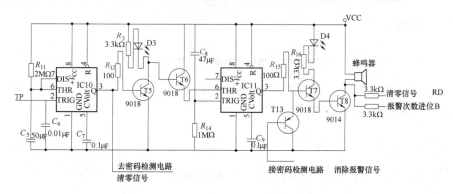

图 7-53　报警电路

有人走近门时，触摸了 TP 端(TP 端固定在键盘上，其灵敏度非常高，保证电路可靠触发)，由于人体自身带的电，使 IC10 的 2 脚出现低电平，使 IC10 的状态发生翻转，其 3 脚输出高电平，T5 导通(可以通过 R_{12} 控制 T5 的基极电流)，其集电极接的黄色发光二极管 D3 发光，表示现在电子锁处于待命状态，T6 截止，C_8 开始通过 R_{14} 充电(充电时间是 40s，此时为用户输入密码的时间，即用户输入密码的时间不能超过 40s，否则电路就开始报警，由于用户经常输入密码，IC11 开始进入延时 40s 的状态。

开始报警：当用户输入的密码不正确或输入密码的时间超过 40s 时，IC11 的 2 脚电位随着 C_8 的充电而下降，当电位下降到 $1/3V_{cc}$ 时(即 40s 延时结束时)，3 脚变成高电位(延时时是低电平)，通过 R_{15} 使(R_{15} 的作用是为了限制 T7 的导通电流防止电流过大烧毁三极管)T7 导通，其集电极上面接的红色发光二极管 D4 发亮，表示当前处于报警状态，T8 也随之而导通，使蜂鸣器发声，令贼人生怯，实现报警。

停止报警：当达到了 80s 的报警时间，IC10 的 6、7 脚接的电容 C_5 放电结束，IC10 的 3 脚变成低电平，T5 截止，T6 导通，使强制电路处于稳态，IC11 的 3 脚输出低电平，使 T7、T8 截止，蜂鸣器停止报警；或者用户输入的密码正确，则由开锁电路图 7-51 中的 T10 集电极输出清除报警信号，送至 T12(PNP)，T12 导通，强制使 T7 基极至低电位，解除报警信号。

(3) 报警次数检测及锁定电路。若用户操作连续失误超过 3 次，电路将锁定 5min，电路图如图 7-54 所示。其工作原理如下：当电路报警的次数超过 3 次，由 IC9(74161)构成的 3 位计数器将产生进位，通过图 7-51 中 IC7 输出清零信号送往 74161 的清零端，以实现重新计数。经过 IC8A(与门)，送到 IC12(555)的 2 脚，使 3 脚产生 5min 的高电平锁定脉冲，经 T9 倒相，送图 7-51 中 IC6 输入端，使 IC6 输出低电平，使图 7-51 中 TC13 不能开锁，实现锁定的目的。

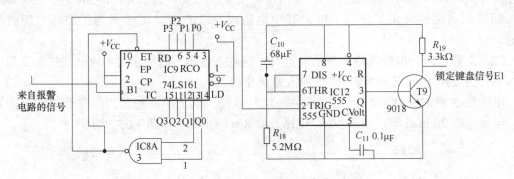

图 7-54　报警次数检测及锁定电路

(4) 备用电源电路。为了防止停电情况的发生，本电路后备了 UPS 电源，它包括市电供电电路、停电检测电路、电子开关切换电路、蓄电池充电电路和蓄电池。其电路图如图 7-55 所示。

220V 市电通过变压器 B 降压成 12V 的交流电，再经过整流桥整流，7805 稳压到 5V 送往电子切换电路，由于本电路功耗较少，所以选用 10W 的小型变压器。

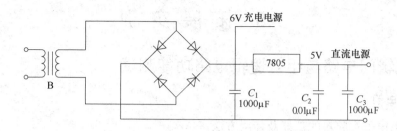

图 7-55　备用电源电路

停电检测及电子开关切换电路如图 7-56 所示。由 R_8、R_9、R_6、R_7 及 IC14 构成电压比较器，正常情况下，V+<V−，IC14 输出高电平，继电器的常闭触点和市电相连；当市电断开时，V+>V−，IC14 输出高电平，由 VT$_3$、VT$_4$ 构成的达林顿管使继电器开启，其常开触点将蓄电池和电路相连，实现市电和蓄电池供电的切换，保证电子密码锁的正常工作(视电池容量而定持续时间)。

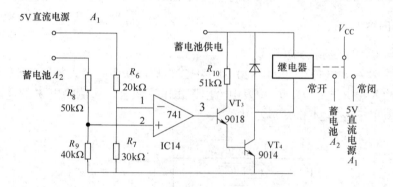

图 7-56　停电检测及电子开关切换电路

VT$_1$、VT$_2$ 构成的蓄电池自动充电电路，如图 7-57 所示。它在电池充满后自动停止充电，其中 VD$_1$ 亮为正在充电，VD$_2$ 为工作指示。由 R_4、R_5、VT$_1$ 构成电压检测电路，蓄电池电压低，则 VT$_1$、VT$_2$ 导通，实现对其充电；充满后，VT$_1$、VT$_2$ 截止，停止充电，同时VD$_1$ 熄灭，电路中 C_4 的作用是滤除干扰信号。

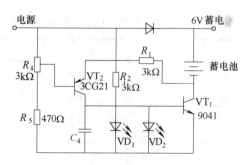

图 7-57　蓄电池自动充电电路

7.5 拓 展 实 训

7.5.1 逻辑门电路与组合逻辑电路功能测试

1. 实训目的

(1) 熟悉电子实验箱的功能及使用方法。

(2) 掌握集成电路型号及引脚排列识别,用电子实验箱完成逻辑门电路逻辑功能测试。

(3) 掌握如何写简单逻辑电路图的逻辑关系表达式及最简式。

2. 实训设备与器材

5V 直流稳压电源一个,电子实验箱一个,万用表一个(表笔两只),实验线若干,四 2 输入"与非"门 7400×2,双 4 输入"与非"门 7420×1,四"异或"门 7486×1。

3. 实训内容

1) "与非"门逻辑功能测试

选用双 4 输入"与非"门 74LS20 和 74HC20 集成块各一片,按图 7-58 电路图和所标引脚接线,输入端 A、B、C、D 按表中给出逻辑电平组合,实测输出 Y 的电压值,并写出对应的逻辑电平于表 7-24 和表 7-25 中。

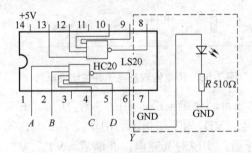

图 7-58　门电路测试原理图

表 7-24　4 输入"与非"门 74LS20 的测试

输入端	输出端 Y		输入端	输出端 Y	
$A\ B\ C\ D$	电压/V	逻辑状态	$A\ B\ C\ D$	电压/V	逻辑状态
0 0 0 0			0 1 0 1		
0 0 1 0			1 0 0 1		
0 0 1 1			1 1 1 0		
0 1 0 0			1 1 1 1		

表 7-25 4 输入 "与非" 门 74HC20 的测试

输入端	输出端 Y		输入端	输出端 Y	
$A\,B\,C\,D$	电压/V	逻辑状态	$A\,B\,C\,D$	电压/V	逻辑状态
0 0 0 0			0 1 0 1		
0 0 1 0			1 0 0 1		
0 0 1 1			1 1 1 0		
0 1 0 0			1 1 1 1		

2) 组合电路逻辑功能测试

用 74LS00 集成电路,按图 7-59 逻辑电路在实验箱上接线,将输入、输出的逻辑关系填入表 7-26 中。写出 A、B 与 Y、Z 之间的逻辑关系表达式。

表 7-26 逻辑关系真值表

输 入		输 出	
A	B	Y	Z
0	0		
0	1		
1	0		
1	1		

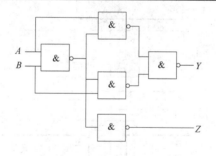

图 7-59 逻辑电路原理图

4. 实训总结

(1) 通过对 74LS20 和 74HC20 的测试,COMS 和 TTL 电路性能的区别是什么?

(2) 门电路输出端应该怎样处理,闲置输入端应该怎样处理?

7.5.2 编码器、译码器及显示器

1. 实训目的

(1) 进一步学习编码器、译码器及显示器电路原理。

(2) 掌握编码器、译码器及显示器的逻辑功能及应用。

(3) 熟悉七段 LCD 数码显示器的使用方法。

2. 实训设备与器材

74LS148(集成 8-3 优先编码器)，CD4511(SCD 码七段译码器)，LED 数码显示器。

3. 实训内容

(1) 接线：连线如图 7-60 所示。

(2) 测试。

按功能表 7-27 给输入端送入相应逻辑电平，显示器应显示数字 0~9。其中 0~7 数字显示是高位片在工作，8、9 数字显示是低位片工作。因为只用了一个显示器，所以只能显示数字 0~9。如果要显示 0~15，必须要用两个显示器，而且还要增加一个全加器。

4. 实训总结

(1) A_2、A_1、A_0 输出的是正码，还是反码？如果要求数码显示是从小到大，输出端应接入什么逻辑关系的门电路？

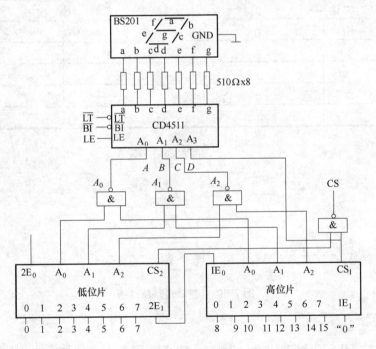

图 7-60　由编码器、译码器和显示器组成完整的显示电路原理图

表 7-27　两片 74LS148 构成 16 线-4 线的扩展优先编码器的功能表

输　入																	输　出							
$1E_1 2E_1$		0	1	2	3	4	5	6	7	8	9	10	11	12	13	14	15	A_3	A_2	A_1	A_0	$CS_1 1E_0$	$CS_2 2E_0$
1	1	x	x	x	x	x	x	x	x	x	x	x	x	x	x	x	x	1	1	1	1	1　1	1　1
0	1	x	x	x	x	x	x	x	x	x	x	x	x	x	x	x	0	0	0	0	0	0　1	1　1
0	1	x	x	x	x	x	x	x	x	x	x	x	x	x	x	0	1	0	0	0	1	0　1	1　1
0	1	x	x	x	x	x	x	x	x	x	x	x	x	x	0	1	1	0	0	1	0	0　1	1　1
0	1	x	x	x	x	x	x	x	x	x	x	x	x	0	1	1	1	0	0	1	1	0　1	1　1

续表

输　入																	输　出							
$1E_1 2E_1$	0	1	2	3	4	5	6	7	8	9	10	11	12	13	14	15	A_3	A_2	A_1	A_0	CS_1	$1E_0$	CS_2	$2E_0$
0　1	x	x	x	x	x	x	x	x	x	x	x	0	1	1	1	1	0	1	0	0	0	1	1	1
0　1	x	x	x	x	x	x	x	x	x	x	0	1	1	1	1	1	0	1	0	1	0	1	1	1
0　1	x	x	x	x	x	x	x	x	x	0	1	1	1	1	1	1	0	1	1	0	0	1	1	1
0　1	x	x	x	x	x	x	x	x	0	1	1	1	1	1	1	1	0	1	1	1	0	1	1	1
1　0	x	x	x	x	x	x	x	0	1	1	1	1	1	1	1	1	1	0	0	0	1	0	1	1
1　0	x	x	x	x	x	x	0	1	1	1	1	1	1	1	1	1	1	0	0	1	1	0	0	1
1　0	x	x	x	x	x	0	1	1	1	1	1	1	1	1	1	1	1	0	1	0	1	0	0	1
1　0	x	x	x	x	0	1	1	1	1	1	1	1	1	1	1	1	1	0	1	1	1	0	0	1
1　0	x	x	x	0	1	1	1	1	1	1	1	1	1	1	1	1	1	1	0	0	1	0	0	1
1　0	x	x	0	1	1	1	1	1	1	1	1	1	1	1	1	1	1	1	0	1	1	0	0	1
1　0	x	0	1	1	1	1	1	1	1	1	1	1	1	1	1	1	1	1	1	0	1	0	0	1
1　0	0	1	1	1	1	1	1	1	1	1	1	1	1	1	1	1	1	1	1	1	1	0	0	1

(2)　二进制数字如何转换成十进制数，并且可以通过什么器件显示十进制数字。

本　章　小　结

(1)　数字电路的输入变量和输出变量之间的关系可以用逻辑代数来描述，最基本的逻辑运算有与运算、或运算和非运算。逻辑函数有 4 种表示方法：真值表、逻辑表达式、逻辑图和卡诺图。

(2)　逻辑函数有两种化简方法。一是公式化简法，它是利用逻辑代数的公式和规则，经过运算，对逻辑表达式进行化简。它的优点是不受变量个数的限制，但要想得到最简的结果，不仅需要熟练地运用公式和规则，而且需要有一定的运算技巧。二是卡诺图化简法，它是利用逻辑函数的卡诺图进行化简，其优点是方便直观，容易掌握，但变量个数较多时，图形复杂，不宜使用。在实际化简逻辑函数时，将两种化简方法结合起来使用。

(3)　组合逻辑电路是一种广泛应用的逻辑电路。本章介绍了组合逻辑电路的分析和设计方法，还介绍了几种常用的中规模(MSI)组合逻辑电路器件，如编码器、译码器、数据选择器、加法器和数值比较器等，并讨论了利用译码器、数据选择器和加法器实现组合逻辑函数的方法。

(4)　本章通过举例，介绍了基于功能块的 MSI 组合逻辑电路的分析方法。熟悉这种方法，对 MSI 组合逻辑电路的分析很有帮助。

思考题与习题

1. 用卡诺图化简下列函数，并写出最简与或表达式。

(1)　$Y(ABCD) = \overline{AB}C + A\overline{B}D + ABC + \overline{B}D + \overline{ABCD}$

(2)　$Y(ABC) = AC + \overline{BC} + AB\overline{C}$

(3)　$Y(ABCD) = \sum m(0, 2, 3, 7)$

(4)　$Y(ABCD) = \sum m(1,2,4,6,10,12,13,14)$

(5)　$Y(ABCD) = \sum m(0,1,4,5,6,7,9,10,13,14,15)$

(6)　$Y(ABCD) = \sum m(0,2,4,7,8,10,12,13)$

(7)　$Y(ABCD) = \sum m(1,3,4,7,13,14) + \sum d(2,5,12,15)$

(8)　$Y(ABCD) = \sum m(0,1,12,13,14) + \sum d(6,7,15)$

(9)　$Y(ABCD) = \sum m(0,1,4,7,9,10,13) + \sum d(2,5,8,12,15)$

(10)　$Y(ABCD) = \sum m(0,2,7,13,15)$ 且 $\overline{AB}\,\overline{C} + \overline{AB}\,\overline{D} + \overline{A}\,\overline{B}D = 0$

2. 写出如图 7-61 所示各电路的逻辑表达式，并化简。

3. 证明如图 7-62 所示两个逻辑电路具有相同的逻辑功能。

4. 分析如图 7-63 所示两个逻辑电路的逻辑功能是否相同？要求写出逻辑表达式，并列出真值表。

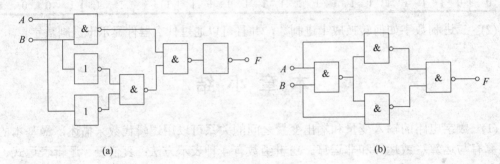

图 7-61　题 2 图

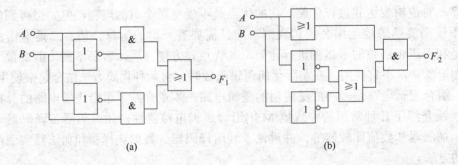

图 7-62　题 3 图

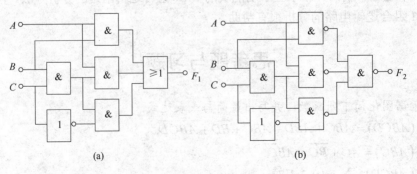

图 7-63　题 4 图

5. 写出如图 7-64 所示各电路输出信号的逻辑表达式，并列出真值表。

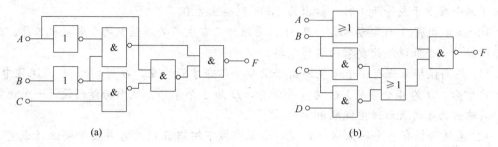

(a)　　　　　　　　　　　　　　　　　　(b)

图 7-64　题 5 图

6. 写出如图 7-65 所示各逻辑图的输出函数表达式，并列出真值表。

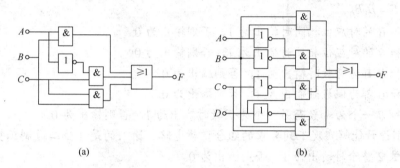

(a)　　　　　　　　　　　　　　　　　　(b)

图 7-65　题 6 图

7. 写出如图 7-66 所示各电路输出信号的逻辑表达式，并说明电路的逻辑功能。

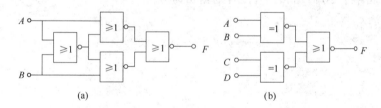

(a)　　　　　　　　　　　　　　　　　　(b)

图 7-66　题 7 图

8. 在如图 7-67 所示电路中，并行输入数据 $D_3D_2D_1D_0$ 为 1010，$X = 0$，A_1A_0 变化顺序为 00、01、10、11，画出输出 F 的波形。

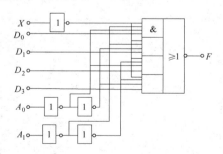

图 7-67　题 8 图

9. 试用与非门设计一个组合逻辑电路，它有 3 个输入 A、B、C 和一个输出 F，当输入中 1 的个数少于或等于 1 时，输出为 1，否则输出为 0。

10. 某车间有 3 台电动机 A、B、C，要维持正常生产必须至少两台电动机工作。试用与非门设计一个能满足此要求的逻辑电路。

11. 某高校毕业班有一个学生还需修满 9 个学分才能毕业，在所剩的 4 门课程中，A 为 5 个学分，B 为 4 个学分，C 为 3 个学分，D 为 2 个学分。试用与非门设计一个逻辑电路，其输出为 1 时表示该生能顺利毕业。

12. 某保险柜有 3 个按钮 A、B、C，如果在按下按钮 B 的同时再按下按钮 A 或 C，则发出开启柜门的信号 F_1，柜门开启；如果按键错误，则发出报警信号 F_2，柜门不开。试用与非门设计一个能满足这一要求的组合逻辑电路。

13. 分别用与非门设计能实现下列功能的组合逻辑电路。输入是两个 2 位二进制数 $A = A_1 A_0$、$B = B_1 B_0$。

(1) A 和 B 的对应位相同时输出为 1，否则输出为 0。

(2) A 和 B 的对应位相反时输出为 1，否则输出为 0。

(3) A 和 B 都为奇数时输出为 1，否则输出为 0。

(4) A 和 B 都为偶数时输出为 1，否则输出为 0。

(5) A 和 B 一个为奇数而另一个为偶数时输出为 1，否则输出为 0。

14. 分别设计能够实现下列要求的组合逻辑电路。输入的是 4 位二进制正整数。

(1) 能被 2 整除时输出为 1，否则输出为 0。

(2) 能被 5 整除时输出为 1，否则输出为 0。

(3) 大于或等于 5 时输出为 1，否则输出为 0。

(4) 小于或等于 10 时输出为 1，否则输出为 0。

第 8 章　时序逻辑电路

本章要点

- 掌握各种触发器的构成、工作原理及逻辑功能。
- 掌握异步、同步时序逻辑电路的一般分析方法。
- 掌握二进制计数器和十进制计数器的工作原理，了解集成计数器的综合应用。
- 了解数码寄存器和移位寄存器的工作原理。
- 掌握 555 定时器的工作原理，熟悉 555 定时器的应用。

技能目标

- 会用触发器实现时序逻辑功能。
- 会用逻辑分析仪分析逻辑功能。
- 具备设计和制作简单时序逻辑电路的能力。
- 灵活运用各种电子器件，掌握设计时序逻辑电路的一般思路和方法。

主要理论及工程应用导航

时序逻辑电路简称时序电路，与组合逻辑同为数字电路两大重要分支之一。本章首先介绍了基本 RS 触发器、主从触发器和边沿触发器等；接着在介绍时序逻辑电路的一般分析方法的基础上，重点讨论了几种典型时序逻辑电路，如计数器、寄存器和 555 定时器的工作原理和应用。

计数器在数字系统中主要是对脉冲的个数进行计数，以实现测量、计数和控制的功能，同时兼有分频功能。它在数字系统中应用广泛，如在电子计算机的控制器中对指令地址进行计数，以便顺序取出下一条指令；在运算器中做乘法、除法运算时记下加法、减法次数；在数字仪器中对脉冲的计数等。寄存器是一种用于暂存数码的时序电路，它是除计数器之外又一使用非常广的时序电路，是数字系统和计算机中的基本逻辑部件。555 定时器是一种多用途的单片中规模集成电路。该电路使用灵活、方便，只需外接少量的阻容元件就可以构成单稳、多谐和施密特触发器。因而在波形的产生与变换、测量与控制、家用电器和电子玩具等许多领域中都得到了广泛应用。

8.1　数字电子秒表的设计

在测量运动员短跑成绩时，多采用数字电子秒表。它用五位数码管显示时间，格式为××分:××秒:××毫秒。秒表设有 1 个清零开关和 8 个记录开关。按下记录开关，则将当前计数时间暂存并显示在数码管上。通过本章的学习，我们就可以设计一个电子秒表。

1. 设计目的

(1) 了解计时器主体电路的组成及工作原理。

(2) 熟悉集成电路及有关电子元器件的使用。

(3) 掌握数字电路中基本 RS 触发器、时钟发生器及计数、译码显示等单元电路的工作原理，了解其综合应用。

2. 设计内容

电子秒表电路是一块独立构成的计时集成电路芯片。它集成了计数器、振荡器、译码器和驱动等电路，能够对小时以下的时间单位进行精确计时，具有清零、启动计时、暂停计时及继续计时等控制功能。其具体要求如下。

(1) 秒表由五位七段 LED 显示器显示，其中一位显示分(min)，四位显示秒(s)，显示分辨率为 0.01 s，计时范围为 0~9 分 59 秒 99 毫秒。

(2) 具有清零、启动计时、暂停计时及继续计时等控制功能。

(3) 控制开关为启动/暂停计时开关和复位开关。

思考：什么是时序逻辑电路？利用时序逻辑电路如何设计一个电子秒表呢？

8.2 触 发 器

时序逻辑电路中任何一个时刻的输出状态不仅取决于当时的输入信号，还与电路的原状态有关，因此它必须包括具有记忆能力的存储器件。存储器件的种类很多，如触发器、延迟线、磁性器件等，其中最常用的是触发器。

由触发器做存储器件的时序电路的基本结构框图如图 8-1 所示，一般来说，它由组合电路和触发器两部分组成。本节主要介绍触发器的结构和工作原理。

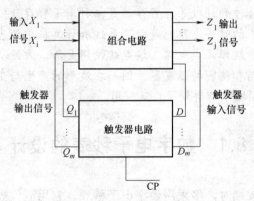

图 8-1 时序逻辑电路的基本结构框图

触发器(Flip Flop, FF)是具有记忆功能的单元电路，由门电路构成，专门用来接收、存储和输出 0、1 代码。它分为双稳态、单稳态和无稳态触发器(多谐振荡器)等几种。本章所介绍的是双稳态触发器，即输出有两个稳定状态 0、1。只有输入触发信号有效时，输出状态才有可能转换；否则，输出将保持不变。双稳态触发器按功能分为 RS、JK、D、T 和 T' 型触发器；按结构分为基本、同步、主从、维持阻塞和边沿型触发器；按触发工作方式分为上升沿、下降沿触发器和高电平、低电平触发器。

8.2.1 基本触发器

1. 基本 RS 触发器

1) 电路结构和工作原理

基本 RS 触发器由两个与非门的输入输出端交叉耦合而成，如图 8-2 所示。它与组合电路的根本区别是电路中有反馈线。

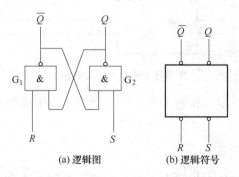

(a) 逻辑图   (b) 逻辑符号

图 8-2　与非门组成的基本 RS 触发器

基本 RS 触发器有两个输入端 R、S，有两个输出端 Q、$\overline{Q}$。一般情况下，Q、$\overline{Q}$ 是互补的。当 $Q=1$，$\overline{Q}=0$ 时，称为触发器的 1 状态；当 $Q=0$，$\overline{Q}=1$ 时，称为触发器的 0 状态。

2) 逻辑功能表

基本 RS 触发器的逻辑功能表如表 8-1 所示。由表 8-1 可知，触发器的新状态 Q^{n+1}(也称次态)不仅与输入状态有关，也与触发器原来的状态 Q^n(也称现态或初态)有关。

触发器的特点如下。

(1) 有两个互补的输出端和两个稳态。

(2) 有复位($Q=0$)、置位($Q=1$)、保持原状态三种功能。

(3) R 为复位输入端，S 为置位输入端，该电路对低电平有效。

(4) 由于反馈线的存在，无论是复位还是置位，有效信号只需作用很短的一段时间，即"一触即发"。

表 8-1　基本 RS 触发器的逻辑功能表

R	S	Q^n	Q^{n+1}	功能说明
0	0	0	×	不稳定状态
0	0	1	×	
0	1	0	0	置 0(复位)
0	1	1	0	
1	0	0	1	置 1(置位)
1	0	1	1	
1	1	0	0	保持原状态
1	1	1	1	

【**例 8-1**】用与非门组成的基本 RS 触发器如图 8-2(a)所示，设初始状态为 0，已知输入 R、S 的波形图如图 8-3 所示，试画出 Q、$\overline{Q}$ 的输出波形图。

解:

由表 8-1 可画出 Q、$\overline{Q}$ 的输出波形，如图 8-3 所示。

图 8-3 中虚线所示为考虑门电路的延迟时间的情况。

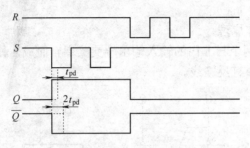

图 8-3　例 8-1 的波形图

除了用与非门组成的基本 RS 触发器，还有用或非门组成的基本 RS 触发器，这里就不做介绍了。

2. 同步 RS 触发器

在实际应用中，触发器的工作状态不仅要由 R、S 端的信号来决定，而且还希望触发器按一定的节拍翻转。为此，给触发器加一个时钟控制端 CP，只有在 CP 端上出现时钟脉冲时，触发器的状态才能变化。具有时钟脉冲控制的触发器，其状态的改变与时钟脉冲同步，所以称为同步触发器。

1) 同步 RS 触发器的结构和逻辑功能

同步 RS 触发器的电路结构如图 8-4 所示。

当 CP=0 时，控制门 G_3、G_4 关闭，都输出 1。这时，不管 R 端和 S 端的信号如何变化，触发器的状态都保持不变。

当 CP=1 时，G_3、G_4 打开，R、S 端的输入信号才能通过这两个门，使基本 RS 触发器的状态翻转，其输出状态由 R、S 端的输入信号决定，其功能如表 8-2 所示。

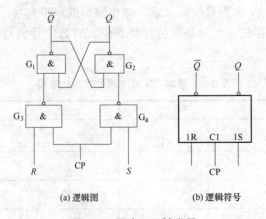

(a) 逻辑图　　　　　　　(b) 逻辑符号

图 8-4　同步 RS 触发器

表 8-2　同步 RS 触发器的功能表

R	S	Q^n	Q^{n+1}	功能说明
0	0	0	0	保持原状态
0	0	1	1	
0	1	0	1	输出状态与 S 状态相同
0	1	1	1	
1	0	0	0	输出状态与 S 状态相同
1	0	1	0	
1	1	0	×	输出状态不稳定
1	1	1	×	

由此可以看出，同步 RS 触发器的状态转换分别由 R、S 和 CP 控制，其中，R、S 控制状态转换的方向，即转换为何种次态；CP 控制状态转换的时刻，即何时发生转换。

2)　触发器功能的几种表示方法

(1)　特性方程。

触发器次态 Q^{n+1} 与输入状态 R、S 及现态 Q^n 之间关系的逻辑表达式称为触发器的特性方程。根据表 8-2 可画出同步 RS 触发器 Q^{n+1} 的卡诺图，如图 8-5 所示。由此可得同步 RS 触发器的特性方程为

$$Q^{n+1} = S + \overline{R}Q^n \quad (RS=0，约束条件) \tag{8-1}$$

(2)　状态转换图。

状态转换图表示触发器从一个状态变化到另一个状态或保持原状不变时，对输入信号的要求。同步 RS 触发器的状态转换图如图 8-6 所示。

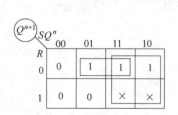

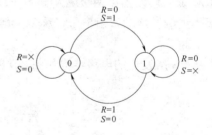

图 8-5　同步 RS 触发器 Q^{n+1} 的卡诺图　　　　图 8-6　同步 RS 触发器的状态转换图

(3)　驱动表。

驱动表是用表格的方式表示触发器从一个状态变化到另一个状态或保持原状态不变时对输入信号的要求。表 8-3 所示是根据表 8-2 画出的同步 RS 触发器的驱动表。

表 8-3　同步 RS 触发器的驱动表

Q^n → Q^{n+1}		R	S
0	0	×	0
0	1	0	1
1	0	1	0
1	1	0	×

3)　波形图

触发器的功能也可以用输入输出波形图直观地表示出来，图 8-7 所示为同步 RS 触发

器的波形图。

4) 同步触发器存在的问题——空翻

在一个时钟周期的整个高电平期间或整个低电平期间都能接收输入信号并改变状态的触发方式称为电平触发。由此引起的在一个时钟脉冲周期中，触发器发生多次翻转的现象叫作空翻，如图 8-8 所示。空翻是一种有害的现象，它使得时序电路不能按时钟节拍工作，造成系统的误动作。造成空翻现象的原因是同步触发器结构的不完善。下面将讨论几种从结构上采取措施，从而克服了空翻现象的触发器。

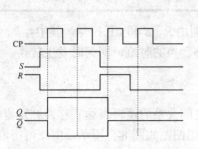

图 8-7 同步 RS 触发器的波形图

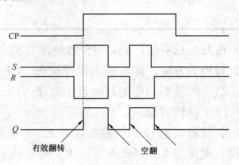

图 8-8 同步 RS 触发器的空翻波形

8.2.2 主从触发器

1. 主从 RS 触发器

主从 RS 触发器由两级触发器构成，其中一级直接接收输入信号，称为主触发器，另一级接收主触发器的输出信号，称为从触发器。两级触发器的时钟信号互补，从而有效地克服了空翻。

主从 RS 触发器的电路结构如图 8-9 所示。

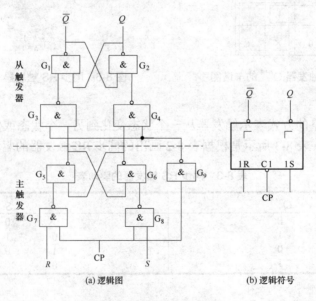

(a) 逻辑图 (b) 逻辑符号

图 8-9 主从 RS 触发器

主从 RS 触发器的触发翻转分为以下两个节拍。

当 CP=1、$\overline{CP}$=0 时，从触发器被封锁，保持原状态不变。这时，G_7、G_8 打开，主触发器工作，接收 R 和 S 端的输入信号。

当 CP 由 1 跃变到 0 时，即 CP=0、$\overline{CP}$=1。主触发器被封锁，输入信号 R、S 不再影响主触发器的状态。而这时，由于 $\overline{CP}$=1，G_3、G_4 打开，从触发器接收主触发器输出端的状态。

由以上分析可知，主从触发器的翻转是在 CP 由 1 变 0 时刻(CP 下降沿)发生的，CP 一旦变为 0 后，主触发器被封锁，其状态不再受 R、S 影响，故主从触发器对输入信号的敏感时间大大缩短，只在 CP 由 1 变为 0 的时刻触发翻转，因此不会有空翻现象。

2. 主从 JK 触发器

1) 电路结构

主从 RS 触发器的特性方程中有一个约束条件 SR=0，即在工作时，不允许输入信号 R、S 同时为 1。这一约束条件使主从 RS 触发器在使用时，有时感觉不方便。如何解决这一问题呢？我们注意到，触发器的两个输出端 Q、$\overline{Q}$ 在正常工作时是互补的，即一个为 1，另一个一定为 0。因此，如果把这两个信号通过两根反馈线分别引到输入端的 G_7、G_8 门，就一定有一个门被封锁，这时，就不怕输入信号同时为 1 了，这就是主从 JK 触发器的构成思路。

在主从 RS 触发器的基础上增加两根反馈线，一根从 Q 端引到 G_7 门的输入端，一根从 $\overline{Q}$ 端引到 G_8 门的输入端，并把原来的 S 端改为 J 端，把原来的 R 端改为 K 端，就形成了主从 JK 触发器，其逻辑图和逻辑符号如图 8-10 所示。

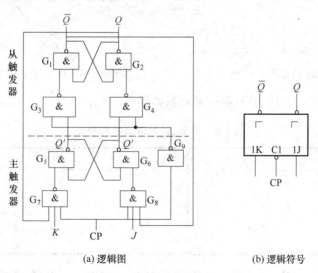

(a) 逻辑图　　　　　　　　(b) 逻辑符号

图 8-10　主从 JK 触发器

2) 逻辑功能

主从 JK 触发器的逻辑功能与主从 RS 触发器的逻辑功能基本相同，不同之处是主从 JK 触发器没有约束条件，在 J=K=1 时，每输入一个时钟脉冲后，触发器就向相反的状态翻转一次。表 8-4 所示为同步 JK 触发器的功能表。

表 8-4 同步 JK 触发器的功能表

J	K	Q^n	Q^{n+1}	功能说明
0	0	0	0	保持原状态
0	0	1	1	
0	1	0	0	输出状态与 J 状态相同
0	1	1	0	
1	0	0	1	输出状态与 J 状态相同
1	0	1	1	
1	1	0	1	每输入一个脉冲，输出状态改变一次
1	1	1	0	

根据表 8-4 可画出同步 JK 触发器 Q^{n+1} 的卡诺图，如图 8-11 所示。由此可得同步 JK 触发器的特性方程为

$$Q^{n+1} = J\overline{Q^n} + \overline{K}Q^n \tag{8-2}$$

同步 JK 触发器的状态转换图如图 8-12 所示。

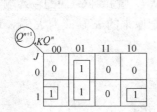

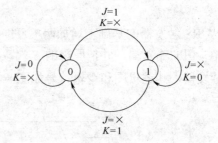

图 8-11 同步 JK 触发器 Q^{n+1} 的卡诺图   图 8-12 同步 JK 触发器的状态转换图

根据表 8-4 可得同步 JK 触发器的驱动表如表 8-5 所示。

表 8-5 同步 JK 触发器的驱动表

$Q^n \rightarrow Q^{n+1}$		J	K
0	0	0	$\times$
0	1	1	$\times$
1	0	$\times$	1
1	1	$\times$	0

【例 8-2】设主从 JK 触发器的初始状态为 0，已知输入 J、K 的波形图如图 8-13 所示，画出输出端 Q 的波形图。

解：

输出端 Q 的波形图如图 8-13 所示。

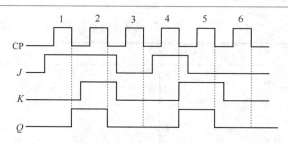

图 8-13 例 8-2 的波形图

在画主从 JK 触发器的波形图时，应注意以下两点。

(1) 触发器的触发翻转发生在时钟脉冲的触发沿(这里是下降沿)。

(2) 在 CP=1 期间，如果输入信号的状态没有改变，判断触发器次态的依据是时钟脉冲下降沿前一瞬间输入端的状态。

3) 主从 T 触发器和 T′ 触发器

如果将主从 JK 触发器的 J 和 K 相连作为输入端 T 就构成了主从 T 触发器，如图 8-14 所示，其功能表如表 8-6 所示。主从 T 触发器特性方程为

$$Q^{n+1} = T\overline{Q^n} + \overline{T}Q^n \tag{8-3}$$

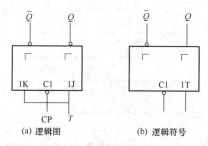

(a) 逻辑图　　　　　　　　(b) 逻辑符号

图 8-14 用主从 JK 触发器构成的主从 T 触发器

表 8-6 主从 T 触发器的功能表

T	Q^n	Q^{n+1}	功能说明
0	0	0	保持原状态
0	1	1	
1	0	1	每输入一个脉冲输出状态改变一次
1	1	0	

主从 T 触发器的状态转换图如图 8-15 所示。驱动表如表 8-7 所示。

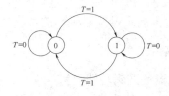

图 8-15 主从 T 触发器的状态转换图

表 8-7　主从 T 触发器的驱动表

Q^n → Q^{n+1}		T
0	0	0
0	1	1
1	0	1
1	1	0

当主从 T 触发器的输入控制端为 $T=1$ 时，则触发器每输入一个时钟脉冲 CP，状态便翻转一次，这种状态的触发器称为 T'触发器。T'触发器的特性方程为

$$Q^{n+1} = \overline{Q^n} \tag{8-4}$$

【例 8-3】 主从 JK 触发器如图 8-10 所示，设初始状态为 0，已知输入 J、K 的波形图如图 8-16 所示，画出输出端 Q 的波形图。

解：

由题意知，主从 JK 触发器在 CP=1 期间，主触发器只变化(翻转)一次，这种现象称为一次变化现象，输出端 Q 波形如图 8-16 所示。

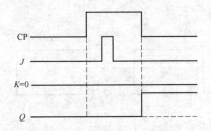

图 8-16　主从 JK 触发器一次变化波形图

一次变化现象也是一种有害的现象，如果在 CP=1 期间，输入端出现干扰信号，就可能造成触发器的误动作。为了避免发生一次变化现象，在使用主从 JK 触发器时，要保证在 CP=1 期间，J、K 保持状态不变。

要解决一次变化问题，仍应从电路结构上入手，让触发器只接收 CP 触发沿到来前一瞬间的输入信号。这种触发器称为边沿触发器。

8.2.3　边沿触发器

边沿触发器不仅将触发器的触发翻转控制在 CP 触发沿到来的一瞬间，而且将接收输入信号的时间也控制在 CP 触发沿到来的前一瞬间。因此，边沿触发器既没有空翻现象，也没有一次变化问题，从而大大提高了触发器工作的可靠性和抗干扰能力。

1. 维持-阻塞边沿 D 触发器

1)　维持-阻塞边沿 D 触发器的逻辑功能

维持-阻塞边沿 D 触发器只有一个触发输入端 D，因此，逻辑关系非常简单，如表 8-8所示。

维持-阻塞边沿 D 触发器的特性方程为

$$Q^{n+1}=D \tag{8-5}$$

维持-阻塞边沿 D 触发器的状态转换图如图 8-17 所示，驱动表如表 8-9 所示。

表 8-8　维持-阻塞边沿 D 触发器的功能表

D	Q^n	Q^{n+1}	功能说明
0	0	0	
0	1	0	输出状态与输入端 D 的状态相同
1	0	1	
1	1	1	

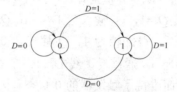

图 8-17　维持-阻塞边沿 D 触发器的状态转换图

表 8-9　维持-阻塞边沿 D 触发器的驱动表

$Q^n \rightarrow Q^{n+1}$		D
0	0	0
0	1	1
1	0	0
1	1	1

2)　维持-阻塞边沿 D 触发器的结构及工作原理

在图 8-4 所示的同步 RS 触发器的基础上，再加两个门 G_5、G_6，将输入信号 D 变成互补的两个信号分别送给 R、S 端，即 $R=\overline{D}$，$S=D$，如图 8-18(a)所示，这就构成了同步 D 触发器。很容易验证，该电路满足 D 触发器的逻辑功能，但有同步触发器的空翻现象。

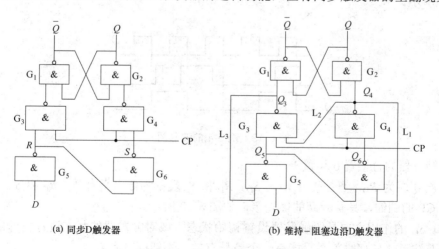

(a) 同步D触发器　　　　　(b) 维持-阻塞边沿D触发器

图 8-18　同步 D 触发器的逻辑图

为了克服空翻，并具有边沿触发器的特性，在图 8-18(a)所示电路的基础上引入三根反馈线 L_1、L_2、L_3，如图 8-18(b)所示，其工作原理分以下两种情况进行分析。

输入 $D=1$ 时，在 CP=0 时，G_3、G_4 被封锁，$Q_3=1$、$Q_4=1$，G_1、G_2 组成的基本 RS 触发器保持原状态不变。因 $D=1$，G_5 输入即为 1，输出 $Q_5=0$，它使 $Q_3=1$，$Q_6=1$。当 CP 由 0 变 1 时，G_4 输入全 1，输出 Q_4 变为 0。继而，Q 翻转为 1，$\overline{Q}$ 翻转为 0，完成了使触发器翻转为 1 状态的全过程。同时，一旦 Q_4 变为 0，通过反馈线 L_1 封锁了 G_6 门，这时如果 D 的信号由 1 变为 0，只会影响 G_5 的输出，不会影响 G_6 的输出，维持了触发器的 1 状态。因此，称 L_1 线为置 1 维持线。同理，Q_4 变为 0 后，通过反馈线 L_2 也封锁了 G_3 门，从而阻塞了置 0 通路，故称 L_2 线为置 0 阻塞线。

输入 $D=0$ 时，在 CP=0 时，G_3、G_4 被封锁，$Q_3=1$、$Q_4=1$，G_1、G_2 组成的基本 RS 触发器保持原状态不变。因 $D=0$，$Q_5=1$，G_6 输入全 1，输出 $Q_6=0$。当 CP 由 0 变为 1 时，G_3 输入全 1，输出 Q_3 变为 0。继而，$\overline{Q}$ 翻转为 1，Q 翻转为 0，完成了使触发器翻转为 0 状态的全过程。同时，一旦 Q_3 变为 0，通过反馈线 L_3 封锁了 G_5 门，这时无论 D 信号怎么变化，也不会影响 G_5 的输出，从而维持了触发器的 0 状态。因此，称 L_3 线为置 0 维持线。

可见，维持-阻塞触发器是利用了维持线和阻塞线，将触发器的触发翻转控制在 CP 上跳沿到来的一瞬间，并接收 CP 上跳沿到来前一瞬间的 D 信号。维持-阻塞 D 触发器因此而得名。

【例 8-4】维持-阻塞 D 触发器如图 8-18(b)所示，设初始状态为 0，已知输入 D 的波形图如图 8-19 所示，画出输出端 Q 的波形图。

解：

由于是边沿触发器，在画波形图时，应注意以下两点。

① 触发器的触发翻转发生在时钟脉冲的触发沿(这里是上升沿)。

② 判断触发器次态的依据是时钟脉冲触发沿前一瞬间(这里是上升沿前一瞬间)输入端的状态。

根据维持-阻塞 D 触发器的功能表或特性方程或状态转换图可画出输出端 Q 的波形图如图 8-19 所示。

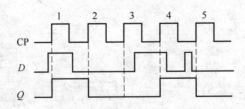

图 8-19 例 8-4 的波形图

3) 触发器的直接置 0 和置 1 端

直接置 0 端为 R_D，直接置 1 端为 S_D。R_D 和 S_D 端都为低电平有效。R_D 和 S_D 信号不受时钟信号 CP 的制约，具有最高的优先级，如图 8-20 所示。

R_D 和 S_D 的作用主要是给触发器设置初始状态，或对触发器的状态进行特殊的控制。在使用时要注意，任何时刻，只能有一个信号有效，不能同时有效。

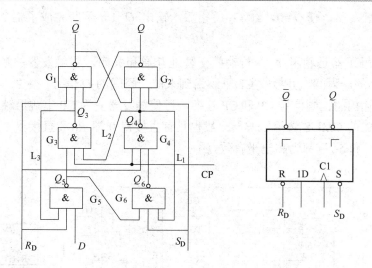

图 8-20　带有 R_D 和 S_D 端的维持-阻塞 D 触发器

2. CMOS 主从结构的边沿触发器

1)　电路结构

图 8-21 所示为用 CMOS 逻辑门和 CMOS 传输门组成的主从 D 触发器。图 8-21 中，G_1、G_2 和 TG_1、TG_2 组成主触发器，G_3、G_4 和 TG_3、TG_4 组成从触发器。CP 和 $\overline{CP}$ 为互补的时钟脉冲。由于引入了传输门，该电路虽为主从结构，却没有一次变化问题，具有边沿触发器的特性。

2)　工作原理

触发器的触发翻转分为以下两个节拍。

(1)　当 CP 变为 1 时，则 $\overline{CP}$ 变为 0。这时 TG_1 开通，TG_2 关闭。主触发器接收输入端 D 的信号。设 $D=1$，经 TG_1 传到 G_1 的输入端，使 $\overline{Q'}=0$，$Q'=1$。同时，TG_3 关闭，切断了主、从两个触发器间的联系，TG_4 开通，从触发器保持原状态不变。

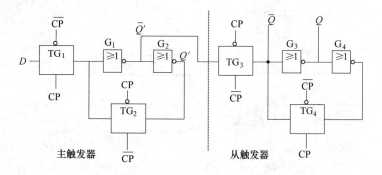

图 8-21　CMOS 主从结构的边沿触发器

(2)　当 CP 由 1 变为 0 时，则 $\overline{CP}$ 变为 1。这时 TG_1 关闭，切断了 D 信号与主触发器的联系，使 D 信号不再影响触发器的状态，而 TG_2 开通，将 G_1 的输入端与 G_2 的输出端连通，使主触发器保持原状态不变。与此同时，TG_3 开通，TG_4 关闭，将主触发器的状态

$\overline{Q'}=0$ 送入从触发器，使 $\overline{Q}=0$，经 G_3 反相后，输出 $Q=1$。至此完成了整个触发翻转的全过程。

可见，该触发器是利用 4 个传输门交替地开通和关闭，将触发器的触发翻转控制在 CP 下跳沿到来的一瞬间，并接收 CP 下跳沿到来前一瞬间的 D 信号。

如果将传输门的控制信号 CP 和 $\overline{CP}$ 互换，可使触发器变为 CP 上跳沿触发。

同样，集成的 CMOS 边沿触发器一般也具有直接置 0 端 R_D 和直接置 1 端 S_D。注意，图 8-22 中的 R_D 和 S_D 端都为高电平有效。

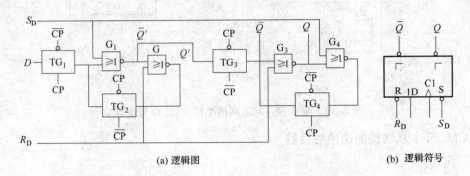

(a) 逻辑图　　　　　　　　　　　(b) 逻辑符号

图 8-22　带有 R_D 和 S_D 端的 CMOS 边沿触发器

8.2.4　集成触发器

1. 集成触发器举例

1)　TTL 主从 JK 触发器 74LS72

74LS72 为多输入端的单 JK 触发器，它有 3 个 J 端和 3 个 K 端，3 个 J 端之间是与逻辑关系，3 个 K 端之间也是与逻辑关系，如图 8-23 所示。使用中如有多余的输入端，应将其接高电平。该触发器带有直接置 0 端 R_D 和直接置 1 端 S_D，都为低电平有效，不用时应接高电平。74LS72 为主从型触发器，CP 下跳沿触发。

74LS72 的功能表如表 8-10 所示。

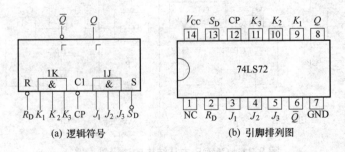

(a) 逻辑符号　　　　　　　　　　(b) 引脚排列图

图 8-23　TTL 主从 JK 触发器 74LS72

表 8-10 74LS72 的功能表

输　入					输　出	
R_D	S_D	CP	1J	1K	Q	$\overline{Q}$
0	1	×	×	×	0	1
1	0	×	×	×	1	0
1	1	↓	0	0	Q^n	$\overline{Q^n}$
1	1	↓	0	1	0	1
1	1	↓	1	0	1	0
1	1	↓	1	1	$\overline{Q^n}$	Q^n

2) 高速 CMOS 边沿 D 触发器 74HC74

74HC74 为单输入端的双 D 触发器。一个芯片里封装着两个相同的 D 触发器，每个触发器只有一个 D 端，它们都带有直接置 0 端 R_D 和直接置 1 端 S_D，为低电平有效。CP 上升沿触发。74HC74 的逻辑符号和引脚排列分别如图 8-24(a)和图 8-24(b)所示。74HC74 的功能表如表 8-11 所示。

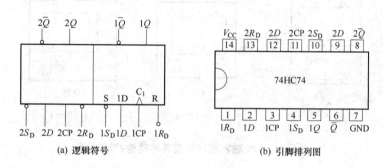

(a) 逻辑符号　　　　　　　　　　　(b) 引脚排列图

图 8-24 高速 CMOS 边沿 D 触发器 74HC74

表 8-11 74HC74 的功能表

输　入				输　出	
R_D	S_D	CP	D	Q	$\overline{Q}$
0	1	×	×	0	1
1	0	×	×	1	0
1	1	↑	0	0	1
1	1	↑	1	1	0

2. 触发器功能的转换

触发器按功能分有 RS、JK、D、T、T′五种类型，但最常见的集成触发器是 JK 触发器和 D 触发器。T、T′触发器没有集成产品，如需要时，可用其他触发器转换成 T 或 T′触发器。JK 触发器与 D 触发器之间的功能也是可以互相转换的。

1) 用 JK 触发器转换成其他功能的触发器

(1) JK→D。

JK 触发器的特性方程为

$$Q^{n+1} = J\overline{Q^n} + \overline{K}Q^n \tag{8-6}$$

D 触发器的特性方程为

$$Q^{n+1} = D = D(\overline{Q^n} + Q^n) = D\overline{Q^n} + DQ^n \tag{8-7}$$

比较以上两式，得

$$J=D, \quad K=\overline{D} \tag{8-8}$$

用 JK 触发器转换成 D 触发器的逻辑图如图 8-25(a)所示。

(2) JK→T(T′)。

T 触发器的特性方程为

$$Q^{n+1} = T\overline{Q^n} + \overline{T}Q^n \tag{8-9}$$

与 JK 触发器的特性方程比较，得

$$J=T, \quad K=T \tag{8-10}$$

用 JK 触发器转换成 T 触发器的逻辑图如图 8-25(b)所示。

令 $T=1$，即可得 T′触发器，如图 8-25(c)所示。

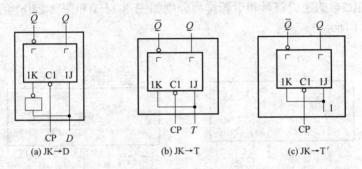

(a) JK→D   (b) JK→T   (c) JK→T′

图 8-25 JK 触发器转换成其他功能的触发器

2) 用 D 触发器转换成其他功能的触发器

(1) D→JK。

D 触发器和 JK 触发器的特性方程分别为

$$Q^{n+1} = D \tag{8-11}$$

$$Q^{n+1} = J\overline{Q^n} + \overline{K}Q^n \tag{8-12}$$

联立以上两式，得

$$D = J\overline{Q^n} + \overline{K}Q^n \tag{8-13}$$

用 D 触发器转换成 JK 触发器的逻辑图如图 8-26(a)所示。

(2) D→T。

D 触发器和 T 触发器的特性方程分别为

$$Q^{n+1} = D \tag{8-14}$$

$$Q^{n+1} = T\overline{Q^n} + \overline{T}Q^n \tag{8-15}$$

由以上两式，得

$$D = T\overline{Q^n} + \overline{T}Q^n = T \oplus Q^n \tag{8-16}$$

用 D 触发器转换成 T 触发器的逻辑图如图 8-26(b)所示。

(3)　D→T′。

D 触发器和 T′触发器的特性方程分别为

$$Q^{n+1} = D \tag{8-17}$$

$$Q^{n+1} = \overline{Q^n} \tag{8-18}$$

由以上两式，得

$$D = \overline{Q^n} \tag{8-19}$$

用 D 触发器转换成 T′触发器的逻辑图如图 8-26(c)所示。

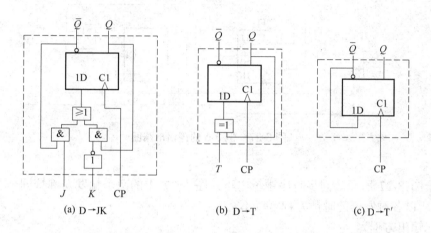

(a) D→JK　　　　　　(b) D→T　　　　　(c) D→T′

图 8-26　D 触发器转换成其他功能的触发器

8.3　时序逻辑电路的一般分析方法

　　按照电路状态转换情况的不同，时序逻辑电路分为同步时序电路和异步时序电路两大类。按照电路中输出变量是否和输入变量直接相关，时序电路又分为米里(Mealy)型电路和莫尔(Moore)型电路。米里型电路的外部输出 Z 既与触发器的状态 Q^n 有关，又与外部输入 X 有关。而莫尔型电路的外部输出 Z 仅与触发器的状态 Q^n 有关，而与外部输入 X 无关。本节主要讨论时序逻辑电路的一般分析方法，从 8.4 节开始将介绍几种典型的时序逻辑电路。

8.3.1　时序逻辑电路分析的一般步骤

(1)　根据给定的时序电路图写出下列各逻辑方程式。

①　各触发器的时钟方程。

②　时序电路的输出方程。

③　各触发器的驱动方程。

(2)　将驱动方程代入相应触发器的特性方程，求得各触发器的次态方程，也就是时序逻辑电路的状态方程。

(3) 根据状态方程和输出方程,列出该时序电路的状态表,画出状态图或时序图。

(4) 根据电路的状态表或状态图说明给定时序逻辑电路的逻辑功能。

下面举例说明时序逻辑电路的具体分析方法。

8.3.2 同步时序逻辑电路的分析举例

【例 8-5】试分析图 8-27 所示的时序逻辑电路。

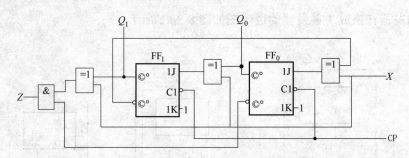

图 8-27 例 8-5 的逻辑电路图

解:

由于图 8-27 所示为同步时序逻辑电路,图 8-27 中的两个触发器都接同一个时钟脉冲源 CP,所以各触发器的时钟方程可以不写。

(1) 输出方程为

$$Z = (X \oplus Q_1^n) \cdot \overline{Q_0^n}$$

(2) 驱动方程为

$$J_0 = X \oplus \overline{Q_1^n}, \quad K_0 = 1$$
$$J_1 = X \oplus Q_0^n, \quad K_1 = 1$$

(3) JK 触发器的特性方程为 $Q^{n+1} = J\overline{Q^n} + \overline{K}Q^n$,将各驱动方程代入 JK 触发器的特性方程,得各触发器的次态方程为

$$Q_0^{n+1} = J_0 \overline{Q_0^n} + \overline{K_0} Q_0^n = (X \oplus \overline{Q_1^n})\overline{Q_0^n}$$
$$Q_1^{n+1} = J_1 \overline{Q_1^n} + \overline{K_1} Q_1^n = (X \oplus Q_0^n) \cdot \overline{Q_1^n}$$

(4) 作状态转换表及状态图。

由于输入控制信号 X 可取 1,也可取 0,所以分两种情况列状态转换表和画状态图。

① 当 $X=0$ 时。

将 $X=0$ 代入输出方程和触发器的次态方程,则输出方程简化为

$$Z = Q_1^n \overline{Q_0^n}$$

触发器的次态方程简化为

$$Q_0^{n+1} = \overline{Q_1^n}\,\overline{Q_0^n}, \quad Q_1^{n+1} = Q_0^n \overline{Q_1^n}$$

设电路的现态为 $Q_1^n Q_0^n = 00$,依次代入上述触发器的次态方程和输出方程中进行计算,得到电路的状态转换表如表 8-12 所示。

表 8-12　$X=0$ 时的状态表

现　态		次　态		输　出
Q_1^n	Q_0^n	Q_1^{n+1}	Q_0^{n+1}	Z
0	0	0	1	0
0	1	1	0	0
1	0	0	0	1

根据表 8-12 所示的状态转换表可得状态转换图，如图 8-28 所示。

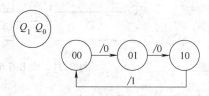

图 8-28　$X=0$ 时的状态转换图

② 当 $X=1$ 时。

输出方程简化为

$$Z = \overline{Q_1^n Q_0^n}$$

触发器的次态方程简化为

$$Q_0^{n+1} = Q_1^n \overline{Q_0^n}, \quad Q_1^{n+1} = \overline{Q_0^n Q_1^n}$$

计算可得电路的状态转换表如表 8-13 所示，状态转换图如图 8-29 所示。

表 8-13　$X=1$ 时的状态表

现　态		次　态		输　出
Q_1^n	Q_0^n	Q_1^{n+1}	Q_0^{n+1}	Z
0	0	1	0	1
1	0	0	1	0
0	1	0	0	0

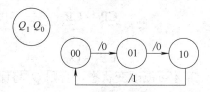

图 8-29　$X=1$ 时的状态转换图

将图 8-28 和图 8-29 合并起来，就是电路完整的状态图，如图 8-30 所示。

(5) 画时序波形图。此时序波形图如图 8-31 所示。

(6) 逻辑功能分析。

该电路一共有 3 个状态 00、01、10。当 $X=0$ 时，按照加 1 规律从 00→01→10→00 循环变化，并每当转换为 10 状态(最大数)时，输出 $Z=1$。当 $X=1$ 时，按照减 1 规律从 10→

$01 \to 00 \to 10$ 循环变化，并每当转换为 00 状态(最小数)时，输出 $Z=1$。所以该电路是一个可控的三进制计数器，当 $X=0$ 时，做加法计数，Z 是进位信号；当 $X=1$ 时，做减法计数，Z 是借位信号。

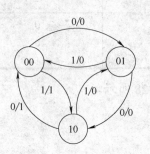

图 8-30　例 8-5 的完整状态图

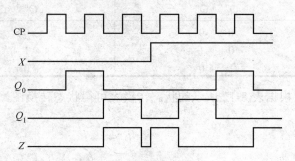

图 8-31　例 8-5 电路的时序波形图

8.3.3　异步时序逻辑电路的分析举例

由于在异步时序逻辑电路中，没有统一的时钟脉冲，因此，分析时必须写出时钟方程。

【例 8-6】试分析如图 8-32 所示的时序逻辑电路。

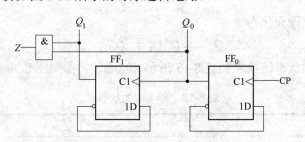

图 8-32　例 8-6 的逻辑电路图

解：

(1) 写出各逻辑方程式。

① 时钟方程为

$$CP_0 = CP$$

时钟脉冲源的上升沿触发

$$CP_1 = Q_0$$

当 FF$_0$ 的 Q_0 由 $0 \to 1$ 时，Q_1 才可能改变状态，否则 Q_1 将保持原状态不变。

② 输出方程为

$$Z = \overline{Q_1^n Q_0^n}$$

③ 各触发器的驱动方程分别为

$$D_0 = \overline{Q_0^n}, \quad D_1 = \overline{Q_1^n}$$

(2) 将各驱动方程代入 D 触发器的特性方程，得各触发器的次态方程为

$$Q_0^{n+1} = D_0 = \overline{Q_0^n} \quad (CP \text{ 由 } 0 \to 1 \text{ 时此式有效})$$

$$Q_1^{n+1} = D_1 = \overline{Q_1^n} \qquad (Q_0 \text{ 由 } 0 \rightarrow 1 \text{ 时此式有效})$$

(3) 作状态转换表、状态图和时序图。其状态转换表如表 8-14 所示。

表 8-14　例 8-6 电路的状态转换表

现　态		次　态		输　出	时钟脉冲	
Q_1^n	Q_0^n	Q_1^{n+1}	Q_0^{n+1}	Z	CP_1	CP_0
0	0	1	1	1	↑	↑
1	1	1	0	0	0	↑
1	0	0	1	0	↑	↑
0	1	0	0	0	0	↑

根据状态转换表可得状态转换图，如图 8-33 所示，时序图如图 8-34 所示。

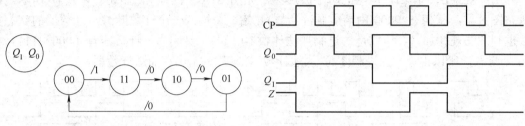

图 8-33　例 8-6 电路的状态图　　　　　图 8-34　例 8-6 电路的时序图

(4) 逻辑功能分析。

由状态图可知：该电路一共有 4 个状态 00、01、10、11，在时钟脉冲作用下，按照减 1 规律循环变化，所以该逻辑电路是一个 4 进制减法计数器，Z 是借位信号。

8.4　计　数　器

用以统计输入脉冲 CP 个数的电路称为计数器。按计数进制，计数器可分为二进制计数器和非二进制计数器，非二进制计数器中最典型的是十进制计数器；按数字的增减趋势可分为加法计数器、减法计数器和可逆计数器；按计数器中触发器翻转是否与计数脉冲同步分为同步计数器和异步计数器。本节将按计数进制分类法，分别介绍二进制计数器和非二进制计数器。

8.4.1　二进制计数器

1. 二进制异步计数器

1) 二进制异步加法计数器

图 8-35 所示为由 4 个下降沿触发的 JK 触发器组成的 4 位异步二进制加法计数器的逻辑图。图 8-35 中 JK 触发器都接成 T′ 触发器(即 $J=K=1$)。最低位触发器 FF_0 的时钟脉冲输入端接计数脉冲 CP，其他触发器的时钟脉冲输入端接相邻低位触发器的 Q 端。

由于该电路的连线简单且规律性强，无需用前面介绍的分析步骤进行分析，只需作简单的观察与分析就可画出时序波形图或状态图，这种分析方法称为"观察法"。

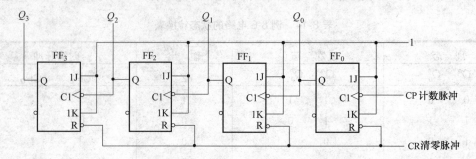

图 8-35　由 JK 触发器组成的 4 位异步二进制加法计数器的逻辑图

用"观察法"作出该电路的时序波形图，如图 8-36 所示，状态图如图 8-37 所示。由状态图可见，从初态 0000(由清零脉冲所置)开始，每输入一个计数脉冲，计数器的状态按二进制加法规律加 1，所以是二进制加法计数器(4 位)。又因为该计数器有 0000～1111 共 16 个状态，所以也称十六进制(1 位)加法计数器或模 16(M=16)加法计数器。

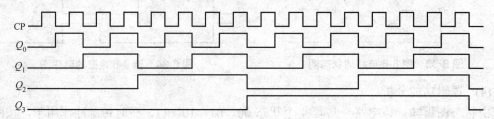

图 8-36　图 8-35 所示电路的时序波形图

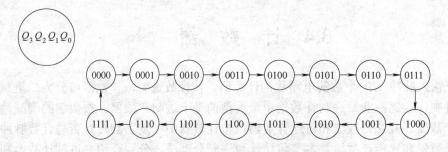

图 8-37　图 8-35 所示电路的状态图

另外，从时序图可以看出，Q_0、Q_1、Q_2、Q_3 的周期分别是计数脉冲(CP)周期的 2 倍、4 倍、8 倍、16 倍，也就是说，Q_0、Q_1、Q_2、Q_3 分别对 CP 波形进行了二分频、四分频、八分频、十六分频，因而计数器也可作为分频器。

异步二进制加法计数器结构简单，改变级联触发器的个数，可以很方便地改变二进制计数器的位数，n 个触发器构成 n 位二进制计数器或模 2^n 计数器，或 2^n 分频器。

2)　二进制异步减法计数器

将图 8-35 所示电路中的 FF_1、FF_2、FF_3 时钟脉冲输入端改接到相邻低位触发器的 $\overline{Q}$ 端，就可构成二进制异步减法计数器。

图 8-38 所示为用 4 个上升沿触发的 D 触发器组成的 4 位异步二进制减法计数器的逻辑图。

从图 8-35 和图 8-38 可见，用 JK 触发器和 D 触发器都可以很方便地组成二进制异步计数器。方法是先将触发器都接成 T′触发器，然后根据加、减计数方式及触发器为上升沿还是下降沿触发来决定各触发器之间的连接方式。该电路的时序图和状态图分别如图 8-39 和图 8-40 所示。

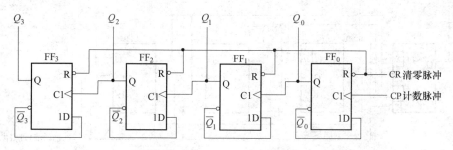

图 8-38　D 触发器组成的 4 位异步二进制减法计数器的逻辑图

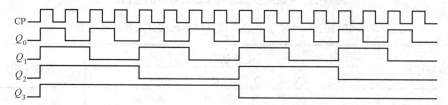

图 8-39　图 8-38 电路的时序图

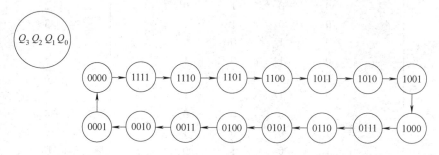

图 8-40　图 8-38 电路的状态图

在二进制异步计数器中，高位触发器的状态翻转必须在相邻触发器产生进位信号(加计数)或借位信号(减计数)之后才能实现，所以异步计数器的工作速度较低。为了提高计数速度，可采用同步计数器。

2. 二进制同步计数器

1)　二进制同步加法计数器

图 8-41 所示为由 4 个 JK 触发器组成的 4 位同步二进制加法计数器的逻辑图。图 8-41 中各触发器的时钟脉冲输入端接同一计数脉冲 CP，显然，这是一个同步时序电路。

各触发器的驱动方程分别为

$$J_0=K_0=1$$

$$J_1=K_1=Q_0$$
$$J_2=K_2=Q_0Q_1$$
$$J_3=K_3=Q_0Q_1Q_2$$

由于该电路的驱动方程规律性较强，也只需用"观察法"就可画出时序波形图或状态表，如表8-15所示。

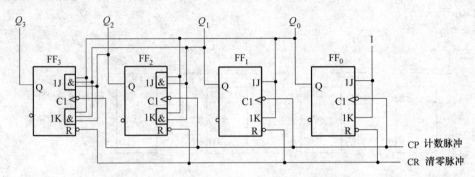

图8-41　4位同步二进制加法计数器的逻辑图

表8-15　图8-41所示4位二进制同步加法计数器的状态表

计数脉冲序号	电路状态				等效十进制数
	Q_3	Q_2	Q_1	Q_0	
0	0	0	0	0	0
1	0	0	0	1	1
2	0	0	1	0	2
3	0	0	1	1	3
4	0	1	0	0	4
5	0	1	0	1	5
6	0	1	1	0	6
7	0	1	1	1	7
8	1	0	0	0	8
9	1	0	0	1	9
10	1	0	1	0	10
11	1	0	1	1	11
12	1	1	0	0	12
13	1	1	0	1	13
14	1	1	1	0	14
15	1	1	1	1	15
16	0	0	0	0	0

由于同步计数器的计数脉冲 CP 同时接到各位触发器的时钟脉冲输入端，当计数脉冲到来时，应该翻转的触发器同时翻转，所以速度比异步计数器高，但电路结构比异步计数器复杂。

2)　二进制同步减法计数器

4位二进制同步减法计数器的状态表如表8-16所示，分析其翻转规律并与4位二进制

同步加法计数器相比较，很容易看出，只要将图 8-41 所示电路的各触发器的驱动方程改为

$$J_0 = K_0 = 1$$
$$J_1 = K_1 = \overline{Q_0}$$
$$J_2 = K_2 = \overline{Q_0 Q_1}$$
$$J_3 = K_3 = -\overline{Q_0 Q_1 Q_2}$$

即构成了 4 位二进制同步减法计数器。

表 8-16　4 位二进制同步减法计数器的状态表

计数脉冲序号	电路状态				等效十进制数
	Q_3	Q_2	Q_1	Q_0	
0	0	0	0	0	0
1	1	1	1	1	15
2	1	1	1	0	14
3	1	1	0	1	13
4	1	1	0	0	12
5	1	0	1	1	11
6	1	0	1	0	10
7	1	0	0	1	9
8	1	0	0	0	8
9	0	1	1	1	7
10	0	1	1	0	6
11	0	1	0	1	5
12	0	1	0	0	4
13	0	0	1	1	3
14	0	0	1	0	2
15	0	0	0	1	1
16	0	0	0	0	0

3)　二进制同步可逆计数器

既能做加计数又能做减计数的计数器称为可逆计数器。将前面介绍的 4 位二进制同步加法计数器和减法计数器合并，并引入一加/减控制信号 X 便构成了 4 位二进制同步可逆计数器，如图 8-42 所示。由图 8-42 可知，各触发器的驱动方程为

$$J_0 = K_0 = 1$$
$$J_1 = K_1 = XQ_0 + \overline{XQ_0}$$
$$J_2 = K_2 = XQ_0 Q_1 + \overline{XQ_0 Q_1}$$
$$J_3 = K_3 = XQ_0 Q_1 Q_2 + \overline{XQ_0 Q_1 Q_2}$$

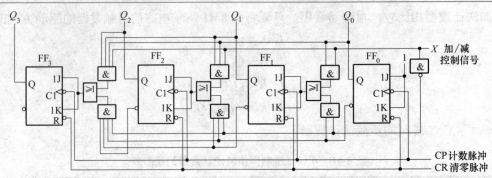

图 8-42 二进制可逆计数器的逻辑图

当控制信号 $X=1$ 时，$FF_1 \sim FF_3$ 中的各 J、K 端分别与低位各触发器的 Q 端相连，做加法计数；当控制信号 $X=0$ 时，$FF_1 \sim FF_3$ 中的各 J、K 端分别与低位各触发器的 $\overline{Q}$ 端相连，做减法计数，实现了可逆计数器的功能。

3. 集成二进制计数器举例

1) 4 位二进制同步加法计数器 74161

加法计数器 74161 的功能表如表 8-17 所示。

表 8-17 加法计数器 74161 的功能表

清 零	预 置	使 能		时 钟	预置数据输入				输 出				工作模式
R_D	L_D	EP	ET	CP	D_3	D_2	D_1	D_0	Q_3	Q_2	Q_1	Q_0	
0	×	×	×	×	×	×	×	×	0	0	0	0	异步清零
1	0	×	×	↑	d_3	d_2	d_1	d_0	d_3	d_2	d_1	d_0	同步置数
1	1	0	×	×	×	×	×	×	保 持				数据保持
1	1	×	0	×	×	×	×	×	保 持				数据保持
1	1	1	1	↑	×	×	×	×	计 数				加法计数

由表 8-17 可知，加法计数器 74161 具有以下功能。

(1) 异步清零。当 $R_D=0$ 时，不管其他输入端的状态如何，不论有无时钟脉冲 CP，计数器输出都将被直接置零($Q_3Q_2Q_1Q_0=0000$)，称为异步清零。

(2) 同步并行预置数。当 $R_D=1$、$L_D=0$ 时，在输入时钟脉冲 CP 上升沿的作用下，并行输入端的数据 $d_3d_2d_1d_0$ 被置入计数器的输出端，即 $Q_3Q_2Q_1Q_0=d_3d_2d_1d_0$。由于这个操作要与 CP 上升沿同步，所以称为同步预置数。

(3) 计数。当 $R_D=L_D=EP=ET=1$ 时，在 CP 端输入计数脉冲，计数器进行二进制加法计数。

(4) 保持。当 $R_D=L_D=1$，且 $EP \cdot ET=0$，即两个使能端中有 0 时，则计数器保持原来的状态不变。这时，如 $EP=0$、$ET=1$，则进位输出信号 RCO 保持不变；如 $ET=0$，则不管 EP 状态如何，进位输出信号 RCO 都为低电平 0。

加法计数器 74161 的时序图如图 8-43 所示。

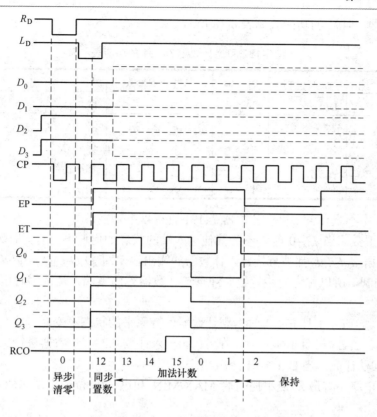

图 8-43 加法计数器 74161 的时序图

2) 4 位二进制同步可逆计数器 74191

图 8-44(a)所示为集成 4 位二进制同步可逆计数器 74191 的逻辑功能示意图，图 8-44(b) 所示为其引脚排列图。其中 L_D 是异步预置数控制端，D_3、D_2、D_1、D_0 是预置数据输入端；EN 是使能端，低电平有效；$D/\overline{U}$ 是加/减控制端，为 0 时做加法计数，为 1 时做减法计数；MAX/MIN 是最大/最小输出端，RCO 是进位/借位输出端。

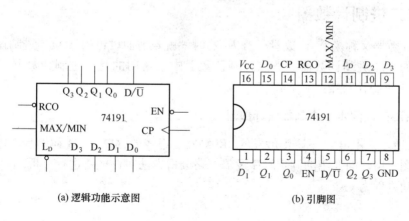

(a) 逻辑功能示意图　　　　　(b) 引脚图

图 8-44 可逆计数器 74191 的逻辑功能示意图及引脚图

可逆计数器 74191 的功能表如表 8-18 所示。

表 8-18　可逆计数器 74191 的功能表

预　置	使　能	加/减控制	时　钟	预置数据输入				输　出				工作模式
L_D	EN	D/$\overline{U}$	CP	D_3	D_2	D_1	D_0	Q_3	Q_2	Q_1	Q_0	
0	×	×	×	d_3	d_2	d_1	d_0	d_3	d_2	d_1	d_0	异步置数
1	1	×	×	×	×	×	×	保　持				数据保持
1	0	0	↑	×	×	×	×	加法计数				加法计数
1	0	1	↑	×	×	×	×	减法计数				减法计数

从表 8-18 中不难看出，可逆计数器 74191 具有以下功能。

(1) 异步置数。当 L_D=0 时，不管其他输入端的状态如何，不论有无时钟脉冲 CP，并行输入端的数据 $d_3d_2d_1d_0$ 都被直接置入计数器的输出端，即 $Q_3Q_2Q_1Q_0=d_3d_2d_1d_0$。由于该操作不受 CP 控制，所以称为异步置数。注意该计数器无清零端，需清零时可用预置数的方法置零。

(2) 保持。当 L_D=1 且 EN=1 时，则计数器保持原来的状态不变。

(3) 计数。当 L_D=1 且 EN=0 时，在 CP 端输入计数脉冲，计数器进行二进制计数。当 D/$\overline{U}$=0 时做加法计数；当 D/$\overline{U}$=1 时做减法计数。

另外，该电路还有最大/最小控制端 MAX/MIN 和进位/借位输出端 RCO。它们的逻辑表达式为

$$MAX/MIN = (D/\overline{U}) \cdot Q_3Q_2Q_1Q_0 + \overline{\overline{D/\overline{U}}} \cdot \overline{Q_3Q_2Q_1Q_0} \tag{8-20}$$

$$RCO = \overline{EN \cdot CP \cdot MAX/MIN} \tag{8-21}$$

即当加法计数计到最大值 1111 时，MAX/MIN 端输出 1，如果此时 CP=0，则 RCO=0，发一个进位信号；当减法计数计到最小值 0000 时，MAX/MIN 端也输出 1。如果此时 CP=0，则 RCO=0，发一个借位信号。

8.4.2　非二进制计数器

N 进制计数器又称模 N 计数器，当 $N=2^n$ 时，就是前面讨论的 n 位二进制计数器；当 $N \neq 2^n$ 时，为非二进制计数器。非二进制计数器中最常用的是十进制计数器，下面讨论 8421BCD 码十进制计数器。

1. 8421BCD 码同步十进制加法计数器

图 8-45 所示为由 4 个下降沿触发的 JK 触发器组成的 8421BCD 码同步十进制加法计数器的逻辑图。用前面介绍的同步时序逻辑电路分析方法对该电路进行分析。

(1) 驱动方程为

$$J_0 = 1, \quad K_0 = 1$$
$$J_1 = \overline{Q_3^n}Q_0^n, \quad K_1 = Q_0^n$$
$$J_2 = Q_1^nQ_0^n, \quad K_2 = Q_1^nQ_0^n$$
$$J_3 = Q_2^nQ_1^nQ_0^n, \quad K_3 = Q_0^n$$

(2)　JK 触发器的特性方程为 $Q^{n+1} = J\overline{Q^n} + \overline{K}Q^n$，将各驱动方程代入 JK 触发器的特性方程，得各触发器的次态方程为

$$Q_0^{n+1} = J_0\overline{Q_0^n} + \overline{K_0}Q_0^n = \overline{Q_0^n}$$

$$Q_1^{n+1} = J_1\overline{Q_1^n} + \overline{K_1}Q_1^n = \overline{Q_3^n}Q_0^n\overline{Q_1^n} + \overline{Q_0^n}Q_1^n$$

$$Q_2^{n+1} = J_2\overline{Q_2^n} + \overline{K_2}Q_2^n = Q_1^nQ_0^n\overline{Q_2^n} + \overline{Q_1^nQ_0^n}Q_2^n$$

$$Q_3^{n+1} = J_3\overline{Q_3^n} + \overline{K_3}Q_3^n = Q_2^nQ_1^nQ_0^n\overline{Q_3^n} + \overline{Q_0^n}Q_3^n$$

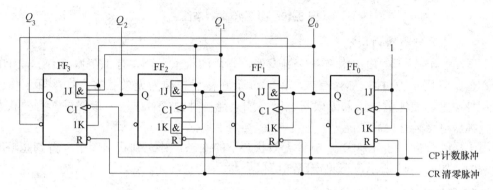

图 8-45　8421BCD 码同步十进制加法计数器的逻辑图

(3)　作状态转换表。

设初态为 $Q_3Q_2Q_1Q_0 = 0000$，代入次态方程进行计算，得到状态转换表如表 8-19 所示。

表 8-19　图 8-45 电路的状态表

计数脉冲序号	现　态				次　态			
	Q_3^n	Q_2^n	Q_1^n	Q_0^n	Q_3^{n+1}	Q_2^{n+1}	Q_1^{n+1}	Q_0^{n+1}
0	0	0	0	0	0	0	0	1
1	0	0	0	1	0	0	1	0
2	0	0	1	0	0	0	1	1
3	0	0	1	1	0	1	0	0
4	0	1	0	0	0	1	0	1
5	0	1	0	1	0	1	1	0
6	0	1	1	0	0	1	1	1
7	0	1	1	1	1	0	0	0
8	1	0	0	0	1	0	0	1
9	1	0	0	1	0	0	0	0

(4)　作状态图及时序图。

根据状态转换表作出电路的状态图，如图 8-46 所示，时序图如图 8-47 所示。由状态表、状态图或时序图可见，该电路为一个 8421BCD 码同步十进制加法计数器。

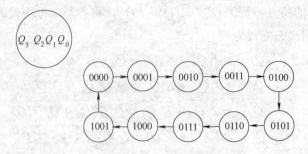

图 8-46　图 8-45 的状态图

(5) 检查电路能否自启动。

由于图 8-45 所示的电路中有 4 个触发器，它们的状态组合共有 16 种，而在 8421BCD 码计数器中只用了 10 种，称为有效状态，其余 6 种状态称为无效状态。在实际工作中，由于某种原因，使计数器进入无效状态时，如果能在时钟信号作用下最终进入有效状态，我们就称该电路具有自启动能力。

用同样的分析方法分别求出 6 种无效状态下的次态，补充到状态图中，得到完整的状态转换图，如图 8-48 所示，可见电路能够自启动。

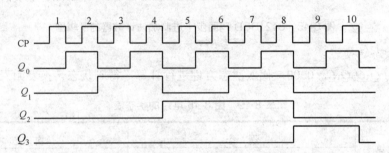

图 8-47　图 8-45 的时序图

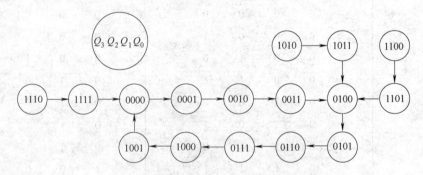

图 8-48　图 8-45 完整的状态图

2. 8421BCD 码异步十进制加法计数器

图 8-49 所示为由 4 个下降沿触发的 JK 触发器组成的 8421BCD 码异步十进制加法计数器的逻辑图。用前面介绍的异步时序逻辑电路分析方法对该电路进行分析。

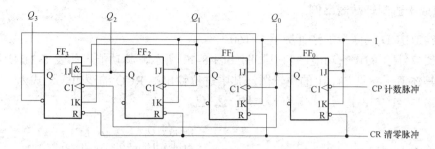

图 8-49　8421BCD 码异步十进制加法计数器的逻辑图

(1)　写出各逻辑方程式。

①　时钟方程为

$CP_0=CP$(时钟脉冲源的上升沿触发)

$CP_1=Q_0$(当 FF_0 的 Q_0 由 $1\rightarrow0$ 时，Q_1 才可能改变状态，否则 Q_1 将保持原状态不变)

$CP_2=Q_1$(当 FF_1 的 Q_1 由 $1\rightarrow0$ 时，Q_2 才可能改变状态，否则 Q_2 将保持原状态不变)

$CP_3=Q_2$(当 FF_2 的 Q_2 由 $1\rightarrow0$ 时，Q_3 才可能改变状态，否则 Q_3 将保持原状态不变)

②　各触发器的驱动方程分别为

$$J_0=1，\quad K_0=1$$
$$J_1=\overline{Q_3^n}，\quad K_1=1$$
$$J_2=1，\quad K_2=1$$
$$J_3=Q_2^nQ_1^n，\quad K_3=1$$

(2)　将各驱动方程代入 JK 触发器的特性方程，得各触发器的次态方程为

$$Q_0^{n+1}=J_0\overline{Q_0^n}+\overline{K_0}Q_0^n=\overline{Q_0^n}\quad\text{(CP 由 }1\rightarrow0\text{ 时此式有效)}$$
$$Q_1^{n+1}=J_1\overline{Q_1^n}+\overline{K_1}Q_1^n=\overline{Q_3^n}\,\overline{Q_1^n}\quad\text{(}Q_0\text{ 由 }1\rightarrow0\text{ 时此式有效)}$$
$$Q_2^{n+1}=J_2\overline{Q_2^n}+\overline{K_2}Q_2^n=\overline{Q_2^n}\quad\text{(}Q_1\text{ 由 }1\rightarrow0\text{ 时此式有效)}$$
$$Q_3^{n+1}=J_3\overline{Q_3^n}+\overline{K_3}Q_3^n=Q_2^nQ_1^n\overline{Q_3^n}\quad\text{(}Q_2\text{ 由 }1\rightarrow0\text{ 时此式有效)}$$

(3)　作状态转换表。

设初态为 $Q_3Q_2Q_1Q_0$=0000，代入次态方程进行计算，得状态转换表如表 8-20 所示。

表 8-20　图 8-49 的状态表

计数脉冲序号	现 态				次 态				时钟脉冲			
	Q_3^n	Q_2^n	Q_1^n	Q_0^n	Q_3^{n+1}	Q_2^{n+1}	Q_1^{n+1}	Q_0^{n+1}	CP_3	CP_2	CP_1	CP_0
0	0	0	0	0	0	0	0	1	0	0	0	↓
1	0	0	0	1	0	0	1	0	↓	0	↓	↓
2	0	0	1	0	0	0	1	1	0	0	0	↓
3	0	0	1	1	0	1	0	0	↓	↓	↓	↓
4	0	1	0	0	0	1	0	1	0	0	0	↓
5	0	1	0	1	0	1	1	0	↓	0	↓	↓
6	0	1	1	0	0	1	1	1	0	0	0	↓
7	0	1	1	1	1	0	0	0	↓	↓	↓	↓
8	1	0	0	0	1	0	0	1	0	0	0	↓
9	1	0	0	1	0	0	0	0	↓	0	↓	↓

3. 集成十进制计数器举例

1) 8421BCD 码同步加法计数器 74160

计数器 74160 的逻辑功能图和引脚图如图 8-50 所示，其功能表如表 8-21 所示。各功能实现的具体情况参见 74161 的逻辑图。其中进位输出端 RCO 的逻辑表达式为

$$RCO = ET \cdot Q_3 \cdot Q_0 \tag{8-22}$$

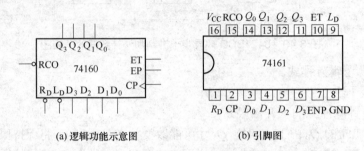

(a) 逻辑功能示意图　　　　　　(b) 引脚图

图 8-50　74160 的逻辑功能示意图和引脚图

表 8-21　74160 的功能表

清零	预置	使	能	时 钟	预置数据输入				输 出				工作模式
R_D	L_D	EP	ET	CP	D_3	D_2	D_1	D_0	Q_3	Q_2	Q_1	Q_0	
0	×	×	×	×	×	×	×	×	0	0	0	0	异步清零
1	0	×	×	↑	d_3	d_2	d_1	d_0	d_3	d_2	d_1	d_0	同步置数
1	1	0	×	×	×	×	×	×	保持				数据保持
1	1	×	0	×	×	×	×	×	保持				数据保持
1	1	1	1	↑	×	×	×	×	十进制计数				加法计数

2) 二-五-十进制异步加法计数器 74290

加法计数器 74290 的逻辑图如图 8-51 所示。它包含一个独立的 1 位二进制计数器和一个独立的异步五进制计数器。二进制计数器的时钟输入端为 CP_1，输出端为 Q_0；五进制计数器的时钟输入端为 CP_2，输出端为 Q_1、Q_2、Q_3。如果将 Q_0 与 CP_2 相连，CP_1 做时钟脉冲输入端，$Q_0 \sim Q_3$ 做输出端，则为 8421BCD 码十进制计数器。

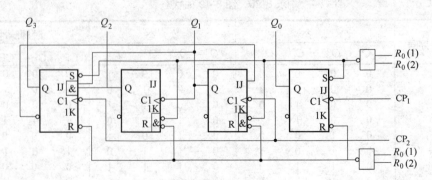

图 8-51　二-五-十进制异步加法计数器 74290

表 8-22 是加法计数器 74290 的功能表。

表 8-22　加法计数器 74290 的功能表

复位输入		置位输入		时　钟	输　出				工作模式
$R_{0(1)}$	$R_{0(2)}$	$R_{9(1)}$	$R_{9(2)}$	CP	Q_3	Q_2	Q_1	Q_0	
1	1	0	×	×	0	0	0	0	异步清零
1	1	×	0	×	0	0	0	0	
×	×	1	1	×	1	0	0	1	异步置数
0	×	0	×	↓	计		数		加法计数
0	×	×	0	↓	计		数		
×	0	0	×	↓	计		数		
×	0	×	0	↓	计		数		

由表 8-22 可知，加法计数器 74290 具有以下功能。

(1) 异步清零。当复位输入端 $R_{0(1)}=R_{0(2)}=1$，且置位输入 $R_{9(1)} \cdot R_{9(2)}=0$ 时，不论有无时钟脉冲 CP，计数器输出都将被直接置零。

(2) 异步置数。当置位输入 $R_{9(1)}=R_{9(2)}=1$ 时，无论其他输入端状态如何，计数器输出都将被直接置 9(即 $Q_3Q_2Q_1Q_0=1001$)。

(3) 计数。当 $R_{0(1)} \cdot R_{0(2)}=0$，且 $R_{9(1)} \cdot R_{9(2)}=0$ 时，在计数脉冲(下降沿)作用下，进行二-五-十进制加法计数。

8.4.3　集成计数器的应用

1. 计数器的级联

两个模 N 计数器级联，可实现 $N×N$ 的计数器。

1) 同步级联

图 8-52 所示为用两片 4 位二进制加法计数器 74161 采用同步级联方式构成的 8 位二进制同步加法计数器，模为 $16×16=256$。

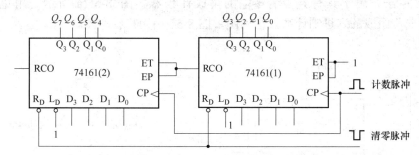

图 8-52　两片计数器 74161 同步级联组成 8 位二进制同步加法计数器

2) 异步级联

用两片计数器 74191 采用异步级联方式构成的 8 位二进制异步可逆计数器如图 8-53 所示。

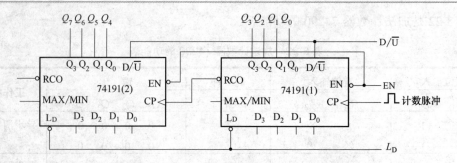

图 8-53 两片计数器 74191 异步级联组成 8 位二进制异步可逆计数器

有的集成计数器没有进位/借位输出端，这时可根据具体情况，用计数器的输出信号 Q_3、Q_2、Q_1、Q_0 产生一个进位/借位。如用两片二-五-十进制异步加法计数器 74290 采用异步级联方式组成的二位 8421BCD 码十进制加法计数器如图 8-54 所示，模为 10×10=100。

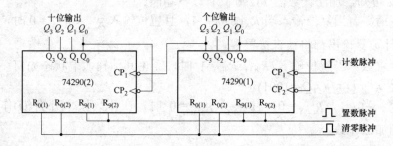

图 8-54 两片计数器 74290 异步级联组成的二位 8421BCD 码十进制加法计数器

2. 任意进制计数器的组成

市场上能买到的集成计数器一般为二进制和 8421BCD 码十进制计数器，如果需要其他进制的计数器，可用现有的二进制或十进制计数器，利用其清零端或预置数端，外加适当的门电路连接而成。

1) 异步清零法

异步清零法适用于具有异步清零端的集成计数器。图 8-55(a)所示是用集成计数器 74161 和与非门组成的六进制计数器结构图，图 8-55(b)为其状态图。

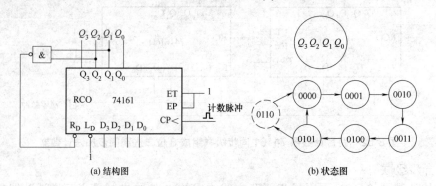

(a) 结构图　　　　　　　(b) 状态图

图 8-55 异步清零法组成的六进制计数器

2) 同步清零法

同步清零法适用于具有同步清零端的集成计数器。图 8-56(a)所示是用集成计数器 74163 和与非门组成的六进制计数器结构图，图 8-56(b)为其状态图。

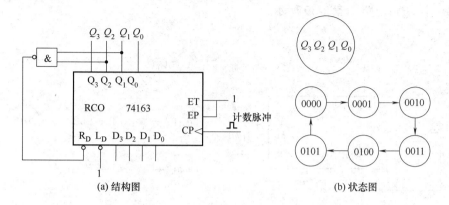

(a) 结构图　　　　　　　　　　　　(b) 状态图

图 8-56　同步清零法组成的六进制计数器

3) 异步预置数法

异步预置数法适用于具有异步预置端的集成计数器。图 8-57(a)所示是用集成计数器 74191 和与非门组成的十进制计数器。该电路的有效状态是 0011～1100，共 10 个状态，可作为余 3 码计数器，图 8-57(b)为其状态图。

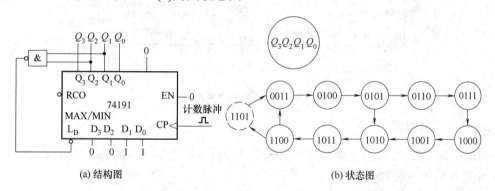

(a) 结构图　　　　　　　　　　　　(b) 状态图

图 8-57　异步预置数法组成余 3 码十进制计数器

4) 同步预置数法

同步预置数法适用于具有同步预置端的集成计数器。图 8-58(a)所示是用集成计数器 74160 和与非门组成的七进制计数器，图 8-58(b)为其状态图。

综上所述，改变集成计数器的模可用清零法，也可用预置数法。清零法比较简单，预置数法比较灵活。但不管用哪种方法，都应首先搞清所用集成组件的清零端或预置端是异步还是同步工作方式，根据不同的工作方式选择合适的清零信号或预置信号。

【例 8-7】用计数器 74160 组成 48 进制计数器。

解：

因为 $N=48$，而 74160 为模 10 计数器，所以要用两片 74160 构成此计数器。

先将两片 74160 采用同步级联方式连接成 100 进制计数器，然后再借助 74160 异步清零功能，在输入第 48 个计数脉冲后，计数器输出状态为 01001000 时，高位片(2)的 Q_2 和低位片(1)的 Q_3 同时为 1，使与非门输出 0，加到两片的异步清零端上，使计数器立即返回 00000000 状态，状态 01001000 仅在极短的瞬间出现，为过渡状态，这样，就组成了 48 进制计数器，其逻辑电路如图 8-59 所示。

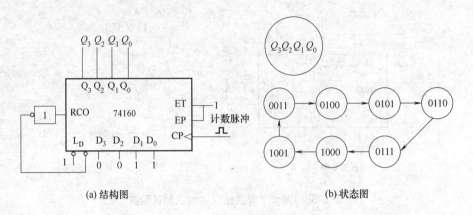

(a) 结构图　　　　　　　　　　　　　　(b) 状态图

图 8-58　同步预置数法组成的七进制计数器

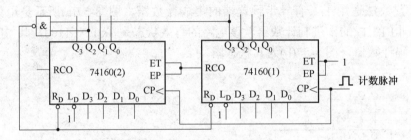

图 8-59　例 8-7 的逻辑电路图

3. 分频器的组成

前面提到，模 N 计数器进位输出端输出脉冲的频率是输入脉冲频率的 $1/N$，因此可用模 N 计数器组成 N 分频器。

【例 8-8】某石英晶体振荡器输出脉冲信号的频率为 32768Hz，用计数器 74161 组成分频器，将其分频为频率为 1Hz 的脉冲信号。

解：

因为 $32768=2^{15}$，经 15 级二分频，就可获得频率为 1Hz 的脉冲信号。因此将四片 74161 级联，从高位片 74161(4)的 Q_2 输出即可，其逻辑电路如图 8-60 所示。

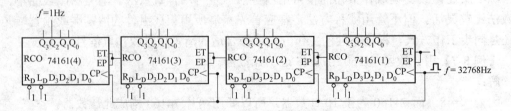

图 8-60　例 8-8 的逻辑电路图

4. 序列信号发生器的组成

序列信号是在时钟脉冲作用下产生的一串周期性的二进制信号。图 8-61 所示为用 74161 及门电路构成的序列信号发生器。其中计数器 74161 与 G_1 构成了一个模 5 计数器，且 $Z=Q_0\overline{Q_2}$。在 CP 作用下，计数器的状态变化如表 8-23 所示。由于 $Z=Q_0\overline{Q_2}$，故不同状态下的输出如表 8-23 的右列所示。因此，这是一个 01010 序列信号发生器，序列长度 $P=5$。

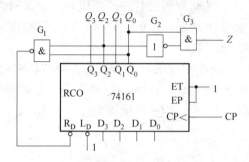

图 8-61　计数器组成序列信号发生器

表 8-23　计数器状态表

现　态			次　态			输　出
Q_2^n	Q_1^n	Q_0^n	Q_2^{n+1}	Q_1^{n+1}	Q_0^{n+1}	Z
0	0	0	0	0	1	0
0	0	1	0	1	0	1
0	1	0	0	1	1	0
0	1	1	1	0	0	1
1	0	0	0	0	0	0

用计数器辅以数据选择器可以方便地构成各种序列发生器。构成的方法如下。

(1) 构成一个模 P 计数器。

(2) 选择适当的数据选择器，把产生的序列按规定的顺序加在数据选择器的数据输入端，把地址输入端与计数器的输出端连接在一起。

【例 8-9】试用计数器 74161 和数据选择器设计一个 01100011 序列发生器。

解：

由于序列长度 $P=8$，故将计数器 74161 构成模 8 计数器，并选用数据选择器 74151 产生所需序列，从而得到电路如图 8-62 所示。

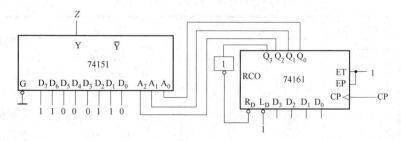

图 8-62　计数器和数据选择器组成序列发生器

8.5 数码寄存器与移位寄存器

8.5.1 数码寄存器

数码寄存器是一种存储二进制数码的时序电路组件，它具有接收和寄存二进制数码的逻辑功能。前面介绍的各种集成触发器，就是一种可以存储一位二进制数的寄存器，用 n 个触发器就可以存储 n 位二进制数。

图 8-63(a)所示为由 D 触发器组成的 4 位集成寄存器 74LS175 的逻辑电路图，其引脚图如图 8-63(b)所示。R_D 是异步清零控制端，$D_0 \sim D_3$ 是并行数据输入端，CP 为时钟脉冲端，$Q_0 \sim Q_3$ 是并行数据输出端，$\overline{Q_0} \sim \overline{Q_3}$ 是反码数据输出端。

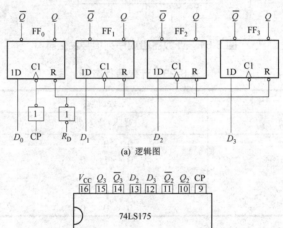

(a) 逻辑图

(b) 引脚图

图 8-63　4 位集成寄存器 74LS175

该电路的数码接收过程为：将需要存储的四位二进制数码送到数据输入端 $D_0 \sim D_3$，在 CP 端送一个时钟脉冲，脉冲上升沿作用后，四位数码并行地出现在四个触发器的 Q 端。

寄存器 74LS175 的功能列于表 8-24 中。

表 8-24　寄存器 74LS175 的功能表

清　零	时　钟	输　入				输　出				工作模式
R_D	CP	D_0	D_1	D_2	D_3	Q_0	Q_1	Q_2	Q_3	
0	×	×	×	×	×	0	0	0	0	异步清零
1	↑	D_0	D_1	D_2	D_3	D_0	D_1	D_2	D_3	数码寄存
1	1	×	×	×	×	保　持				数据保持
1	0	×	×	×	×	保　持				数据保持

8.5.2　移位寄存器

移位寄存器不但可以寄存数码，而且在移位脉冲的作用下，寄存器中的数码可根据需要向左或向右移动 1 位。移位寄存器也是数字系统和计算机中应用很广泛的基本逻辑部件。

1. 单向移位寄存器

1)　右移寄存器

D 触发器组成的 4 位右移寄存器如图 8-64 所示。设移位寄存器的初始状态为 0000，串行输入数码 D_I=1101，从高位到低位依次输入。在 4 个移位脉冲作用后，输入的 4 位串行数码 1101 全部存入了寄存器中。电路的状态表如表 8-25 所示，时序图如图 8-65 所示。

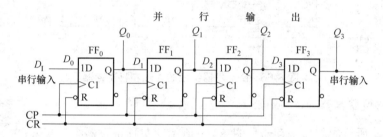

图 8-64　D 触发器组成的 4 位右移寄存器

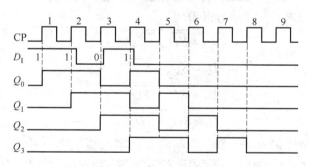

图 8-65　图 8-64 的时序图

表 8-25　右移寄存器的状态表

移位脉冲	输入数码	输出			
CP	D_I	Q_0	Q_1	Q_2	Q_3
0		0	0	0	0
1	1	1	0	0	0
2	1	1	1	0	0
3	0	0	1	1	0
4	1	1	0	1	1

移位寄存器中的数码可由 Q_3、Q_2、Q_1 和 Q_0 并行输出，也可从 Q_3 串行输出。串行输

出时，要继续输入 4 个移位脉冲，才能将寄存器中存放的 4 位数码 1101 依次输出。图 8-65 中第 5 到第 8 个 CP 脉冲及所对应的 Q_3、Q_2、Q_1、Q_0 波形，就是将 4 位数码 1101 串行输出的过程。所以，移位寄存器具有串行输入-并行输出和串行输入–串行输出两种工作方式。

2) 左移寄存器

D 触发器组成的 4 位左移寄存器如图 8-66 所示，其工作原理类似右移寄存器，只是方向相反。

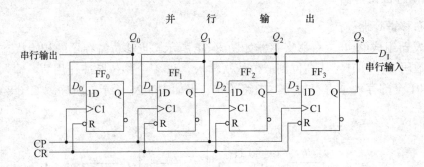

图 8-66 D 触发器组成的 4 位左移寄存器

2. 双向移位寄存器

将图 8-64 所示的右移寄存器和图 8-66 所示的左移寄存器组合起来，并引入一控制端 S，便构成既可左移又可右移的双向移位寄存器，如图 8-67 所示。

由图 8-67 可知该电路的驱动方程为

$$D_0 = \overline{S\overline{D_{SR}} + \overline{S}\,\overline{Q_1}} \tag{8-23}$$

$$D_1 = \overline{S\overline{Q_0} + \overline{S}\,\overline{Q_2}} \tag{8-24}$$

$$D_2 = \overline{S\overline{Q_1} + \overline{S}\,\overline{Q_3}} \tag{8-25}$$

$$D_3 = \overline{S\overline{Q_2} + \overline{S}\,\overline{D_{SL}}} \tag{8-26}$$

式中：D_{SR} 为右移串行输入端；D_{SL} 为左移串行输入端。当 $S=1$ 时，$D_0=D_{SR}$、$D_1=Q_0$、$D_2=Q_1$、$D_3=Q_2$，在 CP 脉冲作用下，实现右移操作；当 $S=0$ 时，$D_0=Q_1$、$D_1=Q_2$、$D_2=Q_3$、$D_3=D_{SL}$，在 CP 脉冲作用下，实现左移操作。

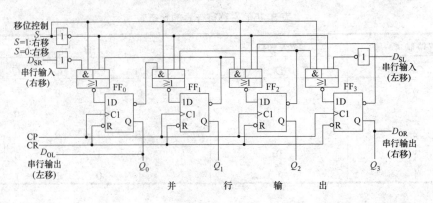

图 8-67 D 触发器组成的 4 位双向左移寄存器

8.5.3　集成移位寄存器 74194

图 8-68 所示的集成移位寄存器 74194 是由 4 个触发器组成的功能很强的 4 位移位寄存器，其功能表如表 8-26 所示。

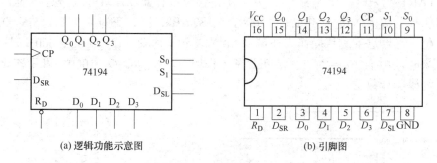

(a) 逻辑功能示意图　　　　　　　　　(b) 引脚图

图 8-68　集成移位寄存器 74194

由表 8-26 可以看出寄存器 74194 具有如下功能。

(1)　异步清零。当 $R_D=0$ 时即刻清零，与其他输入状态及 CP 无关。

(2)　S_1、S_0 是控制输入。当 $R_D=1$ 时 74194 有如下 4 种工作方式。

①　当 $S_1S_0=00$ 时，不论有无 CP 到来，各触发器状态不变，为保持工作状态。

②　当 $S_1S_0=01$ 时，在 CP 的上升沿作用下，实现右移(上移)操作，流向是 $S_R \to Q_0 \to Q_1 \to Q_2 \to Q_3$。

③　当 $S_1S_0=10$ 时，在 CP 的上升沿作用下，实现左移(下移)操作，流向是 $S_L \to Q_3 \to Q_2 \to Q_1 \to Q_0$。

④　当 $S_1S_0=11$ 时，在 CP 的上升沿作用下，实现置数操作，$D_0 \to Q_0$，$D_1 \to Q_1$，$D_2 \to Q_2$，$D_3 \to Q_3$。

表 8-26　寄存器 74194 的功能表

输　入								输　出				工作模式
清零	控制	串行输入	时钟	并行输入								
R_D	$S_1 \ S_0$	$D_{SL} \ D_{SR}$	CP	D_0	D_1	D_2	D_3	Q_0	Q_1	Q_2	Q_3	
0	× ×	× ×	×	×	×	×	×	0	0	0	0	异步清零
1	0 0	× ×	×	×	×	×	×	Q_0^n	Q_1^n	Q_2^n	Q_3^n	保持
1	0 1	× 1	↑	×	×	×	×	1	Q_0^n	Q_1^n	Q_2^n	右移，D_{SR} 为串行输
1	0 1	× 0	↑	×	×	×	×	0	Q_0^n	Q_1^n	Q_2^n	入，Q_3 为串行输出
1	1 0	1 ×	↑	×	×	×	×	Q_1^n	Q_2^n	Q_3^n	1	左移，D_{SL} 为串行输
1	1 0	0 ×	↑	×	×	×	×	Q_1^n	Q_2^n	Q_3^n	0	入，Q_0 为串行输出
1	1 1	× ×	↑	D_0	D_1	D_2	D_3	D_0	D_1	D_2	D_3	并行置数

D_{SL} 和 D_{SR} 分别是左移和右移串行输入。D_0、D_1、D_2 和 D_3 是并行输入端。Q_0 和 Q_3 分别是左移和右移时的串行输出端，Q_0、Q_1、Q_2 和 Q_3 为并行输出端。

8.5.4 移位寄存器构成的移位型计数器

1. 环形计数器

图 8-69 所示为用移位寄存器 74194 构成的环形计数器的逻辑图和状态图。当正脉冲启动信号 START 到来时，使 $S_1S_0=11$，从而不论移位寄存器 74194 的原状态如何，在 CP 作用下总是执行置数操作使 $Q_0Q_1Q_2Q_3=1000$。当 START 由 1 变为 0 之后，$S_1S_0=01$，在 CP 作用下移位寄存器进行右移操作。在第 4 个 CP 到来之前，$Q_0Q_1Q_2Q_3=0001$。这样在第 4 个 CP 到来时，由于 $D_{SR}=Q_3=1$，故在此 CP 作用下，$Q_0Q_1Q_2Q_3=1000$。可见该计数器共 4 个状态，为模 4 计数器。

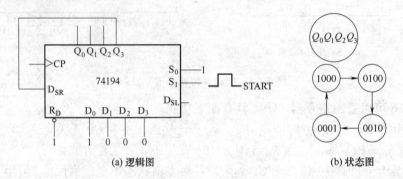

(a) 逻辑图　　　　　　　　(b) 状态图

图 8-69　移位寄存器用 74194 构成的环形计数器

环形计数器的电路十分简单，N 位移位寄存器可以计 N 个数，实现模 N 计数器，且状态为 1 的输出端的序号即代表收到的计数脉冲的个数，通常不需要任何译码电路。

2. 扭环形计数器

为了增加有效计数状态，扩大计数器的模，将上述接成右移寄存器的 74194 的末级输出 Q_3 反相后，接到串行输入端 D_{SR}，这就构成了扭环形计数器，如图 8-70(a)所示，图 8-70(b)为其状态图。可见该电路有 8 个计数状态，为模 8 计数器。一般来说，只需将末级输出反相后，接到串行输入端，N 位移位寄存器就可以组成模 $2N$ 的扭环形计数器。

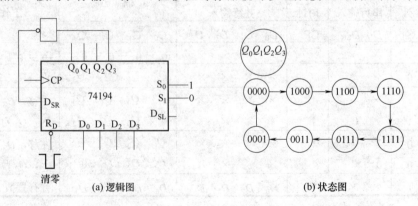

(a) 逻辑图　　　　　　　　(b) 状态图

图 8-70　用移位寄存器 74194 构成的扭环形计数器的逻辑图和状态图

8.6 集成 555 定时器

555 定时器是一种多用途的单片中规模集成电路。该电路使用灵活、方便，只需外接少量的阻容元件就可以构成单稳、多谐和施密特触发器，因而在波形的产生与变换、测量与控制、家用电器和电子玩具等许多领域中都得到了广泛应用。

目前，生产的定时器有双极型和 CMOS 两种，其型号分别有 NE555(或 5G555)和 C7555 等。通常，双极型产品型号最后的三位数码都是 555，CMOS 产品型号的最后四位数码都是 7555，它们的结构、工作原理以及外部引脚排列基本相同。

一般双极型定时器具有较大的驱动能力，而 CMOS 定时电路具有低功耗、输入阻抗高等优点。555 定时器工作的电源电压很宽，并可承受较大的负载电流。双极型定时器电源电压范围为 5～16V，最大负载电流可达 200mA；CMOS 定时器电源电压变化范围为 3～18V，最大负载电流在 4mA 以下。

8.6.1 定时器的电路结构与工作原理

555 定时器的电气原理图如图 8-71 所示，其内部包括由 3 个阻值为 5kΩ 的电阻组成的分压器、两个电压比较器 C_1 和 C_2，基本 RS 触发器和放电三极管 T 及缓冲器 G 等。当 5 脚悬空时，比较器 C_1 和 C_2 的比较电压分别为 $\frac{2}{3}V_{cc}$ 和 $\frac{1}{3}V_{cc}$。

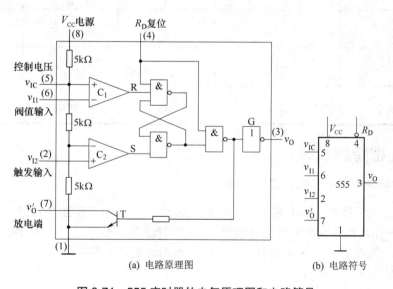

(a) 电路原理图   (b) 电路符号

图 8-71 555 定时器的电气原理图和电路符号

(1) 当 $v_{I1} > \frac{2}{3}V_{cc}$，$v_{I2} > \frac{1}{3}V_{cc}$ 时，比较器 C_1 输出低电平，C_2 输出高电平，基本 RS 触发器被置 0，放电三极管 T 导通，输出端 v_O 为低电平。

（2）当 $v_{I1} < \frac{2}{3}V_{CC}$，$v_{I2} < \frac{1}{3}V_{CC}$ 时，比较器 C_1 输出高电平，C_2 输出低电平，基本 RS 触发器被置 1，放电三极管 T 截止，输出端 v_O 为高电平。

（3）当 $v_{I1} < \frac{2}{3}V_{CC}$，$v_{I2} > \frac{1}{3}V_{CC}$ 时，比较器 C_1 输出高电平，C_2 也输出高电平，即基本 RS 触发器 $R=1$，$S=1$，触发器状态不变，电路亦保持原状态不变。

由于阈值输入端(v_{I1}) 为高电平 $\left(> \frac{2}{3}V_{CC} \right)$ 时，定时器输出低电平，因此也将该端称为高触发端(TH)。

因为触发输入端(v_{I2})为低电平 $\left(< \frac{1}{3}V_{CC} \right)$ 时，定时器输出高电平，因此也将该端称为低触发端(TL)。

如果在电压控制端(5 脚)施加一个外加电压(其值在 $0 \sim V_{CC}$ 之间)，比较器的参考电压将发生变化，电路相应的阈值、触发电平也将随之变化，并进而影响电路的工作状态。

另外，R_D 为复位输入端，当 R_D 为低电平时，不管其他输入端的状态如何，输出 v_O 均为低电平，即 R_D 的控制级别最高。正常工作时，一般应将其接高电平。

555 定时器的功能表如表 8-27 所示。

表 8-27　555 定时器的功能表

阈值输入(v_{I1})	触发输入(v_{I2})	复位(R_D)	输出(v_O)	放电管 T
×	×	0	0	导通
$< \frac{2}{3}V_{CC}$	$< \frac{1}{3}V_{CC}$	1	1	截止
$> \frac{2}{3}V_{CC}$	$> \frac{1}{3}V_{CC}$	1	0	导通
$< \frac{2}{3}V_{CC}$	$> \frac{1}{3}V_{CC}$	1	不变	不变

8.6.2　施密特触发器

1. 施密特触发器的结构及工作原理

利用 555 定时器可以构成施密特触发器，如图 8-72 所示。在图 8-72 中，R、V_{CC2} 构成另一输出端 v_{O2}，其高电平可以通过改变 V_{CC2} 进行调节。不难看出，施密特触发器具有回差电压特性，能将边沿变化缓慢的电压波形整形为边沿陡峭的矩形脉冲，其电路符号和电压传输特性如图 8-73 所示。

不难看出，当 $v_I = 0V$ 时，v_{O1} 输出高电平；当 v_I 上升到 $\frac{2}{3}V_{CC}$ 时，v_{O1} 输出低电平。当 v_I 由 $\frac{2}{3}V_{CC}$ 继续上升时，v_{O1} 保持不变；当 v_I 下降到 $\frac{1}{3}V_{CC}$ 时，电路输出跳变为高电平，而且在 v_I 继续下降到 0V 时，电路的这种状态不变。

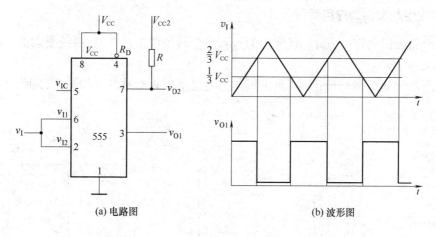

(a) 电路图　　　　　　　　　　　(b) 波形图

图 8-72　555 定时器构成的施密特触发器

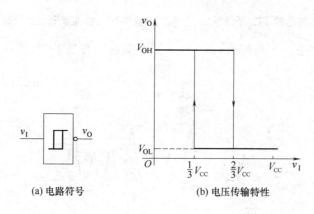

(a) 电路符号　　　　　　　　　(b) 电压传输特性

图 8-73　施密特触发器的电路符号和电压传输特性

2. 电压滞回特性和主要参数

1)　上限阈值电压 V_{T^+}

上限阈值电压 V_{T^+} 是指 v_I 上升过程中，输出电压 v_O 由高电平 V_{OH} 跳变到低电平 V_{OL} 时，所对应的输入电压值，$V_{T^+} = \dfrac{2}{3}V_{CC}$。

2)　下限阈值电压 V_{T^-}

下限阈值电压 V_{T^-} 是指 v_I 下降过程中，v_O 由低电平 V_{OL} 跳变到高电平 V_{OH} 时，所对应的输入电压值，$V_{T^-} = \dfrac{1}{3}V_{CC}$。

3)　回差电压 ΔV_T

回差电压又称为滞回电压，定义为

$$\Delta V_T = V_{T^+} - V_{T^-} = \frac{1}{3}V_{CC} \tag{8-27}$$

若在电压控制端 v_{IC}(5 脚)外加电压 V_S，则将有 $V_{T^+} = V_S$、$V_{T^-} = V_S/2$、$\Delta V_T = V_S/2$，而且当 V_S 改变时，它们的值也随之改变。

3. 施密特触发器的应用举例

(1) 用做接口电路——将缓慢变化的输入信号转换成符合 TTL 系统要求的脉冲波形，如图 8-74 所示。

(2) 用做整形电路——把不规则的输入信号整形成矩形脉冲，如图 8-75 所示。

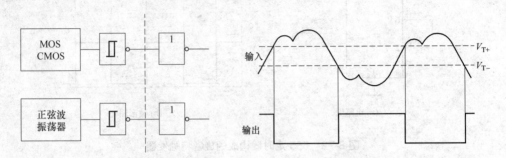

图 8-74　慢输入波形的 TTL 系统接口　　　图 8-75　脉冲整形电路的输入输出波形

(3) 用于脉冲鉴幅——将幅值大于 V_{T+} 的脉冲选出，如图 8-76 所示。

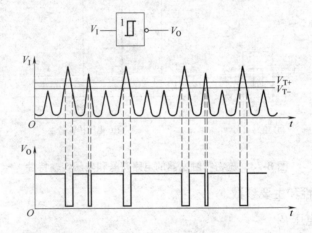

图 8-76　用施密特触发器鉴别脉冲幅度

8.6.3　多谐振荡器

1. 多谐振荡器的电路结构和参数

利用 555 定时器可以构成多谐振荡器，如图 8-77 所示。多谐振荡器实质是一个产生矩形脉冲波的自激振荡器，一旦起振之后，电路没有稳态，只有两个暂稳态，它们做交替变化，输出连续的矩形脉冲信号，因此它又被称作无稳态电路，常用来作脉冲信号源。

多谐振荡器的参数如下。

(1) 电容充电时间 T_1。电容充电时，时间常数 $\tau_1=(R_1+R_2)C$，起始值 $v_C(0^+)=\dfrac{1}{3}V_{CC}$，终值 $v_C(\infty)=V_{CC}$，转换值 $v_C(T_1)=\dfrac{2}{3}V_{CC}$，代入过渡过程计算公式进行计算，得

$$T_1 = \tau_1 \ln \frac{v_C(\infty) - v_C(0^+)}{v_C(\infty) - v_C(T_1)} = \tau_1 \ln \frac{V_{CC} - \frac{1}{3}V_{CC}}{V_{CC} - \frac{2}{3}V_{CC}} = \tau_1 \ln 2 = 0.7(R_1 + R_2)C \qquad (8\text{-}28)$$

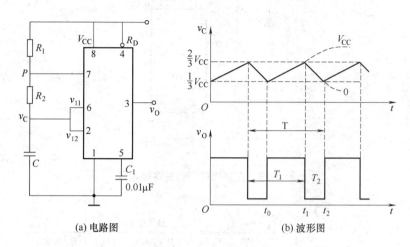

(a) 电路图　　　　　　　　　　　(b) 波形图

图 8-77　用 555 定时器构成的多谐振荡器

(2) 电容放电时间 T_2。电容放电时，时间常数 $\tau_2 = R_2 C$，起始值 $v_C(0^+) = \frac{2}{3}V_{CC}$，终值 $v_C(\infty) = 0$，转换值 $v_C(T_2) = \frac{1}{3}V_{CC}$，代入过渡过程计算公式进行计算，得

$$T_2 = 0.7R_2 C \qquad (8\text{-}29)$$

(3) 电路振荡周期 T。

$$T = T_1 + T_2 = 0.7(R_1 + 2R_2)C \qquad (8\text{-}30)$$

(4) 电路振荡频率 f。

$$f = \frac{1}{T} \approx \frac{1.43}{(R_1 + 2R_2)C} \qquad (8\text{-}31)$$

(5) 输出波形占空比 q。脉冲宽度与脉冲周期之比，称为占空比。

$$q = \frac{T_1}{T} = \frac{0.7(R_1 + R_2)C}{0.7(R_1 + 2R_2)C} = \frac{R_1 + R_2}{R_1 + 2R_2} \qquad (8\text{-}32)$$

2. 占空比可调的多谐振荡器电路

在图 8-77 所示的电路中，由于电容 C 的充电时间常数 $\tau_1 = (R_1 + R_2)C$，放电时间常数 $\tau_2 = R_2 C$，所以 T_1 总是大于 T_2，v_O 的波形不仅不可能对称，而且占空比 q 不易调节。利用半导体二极管的单向导电特性，把电容 C 充电和放电回路隔离开来，再加上一个电位器，便可构成占空比可调的多谐振荡器，如图 8-78 所示。

由于二极管的引导作用，电容 C 的充电时间常数 $\tau_1 = R_1 C$，放电时间常数 $\tau_2 = R_2 C$。通过与上面相同的分析计算过程，可得

$$T_1 = 0.7R_1 C \qquad (8\text{-}33)$$

$$T_2 = 0.7R_2 C \qquad (8\text{-}34)$$

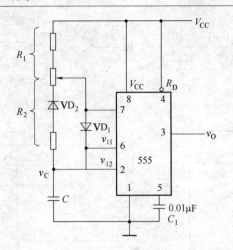

图 8-78　占空比可调的多谐振荡器

占空比为

$$q = \frac{T_1}{T} = \frac{T_1}{T_1 + T_2} = \frac{0.7R_1C}{0.7R_1C + 0.7R_2C} = \frac{R_1}{R_1 + R_2} \tag{8-35}$$

只要改变电位器滑动端的位置，就可以方便地调节占空比 q，当 $R_1=R_2$ 时，$q=0.5$，v_O 就成为对称的矩形波。

3. 多谐振荡器应用实例

1)　简易温控报警器

图 8-79 所示为利用多谐振荡器构成的简易温控报警电路，利用 555 定时器构成可控音频振荡电路，用扬声器发声报警，可用于火警或热水温度报警，电路简单、调试方便。

图 8-79 中晶体管 VT 可选用锗管 3AX31、3AX81 或 3AG 类，也可选用 3DU 型光敏管。3AX31 等锗管在常温下，集电极和发射极之间的穿透电流 I_CEO 一般在 $10\sim50\mu\text{A}$，且随温度升高而增大较快。当温度低于设定温度值时，晶体管 VT 的穿透电流 I_CEO 较小，定时器 555 的复位端 R_D(4 脚)的电压较低，电路工作在复位状态，多谐振荡器停振，扬声器不发声。当温度升高到设定温度值时，晶体管 VT 的穿透电流 I_CEO 较大，定时器 555 的复位端 R_D 的电压升高到解除复位状态的电位，多谐振荡器开始振荡，扬声器发出报警声。

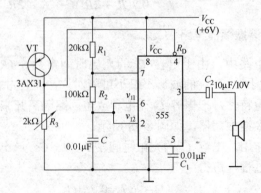

图 8-79　多谐振荡器用作简易温控报警电路

需要指出的是，不同的晶体管，其 I_{CEO} 值相差较大，故需改变 R_1 的阻值来调节控温点。方法是先把测温元件 VT 置于要求报警的温度下，调节 R_1 使电路刚发出报警声即可。报警的音调取决于多谐振荡器的振荡频率，由元件 R_2、R_3 和 C_1 决定，改变这些元件值，可改变音调，但要求 R_2 大于 1kΩ。

2) 双音门铃

图 8-80 所示为用多谐振荡器构成的电子双音门铃电路。

当按钮开关 AN 按下时，开关闭合，V_{CC} 经 VD_2 向 C_3 充电，P 点(4 脚)电位迅速充至 V_{CC}，复位解除；由于 VD_1 将 R_3 旁路，V_{CC} 经 VD_1、R_1、R_2 向 C 充电，充电时间常数为 $(R_1+R_2)C$，放电时间常数为 R_2C，多谐振荡器产生高频振荡，喇叭发出高音。

当按钮开关 AN 松开时，开关断开，由于电容 C_3 储存的电荷经 R_4 放电要维持一段时间，在 P 点电位降至复位电平之前，电路将继续维持振荡；但此时 V_{CC} 经 R_3、R_1、R_2 向 C 充电，充电时间常数增加为 $(R_3+R_1+R_2)C$，放电时间常数仍为 R_2C，多谐振荡器产生低频振荡，喇叭发出低音。

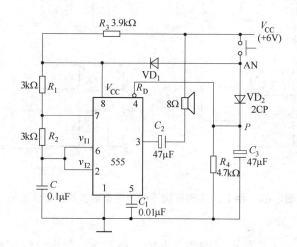

图 8-80　用多谐振荡器构成的电子双音门铃电路

当电容 C_3 持续放电，使 P 点电位降至 555 定时器的复位电平以下时，多谐振荡器停止振荡，喇叭停止发声。

调节相关参数，可以改变高、低音发声频率以及低音维持时间。

8.6.4　单稳态触发器

1. 电路组成及工作原理

利用 555 定时器可以构成单稳态触发器，如图 8-81 所示。其工作原理如下。

1) 无触发信号输入时电路工作在稳定状态

当电路无触发信号时，v_I 保持高电平，电路工作在稳定状态，即输出端 v_O 保持低电平，555 内放电三极管 T 饱和导通，管脚 7 "接地"，电容电压 v_C 为 0 V。

2) v_I 下降沿触发

当 v_I 下降沿到达时，555 定时器触发输入端(2 脚)由高电平跳变为低电平，电路被触发，v_O 由低电平跳变为高电平，电路由稳态转入暂稳态。

3) 暂稳态的维持时间

在暂稳态期间，555 定时器内放电三极管 VT 截止，V_{CC} 经 R 向 C 充电。其充电回路为 $V_{CC} \rightarrow R \rightarrow C \rightarrow$ 地，时间常数 $\tau_1 = RC$，电容电压 v_C 由 0V 开始增大，在电容电压 v_C 上升到阈值电压 $\frac{2}{3}V_{CC}$ 之前，电路将保持暂稳态不变。

4) 自动返回(暂稳态结束)时间

当 v_C 上升至阈值电压 $\frac{2}{3}V_{CC}$ 时，输出电压 v_O 由高电平跳变为低电平，555 定时器内放电三极管 T 由截止转为饱和导通，管脚 7 "接地"，电容 C 经放电三极管对地迅速放电，电压 v_C 由 $\frac{2}{3}V_{CC}$ 迅速降至 0V(放电三极管的饱和压降)，电路由暂稳态重新转入稳态。

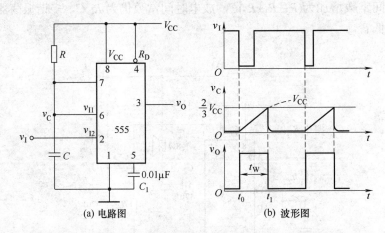

(a) 电路图   (b) 波形图

图 8-81 用 555 定时器构成的单稳态触发器及工作波形

5) 恢复过程

当暂稳态结束后，电容 C 通过饱和导通的三极管 VT 放电，时间常数 $\tau_2 = R_{CES}C$，R_{CES} 是 VT 的饱和导通电阻，其阻值非常小，因此 τ_2 的值亦非常小。经过 $(3 \sim 5)\tau_2$ 后，电容 C 放电完毕，恢复过程结束。

恢复过程结束后，电路返回到稳定状态，单稳态触发器又可以接收新的触发信号。

不难看出，单稳态触发器具有以下特点：①它有一个稳定状态和一个暂稳状态；②在外来触发脉冲作用下，能够由稳定状态翻转到暂稳状态；③暂稳状态维持一段时间后，将自动返回到稳定状态。暂稳态时间的长短与触发脉冲无关，仅由电路本身的参数决定。

单稳态触发器在数字系统和装置中，一般用于定时(产生一定宽度的脉冲)、整形(把不规则的波形转换成等宽、等幅的脉冲)以及延时(将输入信号延迟一定的时间之后输出)等。

2. 主要参数估算

1) 输出脉冲宽度 t_W

输出脉冲宽度就是暂稳态维持时间，也就是定时电容的充电时间。由图 8-81(b)所示电容电压 v_C 的工作波形不难看出，$v_C(0^+) \approx 0V$，$v_C(\infty) = V_{CC}$，$v_C(t_W) = \frac{2}{3}V_{CC}$，代入过渡过程计

算公式，可得

$$t_{\mathrm{W}} = \tau_1 \ln \frac{v_{\mathrm{C}}(\infty) - v_{\mathrm{C}}(0^+)}{v_{\mathrm{C}}(\infty) - v_{\mathrm{C}}(t_{\mathrm{W}})}$$

$$= \tau_1 \ln \frac{V_{\mathrm{CC}} - 0}{V_{\mathrm{CC}} - \dfrac{2}{3}V_{\mathrm{CC}}} \tag{8-36}$$

$$= \tau_1 \ln 3$$

$$= 1.1RC$$

上式说明，单稳态触发器输出脉冲宽度 t_{W} 仅由定时元件 R、C 的取值决定，与输入触发信号和电源电压无关，调节 R、C 的取值，即可方便地调节 t_{W}。

2) 恢复时间 t_{re}

一般取 $t_{\mathrm{re}}=(3\sim5)\tau_2$，即认为经过 3～5 倍的时间常数电容就可以放电完毕。

3) 最高工作频率 $f_{\max}$

若输入触发信号 v_{I} 是周期为 T 的连续脉冲，为保证单稳态触发器能够正常工作，应满足的条件为

$$T > t_{\mathrm{W}} + t_{\mathrm{re}} \tag{8-37}$$

也就是 v_{I} 周期的最小值 $T_{\min}$ 应为 $t_{\mathrm{W}} + t_{\mathrm{re}}$，即

$$T_{\min} = t_{\mathrm{W}} + t_{\mathrm{re}} \tag{8-38}$$

因此，单稳态触发器的最高工作频率应为

$$f_{\max} = \frac{1}{T_{\min}} = \frac{1}{t_{\mathrm{W}} + t_{\mathrm{re}}} \tag{8-39}$$

需要指出的是，在图 8-81 所示的电路中，输入触发信号 v_{I} 的脉冲宽度(低电平的保持时间)必须小于电路输出 v_{O} 的脉冲宽度(暂稳态维持时间 t_{W})，否则电路将不能正常工作。因为当单稳态触发器被触发翻转到暂稳态后，如果 v_{I} 端的低电平一直保持不变，那么 555 定时器的输出端将一直保持高电平不变。

解决这一问题的一个简单方法就是在电路的输入端加一个 RC 微分电路，即当 v_{I} 为宽脉冲时，让 v_{I} 经 RC 微分电路之后再接到 v_{I2} 端。不过微分电路的电阻应接到 V_{CC}，以保证在 v_{I} 下降沿未到来时，v_{I2} 端为高电平。

3. 单稳态触发器的应用

1) 延时与定时

在图 8-82 中，v_{O}' 的下降沿比 v_{I} 的下降沿滞后了时间 t_{W}，即延迟了时间 t_{W}。单稳态触发器的这种延时作用常被应用于时序控制中。

在图 8-82 中，单稳态触发器的输出电压 v_{O}'，用作与门的输入定时控制信号，当 v_{O}' 为高电平时，与门打开，$v_{\mathrm{O}} = v_{\mathrm{F}}$；当 v_{O}' 为低电平时，与门关闭，v_{O} 为低电平。显然与门打开的时间是恒定不变的，就是单稳态触发器输出脉冲 v_{O}' 的宽度 t_{W}。

2) 整形

单稳态触发器能够把不规则的输入信号 v_{I}，整形成为幅度和宽度都相同的标准矩形脉冲 v_{O}。v_{O} 的幅度取决于单稳态电路输出的高、低电平，宽度 t_{W} 决定于暂稳态时间。

图 8-83 是单稳态触发器用于波形整形的一个简单例子。

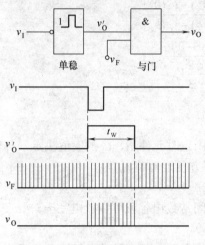

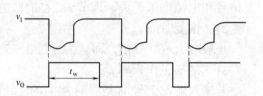

图 8-82　单稳态触发器用于脉冲的
延时与定时选通

图 8-83　单稳态触发器用于波形的整形

3)　触摸定时控制开关

图 8-84 所示为利用 555 定时器构成的单稳态触发器，由于人体存在感应电压，所以用手触摸一下金属片 P，就相当于在触发输入端(管脚 2)加入一个负脉冲，555 定时器的输出端(管脚 3)输出高电平，灯泡(R_L)发光，当暂稳态时间(t_W)结束时，555 定时器的输出端恢复低电平，灯泡熄灭。该触摸开关可用于夜间定时照明，定时时间可由参数 RC 调节。

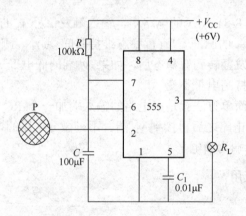

图 8-84　触摸式定时控制开关电路

4)　触摸、声控双功能延时灯

图 8-85 所示为一触摸、声控双功能延时灯电路，电路由电容降压整流电路、声控放大器、555 触发定时器和控制器组成。具有声控和触摸控制灯亮的双功能。

555 和 T_1、R_3、R_2、C_4 组成单稳定时电路，定时时间 $t_W=1.1R_2C_4$，图示参数的定时(即灯亮)时间约为 1min。当击掌声传至压电陶瓷片时，HTD 将声音信号转换成电信号，经 VT_2、VT_1 放大，触发 555，使 555 输出端(3 脚)输出高电平，触发导通晶闸管 SCR，电灯亮；同样，若触摸金属片 A 时，人体感应电信号经 R_4、R_5 加至 VT_1 基极，使 VT_1 导通，触发 555，达到上述效果。

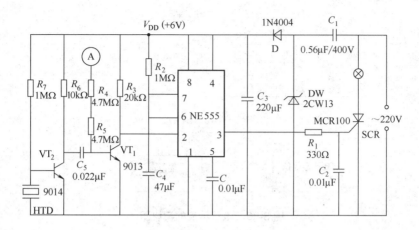

图 8-85　触摸、声控双功能延时灯电路

8.7　电子秒表的设计过程

电子秒表要求能够对时间进行精确计时并显示出来，因此要由启动、清零复位电路、多谐振荡电路、分频计数电路、译码显示电路等组成。设计过程如下。

1. 基本思路

格局设计要求计时精确到 0.01s，即对周期为 0.01s 的矩形波进行计数。所以要求产生一个周期为 0.01s 的矩形波，可利用所学过的 555 多谐振荡器产生所需矩形波。

将计数时间以数字形式显示出来，则需设计计数显示电路，将 0.01s、0.1s、1s、1min(60s)的计数脉冲输入对应的 0.01s、0.1s、1s、1min(60s)计数器，再将计数结果经相应的七段译码器译码，送到数码显示管显示。其中，0.01s、0.1s、秒、分的个位要用十进制计数，秒的十位要用六进制计数器。

2. 控制电路

控制电路用来控制秒表的复位、启动和停止。利用启动开关和停止开关控制触发器产生启动/停止信号，控制 0.01s 计数器的输入端有无计数脉冲输入。当复位后，按下启动按钮，则开始计时；当按下停止按钮的，0.01s 的输入端无计数脉冲输入。当按下复位按钮时，将所有计数器都复位。

3. 稳压电源

由于是通过 555 多谐振荡器产生计数脉冲的，电源的稳定性影响着振荡器的输出频率的精确性，所以电源电路要保证工作在 5V 稳压。

电子秒表的模块图如图 8-86 所示。

(1) 多谐振荡器：利用 555 定时器构成的多谐振荡器做时钟源，产生 100Hz 的脉冲。

(2) 计数器：对时钟信号进行计数并进位，毫秒和秒之间十进制，秒和分之间六十进制。

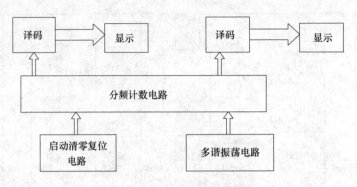

图 8-86　电子秒表的模块图

(3) 译码器：对脉冲记数进行译码输出到显示单元中。

(4) 显示器：采用 5 片 LED 显示器把各位的数值显示出来，是秒表最终的输出，有分、秒和毫秒位。

(5) 控制器：控制电路是对秒表的工作状态(计时开始/暂停/继续/复位等)进行控制的单元，可由触发器和开关组成。

8.8　拓展实训

8.8.1　防盗报警器的制作实训

1. 实训目的

(1) 掌握报警器电路的工作原理及设计方法。

(2) 掌握焊接的基本方法。

2. 实训设备和器材

万用电表，稳压电源，每人一个电路板，一套焊接工具(包括螺钉刀、尖嘴钳、老虎钳、剪子、镊子、电工刀、电烙铁、焊锡、烙铁架等)，一套元件包括多谐振荡器 555 定时器，电阻器(15kΩ、68kΩ、1kΩ、510Ω 2 个)，电容器(0.1μF、10μF)，三极管 3DG130。

3. 实训内容

(1) 认识 555 定时器、3DG130 三极管，并了解其功能。

(2) 拟出安装顺序方案。

① 思考安装顺序，并拟出安装顺序方案。

② 按所拟安装顺序依次安装各部件。

③ 由 555 定时器和 3DG130 三极管构成报警电路。

(3) 焊接步骤。

① 将全部零件(包括底板上的接线处)的焊接处刮亮。

② 使电烙铁挂锡。

③ 将各焊件预先上锡。

④ 将各元件根据电路图装在底板上。

(4) 测试电路的逻辑功能。

(5) 由老师检查焊接质量和电路。

4. 实训总结

(1) 安装部件焊接前，一定要先用万用表检测各元件好坏。

(2) 电压由稳压电源提供。

(3) 不会焊接和安装部件的学生请求实训指导教师的帮助，并撰写《实训报告》。

8.8.2　竞赛抢答器的设计实训

1. 实训目的

(1) 掌握抢答器电路的工作原理及设计方法。

(2) 提高焊接的技术。

2. 实训设备和器材

万用电表，稳压电源，每人一个电路板，一套焊接工具(包括螺钉刀、尖嘴钳、老虎钳、剪子、镊子、电工刀、电烙铁、焊锡、烙铁架等)，74LS148 2 片，74LS279 2 片，74LS48 4 片，74LS192 2 片，NE555 2 片，74LS00 1 片，发光二极管 2 片，共阴极 LED 数码管 4 只，74LS121 1 片。

3. 实训内容

(1) 认识优先编码器 74LS148、RS 锁存器 74LS279、七段译码器/驱动器 74LS48，并了解其功能。

(2) 设计并安装抢答电路。

(3) 测试抢答器电路的逻辑功能。

(4) 由老师检查焊接质量和电路。

4. 实训总结

(1) 认真思考如何利用全部器件，设计出一个多路智力竞赛抢答器。

(2) 功能要求自己拟定，并撰写《实训报告》。

本 章 小 结

(1) 触发器有以下两个基本性质。

① 在一定条件下，触发器可维持在两种稳定状态(0 或 1)之一而保持不变。

② 在一定的外加信号作用下，触发器可从一个稳定状态转变到另一个稳定状态。这就使得触发器能够记忆二进制信息 0 和 1，常被用作二进制存储单元。

(2) 触发器的逻辑功能是指触发器输出的次态与输出的现态及输入信号之间的逻辑关系。描写触发器逻辑功能的方法主要有特性表、特性方程、驱动表、状态转换图和波形图(又称时序图)等。

(3) 按照结构不同，触发器可分为：基本 RS 触发器，为电平触发方式；同步触发器，为脉冲触发方式；主从触发器，为脉冲触发方式；边沿触发器，为边沿触发方式。

(4) 根据逻辑功能的不同，触发器可分为以下几种。

① RS 触发器：$Q^{n+1} = S + \overline{R}Q^n$，$RS=0$(约束条件)。

② JK 触发器：$Q^{n+1} = J\overline{Q^n} + \overline{K}Q^n$

③ D 触发器：$Q^{n+1}=D$

④ T 触发器：$Q^{n+1} = T\overline{Q^n} + \overline{T}Q^n$

⑤ T′ 触发器：$Q^{n+1}=\overline{Q^n}$

(5) 同一电路结构的触发器可以做成不同的逻辑功能；同一逻辑功能的触发器可以用不同的电路结构来实现；不同结构的触发器具有不同的触发条件和动作特点，触发器逻辑符号中 CP 端有小圆圈的为下降沿触发，没有小圆圈的为上升沿触发。利用特性方程可实现不同功能触发器间逻辑功能的相互转换。

(6) 时序逻辑电路在任何一个时刻的输出状态不仅取决于当时的输入信号，还与电路的原状态有关。因此，时序电路中必须含有具有记忆能力的存储器件，触发器是最常用的存储器件。

(7) 描述时序逻辑电路逻辑功能的方法有状态转换真值表、状态转换图和时序图等。

(8) 时序逻辑电路的分析步骤一般为：逻辑图→时钟方程(异步)、驱动方程、输出方程→状态方程→状态转换真值表→状态转换图和时序图→逻辑功能。

(9) 计数器是一种简单而又最常用的时序逻辑器件。它们在计算机和其他数字系统中起着非常重要的作用。计数器不仅能用于统计输入时钟脉冲的个数，还能用于分频、定时、产生节拍脉冲等。

(10) 用已有的 M 进制集成计数器产品可以构成 N(任意)进制的计数器。采用的方法有异步清零法、同步清零法、异步置数法和同步置数法，根据集成计数器的清零方式和置数方式来选择。当 $M>N$ 时，用 1 片 M 进制计数器即可；当 $M<N$ 时，要用多片 M 进制计数器组合起来，才能构成 N 进制计数器。当需要扩大计数器的容量时，可将多片集成计数器进行级联。

(11) 寄存器也是一种常用的时序逻辑器件。寄存器分为数码寄存器和移位寄存器两种，移位寄存器又分为单向移位寄存器和双向移位寄存器。集成移位寄存器使用方便、功能全、输入和输出方式灵活。用移位寄存器可实现数据的串行-并行转换、组成环形计数器、扭环计数器、顺序脉冲发生器等。

(12) 555 定时器是一种用途很广的集成电路，除了能组成施密特触发器、单稳态触发器和多谐振荡器以外，还可以接成各种灵活多变的应用电路。

思考题与习题

1. 选择题

(1) 由图 8-87 所示逻辑图的逻辑功能所构成电路的 Q 输出为_____。

　　A. 1 状态　　　　　B. 0 状态　　　　　C. 计数状态　　　　　D. 不变状态

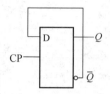

图 8-87　题 1(1)图

(2) 下列各种触发器中有空翻现象的触发器是_____。

　　A. 主从结构触发器　　　　　　　　B. 维持-阻塞触发器

　　C. 同步 RS 触发器　　　　　　　　D. 边沿触发器

(3) 下列说法中错误的是_____。

　　A. 同步清零受 CP 脉冲控制　　　　B. 同步置数不受 CP 脉冲控制

　　C. 异步清零不受 CP 脉冲控制　　　D. 异步置数不受 CP 脉冲控制

(4) 对于图 8-87 所示的触发器中转换电路，能实现的转换是_____。

　　A. 实现 T′ 触发器向 D 触发器转换　　B. 实现 D 触发器向 T′ 触发器转换

　　C. 实现 RS 触发器向 D 触发器转换　　D. 实现 D 触发器向 JK 触发器转换

(5) 在图 8-88 所示的触发器转换电路中，能实现 JK 触发器向 D 触发器转换的是

_____。

　　A. 图 8-88(a)　　　B. 图 8-88(b)　　　C. 图 8-88(c)　　　D. 图 8-88(d)

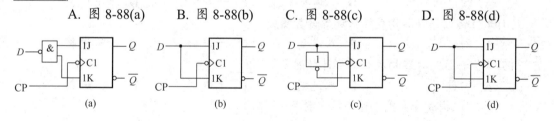

图 8-88　题 1(5)图

(6) 在 CP 作用下，具有置 0、置 1、保持、翻转功能的触发器是_____。

　　A. D 触发器　　　B. T 触发器　　　C. JK 触发器　　　　　D. RS 触发器

(7) 使用触发器需从三个方面做出合理的选择，其中_____不是。

　　A. 逻辑功能　　　　　　　　　　　B. 电路结构形式

　　C. 触发器颜色限定　　　　　　　　D. 制造工艺

(8) 在下列各电路中，按逻辑功能分不属于触发器种类的电路有_____。

　　A. RS 触发器　　　　　　　　　　B. JK 触发器

　　C. 边沿触发器　　　　　　　　　　D. T 触发器　　E、D 触发器

(9) 集成计数器 74163 和集成计数器 74161 两者的逻辑功能及计数工作原理完全一样。两者清零方式是_____。

    A. 74161 采用的异步清零；74163 采用的同步清零

    B. 74161 采用的同步清零；74163 采用的同步清零

    C. 74161 采用的异步清零；74163 采用的异步清零

    D. 74161 采用的同步清零；74163 采用的异步清零

(10) 在下列各电路中，不属于时序电路的有_____。

    A. 触发器   B. 比较器   C. 寄存器   D. 计数器

(11) 图 8-89 所示的逻辑电路属于_____。

    A. 异步 3 位二进制加法计数器   C. 同步 3 位二进制加法计数器

    B. 异步 3 位二进制减法计数器   D. 同步 3 位二进制减法计数器

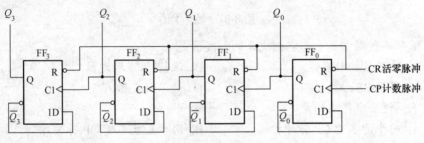

图 8-89　题 1(11)图

(12) 计数器可以由下列电路构成_____。

    A. 触发器和比较器   B. 比较器和选择器

    C. 门电路和触发器   D. 加法器和选择器

(13) 用 4 个触发器加适当的电路不能构成的计数器是_____。

    A. 四进制   B. 八进制   C. 十四进制   D. 十七进制

(14) 4 位移位寄存器构成的扭环形计数器是_____。

    A. 四进制   B. 八进制   C. 十进制   D. 十六进制

(15) 4 位移位寄存器构成的环形计数器是_____。

    A. 四进制   B. 八进制   C. 十进制   D. 十六进制

(16) 不可以构成计数式工作的触发器是_____。

    A. 同步 RS 触发器   B. 主从 JK 触发器

    C. 维持-阻塞 D 触发器   D. JK 边沿触发器

(17) 具有异步清零、同步并行置数、保持、同步二进制加法计数功能的计数器是_____。

    A. 集成计数器 74290

    B. 集成计数器 74161

    C. 集成计数器 74163

(18) 集成计数器 74160 是_____。

    A. 同步十进制加法计数器

B. 同步四位二进制(十六进制)加法计数器

C. 异步二—五—十进制计数器

2. 基本 RS 触发器的输入波形图 8-90 所示,试画出其输出端波形。

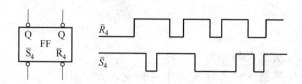

图 8-90　题 2 图

3. 下降沿触发的 JK 触发器输入波形如图 8-91 所示,试画出其输出端波形。

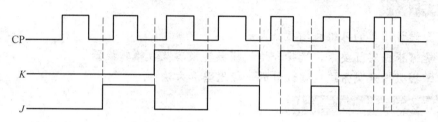

图 8-91　题 3 图

4. 试分析图 8-92 所示时序电路的逻辑功能,画出其相应的状态转换图。

5. 图 8-93 所示为由同步预置数 4 位二进制集成计数器 74LS161 组成的任意进制计数器,试分析它们各是多少进制的计数器,并画出其相应的状态转换图。

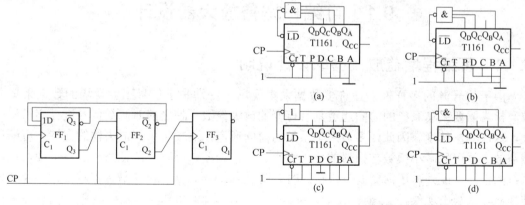

图 8-92　题 4 图

图 8-93　题 5 图

第9章 模拟量与数字量的转换

本章要点

- 掌握可编程增益放大器的设计方法。
- 熟悉数模转换器的工作原理及简单应用电路。
- 熟悉模数转换器的工作原理及简单应用电路。
- 了解数模转换器及模数转换器的技术指标。

技能目标

- 会设计简单的可编程增益放大器。
- 能够根据实际要求，选择合适的模数转换器及数模转换器。
- 掌握数据采集系统电路设计的一般思路和方法。

主要理论及工程应用导航

本章讲述了可编程增益放大器的设计方法、模数转换器和数模转换器的电路结构、工作原理、主要技术指标、常用芯片及其应用，它们能够在模拟信号和数字信号之间起转换作用，是很多计算机系统中不可缺少的组成部分，常应用于小信号工业现场的数据采集系统和计算机控制系统。

9.1 可编程增益放大器设计

9.1.1 可编程增益放大器的设计说明

由于信号源的多样性，在许多数据采集现场，特别是小信号工业现场的数据采集系统，常常需要采集系统的前向通道具有可变的放大倍数，使之能对测量信号进行满量程放大，保证测量精度。因此，多数采集系统的前向通道，需要可编程放大器的支持。可编程增益放大器可以减小模数转换器的输入噪声、附加误差、漂移，降低系统的复杂性，提高系统的性能。此外，还需要调节传感器的失调/清零电压，防止产生放大器输出饱和及数模转换器输入溢出现象。

1. 设计目的

通过本节设计，重点掌握可编程放大器的工作原理及使用方法。

2. 设计内容

设计一个可编程放大器，其增益可变，分别为 0.01、0.1、1、5、10、50、100 倍，带宽不低于 20kHz。

思考：什么是可编程增益放大器？它是怎么工作的？它是如何进行增益调节的？

9.1.2 增益放大器的分类

增益放大器根据电路结构的不同，可以分为三类。

1. 由普通放大器实现增益可变

如图 9-1 所示，这是一个典型的通过改变反馈电阻大小而实现增益可变的放大电路。其增益可在 $1\sim100$ 之间改变。

2. 采用模拟电子开关实现增益可变

如图 9-2 所示，一组模拟开关在控制信号作用下，每次只有一个开关接通，这样就实现了反馈电阻可变的目的，最终实现了增益的改变。

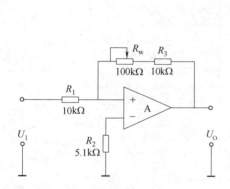

图 9-1 采用电位器的可变增益放大器

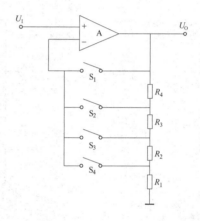

图 9-2 采用模拟电子开关的可变增益放大器

3. 电压控制增益可变增益放大器

如图 9-3 所示，改变场效应管的控制电压，其漏极-源极间电阻也随之变化，故反馈量产生变化，最终实现了增益改变。

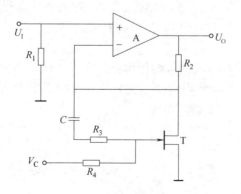

图 9-3 电压控制的可变增益放大器

以上三种类型，都能实现增益可调，第 2 类和第 3 类都是源于第 1 类并加以改进而成的。后两类更有利于实现可编程增益控制。

9.1.3　可编程增益放大器的设计

采用模拟电子开关实现增益可调，每挡分别取 1/100、1/10、1、5、10、50 和 100 共七挡，如图 9-4 所示，这是一个典型的反相放大器，元件的阻值就是按以上要求选取的。CD4051B 为一个 8 选 1 模拟开关，这里只用了 7 路。通过控制端的数码组合，选择相应的电阻接入回路。电源电压选择+5V 是为了与控制信号 TTL 电平兼容。

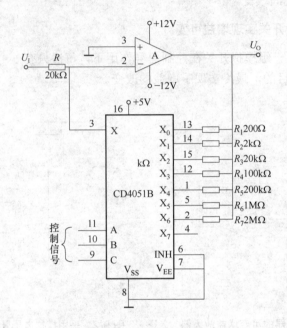

图 9-4　设计实例电路图

下面，我们来分析一下要完成一个简单实用的放大器还应具备哪些相应的电路。为了保证增益级的变化不对前后级电路产生影响，一般应增加前后两级隔离电路。最后一级输出级采用固定增益，一般后可接各类驱动电路。复杂的控制可由微处理器芯片完成，这里采用手动控制，可有两种方案，一种为循环式，一种为直接选择式。比较后，我们选用较简单的循环式，仅需一个单脉冲发生器和计数器即可实现。图 9-5 为其实现原理框图。

图 9-6 就是按上述思路完成的可编程增益放大器。此电路通常适用于各类测量电路，为了保证增益的准确性，实际使用时，相关元器件按使用要求选定，与增益有关的电阻元件误差应小于 1%，电路中应有调零电路。

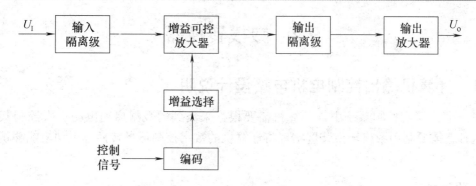

图 9-5　设计电路原理框图

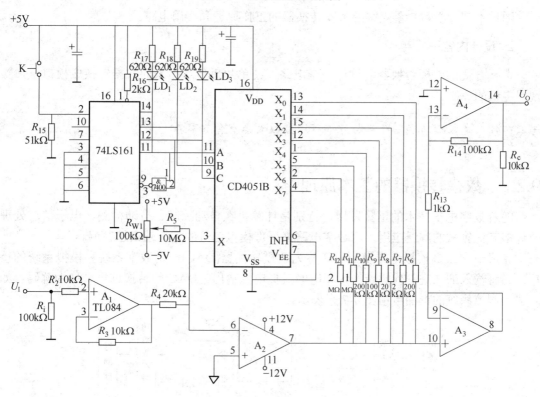

图 9-6　可编程放大器参考图

小实验：设计一个可编程增益放大器

实验目的：熟悉可编程放大器原理及常用数字集成电路的应用，参阅相关资料设计出一个类似于图 9-6 的可编程放大器，并写出设计计算过程和调试步骤。

实验设备：双踪示波器，路稳压源，TL084，74LS161，74LS00，电阻，电容，导线。

实验步骤：①先设计电路图，并完成连线；②调试控制部分，然后调放大回路。

提示：在调试过程中，要注意元件值可能要根据实际情况做些调整。

9.2 数模转换器

9.2.1 计算机输出控制电机电路设计说明

在一个计算机控制系统中，计算机需要根据采集到的数据启动电动机去控制其他设备。这时就需要利用数模转换装置实现将计算机的数字控制信息转换成电动机能够识别的模拟量。

1. 设计目的

通过本节的学习，重点掌握数模转换器的工作原理和实用电路。

2. 设计内容

选择合适的数模转换器，设计一个电路，使单片机传送出来的数据转换成模拟量，实现对电机的控制。

> 思考：什么是数模转换器？它与可编程增益放大器有什么联系？

9.2.2 数模转换器的基本原理

随着数字电子技术的迅猛发展，特别是计算机在自动控制、自动检测、电子信息处理及许多其他领域的广泛应用，用数字电路来处理模拟信号的方式越来越普遍。

完成数字量到模拟量转换的电路称为数模转换器(DAC)，是数字系统和模拟系统的接口，它将输入的二进制代码转换为相应的模拟电压输出。DAC 的转换过程又称为解码，如一般的测控系统的框图可用图 9-7 来表示。

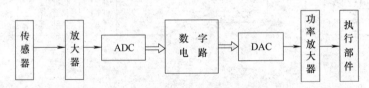

图 9-7　一般测控系统框图

图 9-7 中模拟信号由传感器转换为电信号，经放大送入 ADC 转换为数字量，由数字电路进行处理，再由 DAC 还原为模拟量，去驱动执行部件。

DAC 是利用电阻网络和模拟开关，将多位二进制数 D 转换为与之成比例的模拟量的一种转换电路，因此，输入应是一个 n 位的二进制数。从前面的学习中，我们知道二进制是有权码，每位代码都有一定的权。

一般的，二进制数转换为十进制数的通式展开为

$$D_n = d_{n-1} \times 2^{n-1} + d_{n-2} \times 2^{n-2} + \cdots + d_1 \times 2^1 + d_0 \times 2^0 \tag{9-1}$$

而输出应当是与输入的数字量成比例的模拟量 A，则

$$A = KD_n = (d_{n-1} \times 2^{n-1} + d_{n-2} \times 2^{n-2} + \cdots + d_1 \times 2^1 + d_0 \times 2^0) \tag{9-2}$$

式中：K 为转换系数。其转换过程是把输入的二进制数中为 1 的每一位代码，按每位权的大小，转换成相应的模拟量，然后将各位转换之后的模拟量，经求和运算放大器相加，和便是与被转换数字量成正比的模拟量，从而实现了数模转换。一般的 DAC 的输出 A 正比于输入数字量 D 的模拟电压量。比例系数 K 为一个常数，单位为伏特。

图 9-8 所示是 DAC 的输入、输出关系框图，$D_0 \sim D_{n-1}$ 是输入的 n 位二进制数，v_o 是与输入二进制数成比的输出电压。

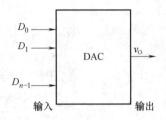

图 9-8   DAC 的输入、输出关系框图

图 9-9 所示是一个输入为 3 位二进制数时 DAC 的转换特性，它具体而形象地反映了 DAC 的基本功能。

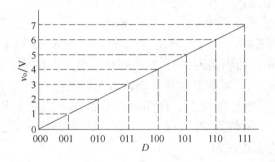

图 9-9   3 位 DAC 的转换特性

从图 9-9 中可以看出，图中 3 位二进制代码 000 对应的输出电压为 0V，代码 111 对应的输出电压为 7V，称为满度电压。当输入的二进制代码从最小值 000 变化到最大值 111 时，所对应输出的模拟电压从 0V 变化到 7V，即输出模拟量分成了 7 份。当输出的最大模拟电压确定后，输入数字量的位数越多，则各数字量之间的间隔越小，相邻输入的数字量所对应的输出的模拟量之差也越小。

9.2.3   不同类型数模转换器的工作原理

数模转换器一般由解码网络、模拟电子开关、求和电路和参考电压组成。

按解码网络结构的不同，数模转换器可以分为 T 形电阻网络 DAC、倒 T 形电阻网络 DAC、权电流 DAC 和权电容 DAC 等。

按模拟电子开关电路的不同，数模转换器还可以分为 CMOS 开关 DAC 和双极型开关 DAC。在速度要求不高的情况下可以选用 CMOS 开关 DAC，而要求速度较高的情况下则可选用双极型开关 DAC。

1. 倒 T 形电阻网络 DAC

倒 T 形电阻网络 DAC 是目前使用最为广泛的一种形式，n 位倒 T 形电阻网络 DAC 的原理图如图 9-10 所示，由模拟开关 $S_0 \sim S_{n-1}$、呈倒 T 形的 $R\text{-}2R$ 电阻解码网络、运算放大器 A 构成的求和电路组成。

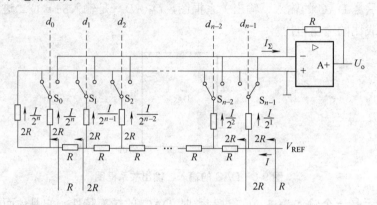

图 9-10　倒 T 形电阻网络 DAC 转换电路

该电阻网络的电阻值是按 4 位二进制数的位权大小来取值的，低位最高($2^{n-1}R$)，高位最低(2^0R)，从低位到高位依次减半。4 个电子模拟开关 $S_0 \sim S_{n-1}$，其状态分别受输入代码 $d_0 \sim d_{n-1}$ 共 N 个数字信号控制。输入代码 d_i 为 1 时，开关 S_i 连到 1 端，对应开关便将 $2R$ 电阻接到运放反相输入端，而当其为"0"时，则将电阻 $2R$ 接地。由图 9-10 可知，按照虚短、虚断的近似计算方法，求和放大器反相输入端的电位为虚地，所以无论开关合到哪一边，都相当于接到了"地"电位上。在图示开关状态下，从最左侧将电阻折算到最右侧，先是 $2R/\!/2R$ 并联，电阻值为 R，再和 R 串联，又是 $2R$，一直折算到最右侧，电阻仍为 R，则可写出电流 I 的表达式为

$$I = \frac{V_{\text{REF}}}{R} \tag{9-3}$$

只要 V_{REF} 选定，电流 I 为常数。流过每个支路的电流从右向左，分别为 $I/2^1$、$I/2^2$、$I/2^3$、…。当输入的数字信号为"1"时，电流流向运放的反相输入端，当输入的数字信号为"0"时，电流流向地，可写出 I_{Σ} 的表达式为

$$I_{\Sigma} = \frac{I}{2}d_{n-1} + \frac{I}{4}d_{n-2} + \cdots + \frac{I}{2^{n-1}}d_1 + \frac{I}{2^n}d_0 \tag{9-4}$$

在求和放大器的反馈电阻等于 R 的条件下，输出模拟电压为

$$
\begin{aligned}
U_{\text{o}} &= -RI_{\Sigma} = -R\left(\frac{I}{2}d_{n-1} + \frac{I}{4}d_{n-2} + \cdots + \frac{I}{2^{n-1}}d_1 + \frac{I}{2^n}d_0 \right) \\
&= -\frac{V_{\text{REF}}}{2^n}(d_{n-1}2^{n-1} + d_{n-2}2^{n-2} + \cdots + d_1 2^1 + d_0 2^0)
\end{aligned}
\tag{9-5}
$$

从中可以看出，输出的电压与输入的二进制数成正比，故此权电流网络可以实现从数字量到模拟量的转换。

倒 T 形电阻网络 DAC 所用的电阻阻值仅两种，串联臂为 R，并联臂为 $2R$，便于制造和扩展位数。

2. 权电流型 DAC

倒 T 形电阻变换网络虽然只有两个电阻值，有利于提高转换精度，但电子开关并非理想器件，模拟开关的压降以及各开关参数的不一致都会引起转换误差。为进一步提高 DAC 的转换精度，可采用权电流型 DAC。图 9-11 给出了 4 位权电流型 DAC 的示意图。

这组恒流源从高位到低位电流的大小依次为 $I/2$、$I/4$、$I/8$、$I/16$。高位电流是低位电流的倍数，即各二进制位所对应的电流为其权值乘以最低位电流。

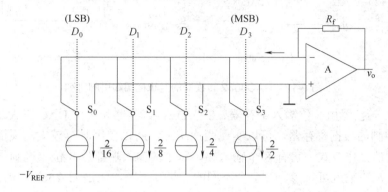

图 9-11 权电流 DAC

当输入数字量的某一位代码 $D_i=1$ 时，开关 S_i 接运算放大器的反相输入端，相应的权电流流入求和电路；当 $D_i=0$ 时，开关 S_i 接地。分析该电路，可得

$$
\begin{aligned}
v_O &= i_\Sigma R_f \\
&= R_f\left(\frac{I}{2}D_3 + \frac{I}{4}D_2 + \frac{I}{8}D_1 + \frac{I}{16}D_0\right) \\
&= \frac{I}{2^4} \cdot R_f(D_3 \cdot 2^3 + D_2 \cdot 2^2 + D_1 \cdot 2^1 + D_0 \cdot 2^0) \\
&= \frac{I}{2^4} \cdot R_f \sum_{i=0}^{3} D_i \cdot 2^i
\end{aligned}
\tag{9-6}
$$

从中可以看出，输出的电压与输入的二进制数成正比，故此权电流网络可以实现从数字量到模拟量的转换。

采用了恒流源电路之后，恒流源内阻极大，相当于开路，所以连同电子开关在内，对它的转换精度影响都比较小，这就降低了对开关电路的要求，又因电子开关大多采用非饱和型的 ECL 开关电路，使这种 DAC 可以实现高速转换，转换精度较高。

9.2.4 常用集成数模转换器

完成数模转换的线路有多种，特别是单片大规模集成 DAC 的问世，为实现这种转换提供了极大的方便。使用者可借助于手册提供的器件性能指标及典型应用电路，正确使用这些器件。常用大规模集成电路 DAC0832 实现 DA 转换。

DAC0832 是采用 CMOS 工艺制成的电流输出型 8 位 DAC。单电源供电，在 +5～+15V 范围内均可正常工作。基准电压的范围为 ±10V，电流建立时间为 1μs，低功耗 20mW。

图 9-12 是 DAC0832 转换器的逻辑框图和引脚图。

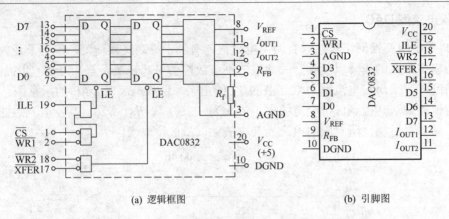

(a) 逻辑框图　　　　　　　　　　　(b) 引脚图

图 9-12　DAC0832 转换器的逻辑框图和引脚排列

DAC0832 转换器由 8 位输入寄存器、8 位 DAC 寄存器和 8 位 DAC 三大部分组成。它有两个分别控制的数据寄存器，可以实现两次缓冲，所以使用时有较大的灵活性，可根据需要接成不同的工作方式。它有 8 个输入端，每个端输入端都是 8 位二进制数的 1 位，有一个模拟输出端，输入可有 $2^m=256$ 个不同的二进制组态，输出为 256 个电压之一，即输出电压不是整个电压范围内的任意值，而只能是 256 个可能值。

DAC0832 转换器是 20 只脚双列直插式的芯片，各引脚的名称和功能说明如下。

D0～D7：数字信号输入端。

ILE：输入寄存器允许，高电平有效。

$\overline{CS}$：片选信号，低电平有效。

$\overline{WR1}$：写信号 1，低电平有效。

XFER：传送控制信号，低电平有效。

$\overline{WR2}$：写信号 2，低电平有效。

I_{OUT1}，I_{OUT2}：DAC 电流输出端。

R_{FB}：反馈电阻，是集成在片内的外界运放的反馈电阻。

V_{REF}：基准电压，-10～+10V。

V_{CC}：电源电压，+5～+15V。

AGND：模拟地。

DGND：数字地。

器件的核心部分采用倒 T 形电阻网络的 8 位 DAC，如图 9-13 所示。

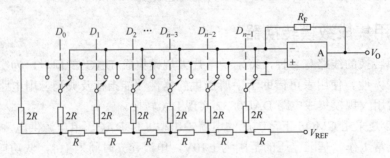

图 9-13　倒 T 形电阻网络数模转换电路

运放的输出电压为

$$V_O = \frac{V_{REF} R_F (D_{n-1} \cdot 2^{n-1} + D_{n-2} \cdot 2^{n-2} + \cdots + D_1 \cdot 2^1 + D_0 \cdot 2^0)}{2^n R} \tag{9-7}$$

由式(9-7)可见，输出电压 V_O 与输入的数字量成正比，这就实现了从数字量到模拟量的转换。

根据对 DAC0832 的输入寄存器和 DAC 寄存器的不同的控制方法，DAC0832 有 3 种工作方式。

(1)　单缓冲方式：两个输入寄存器中有一个处于直通方式，而另一个处于受控的锁存方式。如果只有一路模拟量输出，或虽是多路模拟量输出但并不要求输出同步的情况下，可采用单缓冲方式。

(2)　双缓冲方式：把 DAC0832 的输入寄存器和 DAC 寄存器都接成受控锁存方式。对于多路数模转换接口，要求同步进行数模转换输出时，必须采用双缓冲器同步方式接法。

(3)　直通方式：即输入数据直接送数模转换电路进行转换，3 种工作方式连接如图 9-14 所示。

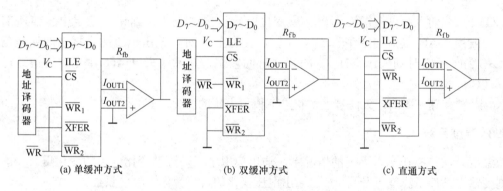

图 9-14　DAC0832 的三种连接方式

当 DAC0832 采用双缓冲方式时，数字量的输入锁存和数模转换输出是分两步进行的。

(1)　CPU 分时向各路 DAC 输入要转换的数字量并锁存在各自的输入寄存器中。

(2)　CPU 对所有的 DAC 发出控制信号，使各路输入寄存器中的数据进入 DAC 寄存器，实现同步转换输出。

此时，每一路模拟量输出都需一片 DAC0832 芯片，构成多个 DAC0832 同步输出电路。

9.2.5　数模转换器的主要技术指标

要正确选择合适的数模转换器，要考虑以下几方面的内容。

1. 转换精度

DAC 的转换精度通常用分辨率和转换误差来描述。

1)　分辨率——DAC 模拟输出电压可能被分离的等级数

输入数字量位数越多，输出电压可分离的等级越多，即分辨率越高。在实际应用中，往往用输入数字量的位数表示 DAC 的分辨率。此外，DAC 也可以用能分辨的最小输出电压(此时输入的数字代码只有最低有效位为 1，其余各位都是 0)与最大输出电压(此时输入的数字代码各有效位全为 1)之比给出。N 位 DAC 的分辨率可表示为 $1/(2^n - 1)$。它表示 DAC 在理论上可以达到的精度。

2) 转换误差

转换误差的来源很多，转换器中各元件参数值的误差、基准电源不够稳定和运算放大器的零漂的影响等。

DAC 的绝对误差(或绝对精度)是指输入端加入最大数字量(全 1)时，DAC 的理论值与实际值之差。该误差值应低于 LSB/2。

例如，一个 8 位的 DAC，对应最大数字量(FFH)的模拟理论输出值为 $\frac{255}{256}V_{\text{REF}}$，$\frac{1}{2}\text{LSB} = \frac{1}{512}V_{\text{REF}}$，所以实际值不应超过 $\left(\frac{255}{256} \pm \frac{1}{512}\right)V_{\text{REF}}$。

2. 转换速度

(1) 建立时间(t_{set})，指输入数字量变化时，输出电压变化到相应稳定电压值所需时间。一般用 DAC 输入的数字量 NB 从全 0 变为全 1 时，输出电压达到规定的误差范围($\pm$LSB/2)时所需时间表示。DAC 的建立时间较快，单片集成 DAC 建立时间最短可在 0.1μs 以内。

(2) 转换速率(SR)，大信号工作状态下模拟电压的变化率。

3. 温度系数

温度系数是指在输入不变的情况下，输出模拟电压随温度变化产生的变化量。一般用满刻度输出条件下温度每升高 1℃，输出电压变化的百分数作为温度系数。

4. 输入信号的形式

输入信号有并行和串行两种形式，根据实际要求选定。在实际应用中大多数为并行输入，虽然用的数据线比较多，但是速度较快，适合近距离传输；串行输入节省数据线，但速度较慢，适用于远距离数据传输。

9.2.6 计算机输出控制电机的设计

对于小功率直流电机驱动，使用单片机极为方便，其方法就是控制电机定子电压接通和断开时间的比值(即占空比)，以此来驱动电机和改变电机的转速，这种方法称为脉冲宽度调速法(或简称脉宽调速法)

图 9-15 即为单片机 89S52 控制电机正反转的电路图，图中利用 DAC0832 将数字量转换为模拟量来驱动电机。

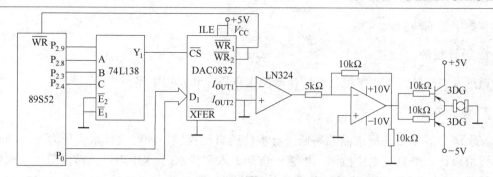

图 9-15 单片机 89S52 控制电机正反转的电路图

占空比以及占空比与电机转速的关系如图 9-16 所示。

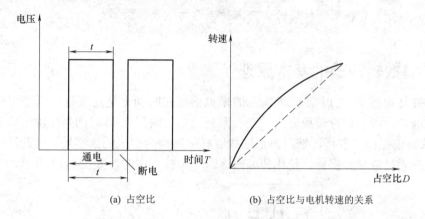

(a) 占空比

(b) 占空比与电机转速的关系

图 9-16 占空比以及占空比与电机转速的关系

电压变换周期为 T,电压接通时间为 t,则占空比表示为 $D=t/T$。设电机固定接通电源时的最大转速为 V_{max},则用脉冲宽度调速的电机转速为

$$V_d = V_{max} \times D$$

DAC 大部分是数字电流转换器,实用中通常需增加输出电路,实现电流电压变换。在变换网络中,电流是单方向的,即在零和正满度值或负满度值之间变化,是单极性的。为了能使输出在正负满度值之间变化,也即双极性输出方式,也需要增加输出电路。

在单极性输出方式时,数字量采用自然二进制码表示大小,输出电路只要完成电流→电压的变换即可。

在双极性输出方式时,数字量是双极性数。二进制双极性数字的负数可采用 2 的补码、偏移二进制码或符号数值码(符号位加数值码)。

9.3   模数转换器

9.3.1   模拟量输入计算机的电路设计说明

测控系统中,传感器采集到了数据,要将它们送到计算机或单片机中,而计算机只能识别二进制的数字信号。在这种情况下,我们只能在它们之间加一个模数转换器来实现模拟量到数字量的转换。

1. 设计目的

通过本节设计，重点掌握模数转换器的工作原理和实用电路。

2. 设计内容

在水塔中经常要根据水面的高低进行水位的自动控制，同时进行水位压力的检测和控制。要求设计一个具有水位检测、报警、自动上水和排水(上水用电机正转模拟，下水用电机反转模拟)、压力检测功能的液位器。该液位控制器主要由 89S52 单片机，0809ADC，A、B、C 三点水位检测电路，压力检测电路、数码显示电路、键盘和电源电路组成。

> 思考：什么是模数转换器？使用时如何选择合适的模数转换器？

9.3.2 模数转换器的基本原理

在模数转换器(ADC)中，因为输入的模拟信号在时间上是连续量，而输出的数字信号代码是离散量，所以进行转换时必须在一系列选定的瞬间(亦即时间坐标轴上的一些规定点上)对输入的模拟信号取样，然后再把这些取样值转换为输出的数字量。因此，一般的模数转换过程是通过取样、保持、量化和编码这四个步骤完成的，如图 9-17 所示。

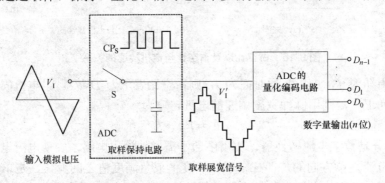

图 9-17 模拟量到数字量的转换过程

1. 取样和保持

可以证明，为了正确无误地用图 9-18 中所示的取样信号 v_S 表示模拟信号 v_I，必须满足

$$f_S \geqslant 2f_{i\max} \tag{9-8}$$

式中：f_S 为取样频率；$f_{i\max}$ 为输入信号 v_I 的最高频率分量的频率。

因为每次把取样电压转换为相应的数字量都需要一定的时间，所以在每次取样以后，必须把取样电压保持一段时间。可见，进行模数转换时所用的输入电压，实际上是每次取样结束时的 v_I 值。

图 9-19 是一个取样保持电路的基本形式，N 沟道 MOS 管作为取样开关。

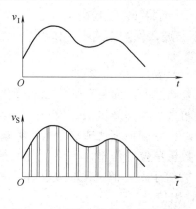

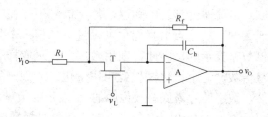

图 9-18　对输入模拟信号的采样　　　　图 9-19　取样-保持电路的基本形式

当控制信号 v_L 为高电平时，T 导通，输入信号 v_I 经电阻 R_i 和 T 向电容 C_h 充电。若取 $R_i=R_f$，则充电结束后 $v_O=-v_I=v_C$。

当控制信号返回低电平，T 截止。由于 C_h 无放电回路，所以 v_O 的数值被保存下来。

缺点：取样过程中需要通过 R_i 和 T 向 C_h 充电，所以使取样速度受到了限制。同时，R_i 的数值又不允许取得很小，否则会进一步降低取样电路的输入电阻。

实际应用中，我们常选用单片集成的取样保持电路 LE198，如图 9-20 所示，它是一个经过改进的取样-保持电路。图 9-20 中 A_1、A_2 是两个运算放大器，S 是电子开关，L 是开关的驱动电路，当逻辑输入 v_L 为 1，即 v_L 为高电平时，S 闭合；v_L 为 0，即低电平时，S 断开。

当 S 闭合时，A_1、A_2 均工作在单位增益的电压跟随器状态，所以 $v_O=v'_O=v_I$。如果将电容 C_h 接到 R_2 的引出端和地之间，则电容上的电压也等于 v_I。当 v_L 返回低电平以后，虽然 S 断开了，但由于 C_h 上的电压不变，所以输出电压 v_O 的数值得以保持下来。

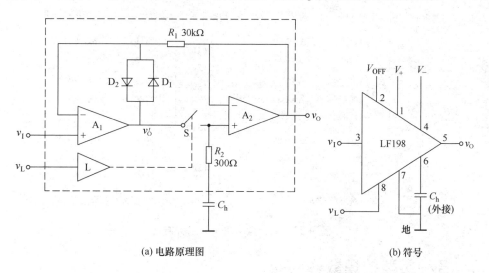

(a) 电路原理图　　　　　　　　　　(b) 符号

图 9-20　单片集成取样-保持电路 LE198 的电路原理图及符号

在 S 再次闭合以前的这段时间里，如果 v_I 发生变化，v'_O 可能变化非常大，甚至会超过开关电路所能承受的电压，因此需要增加 D_1 和 D_2 构成保护电路。当 v'_O 比 v_O 所保持的电压高(或低)一个二极管的压降时，D_1(或 D_2)导通，从而将 v'_O 限制在 $v_I + v_D$ 以内。而在开关 S 闭合的情况下，v'_O 和 v_O 相等，故 D_1 和 D_2 均不导通，保护电路不起作用。

2. 量化和编码

从前面的学习中知道，数字信号不仅在时间上是离散的，而且在数值上的变化也不是连续的。从这点上我们也可以说，任何一个数字量的大小，都是以某个最小数量单位的整倍数来表示的。因此，在用数字量表示取样电压时，也必须把它化成这个最小数量单位的整倍数，这个转化过程就叫作量化。所规定的最小数量单位叫作量化单位，用 Δ 表示。显然，数字信号最低有效位中的 1 表示的数量大小，就等于 Δ。把量化的数值用二进制代码表示，称为编码。这个二进制代码就是模数转换的输出信号。

既然模拟电压是连续的，那么它就不一定能被 Δ 整除，因而不可避免地会引入误差，我们把这种误差称为量化误差。在把模拟信号划分为不同的量化等级时，用不同的划分方法可以得到不同的量化误差。

量化的方法有两种，一是舍尾取整法，二是四舍五入法。

假定需要把 0～+1V 的模拟电压信号转换成 3 位二进制代码，这时便可以取Δ=1/8V，并规定凡数值在 0～1/8V 的模拟电压都当成 0×Δ看待，用二进制的 000 表示；凡数值在 1/8～2/8V 的模拟电压都当成 1×Δ看待，用二进制的 001 表示，……即把不足Δ的都去掉；采用舍尾取整法的量化方法。如图 9-21(a)所示，不难看出，最大的量化误差可达Δ，即 1/8V。

为了减少量化误差，通常采用图 9-21(b)所示的划分方法，即四舍五入法。取量化单位 Δ=2/15V，并将 000 代码所对应的模拟电压规定为 0～1/15V，即 0～ Δ /2。这时，最大量化误差将减少为 Δ /2=1/15V。这个道理不难理解，因为现在把每个二进制代码所代表的模拟电压值规定为它所对应的模拟电压范围的中点，所以最大的量化误差自然就缩小为Δ/2 了。

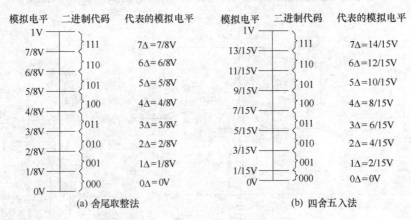

(a) 舍尾取整法　　　　　　　　　(b) 四舍五入法

图 9-21　划分量化电平的两种方法

9.3.3　各种类型的模数转换器

ADC 的种类很多，按其工作原理不同来划分，可分为直接 ADC 和间接 ADC 两大类型。直接 ADC 将模拟信号直接转换成数字信号，具有较快的转换速度，典型电路有并行比较型 ADC 和逐次比较型 ADC。间接 ADC 由于要先将模拟信号转换成时间或频率，再将时间或频率转换为数字量输出，所以转换速度慢。双积分型 ADC、电压/频率转换型 ADC、计数式 ADC 都属于间接 ADC。

1. 并行比较型 ADC

并行比较型 ADC 的主要优点是转换速度快，只要进行一次比较就能得出结果。它的缺点是电路比较复杂、成本高。

3 位并行比较型模数转换原理电路如图 9-22 所示，它由电压比较器、寄存器和代码转换器三部分组成。

电压比较器中量化电平的划分采用表 9-1 所示的方式，用电阻链把参考电压 V_{REF} 分压，得到从 $1/15V_{REF}$ 到 $13/15V_{REF}$ 共 7 个比较电平，量化单位 $\Delta = 2/15V_{REF}$。然后，把这 7 个比较电平分别接到 7 个比较器 $C_1 \sim C_7$ 的输入端作为比较基准。同时将输入的模拟电压同时加到每个比较器的另一个输入端上，与这 7 个比较基准进行比较。

单片集成并行比较型 ADC 的产品较多，如 AD 公司的 AD9012 (TTL 工艺，8 位)、AD9002(ECL 工艺，8 位)和 AD9020(TTL 工艺，10 位)等。

并行 ADC 具有如下特点。

(1) 由于转换是并行的，其转换时间只受比较器、触发器和编码电路延迟时间限制，因此转换速度最快。

(2) 随着分辨率的提高，元件数目要按几何级数增加。一个 n 位转换器，所用的比较器个数为 $2^n - 1$，如 8 位的并行 ADC 就需要 $2^8 - 1 = 255$ 个比较器。由于位数越多，电路越复杂，因此制成分辨率较高的集成并行 ADC 是比较困难的。

(3) 使用这种含有寄存器的并行模数转换电路时，可以不用附加取样-保持电路，因为比较器和寄存器这两部分也兼有取样-保持功能。这也是该电路的一个优点。

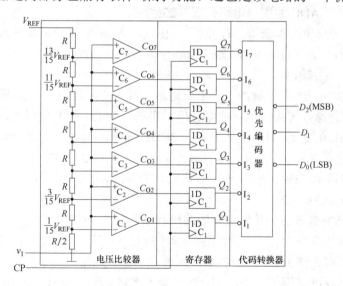

图 9-22　并行比较型 ADC

表 9-1 3 位并行 ADC 输入与输出转换关系对照表

输入模拟电压 v_I	寄存器状态(代码转换器输入)							数字量输出(代码转换器输出)		
	Q_7	Q_6	Q_5	Q_4	Q_3	Q_2	Q_1	D_2	D_1	D_0
$\left(0\sim\dfrac{1}{15}\right)V_{REF}$	0	0	0	0	0	0	0	0	0	0
$\left(\dfrac{1}{15}\sim\dfrac{3}{15}\right)V_{REF}$	0	0	0	0	0	0	1	0	0	1
$\left(\dfrac{3}{15}\sim\dfrac{5}{15}\right)V_{REF}$	0	0	0	0	0	1	1	0	1	0
$\left(\dfrac{5}{15}\sim\dfrac{7}{15}\right)V_{REF}$	0	0	0	0	1	1	1	0	1	1
$\left(\dfrac{7}{15}\sim\dfrac{9}{15}\right)V_{REF}$	0	0	0	1	1	1	1	1	0	0
$\left(\dfrac{9}{15}\sim\dfrac{11}{15}\right)V_{REF}$	0	0	1	1	1	1	1	1	0	1
$\left(\dfrac{11}{15}\sim\dfrac{13}{15}\right)V_{REF}$	0	1	1	1	1	1	1	1	1	0
$\left(\dfrac{13}{15}\sim1\right)V_{REF}$	1	1	1	1	1	1	1	1	1	1

2. 逐次比较型 ADC

逐次逼近转换过程与用天平称重非常相似。按照天平称重的思路，逐次比较型 ADC 就是将输入模拟信号与不同的参考电压做多次比较，使转换所得的数字量在数值上逐次逼近输入模拟量的对应值。

4 位逐次比较型 ADC 的逻辑电路如图 9-23 所示。

图 9-23 中 5 位移位寄存器可进行并入-并出或串入-串出操作，其输入端 F 为并行置数使能端，高电平有效。其输入端 S 为高位串行数据输入。数据寄存器由 D 边沿触发器组成，数字量从 $Q_4\sim Q_1$ 输出。

电路工作过程为：当启动脉冲上升沿到达后，$FF_0\sim FF_4$ 被清零，Q_5 置 1，Q_5 的高电平开启与门 G_2，时钟脉冲 CP 进入移位寄存器。在第一个 CP 脉冲作用下，由于移位寄存器的置数使能端 F 由 0 变 1，并行输入数据 ABCDE 置入，$Q_AQ_BQ_CQ_DQ_E=01111$，Q_A 的低电平使数据寄存器的最高位(Q_4)置 1，即 $Q_4Q_3Q_2Q_1=1000$。DAC 将数字量 1000 转换为模拟电压 v'_O，送入比较器 C 与输入模拟电压 v_I 比较，若 $v_I>v'_O$，则比较器 C 的输出 v_C 为 1，否则为 0。比较结果送 $D_4\sim D_1$。

第二个 CP 脉冲到来后，移位寄存器的串行输入端 S 为高电平，Q_A 由 0 变 1，同时最高位 Q_A 的 0 移至次高位 Q_B。于是数据寄存器的 Q_3 由 0 变 1，这个正跳变作为有效触发信号加到 FF_4 的 CP 端，使 v_C 的电平得以在 Q_4 保存下来。此时，由于其他触发器无正跳变触发脉冲，v_C 的信号对它们不起作用。Q_3 变 1 后，建立了新的 DAC 的数据，输入电压再与其输出电压 v'_O 进行比较，比较结果在第三个时钟脉冲作用下存于 Q_3……。如此进行，直到 Q_E 由 1 变 0 时，使触发器 FF_0 的输出端 Q_0 产生由 0 到 1 的正跳变，做触发器 FF_1 的 CP

脉冲，使上一次模数转换后的 v_C 电平保存于 Q_1。同时使 Q_5 由 1 变 0 后将 G_2 封锁，一次模数转换过程结束。于是电路的输出端 $D_3D_2D_1D_0$ 得到与输入电压 v_I 成正比的数字量。

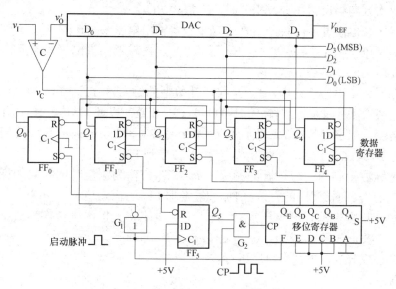

图 9-23　4 位逐次比较型 ADC 的逻辑电路

由以上分析可见，逐次比较型 ADC 完成一次转换所需时间与其位数和时钟脉冲频率有关，位数越少，时钟频率越高，转换所需时间越短。这种 ADC 具有转换速度快、精度高的特点。

常用的集成逐次比较型 ADC 有 ADC0808/0809 系列(8 位)、AD575(10 位)、AD574A(12 位)等。

3. 双积分型 ADC

双积分型 ADC 是一种间接 ADC。它的基本原理是，对输入模拟电压和参考电压分别进行两次积分，将输入电压平均值变换成与之成正比的时间间隔，然后利用时钟脉冲和计数器测出此时间间隔，进而得到相应的数字量输出。由于该转换电路是对输入电压的平均值进行转换，所以它具有很强的抗工频干扰能力，在数字测量中得到了广泛应用。

图 9-24 是这种转换器的原理电路，它由积分器(由集成运放 A 组成)、时钟脉冲控制门(G)、过零比较器(C)以及计数器和定时器($FF_0 \sim FF_n$)等几部分组成。

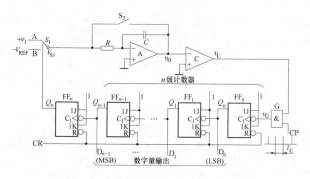

图 9-24　双积分型 ADC

(1) 积分器：积分器是转换器的核心部分，它的输入端所接开关 S_1 由定时信号 Q_n 控制。当 Q_n 为不同电平时，极性相反的输入电压 v_I 和参考电压 V_{REF} 将分别加到积分器的输入端，进行两次方向相反的积分，积分时间常数 $\tau = RC$。

(2) 过零比较器：过零比较器用来确定积分器输出电压 v_O 的过零时刻。当 $v_O \geqslant 0$ 时，比较器输出 v_C 为低电平；当 $v_O < 0$ 时，v_C 为高电平。比较器的输出信号接至时钟控制门(G)作为关门和开门信号。

(3) 计数器和定时器：它由 $n+1$ 个接成计数型的触发器 $FF_0 \sim FF_n$ 串联组成。触发器 $FF_0 \sim FF_{n-1}$ 组成 n 级计数器，对输入时钟脉冲 CP 计数，以便把与输入电压平均值成正比的时间间隔转变成数字信号输出。当计数到 2^n 个时钟脉冲时，$FF_0 \sim FF_{n-1}$ 均回到 0 状态，而 FF_n 反转为 1 态，$Q_n = 1$ 后，开关 S_1 从位置 A 转接到 B。

(4) 时钟脉冲控制门：时钟脉冲源标准周期 T_C，作为测量时间间隔的标准时间。当 $v_C = 1$ 时，与门打开，时钟脉冲通过与门加到触发器 FF_0 的输入端。

下面以输入正极性的直流电压 v_I 为例，说明电路将模拟电压转换为数字量的基本原理，电路的工作波形如图 9-25 所示。

电路工作过程分为以下几个阶段进行。

1) 准备阶段

首先控制电路提供 CP 信号使计数器清零，同时使开关 S_2 闭合，待积分电容放电完毕，再使 S_2 断开。

2) 第一次积分阶段

如图 9-25 所示，在转换过程开始时($t=0$)，开关 S_1 与 A 端接通，正的输入电压 v_I 加到积分器的输入端。积分器从 0V 开始对 v_I 积分

$$v_O = -\frac{1}{\tau} \int_0^t v_I \mathrm{d}t \tag{9-9}$$

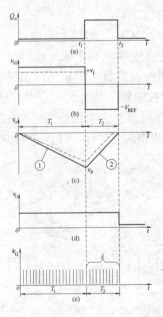

图 9-25 双积分型 ADC 各点工作波形

由于 $v_O<0V$，过零比较器输出端 v_C 为高电平，时钟控制门 G 被打开。于是，计数器在 CP 作用下从 0 开始计数。经过 2^n 个时钟脉冲后，触发器 $FF_0 \sim FF_{n-1}$ 都翻转到 0 态，而 $Q_n=1$，开关 S_1 由 A 点转到 B 点，第一次积分结束。第一次积分时间为

$$t=T_1=2^n T_c \tag{9-10}$$

在第一次积分结束时积分器的输出电压 V_P 为

$$V_P = -\frac{T_1}{\tau}V_I = -\frac{2^n T_c}{\tau}V_I \tag{9-11}$$

3) 第二次积分阶段

当 $t=t_1$ 时，S_1 转接到 B 点，具有与 v_1 相反极性的基准电压 $-V_{REF}$ 加到积分器的输入端，积分器开始向相反进行第二次积分；当 $t=t_2$ 时，积分器输出电压 $v_O>0V$，比较器输出 $v_C=0$，时钟脉冲控制门 G 被关闭，计数停止。在此阶段结束时 v_O 的表达式可写为

$$v_O(t_2) = V_P - \frac{1}{\tau}\int_{t_1}^{t_2}(-V_{REF})\mathrm{d}t = 0 \tag{9-12}$$

设 $T_2=t_2-t_1$，于是有

$$\frac{V_{REF}T_2}{\tau} = \frac{2^n T_c}{\tau}V_I \tag{9-13}$$

设在此期间计数器所累计的时钟脉冲个数为 λ，则

$$T_2 = \lambda T_C \frac{2^n T_C}{V_{REF}}V_I \tag{9-14}$$

可见，T_2 与 V_I 成正比，T_2 就是双积分模数转换过程的中间变量。

$$\lambda = \frac{T_2}{T_C} = \frac{2^n}{V_{REF}}V_I \tag{9-15}$$

式(9-15)表明，在计数器中所计得的数 $\lambda(\lambda=Q_{n-1}\cdots Q_1Q_0)$，与在取样时间 T_1 内输入电压的平均值 V_I 成正比。只要 $V_I<V_{REF}$，转换器就能将输入电压转换为数字量，并能从计数器读取转换结果。如果取 $V_{REF}=2^n\mathrm{V}$，则 $\lambda=V_I$，计数器所计的数在数值上就等于被测电压。

由于双积分 ADC 在 T_1 时间内采取的是输入电压的平均值，因此具有很强的抗工频干扰能力。尤其对周期等于 T_1 或几分之一 T_1 的对称干扰(所谓对称干扰是指整个周期内平均值为零的干扰)，从理论上来说，有无穷大的抑制能力。即使当工频干扰幅度大于被测直流信号，导致输入信号正负变化时，仍有良好的抑制能力。在工业系统中经常碰到的是工频(50 Hz)或工频的倍频干扰，故通常选定采样时间 T_1 总是等于工频电源周期的倍数，如 20 ms 或 40 ms 等。另一方面，由于在转换过程中，前后两次积分所采用的是同一积分器。因此，在两次积分期间(一般在几十至数百毫秒之间)，R、C 和脉冲源等元器件参数的变化对转换精度的影响均可以忽略。

最后必须指出，在第二次积分阶段结束后，控制电路又使开关 S_2 闭合，电容 C 放电，积分器回零。电路再次进入准备阶段，等待下一次转换开始。

单片集成双积分式 ADC 有 ADC-EK8B(8 位，二进制码)、ADC-EK10B(10 位，二进制码)、MC14433$\left(3\frac{1}{2}\text{位，BCD码}\right)$等。

9.3.4 模数转换器的主要技术指标

1. 转换精度

单片集成 ADC 的转换精度是用分辨率和转换误差来描述的。

(1) 分辨率——它说明 ADC 对输入信号的分辨能力。

ADC 的分辨率以输出二进制(或十进制)数的位数表示。从理论上讲，n 位输出的 ADC 能区分 2^n 个不同等级的输入模拟电压，能区分输入电压的最小值为满量程输入的 $1/2^n$。在最大输入电压一定时，输出位数越多，量化单位越小，分辨率越高。例如，ADC 输出为 8 位二进制数，输入信号最大值为 5V，那么这个转换器应能区分输入信号的最小电压为 19.53mV。

(2) 转换误差——表示 ADC 实际输出的数字量和理论上的输出数字量之间的差别，常用最低有效位的倍数表示。例如给出相对误差≤±LSB/2，这就表明实际输出的数字量和理论上应得到的输出数字量之间的误差小于最低位的半个字。

2. 转换时间

转换时间是指 ADC 从转换控制信号到来开始，到输出端得到稳定的数字信号所经过的时间。

不同类型的转换器转换速度相差甚远。其中并行比较型 ADC 转换速度最高，8 位二进制输出的单片集成 ADC 转换时间可达 50ns 以内。逐次比较型 ADC 次之，多数转换时间在 10～50μs，也有达几百纳秒的。间接 ADC 的速度最慢，如双积分型 ADC 的转换时间大都在几十毫秒至几百毫秒之间。在实际应用中，应从系统数据总的位数、精度要求、输入模拟信号的范围及输入信号极性等方面综合考虑 ADC 的选用。

【例 9-1】某信号采集系统要求用一片 ADC 成芯片在 1s 内对 16 个热电偶的输出电压分时进行 ADC。已知热电偶输出电压范围为 0～0.025V(对应于 0～450℃温度范围)，需要分辨的温度为 0.1℃，试问应选择多少位的 ADC，其转换时间为多少？

解：

对于从 0～450℃温度范围，信号电压范围为 0～0.025V，分辨的温度为 0.1℃，这相当于要求分辨率为 $\dfrac{0.1}{450} = \dfrac{1}{4500}$。12 位 ADC 的分辨率为 $\dfrac{1}{2^{12}} = \dfrac{1}{4096}$，所以必须选用 13 位的 ADC。

系统的取样速率为每秒 16 次，取样时间为 62.5ms。对于这样慢的取样，任何一个 ADC 都可以达到要求。选用带有取样-保持(S/H)的逐次比较型 ADC 或不带 S/H 的双积分型 ADC 均可。

9.3.5 集成模数转换器及其应用

在单片集成 ADC 中，逐次比较型使用较多，下面我们以 ADC0804 为例介绍 ADC 及其应用。

1. ADC0804 的引脚及使用说明

ADC0804 是 CMOS 集成工艺制成的逐次比较型 ADC 芯片。它的分辨率为 8 位，转换时间为 100μs，输出电压范围为 0～5V，增加某些外部电路后，输入模拟电压可为±5V。该芯片内有输出数据锁存器，当与计算机连接时，转换电路的输出可以直接连接到 CPU 的数据总线上，无须附加逻辑接口电路。

ADC0804 引脚图如图 9-26 所示，其引脚名称及意义如下。

V_{IN+}、V_{IN-}：ADC0804 的两个模拟信号输入端，用以接收单极性、双极性和差模输入信号。

D_7～D_0：ADC 数据输出端，该输出端具有三态特性，能与微机总线相连接。

AGND：模拟信号地。

DGND：数字信号地。

CLKIN：外电路提供时钟脉冲输入端。

CLKR：内部时钟发生器外接电阻端，与 CLKIN 端配合，可由芯片自身产生时钟脉冲，其频率为 $1/1.1RC$。

CS：片选信号输入端，低电平有效，一旦 CS 有效，表明 ADC 被选中，可启动工作。

WR：写信号输入，接受微机系统或其他数字系统控制芯片的启动输入端，低电平有效，当 CS、WR 同时为低电平时，启动转换。

RD：读信号输入，低电平有效，当 CS、RD 同时为低电平时，可读取转换输出数据。

INTR：转换结束输出信号，低电平有效。输出低电平表示本次转换已经完成。该信号常作为向微机系统发出的中断请求信号。

在使用时应注意以下几点。

1)　转换时序

ADC0804 控制信号的时序图如图 9-27 所示。由图 9-27 可知，各控制信号时序关系为：当 CS 与 WR 同为低电平时，ADC 被启动，且在 WR 上升沿后 100μs 模数转换完成，转换结果存入数据锁存器，同时 INTR 自动变为低电平，表示本次转换已结束。如 CS、RD 同时为低电平，则数据锁存器三态门打开，数据信号送出，而在 RD 高电平到来后三态门处于高阻状态。

2)　零点和满刻度调节

ADC0804 的零点无须调整。满刻度调整时，先给输入端加入电压 V_{IN+}，使满刻度所对应的电压值是 $V_{IN+} = V_{max} - 1.5\left[\dfrac{V_{max} - V_{min}}{256}\right]$，其中 V_{max} 是输入电压的最大值，V_{min} 是输入电压的最小值。当输入电压 V_{IN+} 值相当时，调整 $V_{REF}/2$ 端电压值使输出码为 FEH 或 FFH。

3)　参考电压的调节

在使用 ADC 时，为保证其转换精度，要求输入电压满量程使用。若输入电压动态范围较小，则可调节参考电压 V_{REF}，以保证小信号输入时 ADC0804 芯片 8 位的转换精度。

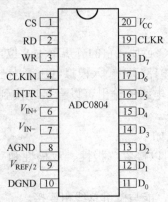

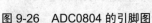

图 9-26　ADC0804 的引脚图

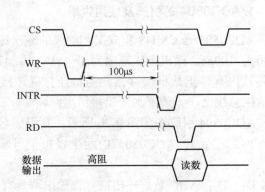

图 9-27　ADC0804 控制信号的时序图

4)　接地

模数、数模转换电路中要特别注意地线要正确连接，否则干扰很严重，以致影响转换结果的准确性。模数、数模及取样-保持芯片上都提供了独立的模拟地(AGND)和数字地(DGND)。在线路设计中，必须将所有器件的模拟地和数字地分别相连，然后将模拟地与数字地仅在一点上相连。地线的正确连接方法如图 9-28 所示。

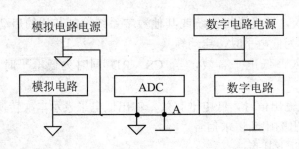

图 9-28　地线连接

2. ADC0804 的典型应用

在现代过程控制及各种智能仪器和仪表中，为采集被控(被测)对象数据以达到由计算机进行实时检测、控制的目的，常用微处理器和 ADC 组成数据采集系统。单通道微机化数据采集系统的示意图如图 9-29 所示。

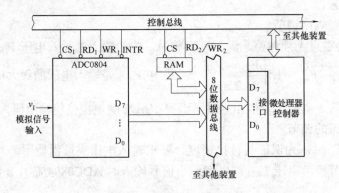

图 9-29　单通道微机化数据采集系统的示意图

系统由微处理器、存储器和 ADC 组成，它们之间通过数据总线(DBUS)和控制总线(CBUS)连接，系统信号采用总线传送方式。

现以程序查询方式为例，说明 ADC0804 在数据采集系统中的应用。采集数据时，首先微处理器执行一条传送指令，在指令执行过程中，微处理器在控制总线的同时产生 CS_1、WR_1 低电平信号，启动 ADC 工作，ADC0804 经 100μs 后将输入模拟信号转换为数字信号存于输出锁存器，在 INTR 端产生低电平表示转换结束，并通知微处理器可来取数。当微处理器通过总线查询到 INTR 为低电平时，立即执行输入指令，以产生 CS、RD_2 低电平信号到 ADC0804 相应引脚，将数据取出并存入存储器中。整个数据采集过程中，由微处理器有序地执行若干指令完成。

9.3.6　模拟量输入计算机的电路设计

液位控制器主要由 89S52 单片机，ADC0809，A、B、C 三点水位检测电路，压力检测电路，数码显示电路，键盘，电源电路组成。三路"传感器"(三根插入水中的导线)检测液位的变化，89S52 控制液位的显示及电泵的抽放水，ADC0809 采集水位压力的变化并由数码管显示压力。电路如图 9-30 所示。

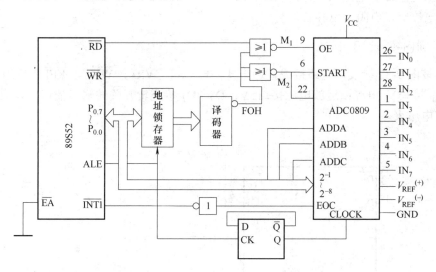

图 9-30　AT89S52 和 ADC0809 的接口

1. 液位采集电路

三路液位检测均采用简单的三极管检测电路检测液位变化，将电平信号分别送入单片机。实际检测时，从 P3 焊接出四根导线，分别将接 A、B、C 和 V_{CC} 的导线放入水杯(模拟水塔)中，位置如图 9-31 所示。

2. 压力检测电路

该电路主要由 LM324 运放组成测量放大器，放大器可分为前后两级。测量的模拟信号经过 ADC0809 转换为数字信号并传

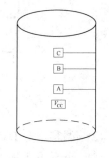

图 9-31　液位检测系统

输给单片机，经单片机处理后送数码管显示。

接通电源，改变液位使检测点变化，当液位在 A 点以下时红灯连续亮并且发出频率较高的报警声，显示 00，电机正转；当 A≤液位<B 时，显示 0A，电机正转；当 B≤液位<C 时，显示 0B，电机不转；液位在 C 点及以上时，绿灯连续亮并且发出报警声，显示 0C，电机反转。

9.4 拓 展 实 训

9.4.1 数模转换器 DAC0832 的测试

1. 实验目的

掌握大规模集成 DAC 的功能及其典型应用。

2. 实验设备与器材

THD-4 型数字电路实验箱，GOS-620 示波器，MS8215 数字万用表，DAC0832，μA741，电位器，电阻，电容若干。

3. 实训内容

(1) 按图 9-32 接线，电路接成直通方式，即 $\overline{CS}$、$\overline{WR_1}$、$\overline{WR_2}$、$\overline{XFER}$ 接地；ALE、V_{CC}、V_{REF} 接+5V 电源；运放电源接±15V；$D_0 \sim D_7$ 接逻辑开关的输出插口，输出端 v_O 接直流数字电压表。

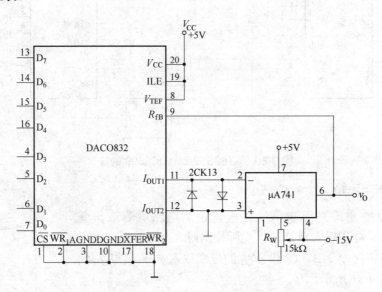

图 9-32 DAC0832 的实验接线图

(2) 调零，令 $D_0 \sim D_7$ 全置零，调节运放的电位器使 μA741 输出为零。

(3) 按表 9-2 所列的输入数字信号，用数字电压表测量运放的输出电压 v_O，并将测量结果填入表中，并与理论值进行比较。

表 9-2　实验数据记录表

输入数字量								输出模拟量 v_O/V
D_7	D_6	D_5	D_4	D_3	D_2	D_1	D_0	$V_{CC}=+5V$
0	0	0	0	0	0	0	0	
0	0	0	0	0	0	0	1	
0	0	0	0	0	0	1	0	
0	0	0	0	0	1	0	0	
0	0	0	0	1	0	0	0	
0	0	0	1	0	0	0	0	
0	0	1	0	0	0	0	0	
0	1	0	0	0	0	0	0	
1	0	0	0	0	0	0	0	
1	1	1	1	1	1	1	1	

9.4.2　模数转换器 ADC0809 的测试

1. 实训目的

掌握大规模集成 ADC 的功能及其典型应用。

2. 实训设备与器材

THD-4 型数字电路实验箱，GOS-620 示波器，MS8215 数字万用表，ADC0809，μA741，电位器，电阻，电容若干。

3. 实训内容

(1) 按图 9-33 实验线路接线。

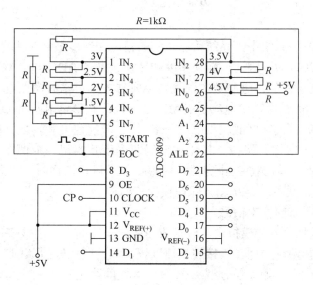

图 9-33　ADC0809 的实验线路

(2) 8 路输入模拟信号由+5V 电源经电阻 R 分压组成；变换结果 $D_0 \sim D_7$ 接逻辑电平显示器输入插口，CP 时钟脉冲由计数脉冲源提供，取 $f = 100\text{kHz}$；$A_0 \sim A_2$ 地址端接逻辑电平输出插口。

(3) 接通电源后，在启动端(START)加一正单次脉冲，下降沿一到即开始模数转换。

(4) 按表 9-3 的要求观察，记录 $IN_0 \sim IN_7$ 八路模拟信号的转换结果，并将转换结果换算成十进制数表示的电压值，并与数字电压表实测的各路输入电压值进行比较，分析误差原因。

表 9-3　实验数据记录表

被选模拟通道	输入模拟量	地　　址			输出数字量								
IN	v_i/V	A_2	A_1	A_0	D_7	D_6	D_5	D_4	D_3	D_2	D_1	D_0	十进制
IN_0	4.5	0	0	0									
IN_1	4.0	0	0	1									
IN_2	3.5	0	1	0									
IN_3	3.0	0	1	1									
IN_4	2.5	1	0	0									
IN_5	2.0	1	0	1									
IN_6	1.5	1	1	0									
IN_7	1.0	1	1	1									

本 章 小 结

在许多计算机测控系统中，系统所能达到的精度和速度最终是由 ADC 和 DAC 的转换速度和转换精度所决定的。因此，转换精度和转换速度是 ADC 和 DAC 的两个重要指标。

DAC 功能是将输入的二进制数字信号转换成与之成正比的模拟电压。常用的 DAC 有权电阻网络、R-$2R$ 倒 T 形和权电流型 DAC。R-$2R$ 倒 T 形电阻网络 DAC 所需的电阻种类少、转换速度快，但转换精度低。权电流网络 DAC 转换速度和转换精度都比较高。

模数转换要经过取样、保持、量化和编码四个步骤实现。前两个步骤在取样-保持电路中完成，后两个步骤在 ADC 中完成。对模拟信号进行取样时，必须满足低通信号的取样定理，取样脉冲的频率 $f_s \geqslant 2f_{imax}$，即在模拟信号的一个周期内至少取样两次，这样才能做到不失真地恢复原来的模拟信号。

ADC 的功能是将输入的模拟电压转换成与之成正比的二进制数字信号。模数转换分为直接转换和间接转换两种类型。直接转换速度快，如并联比较型 ADC，通常用于高速转换场合。间接转换速度慢，如双积分型 ADC，但其性能稳定，转换精度高，抗干扰能力强，目前使用较多。逐次比较型 ADC，属于直接转换型，但要经过多次反复比较，其转换速度比并联比较型慢，但比双积分型要快，属于中速 ADC，在集成 ADC 中用得最多。

由于微电子技术的高速发展，集成 ADC 和 DAC 得到了广泛的应用，如 DAC0832、ADC0832、ADC0809、CC7106/7107、CC14433 等芯片。为了更好地应用这些集成组件，需理解和掌握它们的主要技术指标、参数和引脚功能。

思考题与习题

1. 图 9-34 所示电路是用 DAC CB7520 和运算放大器构成的增益可编程放大器，它的电压放大倍数 $A_u = \dfrac{v_O}{v_I}$，由输入的数字量 $D(d_9 \sim d_0)$ 来设定。试写出 A_v 的计算公式，并说明 A_v 的取值范围。

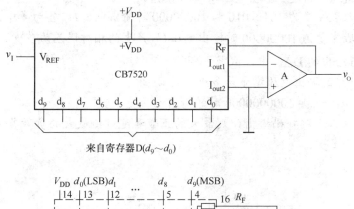

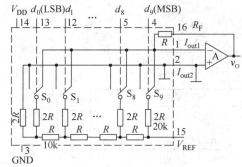

图 9-34　题 1 图

2. 图 9-35 电路是用 DAC CB7520 和运算放大器组成的增益可编程放大器，它的电压放大倍数 $A_u = \dfrac{v_O}{v_I}$ 由输入的数字量 $D(d_9 \sim d_0)$ 来设定。试写出 A_u 取值的范围是多少。

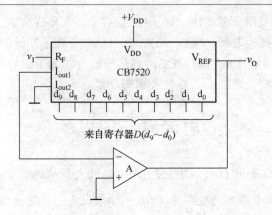

图 9-35　题 2 图

3. 一个 8 位 DAC 的最小输出电压增量为 0.02V。

(1) 试求输入数字量为 10101010 和 10000000 时输出电压 U_O 各为多少?

(2) 当输入数字量为 10000000 时输出电压 U_O 产生的相对误差为多少?

4. 在图 9-36 给出的 DAC 中,试求:

(1) 1LSB 产生的输出电压增量是多少?

(2) 输入为 $d_9 \sim d_0 = 1000000000$ 时的输出电压是多少?

(3) 若输入以二进制补码给出,则最大的正数和绝对值最大的负数各为多少?它们对应的输出电压各为多少?

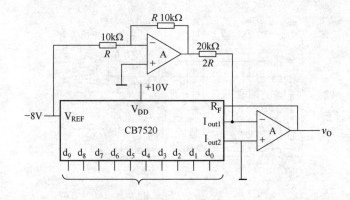

图 9-36　题 4 图

5. 在计数式 ADC 中,若输出的数字量为 10 位二进制数,时钟信号频率为 1MHz,则完成一次转换的最长时间是多少? 如果要求转换时间不得大于 100μs,那么时钟信号频率应选多少?

6. 若将逐次逼近型 ADC 的输出扩展到 10 位,取时钟信号的频率为 1MHz,试计算完成一次转换操作所需要的时间。

7. 在双积分型 ADC 中,若计数器为 10 位二进制,时钟信号的频率为 1MHz,试计算转换器的最大转换时间是多少?

8. 权电阻 DAC 如图 9-37 所示。已知某位数 $D_i = 0$ 时,对应的电子开关 S_i 接地; $D_i = 1$

时，S_i 接参考电压 V_{REF}。(1)当某位数 $D_i=1$ 时，$v_O=?$ (2)当数字量 $D=D_3D_2D_1D_0$ 时，$v_O=?$

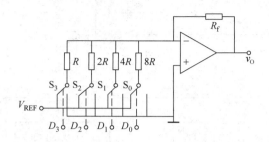

图 9-37　题 8 图

9. 双积分 ADC 如图 9-38 所示，试回答下列问题。

(1) 若被测电压 $V_{i\,max}=2V$，要求分辨率 $\leqslant 0.1mV$，则二进制计数器的计数总容量 N 应大于多少？

(2) 需要用多少位二进制计数器？

(3) 若时钟脉冲频率 $f_{CP}=200kHz$，则采样/保持时间为多少？

(4) 若时钟脉冲频率 $f_{CP}=200kHz$，$|v_I|<|V_{REF}|$，已知 $|V_{REF}|=2V$，积分器输出电压 v_O 的最大值为 5V，问积分时间常数 RC 为多少？

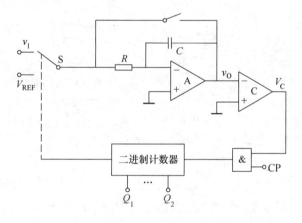

图 9-38　题 9 图

10. 双积分 ADC 如图 9-39 所示。

(1) 分别求出两次积分完毕使得积分器输出电压 v_O。

(2) 设第一次积分时间为 T_1，第二次积分时间为 T_2，总积分时间为 (T_1+T_2)，问输出数字量与哪个时间成正比？

(3) 若 $|v_I|>|V_{REF}|$，其中 V_{REF} 为参考电压，v_I 为输入电压，则转换过程会产生什么现象？

11. 用图 9-40 所示 DAC 将 5421BCD 码的 0~9 的数转换成与其十进制数相对应的模拟电压。当某位数为 0 时，对应的电子开关接地；为 1 时，开关接参考电压 V_{REF}。已知 $R_0=20k\Omega$，求权电阻 R_1、R_2 和 R_3 的阻值。

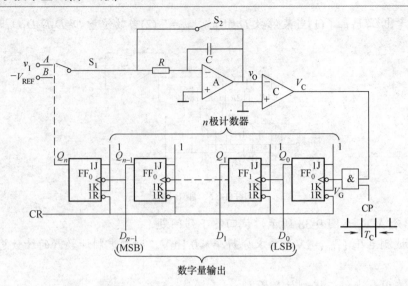

图 9-39　题 10 图

12. $R/2R$ 梯形 DAC 如图 9-41 所示。设某位 D_i=0 时，对应的电子开关 S_i 接地；D_i=1 时，S_i 接参考电压 V_{REF}。(1)当某位数 D_i=1，其他位数为 0 时，v_O=？　(2)当数字量 D=$D_3 D_2 D_1 D_0$ 时，v_O=？

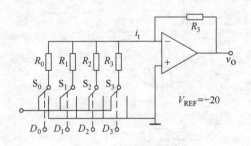

图 9-40　题 11 图

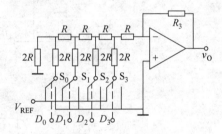

图 9-41　题 12 图

13. 电路及参数如图 9-42 所示。图中 V_{REF}=8 V，试求输出电压 v_O 的值。

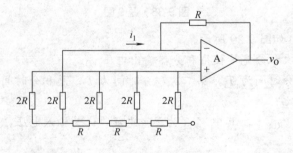

图 9-42　题 13 图

14. DAC 如图 9-43 所示。(1)计算从 V_{REF} 流出的电流 I 为多少？(2)写出 D_3=1、其余为 0 时，输出电压 v_O 的表达式。已知 D_i=1 时，开关在位置 2；D_i=0 时，开关在位置 1。

15. 图 9-44 所示电路是倒 T 形电阻网络 DAC。已知 R=10kΩ，V_{REF}=10V；当某位数

为 0，开关接地，为 1 时，接运放反相端。试求：(1)v_O 的输出范围；(2)当 $D_3D_2D_1D_0$=0110 时，v_O=?

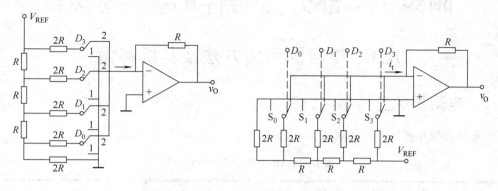

图 9-43 题 14 图   图 9-44 题 15 图

16. 一个 8 位 R-$2R$ 倒 T 形 DAC，如果 R_F =2R，V_{REF} =10V，试求最小输出电压 U_{LSB}、最大输出电压 U_{FSB} 及电路的分辨率，并求当输入数据 D 为 01000000B 时的输出电压值。

附录 A 部分元器件的参考资料

A.1 电阻的命名方法及其标称值

A.1.1 电阻器的型号命名方法

电阻器的型号命名方法如表 A.1-1 所示。

表 A.1-1 电阻器型号命名方法

第一部分：主衬		第二本部分：材料		第三部分：特征分类			第四部分：序号
符号	意义	符号	意义	符号	意义		
					电阻器	电位器	
R	电阻器	T	碳膜	1	普通	普通	对主衬、材料相同，仅性能指标、尺寸大小有差别，但基本不影响互换使用的产品，给同一序号；若性能指标、尺寸大小明显影响互换时，则在序号后面用大写字母作为区别代号
		H	合成膜	2	普通	普通	
		S	有机实芯	3	超高频	—	
		N	无机实芯	4	高阻	—	
		J	金属膜	5	高温	—	
		Y	氧化膜	6	—	—	
		C	沉积膜	7	精密	精密	
		I	玻璃釉膜	8	高压	特殊函数	
		P	硼碳膜	9	特殊	特殊	
W	电位器	U	硅碳膜	G	高功率	—	
		X	线绕	T	可调	—	
		M	压敏	W	—	微调	
		G	光敏	D	—	多圈	
		R	热敏	B	温度补偿用	—	
				C	温度测量用	—	
				P	旁热式	—	
				W	稳压式	—	
				Z	正温度系数	—	

A.1.2 常用电阻的标称值

常用电阻的标称值如表 A.1-2 和表 A.1-3 所示。

表 A.1-2　精度为 5%的碳膜电阻的标称值　　　　　　　　　单位：Ω

1.0	5.6	33	160	820	3.9k	20k	100k	510k	2.7M
1.1	6.2	36	180	910	4.3k	22k	110k	560k	3M
1.2	6.8	39	200	1k	4.7k	24k	120k	620k	3.3M
1.3	7.5	43	220	1.1k	5.1k	27k	130k	680k	3.6M
1.5	8.2	47	240	1.2k	5.6k	30k	150k	750k	3.9M
1.6	9.1	51	270	1.3k	6.2k	33k	160k	820k	4.3M
1.8	10	56	300	1.5k	6.6k	36k	180k	910k	4.7M
2.0	11	62	330	1.6k	7.5k	39k	200k	1M	5.1M
2.2	12	68	360	1.8k	8.2k	43k	220k	1.1M	5.6M
2.4	13	75	390	2k	9.1k	47k	240k	1.2M	6.2M
2.7	15	82	430	2.2k	10k	51k	270k	1.3M	6.8M
3.0	16	91	470	2.4k	11k	56k	300k	1.5M	7.5M
3.3	18	100	510	2.7k	12k	62k	330k	1.6M	8.2M
3.6	20	110	560	3k	13k	68k	360k	1.8M	9.1M
3.9	22	120	620	3.2k	15k	75k	390k	2M	10M
4.3	24	130	680	3.3k	16k	82k	430k	2.2M	15M
4.7	27	150	750	3.6k	18k	91k	470k	2.4M	22M
5.1	30								

表 A.1-3　精度为 1%的碳膜电阻的标称值　　　　　　　　　单位：Ω

10	33	100	332	1k	3.32k	10.5k	34k	107k	357k
10.2	33.2	102	340	1.02k	3.4k	10.7k	34.8k	110k	360k
10.5	34	105	348	1.05k	3.48k	11k	35.7k	113k	365k
10.7	34.8	107	350	1.07k	3.57k	11.3k	36k	115k	374k
11	35.7	110	357	1.1k	3.6k	11.5k	36.5k	118k	383k
11.3	36	113	360	1.13k	3.65k	11.8k	37.4k	120k	390k
11.5	36.5	115	365	1.15k	3.74k	12k	38.3k	121k	392k
11.8	37.4	118	374	1.18k	3.83k	12.1k	39k	124k	402k
12	38.3	120	383	1.2k	3.9k	12.4k	39.2k	127k	412k
12.1	39	121	390	1.1k	3.92k	12.7k	40.2k	130k	422k
12.4	39.2	124	392	1.24k	4.02k	13k	41.2k	133k	430k
12.7	40.2	127	402	1.27k	4.12k	13.3k	42.2k	137k	432k
13	41.2	130	412	1.3k	4.22k	13.7k	43k	140k	442k
13.3	42.2	133	422	1.33k	4.32k	14k	43.2k	143k	453k
13.7	43	137	430	1.37k	4.42k	14.3k	44.2k	147k	464k
14	43.2	140	432	1.4k	4.53k	14.7k	45.3k	150k	470k

14.3	44.2	143	442	1.43k	4.64k	15k	46.4k	154k	475k
14.7	45.3	147	453	1.47k	4.7k	15.4k	47k	158k	487k
15	46.4	150	464	1.5k	4.75k	15.8k	47.5k	160k	499k
15.4	47	154	470	1.54k	4.87k	16k	48.7k	162k	511k
15.8	47.5	158	475	1.58k	4.99k	16.2k	49.9k	165k	523k
16	48.7	160	487	1.6k	5.1k	16.5k	51k	169k	536k
16.2	49.9	162	499	1.62k	5.11k	16.9k	51.1k	174k	549k
16.5	51	165	510	1.65k	5.23k	17.4k	52.3k	178k	560k
16.9	51.1	169	511	1.69k	5.36k	17.8k	53.6k	180k	562k
17.4	52.3	174	523	1.74k	5.49k	18k	54.9k	182k	576k
17.8	53.6	178	536	1.78k	5.6k	18.2k	56k	187k	590k
18	54.9	180	549	1.8k	5.62k	18.7k	56.2k	191k	604k
18.2	56	182	560	1.82k	5.76k	19.1k	57.6k	196k	619k
18.7	56.2	187	562	1.87k	5.9k	19.6k	59k	200k	620k
19.1	57.6	191	565	1.1k	6.04k	20k	60.4k	205k	634k
19.6	59	196	578	1.96k	6.19k	20.5k	61.9k	210k	649k
20	60.4	200	590	2k	6.2k	21k	62k	215k	665k
20.5	61.9	205	604	2.05k	6.34k	21.5k	63.4k	220k	680k
21	62	210	619	2.1k	6.49k	22k	64.9k	221k	681k
21.5	63.4	215	620	2.15k	6.65k	22.1k	66.5k	226k	698k
22	64.9	220	634	2.2k	6.8k	22.6k	68k	232k	715k
22.1	66.5	221	649	2.21k	6.81k	23.2k	68.1k	237k	732k
22.6	68	226	665	2.26k	6.98k	23.7k	69.8k	240k	750k
23.2	68.1	232	680	2.32k	7.15k	24k	71.5k	243k	768k
23.7	69.8	237	681	2.37k	7.32k	24.3k	73.2k	249k	787k
24	71.5	240	698	2.4k	7.5k	24.9k	75k	255k	806k
24.3	73.2	243	715	2.43k	7.68k	25.5k	76.8k	261k	820k
24.7	75	249	732	2.49k	7.87k	26.1k	78.7k	267k	825k
24.9	75.5	255	750	2.55k	8.06k	26.7k	80.6k	270k	845k
25.5	76.8	261	768	2.61k	8.2k	27k	82k	274k	866k
26.1	78.7	267	787	2.67k	8.25k	27.4k	82.5k	280k	887k
26.7	80.6	270	806	2.7k	8.45k	28k	84.5k	287k	909k
27	82	274	820	2.74k	8.66k	28.7k	86.6k	294k	910k
27.4	82.5	280	825	2.8k	8.8k	29.4k	88.7k	300k	931k
28	84.5	287	845	2.87k	8.87k	30k	90.9k	301k	953k
28.7	86.6	294	866	2.94k	9.09k	30.1k	91k	309k	976k
29.4	88.7	300	887	3.0k	9.1k	30.9k	93.1k	316k	1.0M

续表

30	90.9	301	909	3.01k	9.31k	31.6k	95.3k	324k	1.5M
30.1	91	309	910	3.09k	9.53k	32.4k	97.6k	330k	2.2M
30.9	93.1	316	931	3.16k	9.76k	33k	100k	332k	
31.6	95.3	324	953	3.24k	10k	33.2k	102k	340k	
32.4	97.6	330	976	3.3k	10.2k	33.6k	105k	348k	

A.1.3　电阻值的识别

电阻器的阻值主要有四种标注方法：直标法、文字符号法、数码法和色标法。

1. 直标法

直标法是一种常见的标注方法，特别是在体积较大(功率大)的电阻器上经常采用此法。它将该电阻器的标称阻值和允许偏差、型号、功率等参数直接标在电阻器表面，如图 A.1-1(a)所示。

在四种表示方法中，直标法使用最为方便。

2. 文字符号法

文字符号法和直标法相同，也是直接将有关参数标在电阻器上。如将 5.7kΩ电阻器标注成 5k7，其中 k 既做单位，又做小数点。文字符号法中，偏差通常用百分数表示，如附图 A.1-1(b)所示，该电阻器阻值为 100kΩ，偏差为±1%。图 A.1-1(c)所示为碳膜电阻，阻值为 1.8kΩ，偏差为±20%，其中用级别符号Ⅱ表示偏差。

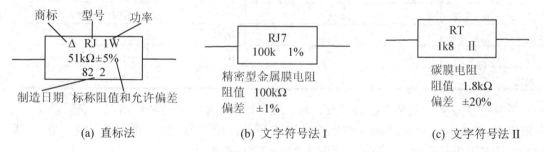

(a) 直标法　　　　　　(b) 文字符号法Ⅰ　　　　　(c) 文字符号法Ⅱ

图 A.1-1　电阻器的直标法和文字符号法

3. 数码法

数码法是指在电阻器上用三位数码表示标称值的标志方法。数码从左到右，第一、二位为有效值，第三位为指数，即零的个数，单位为欧姆。允许误差通常采用文字符号表示。

4. 色标法

色标法是指用标在电阻器上不同颜色的色环作为标称阻值和允许误差的标记方法。

普通精度的电阻器用四环表示，紧靠电阻端的为第一色环，其余依次为第二、三、四色环。第一道色环表示阻值的第一位数字，第二道色环表示阻值第二位数字，第三道色环表示阻值末尾加有几个零，第四道色环表示阻值的误差。精密电阻器用五条色环表示阻值及误差，两端的色环总会有一个色环离电阻体的边缘更近一些，这条色环就是第一道色环，其余依次为第二、三、四、五色环。第一道色环表示阻值的第一位数字，第二道色环表示阻值的第二位数字，第三道色环表示阻值的第三位数字，第四道色环表示阻值末尾加有几个零，第五道色环表示阻值的误差。四色环和五色环的色环颜色和数值对应关系如表 A.1-4 和表 A.1-5 所示。

表 A.1-4　四色环电阻识别表

颜　色	环　序			
	1	2	3	4
	第一位 有效数字	第二位 有效数字	倍乘数 零的个数	允许偏差
黑	0	0	10^0	
棕	1	1	10^1	
红	2	2	10^2	
橙	3	3	10^3	
黄	4	4	10^4	
绿	5	5	10^5	
蓝	6	6	10^6	
紫	7	7	10^7	
灰	8	8	10^8	
白	9	9	10^9	$-20\%\sim+50\%$
金			10^{-1}	$\pm5\%$
银			10^{-2}	$\pm10\%$
无色				$\pm20\%$

某电阻器的 4 道色环依次为"黄、紫、橙、银"，则由四色环电阻识别表附表 1-4 知其阻值为 47kΩ，误差为±10%。某电阻器的 5 道色环依次为"红、黄、黑、橙、金"，则由五色环电阻识别表附表 1-5 知其阻值为 240kΩ，误差为±5%。

例如，某色环电阻各色环的颜色如图 A.1-2 所示，试说出其阻值和误差。

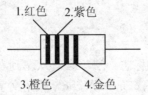

由四色环电阻识别表附表 1-4 知此电阻大小为 27×10^3=27kΩ，允许误差±5%

(a) 四色环

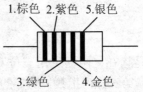

由五色环电阻识别表附表 1-5 知此电阻大小为 175×10^{-1}=17.5Ω，允许误差±10%

(b) 五色环

图 A.1-2　某色环电阻各色环的颜色

表 A.1-5　五色环电阻识别表

颜　色	环　序				
	1	2	3	4	5
	第一位 有效数字	第二位 有效数字	第二位 有效数字	倍乘数 零的个数	允许偏差
黑	0	0	0	10^0	
棕	1	1	1	10^1	±1%
红	2	2	2	10^2	±2%
橙	3	3	3	10^3	
黄	4	4	4	10^4	
绿	5	5	5	10^5	±0.5%
蓝	6	6	6	10^6	±0.2%
紫	7	7	7	10^7	±0.1%
灰	8	8	8	10^8	
白	9	9	9	10^9	
金				10^{-1}	±5%
银				10^{-2}	±10%
无色					

A.1.4　电阻的检测

将万用表的两表笔(不分正负)分别与电阻器的两端引脚相接即可测出实际电阻值。根据电阻误差等级不同，读数与标称阻值之间分别允许有±5%、±10%或±20%的误差。如不相符，超出误差范围，则说明该电阻值变值了。

注意：测试时，特别是在测几十千欧姆以上阻值的电阻时，手不要触及表笔和电阻的导电部分；被检测的电阻从电路中焊下来，至少要焊开一个头，以免电路中的其他元件对测试产生影响，造成测量误差；色环电阻的阻值虽然能以色环标志来确定，但在使用时最好还是用万用表测试一下其实际阻值。

在测量电阻时，每更换一次倍率挡后，都必须重新调零。

A.2　电容的命名方法及其标称值

A.2.1　电容器型号的命名方法

电容器型号的命名方法如表 A.2-1 所示。

表 A.2-1　电容器型号命名方法

第一部分：主衬		第二部分：材料		第三部分：特征、分类						第四部分：序号
C	电容器	C	瓷介	符号	瓷介	云母	玻璃	电解	其他	对主衬、材料相同，仅尺寸、性能指标略有不同，但基本不影响互换使用的产品，给同一序号；若尺寸、性能指标明显影响互换使用时，则在序号后面用大写字母作为区别代号
		Y	云母							
		I	玻璃釉	1	圆片	非密封	—	箔式	非密封	
		O	玻璃膜	2	管形	非密封	—	泊式	非密封	
		Z	纸介	3	迭片	密封	—	烧结粉固体	密封	
		J	金属化纸介	4	独石	密封	—	烧结粉固体	密封	
		B	聚苯乙烯	5	穿心	—	—	—	穿心	
		L	涤纶	6	支柱	—	—	—	—	
		Q	漆膜	7	—	—	—	无极性	—	
		S	聚碳酸酯	8	高压	高压	—	—	高压特殊	
		H	复合介质	9	—	—	—	特殊	—	
		D	铝							
		A	钽							
		N	铌							
		G	合金							
		T	钛							
		E	其他							

图 A.2-1 所示为电容器的外形，电容器的电路符号如图 A.2-2 所示。

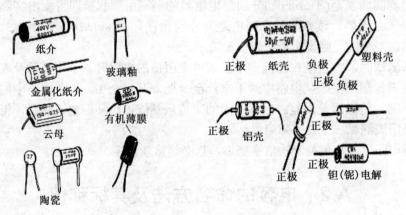

图 A.2-1　电容器的外形

图 A.2-2　电容器的电路符号

A.2.2　常用电容器的标称值

常用电容器的标称值如表 A.2-2 所示。

表 A.2-2　常用电容器容量的标称值

类　别	运行误差	电容量标称值/μF									
纸介质、金属化纸介质、低频无极性有机薄膜介质	±5%	1.0　1.5　2.2　3.3　4.7　6.3									
	±10%	1　2　4　6　8　10　15　20									
	±20%	30　50　60　80　100									
高频无极性有机薄膜介质、瓷介质、云母介质	±5%	1.0　1.1　1.2　1.3　1.5　1.6　1.8　2.0　2.2　2.4 2.7　3.0　3.3　3.6　3.9　4.3　4.7　5.1　5.6　6.2 6.8　7.5　8.2　9.1									
	±10%	1.0　1.2　1.5　1.8　2.2　2.7　3.3　3.9　4.7　5.6　6.8　8.2									
	±20%	1.0　1.5　2.2　3.3　4.7　6.8									
铝、钽电解电容		1.0　1.5　2.3　3.3　4.7　6.8									

A.2.3　电容量的识别

电容器上容量的标注方法与电阻的标注方法基本相同。主要有直标法、数字表示法、文字符号法等。下面将主要介绍直标法、数字表示法和文字符号法。

1. 直标法

直标法是将电容器的标称值用数字和文字符号直接标在电容体上，若是零点零几，则常把整数位的零省去，如 01μF 表示 0.01μF。另外，有时在数字前冠以 R，表示小数点，如 R33 表示 0.33μF。

2. 数字表示法

采用这种表示法的容量单位有 pF 和 μF 两种，通常对普通电容器省略不标出的单位是 pF；对于电解电容器，省略不标出的单位则是 μF，如普通电容器上标有"3"，表示 3pF；电解电容器上标有"47"则表示 47μF。

3. 文字符号法

文字符号法是指用数字和文字符号的有规律的组合来表示容量。数字表示有效值，字母表示数值的量级，在标注数值时不用小数点，把整数部分写在字母之前，小数部分写在字母之后，如 1p0 表示 1pF，6P8 表示 6.8pF，2μ2 表示 2.2μF。

A.2.4　电容器的检测

对电容器的检测一般采用万用表欧姆挡检测法，这种方法操作简单，检测结果基本上能够说明问题。

1. 漏电电阻的测量

(1) 用万用电表的欧姆挡(R×10k 或 R×1k 挡，视电容器的容量而定)，当两表笔分别接触电容器的两根引线时，表针首先朝顺时针方向(向右)摆动，然后又慢慢地向左回归至位置的附近，此过程为电容器的充电过程。

(2) 当表针静止时所指的电阻值就是该电容器的漏电电阻。在测量中如表针距无穷大较远，表明电容器漏电严重，不能使用。有的电容器在测漏电电阻时，表针退回到无穷大位置时，又顺时针摆动，这表明电容器漏电更严重。一般要求漏电电阻大于等于 500kΩ，否则不能使用。

(3) 对于电容量小于 5000pF 的电容器，不能用万用表测它的漏电电阻。

2. 电容器的断路(又称开路)、击穿(又称短路)检测

检测容量为 6800pF～1mF 的电容器，用 R×10k 挡，红、黑表笔分别接电容器的两根引脚，在表笔接通的瞬间，应能见到表针有一个很小的摆动过程。如若未看清表针的摆动，可将红、黑表笔互换一次后再测，此时表针的摆动幅度应略大一些，若在上述检测过程中表针无摆动，说明电容器已断路。若表针向右摆动一个很大的角度，且表针停在那里不动(即没有回归现象)，说明电容器已被击穿或严重漏电。

注意：在检测时手指不要同时碰到两支表笔，以避免人体电阻对检测结果的影响，同时，检测大电容器如电解电容器时，由于其电容量大，充电时间长，所以测量时，要根据电容器容量的大小，适当选择量程，电容量越小，量程也要越小，否则就会把电容器的充电误认为击穿。

检测容量小于 6800pF 的电容器时，由于容量太小，充电时间很短，充电电流很小，万用表检测时无法看到表针的偏转，所以此时只能检测电容器是否存在漏电故障，而不能判断它是否开路，即在检测这类小电容器时，表针应不偏，若偏转了一个较大角度，说明电容器漏电或击穿。至于这类小电容器是否存在开路故障，用这种方法是无法检测到的，此时可采用代替检查法，或用具有测量电容功能的数字万用表来测量。

3. 电解电容极性的判断

用万用表测量电解电容器的漏电电阻，并记下这个阻值的大小，然后将红、黑表笔对调再测电容器的漏电电阻，将两次所测得的阻值对比，漏电电阻小的一次，黑表笔接的是负极。

A.3　低压电器的命名方法及含义

为了生产销售、管理和使用方便，我国对各种低压电器都按规定编制型号。按照我国《国产低压电器产品型号编制办法》(JB 2930—81.10)的分类方法，将低压电器分为 13 个大类。每个大类用一位汉语拼音字母作为该产品型号的首字母，第二位汉语拼音字母表示

该类电器的各种形式。各种低压电器的文字符号如下。

(1) 刀开关 H，如 HS 为双投式刀开关，HZ 为组合开关。

(2) 熔断器 R，如 RC 为瓷插式熔断器，RM 为密封式熔断器。

(3) 断路器 D，如 DW 为万能式断路器，DZ 为塑壳式断路器。

(4) 控制器 K，如 KT 为凸轮控制器，KG 为鼓型控制器。

(5) 接触器 C，如 CJ 为交流接触器，CZ 为直流接触器。

(6) 启动器 Q，如 QJ 为自耦变压器降压启动器，QX 为星三角启动器。

(7) 控制继电器 J，如 JR 为热继电器，JS 为时间继电器。

(8) 主令电器 L，如 LA 为按钮，LX 为行程开关。

(9) 电阻器 Z，如 ZG 为管型电阻器，ZT 为铸铁电阻器。

(10) 变阻器 B，如 BP 为频敏变阻器，BT 为启动调速变阻器。

(11) 调整器 T，如 TD 为单相调压器，TS 为三相调压器。

(12) 电磁铁 M，如 MY 为液压电磁铁，MZ 为制动电磁铁。

(13) 其他 A，如 AD 为信号灯，AL 为电铃。

低压电器的产品全型号的意义如下。

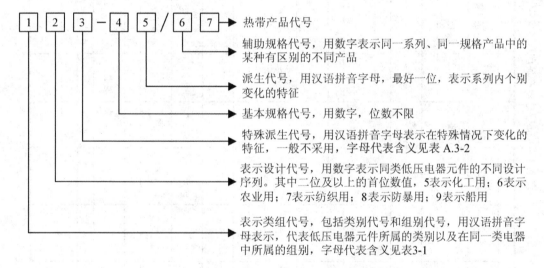

类组代号与设计代号的组合表示产品的系列，一般称为电器的系列号。同一系列的电器元件的用途、工作原理和结构基本相同，而规格、容量则根据需要可以有许多种。例如，JR16 是热继电器的系列号，同属这一系列的热继电器的结构、工作原理都相同；但其热元件的额定电流从零点几安培到几十安培，有十几种规格。其中，辅助规格代号为 3D 的有三相热元件，装有差动式断相保护装置，因此能对三相异步电动机有过载和断相保护功能。低压电器产品型号的类组代号及派生代号的意义如表 A.3-1 和表 A.3-2 所示。

表 A.3-1　低压电器产品型号的类组代号

代号	H	R	D	K	C	Q	J	L	Z	B	T	M	A
名称	刀开关和转换开关	熔断器	断路器	控制器	接触器	起动器	控制继电器	主令电器	电阻器	变阻器	调整器	电磁铁	其他
A						按钮式		按钮	板形元件				触电保护器
B									冲片元件				插销
C		插入式				磁力				旋臂式			信号灯
D	刀开关	汇流排式							铁铬铝带型元件		单相调压器		
G				鼓形	高压				管形元件				
H	封闭式负荷开关												接线盒
J					交流	减压		接近开关					
K	开启式负荷开关							主令控制器					
L		螺旋式					电流			励磁			电铃
M		封闭管式	灭磁										
P				平面	中频					频敏			
Q										启动		牵引	
R	熔断器式刀开关						热			石墨			
S	刀形转换开关	快速	快速		时间	手动	时间	主令开关	烧结元件				
T		有填料管式		凸轮	通用		通用	足踏开关	铸铁元件	启动调速			
U						油浸		旋钮		油浸起动			
W			万能式				温度	万能转换开关		液体起动		起重	
X	其他	限流	限流	其他	其他	星三角	其他	行程开关	电阻器	滑线式			
Y		其他	其他			其他		其他	其他	其他		液压	
Z	组合开关		塑料外壳式		直流		中间					制动	

（型式）

表 A.3-2　低压电器产品型号的派生代号

派生字母	代表意义
A　B　C　D…	结构设计稍有改进或变化
J	交流、防溅式、较高通断能力型、节电型
Z	直流、自动复位、防振、重任务、正向、组合式、中性接线柱式
W	无灭弧装置、无极性、失压、外销用
N	可逆、逆向
S	有锁住机构、手动复位、防水式、三相、三个电源、双线圈、保持式、塑料熔管式
P	电磁复位、防滴式、单相、两个电源、电压的、电动机操作
K	开启式
H	保护式、带缓冲装置
M	密封式、灭磁、母线式
Q	防尘式、手车式、柜式
L	电流的、漏电保护、单独安装式
F	高返回、带分励脱扣、多缝灭弧结构式、防护盖式
X	限流
TH	湿热带
TA	干热带

说明：表 A.3-2 中最后两项"TH"和"TA"加注在全型号之后。

例如：CJ10Z-40/3 为交流接触器，设计序号 10，重任务型，额定电流 40A，主触点为 3 极；CJ12T-250/3 为改型后的交流接触器，设计序号 12，额定电流 250A，3 个主触点。

A.4　常用电子元器件型号及参数

A.4.1　常用电子元器件命名方法

常用电子元器件命名方法如表 A.4-1 所示。

表 A.4-1 常用电子元器件型号命名方法

第一部分		第二部分		第三部分		第四部分	第五部分
用数字表示器件的电极数目		用字母表示器件的材料和极性		用字母表示器件的类型		用数字表示器件的序号	用字母表示器件的规格号
符号	意 义	符号	意 义	符号	意 义		
2	二极管	A	N 型，锗材料	P	普通管		
		B	P 型，锗材料	V	微波管		
		C	N 型，硅材料	W	稳压管		
		D	P 型，硅材料	C	参量管		
3	三极管	A	PNP 型，锗材料	Z	整流管		
		B	NPN 型，锗材料	L	整流堆		
		C	PNP 型，硅材料	S	隧道管		
		D	NPN 型，硅材料	N	阻尼管		
		E	化合物材料	U	光电管		
				K	开关管		
				X	低频小功率管 $(f_a<3\text{MHz}, P_c<1\text{W})$		
				G	高频小功率 $(f_a\geq3\text{MHz}, P_c\leq1\text{W})$		
				D	低频大功率 $(f_a<3\text{MHz}, P_c\geq1\text{W})$		
				A	高频大功率管 $(f_a\geq3\text{MHz}, P_c\geq1\text{W})$		
				T	可控整流器		
				Y	体效应器件		
				B	雪崩管		
				J	阶跃恢复管		
				CS	场效应管		
				BT	半导体特殊器件		
				FH	复合管		
				PIN	PIN 型管		
				JG	激光器件		

A.4.2　常用电子元器件技术参数

1. 常用二极管的参数

常用二极管的参数如表 A.4-2 和表 A.4-3 所示。

表 A.4-2　检波与整流二极管的参数

参　数 型　号	最大整 流电流 /mA	最大整流电流 时的正向压降 / V	反向工作 峰值电压 / V	反向击 穿电压 / V	最高工 作频率 / MHz
2AP1	16		20	40	
2AP2	16		30	45	
2AP3	25		30	45	
2AP4	16	≤1.2	50	75	150
2AP5	16		75	110	
2AP6	12		100	50	
2AP7	12		100	150	
2AP9	5	≤1	15	20	100
2AP10			30	40	
2CP1	500	≤1	100		0.003
2CP2			200		
2CP3			300		
2CP4			400		
2CP10	100	≤1.5	25		0.05
2CP11			50		
2CP12			100		
2CP13			150		
2CP14			200		
2CP15			250		
2CP16			300		
2CP17			350		
2CP18			400		
2CP19			500		
2CP20			600		
2CP21	300	≤1.2	100		
2CP25			500		
2CP28			800		
2CZ11A	1000	≤1	100		
2CZ11B			200		
2CZ11C			300		
2CZ11D			400		
2CZ11E			500		
2CZ11F			600		
2CZ11G			700		
2CZ11H			800		

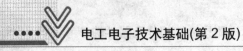
续表

参 数 型 号	最大整流电流 /mA	最大整流电流时的正向压降 /V	反向工作峰值电压 /V	反向击穿电压 /V	最高工作频率 /MHz
2CZ12A			100		
2CZ12B			200		
2CZ12C	3000	≤1	300		
2CZ12D			400		
2CZ12E			500		
2CZ12F			600		
2CZ12G	1000	≤1	700		
2CZ13E			400		
2CZ13F	5000	≤0.8	500		
2CZ13G			600		
2CZ14D			400		
2CZ14F	1000	≤0.8	500		
2CZ14F			600		

表 A.4-3　稳压二极管的参数

参 数		稳定电压 /V	稳定电流 /mA	最大稳定电流 /mA	动态电阻 /Ω	耗散功率 /W
测试条件		工作电流等于稳定电流	工作电压等于稳定电流	−60～+50℃	工作电流等于稳定电流	−60～+50℃
型号	2CW1	7～8.5		29	≤9	
	2CW2	8～9.5		26	≤10	
	2CW3	9～10.5	5	23	≤12	0.25
	2CW4	10～12		20	≤15	
	2CW5	11.5～14		17	≤18	
	2CW11	3～4.5	10	55	≤70	
	2CW12	4～5.5	10	45	≤50	
	2CW13	5～6.5	10	38	≤30	
	2CW14	6～7.5	10	33	≤10	
	2CW15	7～8.5	10	29	≤10	
	2CW16	8～9.5	10	26	≤10	0.25
	2CW17	9～10.5	5	23	≤20	
	2CW18	10～12	5	20	≤25	
	2CW19	11.5～14	5	17	≤35	
	2CW20	13.5～17	5	14	≤45	

续表

参 数	稳定电压 /V	稳定电流 /mA	最大稳定电流 /mA	动态电阻 /Ω	耗散功率 /W
2CW23A	17～22	4	9	≤80	
2CW23B	20～27	4	7.5	≤100	
2CW23C	25～34	3	6	≤130	0.2
2CW23D	31～40	3	5	≤50	
2CW23E	37～49	3	4	≤80	
2CW21	3～4.5		220	≤40	
2CW21A	4～5.5		180	≤30	
2CW21B	5～6.5	30	150	≤15	1
2CW21C	6～7.5		130	≤7	
2CW21D	7～8.5		115	≤5	
2DW7A	5.8～6.6			≤25	
2DW7B	5.8～6.6	10	30	≤15	0.2
2DW7C	6.1～6.5			≤10	

（型号）

2. 常用晶体三极管的参数

常用晶体三极管的参数如表 A.4-4 和表 A.4-5 所示。

表 A.4-4 高频小功率硅管部分型号和主要参数

参 数 型 号	集电极最大耗散功率 P_{CM} /mW	集电极最大允许电路 I_{CM} /mA	反向击穿电压			集-基反向饱和电流 I_{CBO} /μA	共发射极电流放大系数 $β$	特征频率 f_T /MHz
			集-基 $U_{(BR)CBO}$ /V	集-射 $U_{(BR)CEO}$ /V	射-基 $U_{(BR)EBO}$ /V			
3DG4A	300	30	≥40	≥30	≥4	≤1	20～180	≥200
3DG4B	300	30	≥20	≥15		≤1	20～180	≥200
3DG4C	300	30	≥40	≥30		≤1	20～180	≥200
3DG4D	300	30	≥20	≥15		≤1	20～180	≥300
3DG4E	300	30	≥40	≥30		≤1	20～180	≥300
3DG4F	300	30	≥20	≥15		≤1	20～250	≥150
3DG6A	100	20	≥30	≥15		≤0.1	10～200	≥100
3DG6B	100	20	≥45	≥25		≤0.01	20～200	≥150
3DG6C	100	20	≥45	≥20		≤0.01	20～200	≥250
3DG6D	100	20	≥45	≥30		≤0.01	20～200	≥150
3DG8A	200	20	≥15	≥15	≥3	≤1	≥10	≥100
3DG8B			≥40	≥25	≥4	≤0.1	≥20	≥150
3DG8C			≥40	≥25	≥4	≤0.1	≥20	≥250
3DG8D			≥60	≥60	≥4	≤0.1	≥20	≥150
3DG12	700	300	20	≥15	4	≤10	20～200	100
3DG12A			40	≥25		≤1		100
3DG12B			60	≥45		≤1		200
3DG12C			40	≥30		≤1		300

表 A.4-5　低频小功率锗管部分型号主要参数

参　数 型　号	集电极 最大耗 散功率 P_{CM} /mW	集电极 最大允 许电流 I_{CM} /mA	反向击穿电压			反向饱和电流		共发射 极电流 放大系 数 β	最好 允许 结温 T/℃
			集-基 $U_{(BR)CBO}$ / V	集-射 $U_{(BR)CEO}$ / V	射-基 $U_{(BR)EBO}$ / V	集-基 U_{CBO} / V	集-射 U_{CEO} V		
3AX21	100	30	≥30	≥12	≥12	≤12	≤325	30～85	
3AX22	125	100		≥18	≥18		≤300	40～150	75
3AX23	100	30		≥12	≥12		≤550	30～150	
3AX24	100	30		≥12	≥12		≤550	65～150	
3AX31A	125	125	≥20	≥12	≥10	≤20	≤1000	30～200	
3AX31B	125	125	≥30	≥18	≥10	≤10	≤750	50～150	
3AX31C	125	125	≥40	≥25	≥20	≤6	≤500	50～150	75
3AX31D	100	30	≥30	≥12	≥10	≤12	≤750	30～150	
3AX31E	100	30	≥30	≥12	≥10	≤12	≤500	20～80	
3AX45A (3AX81A)	200	200	20	10	7	≤30	≤1000	20～250	
3AX45B (3AX81B)			30	12	10	≤15	≤750	40～200	75
3AX45C (3AX45C)			20	10	7	≤30	≤1000	30～250	

3. 绝缘栅场效应管的型号及参数

绝缘栅场效应管的型号及参数如表 A.4-6 所示。

表 A.4-6　绝缘栅场效应管的型号及参数

参数 型号	饱和漏极 电流 I_{DSS} /μA	栅缘夹 断电压 $U_{GS(off)}$ / V	开启电 压 $U_{GS(th)}$ / V	栅缘 绝缘 电阻 R_{GS} /Ω	共源小 信号低 频跨导 g_m /(μA / V)	最高振 荡频率 f_m /MHz	最高漏 源电压 $U_{DS(BR)}$ / V	最高栅 缘电压 $U_{GS(BR)}$ / V	最大 耗散 功率 P_{DM} /mW
3C01	≤1		-2～-8	≥10^9	≥500			≥20	1000
2D02				≥10^9	≥4000	≥1000	12	≥20	1000
3D04	$0.5×10^3$～ $15×10^3$	≤-9		≥10^9	≥2000	≥300	20	≥20	1000
3D06	≤1		≤5	≥10^9	≥2000		20	≥20	1000

4. 晶闸管的技术参数

晶闸管的技术参数如表 A.4-7 和表 A.4-8 所示。

表 A.4-7 部分 KP 型晶闸管技术参数

参数 型号	通态正向平均电流 $I_{T(AV)}$/A	断态正反向重复峰值电压 U_{DRM}/ V、U_{RAM}/ V	门极触发电压 U_{GT}/ V	门极触发 电流 I_{GT}/mA
KP1	1	50～1600	≤2.5	≤20
KP5	5	100～2000	≤3.0	≤60
KP10	10	100～2000	≤3.0	≤100
KP20	20	100～2000	≤3.0	≤100
KP50	50	100～2400	≤3.0	≤200
KP100	100	100～3000	≤3.5	≤250
KP200	200	100～3000	≤3.5	≤250
KP500	500	100～3000	≤4.0	≤350
KP800	800	100～3000	≤4.0	≤450
KP1000	1000	100～3000	≤4.0	≤450

表 A.4-8 部分 KG 型晶闸管技术参数

参数	型号	KG3(3CTG3)	KG5(3CTG5)	KG8(3CTG8)	KG10(3CTG10)
			新(旧)		
额定正向峰值电流	I_F/A	3	5	8	10
正向阻断峰值电压	U_{PF}/V	30～1400			
反向峰值电压	U_{PR}/V	30～1400			
正向平均漏电压	I_{fl}/mA	≤5			
反相平均漏电流	I_{rl}/mA	≤10			
最大正向压降	U_F/V	≤3			
门极触发电压	U_G/V	≤3.5			
门极触发电流	I_G/mA	≤200			
维持电流	I_H/mA	≤200			
门极可关断电压	U_{Gto}/V	≤20			
门极可关断电流	I_{Gto}/A	≤1.5	≤2.5	≤4	≤5
门极最大正向电压	U_{Gm}/V	≤10			
门极反向击穿电压	U_{Gib}/V	≤6～10			
开通时间	t_{on}/ μs	≤5			
关断时间	t_{off}/ μs	2～20			
电压上升率	d_u/d_t/V/ μs	≥50			
工作频率	f/kHz	≤30			

表 A.4-9　单结晶体管的参数

参数	基极电阻 R_{BB}/ kΩ	分压比 η	峰点电流 I_P/μA	谷点电流 I_V/mA	谷点电压 U_V/ V	饱和压降 U_{ES}/ V	反向电流 I_{EQ}/mA	E-B1 间反向电流 U_{EB1O}/ V	耗散功率 P_{BM}/mW
测试条件	U_{BB}=3V I_E=0V	U_{BB}=20V	U_{BB}=20V	U_{BB}=20V	U_{BB}=20V	U_{BB}=20V I_E=50mA	U_{EBQ}=60V	I_{EO}=1μA	
BT33A	2～4.5	0.45～0.9	<4	>1.5	<3.5	<4	<2	≥30	300
BT33B	2～4.5	0.3～0.9	<4	>1.5	<3.5	<4	<2	≥60	300
BT33C	>4.5	0.3～0.9	<4	>1.5	<4	<4.5	<2	≥30	300
BT33D	>4.5～12	0.3～0.9	<4	>1.5	<4	<4.5	<2	≥60	300

A.5　集 成 电 路

A.5.1　集成电路的命名方法

集成电路的命名方法如表 A.5-1 所示。

表 A.5-1　国产半导体集成电路型号命名方法(GB 3430—82)

第零部分		第一部分		第二部分	第三部分		第四部分	
用字母表示器件符合国家标准		用字母表示器件的类型		用阿拉伯数字表示器件的系列和品种代号	用字母表示器件的工作温度范围		用字母表示器件的封装	
符号	意义	符号	意义		符号	意义	符号	意义
C	中国制造	T	TTL		C	0～70℃	W	陶瓷扁平
		H	HTL		E	-48～75℃	B	塑料扁平
		E	ECL		R	-55～85℃	F	全密封扁平
		C	CMOS		M	-55～125℃	D	陶瓷直插
		F	线性放大器				P	塑料直插
		D	音响电视电路				J	黑陶瓷直插
		W	稳压器				K	金属菱形
		J	接口电路				T	金属圆形
		B	非线性电路					
		M	存储器					
		μ	微型电路					

A.5.2　模拟集成电路——集成运算放大器

集成运放典型产品的主要技术指标如表 A.5-2 所示。

表 A.5-2　集成运放典型产品的主要技术指标

类　型	通用型			专用型				
	Ⅰ型	Ⅱ型	Ⅲ型	高阻型	高精度型	宽带型	低功耗型	高速型
国内外型号	CF702 F002	F709 F004	F741 F007	F3130A	F725	F507K	F253A	F715
	μA702 (FSC)	μA709 (FSC)	μA741 (FSC)	CA3130 (RCA)	μA725 (FSC)	AD507 (ANA)	μpC253 (NEC)	μA715 (FSC)
电源电压范围 V_{CC} V_{EE} /V	±12, −6	±15	±15	5～16 或 ±2.5～±18	±15	±15	±(3～18)	±15
开环差模增益 A_{od} /dB	71	10～100	80～86	100	130	104	110	90
共模抑制比 K_{CMRR} /dB	100	76～86	90	90	120	100	100	92
最大差模输入电压 U_{idm} /V	±5		±30	±8	±14	±12	±30	±15
最大共模输入电压 U_{icm} /V	+0.5, −0.4	±6	±12	−0.5～+12	−5～+2	±11	±15	±12
最大输出电压 U_{OPP} /V	±4.0	±10	±(8～12)	13.3		±12	±13.5	±13
输入失调电压 U_{IO} /mV	0.5	2～10	2～10	2	0.5	1.5	1.0	2.0
U_{IO} 的温漂 $\alpha_{U_{IO}} = \dfrac{dU_{IO}}{dT}$ /(μV/℃)	2.5	10	20～30	10	2.0	8	3	
输入失调电流 I_{IO} /nA	180	100～150	100～300	0.5 ± 10^{-3}	2.0	15	4	70
I_{IO} 的温漂 $\alpha_{I_{IO}} = \dfrac{dI_{IO}}{dT}$ /(nA/℃)	3.0	3	1		35 ± 10^{-3}	0.2		
输入偏置电流 I_B /nA	2000	200	30～200	5 ± 10^6	42	15	20	400
差模输入电阻 r_{id} /MΩ	0.04	0.01～0.2		1.5 ± 10^6	1.5	300	6	1

续表

类 型	通用性			专用型				
	Ⅰ型	Ⅱ型	Ⅲ型	高阻型	高精度型	宽带型	低功耗型	高速型
输出阻抗 r_o /Ω	200	<400	≤200	75	150			75
−3dB 宽带 BW/Hz		3000	7					
单位增益带宽 GBW/MHz			1	15		35	1	
转换速率 SR/(V/μs)	5		0.5	30		35		70
静态功耗 P_c /mW	90	200	120		80		0.6	165

A.6　电器的文字符号和图形符号

A.6.1　电器的文字符号

电器的文字符号目前执行国家标准《电气技术中的项目代号》(GB 5094—1985)和《电气技术中的文字符号制订通则》(GB 7159—1987)。这两个标准都是根据 IEC 国际标准而制定的。

在《电气技术中的文字符号制定通则》(GB 7159—1987)中将所有的电气设备、装置和元件分成 23 个大类,每个大类用一个大写字母表示。文字符号分为基本文字符号和辅助文字符号。基本文字符号分为单字母符号和双字母符号两种。单字母符号应优先采用,每个单字母符号表示一个电器大类,如表 A.6-1 所示,如 C 表示电容器类,R 表示电阻器类等。双字母符号由一个表示种类的单字母符号和另一个字母组成,第一个字母表示电器的大类,第二个字母表示对某电器大类的进一步划分,例如,G 表示电源大类,GB 表示蓄电池,S 表示控制电路开关,SB 表示按钮,SP 表示压力传感器(继电器)。文字符号用于标明电器的名称、功能、状态和特征。同一电器如果功能不同,其文字符号也不同,如照明灯的文字符号为 EL,信号灯的文字符号为 HL。辅助文字符号表示电气设备、装置和元件的功能、状态和特征,由 1~3 位英文名称缩写的大写字母表示,如辅助文字符号 BW(Backward 的缩写)表示向后,P(Pressure 的缩写)表示压力。辅助文字符号可以和单字母符号组合成双字母符号,例如:单字母符号 K(表示继电器接触器大类)和辅助文字符号 AC(交流)组合成双字母符号 KA,表示交流继电器;单字母符号 M(表示电动机大类)和辅助文字符号 SYN(同步)组合成双字母符号 MS,表示同步电动机。

A.6.2　电器的图形符号

电器的图形符号目前执行国家标准《电气图用图形符号》(GB 4728—1985),也是根据 IEC 国际标准制定的。该标准给出了大量的常用电器图形符号,表示产品特征。通常用比较简单的电器作为一般符号。对于一些组合电器,不必考虑其内部细节时可用方框符号表示,如整流器、逆变器、滤波器等。

表 A.6-1　常用电器分类及图形符号、文字符号举例

分　类	名　称	图形符号 文字符号	分　类	名　称	图形符号 文字符号
A 组件 部件	启动 装置		F 保护器 件	欠电压继 电器	
B 将电量 变换成 非电量， 将非电 量变换 成电量	扬声器	 (将电量变换成非电量)		过电压继 电器	
	传声器	 (将非电量变换成电量)		热继电器	
C 电容器	一般电 容器		G 发　生 器，发 电　机， 电　源	熔断器	
	极性电 容器			交流发电 机	
	可变电 容器			直流发电 机	
D 二进制 元件	与门			电池	
	或门			电喇叭	
	非门		H 信　号 器　件	蜂鸣器	 优选型　　一般型
E 其他	照明灯			信号灯	
F 保护器件	欠电流 继电器		I		(不使用)
	过电流 继电器		J		(不使用)

分　类	名　称	图形符号 文字符号	分　类	名　称	图形符号 文字符号
K 继电器, 接触器	中间继电器	KA　KA	M 电动机	并励直流电动机	M
	通用继电器	KA　KA		串励直流电动机	M
	接触器	KM　KM		三相步进电动机	M
	通电延时型时间继电器	'KT 或 KT' KT 或 KT　KT KT		永磁直流电动机	M
	断电延时型时间继电器	或 KT　KT KT KT 或 KT　KT		运算放大器	N
L 电感器, 电抗器	电感器	L (一般符号) L (带磁芯符号)	N 模拟元件	反相放大器	N
	可变电感器	L		数模转换器	#/U　N
	电抗器	L		模数转换器	U/#　N
M 电动机	鼠笼型电动机	U V W M 3~	O		(不使用)
	绕线型电动机	U V W M 3~	P 测量设备,实验设备	电流表	PA A
	他励直流电动机	M		电压表	PV V

分　类	名　称	图形符号 文字符号	分　类	名　称	图形符号 文字符号
P 测量设备，实验设备	有功 功率表	(KW) PW	S 控制、记忆、信号电路开关器件选择器	行程开关	SQ
	有功 电度表	KWh PJ		压力继电器	SP
Q 电力电路的开关器件	断路器	QF		液位继电器	SL SL SL SL
	隔离开关	QS		速度继电器	(SV) SV SV
	刀熔开关	QS		选择开关	SA
	手动开关	QS QS		接近开关	SQ
	双投刀 开关	QS		万能转换开关，凸轮控制器	SA 2 1 0 1 2
	组合开关 旋转开关	QS	T 变压器互感器	单相 变压器	T
	负荷开关	QL		自耦变压器	形式1　形式2 T
R 电阻器	电阻	R		三相变压器(Y形/三角形接线)	形式1　形式2 T
R 电阻器	固定抽头 电阻	R		电压互感器	电压互感器与变压器图形符号相同，文字符号为 TV
	可变电阻	R		电流互感器	TA 形式1　形式2
	电位器	RP	U 调制器变换器	整流器	~ U
	频敏变阻器	RF		桥式全波整流器	U
S 控制、记忆、信号电路开关器件选择器	按钮	SB		逆变器	~ U
	急停按钮	SB		变频器	f₁ f₂ U

分类	名称	图形符号 文字符号	分类	名称	图形符号 文字符号
V 电子管 晶体管	二极管	⎯▷⊦ VD	Y 电器操 作的机 械器件	电磁铁	□ 或 ■ YA
	三极管	VT（PNP型） VT（NPN型）		电磁吸盘	□ 或 ■ YH
	晶闸管	VH（阳极侧受控） VH（阴极侧受控）		电磁制动器	Ⓜ ⎯ ▽ YB
W 传输通 道，波 导，天 线	导线， 电缆， 母线	⎯⎯⎯⎯ W		电磁阀	□ 或 ■ 或 ▷◁ YV
	天线	Y W	Z 滤波器、 限幅器、 均衡器、 终端设备	滤波器	▱ Z
X 端子 插头 插座	插头	优选型 其他型 XP		限幅器	▱ Z
	插座	优选型 其他型 XS		均衡器	◇ Z
	插头 插座	优选型 其他型 X			
	连接片	接通时 XB 断开时			

附录 B   各章部分习题参考答案

第 1 章

1. 解:

(a) $R=3\Omega$; (b) $R=3\Omega$; (c) $R=3\Omega$; (d) $R=3\Omega$。

2. 解:

(a) 电压、电流的参考方向关联,元件吸收功率。$P = UI = 5V\times3A=15W>0$,元件实际上是吸收功率。

(b) 电压、电流的参考方向非关联,元件吸收功率。$P=-UI=-5V\times3A=-15W<0$,元件实际上是发出功率。

(c) 电压、电流的参考方向关联,元件吸收功率。$P=UI=(-5V)\times3A=-15W<0$,元件实际上是发出功率。

(d) 电压、电流的参考方向非关联,元件吸收功率。$P=-UI=-(-5V)\times3A=15W>0$,元件实际上是吸收功率。

3. 解:

(1) 提示:当电流和电压为正值,其实际方向与参考方向一致;而电流和电压为负值,其实际方向和参考方向相反。

(2) 计算各元件的功率。元件 1:电压和电流参考方向一致。$P_1=U_1I_1=4V\times2A=8W>0$,该元件吸收功率,为负载。元件 2:电压和电流参考方向一致。$P_2=U_2I_2=-4V\times1A=-4W<0$,该元件发出功率,为电源。元件 3:电压和电流的参考方向不一致。$P_3=-U_3I_3=-7V\times1A=-7W<0$,该元件发出功率,为电源。元件 4:电压和电流的参考方向不一致。$P_4=-U_4I_3=-(-3V)\times1A=3W>0$,该元件吸收功率,为负载。

4. 解:

(1) $R=\infty$ 时即外电路开路,U_s 为理想电压源:$U=U_s=10V$;$I=0$。

(2) $R=10\Omega$ 时:$U=U_s=10V$;$I=1A$。

(3) $R\rightarrow0\Omega$ 时:$U=U_s=10V$;$I\rightarrow\infty$。

5. 解:

(1) $R\rightarrow\infty$ 时即外电路开路,I_s 为理想电流源:$I=I_s=1A$;$U\rightarrow\infty$。

(2) $R=10\Omega$ 时:$I=I_s=1A$;$U=10V$。

(3) $R=0\Omega$ 时:$I=I_s=1A$;$U=0$。

6. 解:

提示:把电流源 I_{s2} 与电阻 R_2 的并联变换为电压源 U_{S2} 与电阻 R_2 的串联, 然后将电压源 U_{S2} 与电压源 U_{S1} 的串联变换为电压源 U_s,其中 $U_s=U_{S2}+U_{S1}=24+4=28V$。

7. 解:

$I=2.2A$。

8. 解:

$I_4 = 26$A;$I_6 = -35$A。

9. 解:

$I_8 = -16$A。

10. 解:

$U_5 = 4$V;$U_3 = -1$V;$U_6 = -8$V;$U_4 = 7$V。

12. 解:

当$R = 100\Omega$时:$I = 0.025$A;$U = 2.5$V。当$R = 200\Omega$时:$I = 0.02$A;$U = 4$V。

13. 解:

$I_3 = 10$A。

第 2 章

12. 解:

测量 50mA 电流时,可能出现的最大相对误差是±2%,测量 90mA 电流时,可能出现的最大相对误差是±1.1%。

13. 解:

准确度为 1.0 级、量程为 400V 的电压表测量值较准确。

15. 解:

6000Ω

第 3 章

1. 解:

(1) 75°。

(2) i_1 超前 i_2。

4. 解:

(1) A_2 的读数为 4.24A,A_3 的读数为 3A; (2) $Z = 2\Omega$。

16. 解:

27.3A$\angle -30°$。

17. 解:

-160.6V。

18. 解:

(1) 44A$\angle -120°$,44A$\angle -60°$,44A$\angle 90°$,32.2A$\angle 90°$;

(2) 0A,44A$\angle -60°$,44A$\angle 90°$,22.8A$\angle 15°$;

(3) $\dot{I}_B = -\dot{I}_C = 53.7A\angle -75°$。

19. 解:

(1) $I_l = 20$A,$I_P = 11.5$A;

(2) $I_l' = 18.3$A,$\cos\varphi' = 0.945$。

20. 解:

(1) 15Ω，16.1Ω；

(2) 10A，3kW；

(3) 15A，2.25kW。

第4章

8. 解：

2，0.04；1491～1494r/min。

9. 解：

(1) 2；(2) 0.047；(3) 2.3Hz；(4) 70r/min。

10. 解：

1V；32.6A；0.978。

11. 解：

49.4N·m；69.2N·m；98.8 N·m。

12. 解：

(1) 1；(2) 0.04，2Hz；(3) 0.871；(4) 9.95N·m，41.2A，71.5A；(5) 23.83，7.96N·m。

13. 解：

(1) 0.333；(2) 20A，140A；(3) 11.44kW；(4)65.9N·m，13.1N·m，92.3N·m；
(5) 46.7A，30.8N·m；(6) 能，不能。

14. 解：

不能直接启动。

15. 解：

(1) 353.6A，212.2A；(2) 189.6N·m；(3) 不能。

16. 解：

209V，11.3kW。

20. 解：

为零，变压器初级线圈烧坏。

21. 解：

(1) N_2=25 匝，为降压变压器；(2) I_1=44A，I_2=11A

22. 解：

825 盏。

23. 解：

匝数比为 $5\sqrt{6}$；匝数比增加。

24. 解：

(1) I_1=1.67A；(2) 3667W；(3) P=367W。

25. 解：

N_2=330 匝。

26. 解：

N_{21}=50 匝，N_{22}=10 匝；I_{21}=6A，I_{22}=30A。

27. 解：

$$\frac{N_2}{N_3}=\frac{1}{2}。$$

28. 解：

$N_2=90$，$N_3=30$，$I_1=0.27\text{A}$。

第5章

1. 答：

导电能力介于导体和绝缘体之间的物质称为半导体。以电子为多数载流子的半导体，称为 N 型半导体；以空穴为多数载流子的半导体，称为 P 型半导体。

2. 答：

二极管最重要的特性就是单方向导电性。二极管的正极接在高电位端，负极接在低电位端时就会被导通。

3. 解：

(1) $U_1=U_2=0$ 时，两个二极管都不导通，故 $U_0=0$。

(2) $U_1=0$，$U_2=6\text{V}$ 时，下面的二极管导通，故 $U_0=5.3\text{V}$。

(3) $U_1=6\text{V}$，$U_2=6\text{V}$ 时，两个二极管都导通，则 $U_0=5.3\text{V}$。

4. 解：如图 B.5-4 所示。

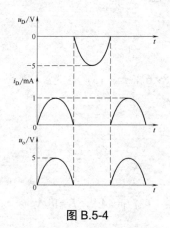

图 B.5-4

5. 解：

(1) 由题意知，$\dfrac{R}{R+R_L}U=\dfrac{1}{1+0.2}\times12\text{V}>U_Z$，可知稳压管两端的电压超过了 6V，故稳压管处于反向工作状态，起到稳定电压的作用。故 $U_O=U_Z=6\text{V}$，$I_Z=I-I_L=\dfrac{U-U_O}{R}$

$$-\frac{U_O}{R_L}=\frac{12\text{V}-6\text{V}}{0.2\text{k}\Omega}-\frac{6\text{V}}{1\text{k}\Omega}=24\text{mA}。$$

(2) 当电源电压变为 15V 时，$U_O=U_Z=6\text{V}$，

$$I_Z=I-I_L=\frac{U-U_O}{R}-\frac{U_O}{R_L}=\frac{15\text{V}-6\text{V}}{0.2\text{k}\Omega}-\frac{6\text{V}}{1\text{k}\Omega}=39\text{mA}。$$

(3) 当 $R = 2\text{k}\Omega$ 时，由题意知 $\dfrac{R}{R + R_\text{L}}U = \dfrac{1}{2+1} \times 12\text{V} < U_\text{Z}$，则可以判断此时稳压管没有达到反向击穿的电压，稳压管不工作，处于截止状态。故此时 $I_\text{Z} = 0$，

$$U_\text{O} = \frac{R}{R + R_\text{L}}U = \frac{1}{2+1} \times 12\text{V} = 4\text{V}。$$

6. 答：

外部条件：外加电源的极性应使发射结正向偏置，集电结反向偏置。

内部条件：(1) 发射区高掺杂；(2) 基区很薄。

7. 答：

(1) 共集电极放大电路：电压跟随，电压放大倍数接近 1 而小于 1，而且输入电阻很高输出电阻很低。

用途：常被用做多级放大电路的输入级，输出级或作为隔离用的中间级。

(2) 共射极放大电路：具有较大的电压放大倍数和电流放大倍数，输入电阻和输出电阻比较适中。

用途：被广泛地用做低频电压放大电路的输入级、中间级和输出级。

(3) 共基极放大电路：具有很低的输入电阻，使晶体管结电容的影响不显著，因而频率响应得到很大改善。

用途：常用于宽频带放大器中，还可以作为恒流源。

8. 解：

(1) $\quad I_\text{BQ} = \dfrac{V_\text{CC} - U_\text{BEQ}}{R_\text{B}} = \dfrac{12\text{V} - 0.7\text{V}}{280\text{k}\Omega} = 0.04\text{mA}$

$$I_\text{CQ} \approx \beta I_\text{BQ} = 50 \times 0.04\text{mA} = 2\text{mA}$$

$$U_\text{CEQ} = V_\text{CC} - I_\text{CQ}R_\text{C} = 6\text{V}$$

$$\dot{A}_\text{u} = \frac{\dot{U}_\text{o}}{\dot{U}_\text{i}} = \frac{\beta R'_\text{L}}{r_\text{be}}$$

$$R'_\text{L} = R_\text{C} /\!/ R_\text{L}$$

$$r_\text{be} = r'_\text{bb} + (1 + \beta)\frac{26}{I_\text{EQ}} = 5369\Omega$$

(2) 其直流负载线和交流负载线分别如图 B.5-8 所示。

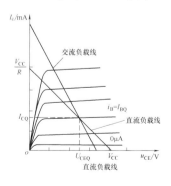

图 B.5-8

(3) $\dot{A}_u = \dfrac{50 \times \dfrac{3}{2} \times 10^3}{534.69} = -140.27$

$R_O = R_C = 3000\Omega$

9. 解：

(1) 求静态工作点。

$$U_{BQ} \approx \dfrac{R_{b2}}{R_{b1} + R_{b2}} V_{CC} = \dfrac{5 \times 10^3}{5 \times 10^3 + 5 \times 10^3} \times 20V = 10V$$

得静态发射极电流为

$$I_{EQ} = \dfrac{U_{EQ}}{R_e} = \dfrac{U_{BQ} - U_{BEQ}}{R_e} = \dfrac{10V - 0.7V}{3 \times 10^3 \Omega} = 0.0031A = 3.1mA$$

则三极管 ce 之间的静态电压为

$$U_{CEQ} = V_{CC} - I_{EQ}R_e \approx 4.5V$$

静态基极电流为

$$I_{BQ} \approx \dfrac{I_{CQ}}{\beta} = \dfrac{3.1mA}{60} = 0.0517mA = 51.7\mu A$$

(2) $R_L' = R_C \,/\!/\, R_L = 1.2k\Omega$

$$r_{be} = 300\Omega + \dfrac{61 \times 26}{3.1}\Omega = 811.6\Omega$$

$$\dot{A}_u = -\dfrac{\beta R_L'}{r_{be}} - \dfrac{60 \times 1200}{811.6} = -88.71$$

$$A_i = \beta = 60$$

10. 答：

(1) 阻容耦合。

优点：各级的静态工作点各自独立互不影响，这样给分析、设计和调试工作带来很大的方便。

缺点：不适合传送缓慢变化的信号，由于电容阻直作用，直流成分的变化不能通过电容，无法在集成放大电路中采用。

(2) 变压器耦合。

优点：有阻抗变换作用，各级静态工作点互不影响。

缺点：变压器比较笨重无法集成化，不能放大直流及缓慢变化的信号。

(3) 直接耦合。

优点：既能放大交流信号，又能放大缓慢变化的信号和直流信号，便于实现集成化。

缺点：各点及 Q 点相互影响，零点漂移比较严重，VT 临近饱和区。

11. 解：

该两级放大电路属于阻容耦合电路。

(1) 首先求 T_1 管的静态工作点，它是分压偏置式共发射极放大电路。

$$V_{B1} = \dfrac{R_2}{R_1 + R_2} V_{CC} = \dfrac{5}{5 + 5} \times 20V = 10V$$

$$I_{C1Q} = I_{E1Q} = \frac{V_{B1} - U_{BE1}}{R_4} = \frac{10V - 0.7V}{3k\Omega} = 3.1mA$$

$$I_{B1Q} = \frac{I_{C1Q}}{\beta} = \frac{3.1}{50}mA = 0.062mA = 62\mu A,$$

$$U_{CE1Q} = V_{CC} - I_{C1}(R_3 + R_4) = 20V - 3.1 \times (2+3)V = 4.5V$$

下面求 VT$_2$ 管的静态工作点。它是共集电极放大电路。

$$I_{B2Q} = \frac{V_{CC} - U_{BEQ}}{R_B + (1+\beta)R_E} = \frac{V_{CC} - U_{BE2}}{R_5 + (1+\beta_2) \times R_6} = \frac{20V - 0.7V}{3k\Omega + (1+50) \times 3k\Omega} = 0.124mA = 124\mu A$$

$$I_{C2Q} = \beta I_{B2Q} = 50 \times 0.124mA = 6.2mA$$

$$U_{CE2Q} = V_{CC} - I_{E2Q}R_E \approx V_{CC} - I_{C2Q}R_6 = 20V - 6.2mA \times 3k\Omega = 1.4V$$

(2) 欲估算该电路的电压放大倍数、输入电阻和输出电阻，首先分析第二级放大电路。

$$r_{be2} = r_{bb'} + (1+\beta)\frac{26}{I_{E2Q}} = 300\Omega + (1+50) \times \frac{26}{6.2}\Omega = 514\Omega$$

$$\dot{A}_{u1} = \frac{\dot{U}_o}{\dot{U}_i} = \frac{(1+\beta)(R_L//R_6)}{r_{be} + (1+\beta)(R_L//R_6)} = \frac{(1+50)(3k\Omega//3k\Omega)}{0.514k\Omega + (1+50)(3k\Omega//3k\Omega)} = 0.99$$

$$R_{i2} = [r_{be} + (1+\beta)(R_L//R_6)]//R_5 = [0.514k\Omega + (1+50)(3k\Omega//3k\Omega)]//3k\Omega = 2.89k\Omega$$

分析第一级放大电路时，要考虑第二级放大电路对第一级放大电路的影响，即第二级放大电路的输入电阻作为第一级放大电路的负载。

$$r_{be1} = r_{bb'} + (1+\beta)\frac{26}{I_{E1Q}} = 300\Omega + (1+50) \times \frac{26}{3.1}\Omega = 728\Omega \approx 0.73k\Omega$$

$$\dot{A}_u = -\beta\frac{R_3//R_{i2}}{r_{be1}} = -50 \times \frac{2k\Omega//2.89k\Omega}{0.73k\Omega} = -83$$

$$R_{i1} = R_1//R_2//r_{be1} = 5k\Omega//5k\Omega//0.73k\Omega = 0.565k\Omega$$

$R_{o1} = R_3 = 2k\Omega$ 作为下一级放大电路的电源内阻。多级放大电路的输入电阻就是第一级的输入电阻，即 $R_i = R_{i1} = 0.565k\Omega$。多级放大电路的输出电阻就是最后一级的输出电阻，即

$$R_o = R_{o2} = \frac{r_{be2} + 2//R_5}{1+\beta}//R_6 = \frac{0.514k\Omega + 2k\Omega//3k\Omega}{1+50}//3k\Omega \approx 0.033k\Omega = 33\Omega$$

则电压放大倍数为

$$\dot{A}_u = \dot{A}_{u1} \cdot \dot{A}_{u2} = -83 \times 0.99 = -82$$

12. 解：

(1) 差模输入电压：$u_{id} = u_{i1} - u_{i2} = 1.1V - 0.9V = 0.2V$

共模输入电压：$u_{ic} = \frac{1}{2}(u_{i1} + u_{i2}) = \frac{1}{2}(1.1V + 0.9V) = 1V$

(2) 差模输出电压 u_{od}：$u_{od} = A_{ud}u_{id} = -100 \times 0.2V = -20V$

共模输出电压 u_{oc}：$u_{oc} = A_{uc}u_{ic} = -0.05 \times 1V = -0.05V$

在差模和共模信号共同存在时，对于线性放大电路，可用叠加原理来求总的输出电压，故该差动放大电路的输出电压为

$$u_{\mathrm{o}} = u_{\mathrm{od}} + u_{\mathrm{oc}} = -20\mathrm{V} - 0.05\mathrm{V} = -20.05\mathrm{V}$$

共模抑制比 $K_{\mathrm{CMRR}} = \left|\dfrac{A_{\mathrm{ud}}}{A_{\mathrm{uc}}}\right| = \left|\dfrac{100}{0.05}\right| = 2000$

13. 答：

见表 5-2。

14. 解：

(1) 根据题意可列方程组 $\begin{cases} I_{\mathrm{DQ}} = I_{\mathrm{DO}}\left(1 - \dfrac{U_{\mathrm{GSQ}}}{U_{\mathrm{GS(th)}}}\right)^2 = \left(1 - \dfrac{U_{\mathrm{GSQ}}}{-4}\right)^2 \\[2mm] U_{\mathrm{GSQ}} = \dfrac{R_{\mathrm{g2}}}{R_{\mathrm{g1}} + R_{\mathrm{g2}}} V_{\mathrm{DD}} - I_{\mathrm{DQ}} R_{\mathrm{S}} = 3 - 6I_{\mathrm{DQ}} \end{cases}$

解该方程组可得 $\begin{cases} I_{\mathrm{DQ}} = 0.64\mathrm{mA} \\ U_{\mathrm{GSQ}} = -0.81\mathrm{V} \end{cases}$

则 $U_{\mathrm{DSQ}} = V_{\mathrm{DD}} - I_{\mathrm{DQ}}(R_{\mathrm{S}} + R_{\mathrm{d}}) = 18\mathrm{V} - 0.64 \times (6 + 10)\mathrm{V} = 7.8\mathrm{V}$

故所求得静态工作点为 $U_{\mathrm{GSQ}} = -0.81\mathrm{V}$ ， $I_{\mathrm{DQ}} = 0.64\mathrm{mA}$ ， $U_{\mathrm{DSQ}} = 7.8\mathrm{V}$ 。

(2) 电压放大倍数为

$A_{\mathrm{u}} = -g_{\mathrm{m}}(R_{\mathrm{L}} /\!/ R_{\mathrm{d}}) = -1 \times (10 /\!/ 10) = -5$

输入、输出电阻分别为

$R_{\mathrm{i}} = R_{\mathrm{g1}} /\!/ R_{\mathrm{g2}} = 100\mathrm{k}\Omega /\!/ 20\mathrm{k}\Omega = 16.67\mathrm{k}\Omega$

$R_{\mathrm{o}} = R_{\mathrm{d}} = 10\mathrm{k}\Omega$

15. 答：

当晶闸管反向连接(即 A 接电源负极，K 接电源正极)时，不管门极承受何种电压，晶闸管都处于关断状态；晶闸管正向连接(即 A 接电源正极，K 接电源负极)时，仅在门极承受正向电压的情况下晶闸管才由关断状态变为导通状态，此时，阳极 A 和阴极 K 呈现低阻抗导通状态，压降约为 1V；晶闸管导通后，门极失去作用，不论门极电压如何，只要有一定的正向阳极电压，晶闸管保持导通；只有阳极 A 和阴极 K 之间电压极性发生改变，晶闸管才由低阻导通状态转变为高阻截止状态。

16. 解：

由 $\theta = 120°$ ，可知单相半控桥式整流电路的控制角为 $\alpha = \pi - \theta = 60°$ 。

则负载上输出的直流电压为

$U_{\mathrm{O}} = 0.45U(1 + \cos\alpha) = 0.45 \times 220(1 + \cos 60°)\mathrm{V} = 148.5\mathrm{V}$

通过晶闸管的实际电流为 $I_{\mathrm{T}} = \dfrac{1}{2}I_{\mathrm{O}} = \dfrac{U_{\mathrm{O}}}{2R_{\mathrm{L}}} = \dfrac{148.5\mathrm{V}}{2 \times 5\Omega} = 14.85\mathrm{A} \approx 15\mathrm{A}$ 。

第 6 章

1. 答：

偏置电路、输入级、中间级和输出级。

2. 解：

开环差模电压增益 $A_{\text{od}} = \infty$ ，差模输入电阻 $r_{\text{id}} = \infty$ ，输出电阻 $r_{\text{o}} = 0$ ，共模抑制比 $K_{\text{CMRR}} = \infty$ ，输入失调电压 U_{IO} 、失调电流 I_{IO} 以及它们的温漂 $\alpha_{U_{\text{IO}}}$ 、 $\alpha_{I_{\text{IO}}}$ 均为零，输入偏置电流 $I_{\text{B}} = 0$ ，-3dB 带宽 $f_{\text{H}} = \infty$ 。

3. 答：

运放的同相输入端和反相输入端两点的电压相等，如同将两点短路一样，但是该两点实际上并未真正被短路，因而是虚假的短路，所以将这种现象称为"虚短"；理想运放的同相输入端和反相输入端的电流都等于零，如同这两点被断开一样，这种现象称为"虚断"。

4. 解：

A

5. 答：

电压串联负反馈、电压并联负反馈、电流串联负反馈和电流并联负反馈。

6. 解：

电压并联，$u_{\text{o}} = -\dfrac{R_{\text{f}}}{R_1} u_{\text{i}}$ 。

7. 答：

减小非线性失真，改变输入电阻和输出电阻，抑制噪声。

8. 解：

(1) 电路由两级集成运放组成，第一级为反相比例运算电路

$$u_{\text{o1}} = -\frac{R_{\text{F1}}}{R_1} u_{\text{i}} = -u_{\text{i}}$$

第二级为加法运算电路

$$u_{\text{o}} = -R_{\text{F2}} \left(\frac{u_{\text{i2}}}{R_2} + \frac{u_{\text{o1}}}{R_3} \right) = -R_{\text{F2}} \left(\frac{1}{R_2} u_{\text{i2}} - \frac{1}{R_3} u_{\text{i1}} \right) = -10(u_{\text{i2}} - u_{\text{i1}})$$

(2) 当 $u_{\text{i1}} = 0.2\text{V}$ ， $u_{\text{i2}} = 0.2\text{V}$ 时， $u_{\text{o}} = -10(u_{\text{i2}} - u_{\text{i1}}) = 0\text{V}$

9. 解：

(1) 由 $u_{\text{o}} = u_{\text{i1}} - 2u_{\text{i2}} = -(2u_{\text{i2}} - u_{\text{i1}})$ 知，可用减法电路实现上述运算，将 u_{i2} 从反相端接入，将 u_{i1} 从同相端接入，电路如图 B.6-9 所示。

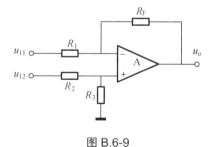

图 B.6-9

由减法电路的工作原理可知， $u_+ = u_-$ ，可得

$$\frac{R_3}{R_2 + R_3} u_{\text{i1}} = \frac{R_1}{R_1 + R_{\text{F}}} u_{\text{o}} + \frac{R_{\text{F}}}{R_1 + R_{\text{F}}} u_{\text{i2}}$$

化简得

$$u_O = \frac{R_1 + R_F}{R_1} \frac{R_3}{R_2 + R_3} u_{i1} - \frac{R_F}{R_1} u_{i2}$$

与要求实现的 $u_o = u_{i1} - 2u_{i2}$ 比较，可得

$$\frac{R_1 + R_F}{R_1} \frac{R_3}{R_2 + R_3} = 1$$

$$\frac{R_F}{R_1} = 2$$

根据题意，反馈电阻 $R_F = 8\text{k}\Omega$，则 $R_1 = 4\text{k}\Omega$，代入上式，可得

$$\frac{R_3}{R_2 + R_3} = \frac{1}{3}$$

又因为运放两个输入端对地的电阻平衡要求 $R_1 \text{//} R_F = R_2 \text{//} R_3$，则

$$R_2 \text{//} R_3 = \frac{R_1 R_F}{R_1 + R_F} = \frac{8}{3}\text{k}\Omega$$

即 $\dfrac{R_2 R_3}{R_2 + R_3} = \dfrac{8}{3}\text{k}\Omega$

联立求解，可得

$$R_2 = 8\text{k}\Omega, \quad R_3 = 4\text{k}\Omega$$

(2) 由 $u_o = -u_{i1} - 2u_{i2} = -(u_{i1} + 2u_{i2})$ 知，可用反相加法电路实现上述运算，电路和图 6-13 相同。

由反相加法电路的工作原理可知，$u_+ = u_-$，可得

$$u_o = -R_F \left(\frac{u_{i1}}{R_1} + \frac{u_{i2}}{R_2} \right) = -\frac{R_F}{R_1} u_{i1} - \frac{R_F}{R_2} u_{i2}$$

与要求实现的 $u_o = -u_{i1} - 2u_{i2}$ 比较，可得

$$\frac{R_F}{R_1} = 1, \quad \frac{R_F}{R_2} = 2$$

根据题意，反馈电阻 $R_F = 10\text{k}\Omega$，则 $R_1 = 10\text{k}\Omega$，$R_2 = 5\text{k}\Omega$。

根据运放两个输入端对地的电阻平衡要求，可知

$$R_3 = R_1 \text{//} R_2 \text{//} R_F = 10\text{k}\Omega \text{//} 5\text{k}\Omega \text{//} 10\text{k}\Omega = 2.5\text{k}\Omega$$

10. 解：

本题要求实现的运算包括积分运算和反相加法运算，因此设计电路图如图 B.6-10 所示。

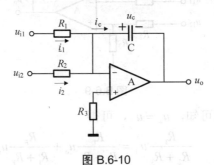

图 B.6-10

根据"虚短"和"虚断"概念,可知

$$u_{\mathrm{o}} = -u_{\mathrm{C}} = -\frac{1}{C}\int i_{\mathrm{C}}\mathrm{d}t = -\frac{1}{C}\int (i_1 + i_2)\mathrm{d}t = -\frac{1}{C}\int\left(\frac{u_{\mathrm{i1}}}{R_1} + \frac{u_{\mathrm{i2}}}{R_2}\right)\mathrm{d}t$$

$$= -\left(\frac{1}{R_1 C}\int u_{\mathrm{i1}}\mathrm{d}t + \frac{1}{R_2 C}\int u_{\mathrm{i2}}\mathrm{d}t\right)$$

与要求实现的 $u_{\mathrm{o}} = -(5\int u_{\mathrm{i1}}\mathrm{d}t + 10\int u_{\mathrm{i2}}\mathrm{d}t)$ 比较，可得

$$\frac{1}{R_1 C} = 5 ，\quad \frac{1}{R_2 C} = 10$$

又因为 $C = 1\mu\mathrm{F}$，则可得 $R_1 = 200\mathrm{k}\Omega$，$R_2 = 100\mathrm{k}\Omega$。

根据运放输入端对地的直流电阻平衡要求，则有

$$R_3 = R_1 // R_2 = \frac{200\times 100}{200 + 100}\mathrm{k}\Omega = 66.7\mathrm{k}\Omega$$

第 7 章

1. 解：

卡诺图分别为：

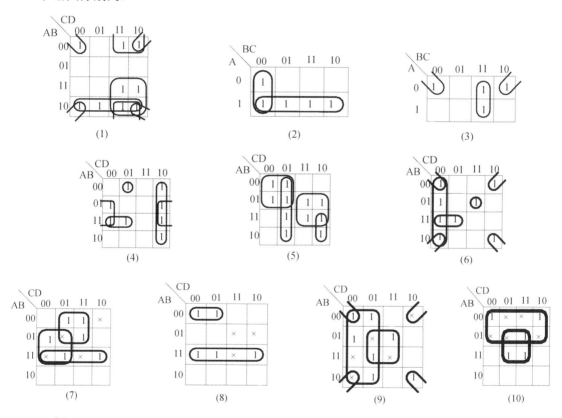

2. 解：

根据逻辑图写逻辑表达式的方法是：从输入端到输出端，逐级写出各个门电路的逻辑表达式，最后写出各个输出端的逻辑表达式。对题 2 图(a)所示电路，从输入端开始的 3 个

与非门的输出分别为 $\overline{AB}$、$\overline{\overline{AB}}$ 和 $\overline{\overline{AB} \cdot \overline{\overline{AB}}}$，输出端 F 的逻辑表达式为

$$F = \overline{\overline{AB} \cdot \overline{\overline{AB}}} = \overline{AB} \cdot \overline{\overline{AB}} = (\overline{A} + \overline{B})(A + B) = \overline{A}B + A\overline{B}$$

对图 7-61(b)所示电路，从输入端开始的 3 个与非门的输出分别为 $\overline{AB}$、$\overline{A\overline{AB}}$ 和 $\overline{B\overline{AB}}$，输出端 F 的逻辑表达式为

$$F = \overline{\overline{A\overline{AB}} \cdot \overline{B\overline{AB}}} = A\overline{AB} + B\overline{AB} = \overline{A}B + A\overline{B}$$

3. 解：

如果两个逻辑电路的逻辑表达式或真值表完全相同，则它们具有相同的逻辑功能。

对图 7-62(a)所示电路，逻辑表达式为

$$F_1 = A\overline{B} + \overline{A}B$$

对图 7-62(b)所示电路，逻辑表达式为

$$F_2 = (A + B)(\overline{A} + \overline{B}) = A\overline{B} + \overline{A}B$$

因为两个逻辑电路的逻辑表达式完全相同，所以它们具有相同的逻辑功能。

4. 解：

对图 7-63(a)所示电路，逻辑表达式为

$$F_1 = AB + A(BC) + (BC)\overline{C} = AB$$

对图 7-63(b)所示电路，逻辑表达式为

$$F_2 = \overline{\overline{AB} \cdot \overline{A(BC)} \cdot \overline{(BC)\overline{C}}} = AB + ABC + BC\overline{C} = AB$$

真值表如表 B.7-4 所示。因为两个逻辑电路的逻辑表达式以及真值表完全相同，所以它们具有相同的逻辑功能。

表 B.7-4　真值表

A	B	C	F_1	F_2
0	0	0	0	0
0	0	1	0	0
0	1	0	0	0
0	1	1	0	0
1	0	0	0	0
1	0	1	0	0
1	1	0	1	1
1	1	1	1	1

5. 解：

对图 7-64(a)所示电路，逻辑表达式为

$$F = \overline{\overline{A\overline{B}} \cdot \overline{A\overline{BC}}} = \overline{A}\overline{B} + A\overline{BC} = \overline{A}\overline{B} + A(B + \overline{C}) = \overline{A}\overline{B} + AB + A\overline{C}$$

真值表如表 B.7-5(a)所示。

对图 7-64(b)所示电路，逻辑表达式为

$$F = \overline{(A + B)\overline{(BC + CD)}} = \overline{A + B} + \overline{\overline{BC + CD}} = \overline{A}\overline{B} + BCD$$

真值表如表 B.7-5(b)所示。

表 B.7-5(a)　图 7-64(a)的真值表

A	B	C	F
0	0	0	1
0	0	1	1
0	1	0	0
0	1	1	0
1	0	0	1
1	0	1	0
1	1	0	1
1	1	1	1

表 B.7-5(b)　图 7-64(b)的真值表

A	B	C	D	F
0	0	0	0	1
0	0	0	1	1
0	0	1	0	1
0	0	1	1	1
0	1	0	0	0
0	1	0	1	0
0	1	1	0	0
0	1	1	1	1
1	0	0	0	0
1	0	0	1	0
1	0	1	0	0
1	0	1	1	0
1	1	0	0	0
1	1	0	1	0
1	1	1	0	0
1	1	1	1	1

6. 解：

对图 7-65(a)所示电路，逻辑表达式为

$$F = AB + \overline{A}C + BC$$

真值表如表 B.7-6(a)所示。

对图 7-65(b)所示电路，逻辑表达式为

$$F = AB + \overline{A}\overline{B}\overline{C} + \overline{C}D + BC\overline{D}$$

真值表如表 B.7-6(b)所示。

表 B.7-6(b)　图 7-65(b)的真值表

A	B	C	D	F
0	0	0	0	1
0	0	0	1	1
0	0	1	0	0
0	0	1	1	0
0	1	0	0	0
0	1	0	1	1
0	1	1	0	1
0	1	1	1	0
1	0	0	0	1
1	0	0	1	1
1	0	1	0	0
1	0	1	1	0
1	1	0	0	1
1	1	0	1	1
1	1	1	0	1
1	1	1	1	1

表 B.7-6(a)　图 7-65(a)的真值表

A	B	C	F
0	0	0	0
0	0	1	1
0	1	0	0
0	1	1	1
1	0	0	0
1	0	1	0
1	1	0	1
1	1	1	1

7. 解：

分析组合逻辑电路的大致步骤为：由逻辑图写逻辑表达式→逻辑表达式化简和变换→列真值表→分析逻辑功能。图 7-66(a)所示电路的逻辑表达式为

$$F = \overline{\overline{\overline{A} + \overline{\overline{A} + \overline{B}}} + \overline{\overline{B} + \overline{\overline{A} + \overline{B}}}} = (\overline{A} + \overline{\overline{A} + \overline{B}})(\overline{B} + \overline{\overline{A} + \overline{B}}) = (\overline{A} + AB)(\overline{B} + AB) = \overline{A}\,\overline{B} + AB$$

真值表如表 B.7-7(a)所示。由表 B.7-7(a)中数据可知，当输入变量 A、B 相同时输出 $F = 1$，A、B 相异时 $F = 0$，所以该电路实现了同或运算。

表 B.7-7(a)　图 7-66(a)的真值表

A	B	F
0	0	1
0	1	0
1	0	0
1	1	1

对图 7-66(b)所示电路，逻辑表达式为

$$F = \overline{\overline{A \oplus B} + \overline{C \oplus D}} = (\overline{A}B + A\overline{B})(\overline{C}D + C\overline{D}) = \overline{A}B\overline{C}D + \overline{A}BC\overline{D} + A\overline{B}\overline{C}D + A\overline{B}C\overline{D}$$

真值表如表 B.7-7(b)所示。由表 B.7-7(b)中数据可知，当输入变量 A、B 相异并且 C、D 也相异时输出 $F = 1$，否则 $F = 0$。

表 B.7-7(b)　图 7-66(b)的真值表

A	B	C	D	F
0	0	0	0	0
0	0	0	1	0
0	0	1	0	0
0	0	1	1	0
0	1	0	0	0
0	1	0	1	1
0	1	1	0	1
0	1	1	1	0
1	0	0	0	0
1	0	0	1	1
1	0	1	0	1
1	0	1	1	0
1	1	0	0	0
1	1	0	1	0
1	1	1	0	0
1	1	1	1	0

8. 解:

逻辑表达式为

$$F = \overline{\overline{X}(\overline{A_1}\,\overline{A_0}D_0 + \overline{A_1}A_0 D_1 + A_1\overline{A_0}D_2 + A_1 A_0 D_3)}$$

将 $D_3 D_2 D_1 D_0 = 1010$ 以及 $X = 0$ 代入上式,得

$$F = \overline{\overline{A_1}A_0 + A_1 A_0} = \overline{A_0}$$

波形图如图 B.7-8 所示。

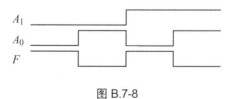

图 B.7-8

9. 解:

设计组合逻辑电路的大致步骤为: 由逻辑问题列真值表→写逻辑表达式→逻辑表达式化简和变换→画逻辑图。根据逻辑要求列真值表,如表 B.7-9 所示。由此写出函数 F 的与或表达式,化简后转换为与非表达式,为

$$F = \overline{A}\,\overline{B}\,\overline{C} + \overline{A}BC + A\overline{B}C + AB\overline{C} = \overline{A}\,\overline{B} + \overline{B}\,\overline{C} + \overline{A}\,\overline{C} = \overline{\overline{\overline{A}\,\overline{B}} \cdot \overline{\overline{B}\,\overline{C}} \cdot \overline{\overline{A}\,\overline{C}}}$$

根据上式画出逻辑图,如图 B.7-9 所示。

表 B.7-9 题 9 的真值表

A	B	C	F
0	0	0	1
0	0	1	1
0	1	0	1
0	1	1	0
1	0	0	1
1	0	1	0
1	1	0	0
1	1	1	0

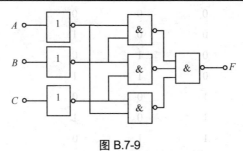

图 B.7-9

10. 解:

设电动机 A、B、C 工作时其值为 1,不工作时其值为 0。并设正常生产信号用 F 表示,能正常生产时其值为 1,不能正常生产时其值为 0。根据逻辑要求,该逻辑电路的真值表如表 B.7-10 所示。

表 B.7-10 题 10 的真值表

A	B	C	F
0	0	0	0
0	0	1	0
0	1	0	0
0	1	1	1
1	0	0	0
1	0	1	1
1	1	0	1
1	1	1	1

写出函数 F 的与或表达式,化简后转换为与非表达式,为

$$F = \overline{A}BC + A\overline{B}C + AB\overline{C} + ABC = AB + BC + AC = \overline{\overline{AB} \cdot \overline{BC} \cdot \overline{AC}}$$

根据上式画出逻辑图如图 B.7-10 所示。

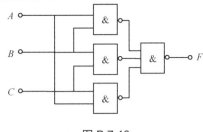

图 B.7-10

11. 解：

设输出用 F 表示，根据逻辑要求列真值表，如表 B.7-11 所示。

由表 B.7-11 写出函数 F 的与或表达式，化简后转换为与非表达式，为

$$F = \overline{A}BCD + A\overline{B}CD + AB\overline{C}D + ABC\overline{D} + ABC\overline{D} + ABCD$$

$$= (\overline{A}BCD + ABCD) + (A\overline{B}CD + ABCD) + (AB\overline{C}\overline{D} + AB\overline{C}D) + (ABC\overline{D} + ABCD)$$

$$= BCD + ACD + AB\overline{C} + ABC = BCD + ACD + AB = \overline{\overline{BCD} \cdot \overline{ACD} \cdot \overline{AB}}$$

根据上式画出逻辑图，如图 B.7-11 所示。

表 B.7-11　题 11 的真值表

A	B	C	D	学　分	F
0	0	0	0	0	0
0	0	0	1	2	0
0	0	1	0	3	0
0	0	1	1	5	0
0	1	0	0	4	0
0	1	0	1	6	0
0	1	1	0	7	0
0	1	1	1	9	1
1	0	0	0	5	0
1	0	0	1	7	0
1	0	1	0	8	0
1	0	1	1	10	1
1	1	0	0	9	1
1	1	0	1	11	1
1	1	1	0	12	1
1	1	1	1	14	1

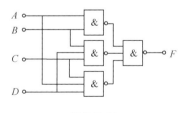

图 B.7-11

12. 解：

设 3 个按钮 A、B、C 按下时其值为 1，未按下时其值为 0。发出开启柜门信号时 F_1 的值为 1，否则 F_1 的值为 0。发出报警信号时 F_2 的值为 1，否则 F_2 的值为 0。根据逻辑要求，该逻辑电路的真值表如表 B.7-12 所示。

表 B.7-12　题 12 的真值表

A	B	C	F_1	F_2
0	0	0	0	0
0	0	1	0	1
0	1	0	0	1
0	1	1	1	0
1	0	0	0	1
1	0	1	1	0
1	1	0	1	0
1	1	1	0	1

由表 12 求出函数 F_1、F_2 的与或表达式，化简后转换为与非表达式，为

$$F_1 = \overline{A}BC + AB\overline{C} = \overline{\overline{\overline{A}BC} \cdot \overline{AB\overline{C}}}$$

$$F_2 = \overline{A}\overline{B}C + \overline{A}B\overline{C} + A\overline{B}\overline{C} + \overline{A}\overline{B}C + ABC$$

$$= (A\overline{B}\overline{C} + A\overline{B}C) + (A\overline{B}C + ABC) + (\overline{A}\overline{B}C + \overline{A}B\overline{C}) + \overline{A}B\overline{C}$$

$$= A\overline{B} + AC + \overline{B}C + \overline{A}B\overline{C} = \overline{\overline{A\overline{B}} \cdot \overline{AC} \cdot \overline{\overline{B}C} \cdot \overline{\overline{A}B\overline{C}}}$$

根据上式画出逻辑图，如图 B.7-12 所示。

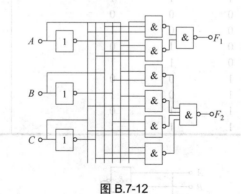

图 B.7-12

13. 解：

设 5 种情况下的输出分别用 F_1、F_2、F_3、F_4 和 F_5 表示，根据逻辑要求列真值表，如表 B.7-13 所示。

表 B.7-13 题 13 的真值表

A_1	A_0	B_1	B_0	F_1	F_2	F_3	F_4	F_5
0	0	0	0	1	0	0	1	0
0	0	0	1	0	0	0	0	1
0	0	1	0	0	0	0	1	0
0	0	1	1	0	1	0	0	1
0	1	0	0	0	0	0	0	1
0	1	0	1	1	0	1	0	0
0	1	1	0	0	1	0	0	1
0	1	1	1	0	0	1	0	0
1	0	0	0	0	0	0	1	0
1	0	0	1	0	1	0	0	1
1	0	1	0	1	0	0	1	0
1	0	1	1	0	0	0	0	1
1	1	0	0	0	1	0	0	1
1	1	0	1	0	0	1	0	0
1	1	1	0	0	0	0	0	1
1	1	1	1	1	0	1	0	0

由表 B.7-13 写出各输出的与或表达式，化简后转换为与非表达式。

(1) A 和 B 的对应位相同时输出为 1，否则输出为 0。

$$F_1 = \overline{A_1}\,\overline{A_0}\,\overline{B_1}\,\overline{B_0} + \overline{A_1}A_0\overline{B_1}B_0 + A_1\overline{A_0}B_1\overline{B_0} + A_1A_0B_1B_0$$
$$= \overline{\overline{\overline{A_1}\,\overline{A_0}\,\overline{B_1}\,\overline{B_0}} \cdot \overline{\overline{A_1}A_0\overline{B_1}B_0} \cdot \overline{A_1\overline{A_0}B_1\overline{B_0}} \cdot \overline{A_1A_0B_1B_0}}$$

(2) A 和 B 的对应位相反时输出为 1，否则输出为 0。

$$F_2 = \overline{A_1}\,\overline{A_0}B_1B_0 + \overline{A_1}A_0B_1\overline{B_0} + A_1\overline{A_0}\,\overline{B_1}B_0 + A_1A_0\overline{B_1}\,\overline{B_0}$$
$$= \overline{\overline{\overline{A_1}\,\overline{A_0}B_1B_0} \cdot \overline{\overline{A_1}A_0B_1\overline{B_0}} \cdot \overline{A_1\overline{A_0}\,\overline{B_1}B_0} \cdot \overline{A_1A_0\overline{B_1}\,\overline{B_0}}}$$

(3) A 和 B 都为奇数时输出为 1，否则输出为 0。

$$F_3 = \overline{A_1}A_0\overline{B_1}B_0 + \overline{A_1}A_0B_1B_0 + A_1A_0\overline{B_1}B_0 + A_1A_0B_1B_0$$
$$= \overline{A_1}A_0B_0 + A_1A_0B_0 = A_0B_0 = \overline{\overline{A_0B_0}}$$

(4) A 和 B 都为偶数时输出为 1，否则输出为 0。

$$F_4 = \overline{A_1}\,\overline{A_0}\,\overline{B_1}\,\overline{B_0} + \overline{A_1}\,\overline{A_0}B_1\overline{B_0} + A_1\overline{A_0}\,\overline{B_1}\,\overline{B_0} + A_1\overline{A_0}B_1\overline{B_0}$$
$$= \overline{A_1}\,\overline{A_0}\,\overline{B_0} + A_1\overline{A_0}\,\overline{B_0} = \overline{A_0}\,\overline{B_0} = \overline{\overline{\overline{A_0}\,\overline{B_0}}}$$

(5) A 和 B 一个为奇数而另一个为偶数时输出为 1，否则输出为 0。

$$F_5 = \overline{A_1}\,\overline{A_0}\,\overline{B_1}B_0 + \overline{A_1}\,\overline{A_0}B_1B_0 + \overline{A_1}A_0B_1B_0 + \overline{A_1}A_0B_1\overline{B_0} +$$
$$A_1\overline{A_0}\,\overline{B_1}B_0 + A_1\overline{A_0}B_1B_0 + A_1A_0\overline{B_1}\,\overline{B_0} + A_1A_0B_1\overline{B_0}$$
$$= \overline{A_1}\,\overline{A_0}B_0 + \overline{A_1}A_0B_0 + A_1\overline{A_0}B_0 + A_1A_0\overline{B_0}$$
$$= \overline{A_0}B_0 + A_0\overline{B_0} = \overline{\overline{A_0}B_0 \cdot \overline{A_0\overline{B_0}}}$$

各逻辑图如图 B.7-13 所示。

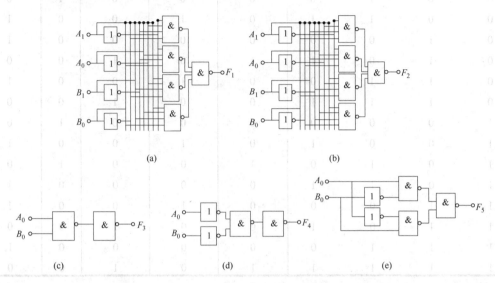

(a)　　　　　　　　　　(b)

(c)　　　　　　(d)　　　　　　(e)

图 B.7-13

14. 解:

设输入的 4 位二进制正整数分别为 B_3、B_2、B_1、B_0,4 种情况下的输出分别用 F_1、F_2、F_3 和 F_4 表示,根据逻辑要求列真值表,如表 B.7-14 所示。

表 B.7-14　题 14 的真值表

B_3	B_2	B_1	B_0	F_1	F_2	F_3	F_4
0	0	0	0	1	1	0	1
0	0	0	1	0	0	0	1
0	0	1	0	1	0	0	1
0	0	1	1	0	0	0	1
0	1	0	0	1	0	0	1
0	1	0	1	0	1	1	1
0	1	1	0	1	0	1	1
0	1	1	1	0	0	1	1
1	0	0	0	1	0	1	1
1	0	0	1	0	0	1	1
1	0	1	0	1	1	1	1
1	0	1	1	0	0	1	0
1	1	0	1	0	0	1	0
1	1	1	0	1	0	1	0
1	1	1	1	0	1	1	0

(1) 能被 2 整除时输出为 1，否则输出为 0。

$$F = \overline{B_3}\overline{B_2}\overline{B_1}\overline{B_0} + \overline{B_3}\overline{B_2}B_1\overline{B_0} + \overline{B_3}B_2\overline{B_1}\overline{B_0} + \overline{B_3}B_2B_1\overline{B_0} +$$
$$B_3\overline{B_2}\overline{B_1}\overline{B_0} + B_3\overline{B_2}B_1\overline{B_0} + B_3B_2\overline{B_1}\overline{B_0} + B_3B_2B_1\overline{B_0}$$
$$= \overline{B_3}\overline{B_2}\overline{B_0} + \overline{B_3}B_2\overline{B_0} + B_3\overline{B_2}\overline{B_0} + B_3B_2\overline{B_0}$$
$$= \overline{B_3}\overline{B_0} + B_3\overline{B_0} = \overline{B_0}$$

(2) 能被 5 整除时输出为 1，否则输出为 0。

$$F = \overline{B_3}\overline{B_2}\overline{B_1}\overline{B_0} + \overline{B_3}B_2\overline{B_1}B_0 + B_3\overline{B_2}B_1\overline{B_0} + B_3B_2B_1B_0$$
$$= \overline{\overline{B_3}\overline{B_2}\overline{B_1}\overline{B_0} \cdot \overline{\overline{B_3}B_2\overline{B_1}B_0} \cdot \overline{B_3\overline{B_2}B_1\overline{B_0}} \cdot \overline{B_3B_2B_1B_0}}$$

(3) 大于或等于 5 时输出为 1，否则输出为 0。

$$F = \overline{B_3}B_2\overline{B_1}B_0 + \overline{B_3}B_2B_1\overline{B_0} + \overline{B_3}B_2B_1B_0 + B_3\overline{B_2}\overline{B_1}\overline{B_0} + B_3\overline{B_2}\overline{B_1}B_0 + B_3\overline{B_2}B_1\overline{B_0} +$$
$$B_3\overline{B_2}B_1B_0 + B_3B_2\overline{B_1}\overline{B_0} + B_3B_2\overline{B_1}B_0 + B_3B_2B_1\overline{B_0} + B_3B_2B_1B_0$$
$$= \overline{B_3}B_2B_0 + \overline{B_3}B_2B_1 + B_3\overline{B_2}\overline{B_1} + B_3\overline{B_2}B_1 + B_3B_2\overline{B_1} + B_3B_2B_0 + B_3B_2B_1$$
$$= B_2B_0 + B_2B_1 + B_3\overline{B_2} + B_3B_2$$
$$= B_3 + B_2B_1 + B_2B_0$$
$$= \overline{\overline{B_3} \cdot \overline{B_2B_1} \cdot \overline{B_2B_0}}$$

(4) 小于或等于 10 时输出为 1，否则输出为 0。

$$F = \overline{B_3}\overline{B_2}\overline{B_1}\overline{B_0} + \overline{B_3}\overline{B_2}\overline{B_1}B_0 + \overline{B_3}\overline{B_2}B_1\overline{B_0} + \overline{B_3}\overline{B_2}B_1B_0 + \overline{B_3}B_2\overline{B_1}\overline{B_0} + \overline{B_3}B_2\overline{B_1}B_0 +$$
$$\overline{B_3}B_2B_1\overline{B_0} + \overline{B_3}B_2B_1B_0 + B_3\overline{B_2}\overline{B_1}\overline{B_0} + B_3\overline{B_2}\overline{B_1}B_0 + B_3\overline{B_2}B_1\overline{B_0}$$
$$= \overline{B_3}\overline{B_2}\overline{B_1} + \overline{B_3}\overline{B_2}B_1 + \overline{B_3}B_2\overline{B_1} + \overline{B_3}B_2B_1 + B_3\overline{B_2}\overline{B_1} + B_3\overline{B_2}\overline{B_0}$$
$$= \overline{B_3}\overline{B_2} + \overline{B_3}B_2 + \overline{B_2}B_1 + B_3\overline{B_2}\overline{B_0} = \overline{B_3} + \overline{B_2}B_1 + B_3\overline{B_2}\overline{B_0}$$
$$= \overline{B_3} + \overline{B_2}B_1 + \overline{B_2}\overline{B_0} = \overline{\overline{\overline{B_3}} \cdot \overline{\overline{B_2}B_1} \cdot \overline{\overline{B_2}\overline{B_0}}}$$

各逻辑图如图 B.7-14 所示。

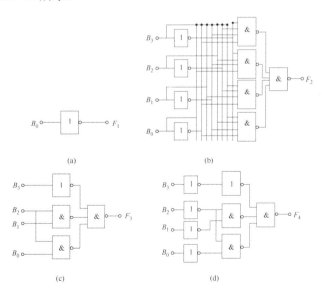

(a)　　　　(b)

(c)　　　　(d)

图 B.7-14

第8章

1. 答:

(1) C (2) C (3) B (4) B (5) C (6) C (7) C (8) C (9) A (10) B

(11) B (12) C (13) D (14) B (15) A (16) A (17) B (18) A

2. 解:

输出端波形如图 B.8-2 所示。

3. 解:

输出端波形如图 B.8-3 所示。

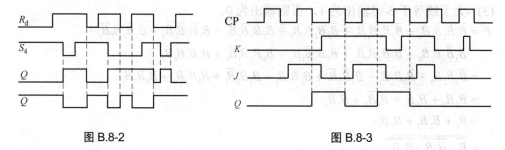

图 B.8-2   图 B.8-3

4. 解:

状态转换图如图 B.8-4 所示。

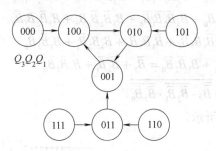

图 B.8-4

5. 解:

(a) 十二进制; (b) 十二进制; (c) 九进制; (d) 十一进制。

第9章

1. 解: $v_O = -\dfrac{V_{REF}}{2^n} D_n = -\dfrac{v_I}{2^{10}} D_n$; $A_u = \dfrac{v_O}{v_I} = -\dfrac{D_n}{2^{10}}$

D_n 的取值范围为 $0000000000 \sim 1111111111 (2^{10}-1)$,故 A_v 的取值范围为 $0 \sim \dfrac{2^{10}-1}{2^{10}}$。

2. 解:

由图 B.9-2 可见,在 CB7520 的 I_{out1} 和 I_{out2} 两端电位基本相等的条件下(在将这两端接到运算放大器的输入端时,满足这个条件),V_{REF} 端与 I_{out1} 端之间可以看作一个等效电阻

R_{EQ}，其数值为 $R_{EQ} = \dfrac{V_{REF}}{I_0} \to I_0 = \dfrac{V_{REF}}{2^n R} D_n$，故 $R_{EQ} = \dfrac{2^n}{D_n} R$。

由图得

$$A_u = -\frac{R_{EQ}}{R} = -\frac{2^{10}}{D_n}$$

D_n 的取值范围为 0000000000~1111111111 时，和到 A_u 的取值范围为 $-\infty \sim \dfrac{2^{10}}{2^{10} - 1}$。

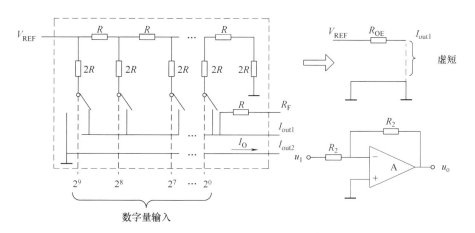

图 B.9-2

4. 解：

(1) 1LSB 产生的输出电压增量是 $\dfrac{8}{2^{10}} = 78\text{mV}$。

(2) 输入 $d_9 \sim d_0 = 1000000000$ 时输出电压为 0。

(3) 最大的正数为 $2^9 - 1$(即 $d_8 \sim d_0$ 全为 1)，绝对值最大的负数为 2^9，它们对应的输出电压分别为 +3.99V 和 -4V。

5. 解：

完成一次转换的最长时间 $t_{max} = T_{CP} \times (2^{10} - 1) = 10^{-6} \times 1023\text{s} = 1.023\text{ms}$，若转换时间不大于 100μs，则 $T_{CP} \leqslant \dfrac{100}{2^{10} - 1} \approx 98\text{ns}$，其频率 $f \geqslant \dfrac{1}{T_{CP}} \approx 10.2\text{MHz}$。

6. 解：

$t = T_{CP} \times 12 = 10^{-6} \times 12 = 12\text{μs}$。

7. 解：

在双积分型 ADC 中，完成一次转换时间 $t = 2^{n+1}(1/f)$，即

$$t = 2^{11} \times 10^{-6}\text{s} = 2048\text{μs}$$

参 考 文 献

[1] 康华光. 电子技术基础(数字部分)[M]. 北京：高等教育出版社，2005.

[2] 蔡惟铮. 电子技术基础(数字部分)[M]. 北京：高等教育出版社，2005.

[3] 阎石. 数字电子技术基础[M]. 北京：高等教育出版社，2006.

[4] 何立民. 单片机应用技术选编[M]. 北京：北京航空航天大学出版社，1996.

[5] 何其贵. 数字电子技术基础[M]. 北京：北京航空航天大学出版社，2005.

[6] 何希才. 常用集成电路速查手册[M]. 北京：国防工业出版社，2006.

[7] 秦曾煌. 电工学[M]. 6 版. 北京：高等教育出版社，2004.

[8] 秦曾煌. 电工学学习辅导与习题选解[M]. 6 版. 北京：高等教育出版社，2004.

[9] 杨素行. 模拟电子技术基础简明教程[M]. 北京：高等教育出版社，2006.

[10] 杨素行. 数字电子技术简明教程[M]. 北京：高等教育出版社，1985.

[11] 李士雄. 数字集成电子技术教程[M]. 北京：高等教育出版社，1993.

[12] 蔡惟铮. 数字电子线路基础[M]. 哈尔滨：哈尔滨工业大学出版社，1988.

[13] 张庆双. 电子技术基础·技能·线路实例[M]. 北京：科学出版社，2006.

[14] 孙骆生. 电工学基本教程下册[M]. 北京：高等教育出版社，2003.

[15] 王毓银. 脉冲与数字电路[M]. 北京：高等教育出版社，2002.

[16] 唐竟新. 数字电子技术基础解题指南[M]. 北京：清华大学出版社，1998.

[17] 田中俊. 电工电子实训教程[M]. 北京：石油大学出版社，2008.

[18] 杨颂华. 数字电子技术基础[M]. 西安：西安电子科技大学出版社，2000.

[19] 高吉祥. 数字电子技术[M]. 北京：电子工业出版社，2004.

[20] 陈光明. 电子技术课程设计与综合实训[M]. 北京：北京航空航天大学出版社，2007.

[21] 陈守林. 电子技术实训与制作[M]. 北京：科学出版社，2005.

[22] 陈菊红. 电工基础[M]. 北京：机械工业出版社，2004.

[23] 邢江勇. 电工技术与实训[M]. 武汉：武汉理工大学出版社，2006.

[24] 增建唐，谢祖荣. 电工电子基础实践教程[M]. 北京：机械工业出版社，2002.

[25] 李贤温. 电工基础与技能[M]. 北京：电子工业出版社，2006.

[26] 张中洲. 电工技能训练[M]. 北京：高等教育出版社，2002.

[27] 曲桂英. 电工基础及实训[M]. 北京：高等教育出版社，2005.

[28] 李源生. 实用电工学[M]. 北京：机械工业出版社，2005.

[29] 汪临伟，廖芳. 电工与电子技术[M]. 北京：清华大学出版社，2005.

[30] 张占松. 电气技师实用手册[M]. 北京：机械工业出版社，2006.

[31] 马高原. 维修电工技能训练[M]. 北京：机械工业出版社，2004.

[32] 熊幸明. 电工电子实训教程[M]. 北京：清华大学出版社，2007.

[33] 曹才开. 电工电子技术实验[M]. 北京：清华大学出版社，2007.

[34] Floyd, T L Buchla D M. 模拟电子技术基础[M]. 王燕萍译. 北京：清华大学出版社，2007.

[35] 程开明，周德明，别其璋. 模拟电子技术[M]. 重庆：重庆大学出版社，1998.

[36] 石生. 电路基本分析[M]. 北京：高等教育出版社，2005.